普通高等教育“十三五”规划教材

——风景园林系列

风景园林概论

顾韩 主编

夏宏嘉 郭丽娟 郭杨 副主编

田大方 审

化学工业出版社

·北京·

本教材由上篇、下篇两部分组成。上篇主要是有关风景园林基础知识的阐述，共6章，重点通过风景园林学科的概念和内涵、中外园林发展概况、学科理论基础知识等方面的介绍让学生对该学科有整体的认识。下篇主要介绍风景园林学科所涉及的设计领域，共7章，以场地设计为导入，按照设计尺度由小到大的顺序介绍相关领域的设计。

本书可作为高等院校风景园林、园林、城乡规划、建筑学、环境艺术设计相关专业学生教材和教师的教学参考用书，也可供相关科研、工程施工、景观设计、管理人员参考。

图书在版编目（CIP）数据

风景园林概论/顾韩主编. —北京：化学工业出版社，2014.5（2024.2重印）
普通高等教育“十二五”规划教材·风景园林系列
ISBN 978-7-122-20061-7

Ⅰ.①风… Ⅱ.①顾… Ⅲ.①园林设计-教材 Ⅳ.①TU986.2

中国版本图书馆CIP数据核字（2014）第047007号

责任编辑：尤彩霞　　　　装帧设计：韩　飞
责任校对：陶燕华

出版发行：化学工业出版社（北京市东城区青年湖南街13号　邮政编码100011）
印　　装：北京虎彩文化传播有限公司
787mm×1092mm　1/16　印张18　字数469千字　2024年2月北京第1版第8次印刷

购书咨询：010-64518888　　　　售后服务：010-64518899
网　　址：http：//www.cip.com.cn
凡购买本书，如有缺损质量问题，本社销售中心负责调换。

定　　价：43.00元

《风景园林概论》编写人员名单

主　编： 顾　韩

副主编： 夏宏嘉　郭丽娟　郭　杨

参　编： 顾　韩　夏宏嘉　郭丽娟　郭　杨

郑志颖　郑利远　曾研锋

前　言

近10年来，我国的风景园林事业得到了长足发展，为我国的城市绿化、生态建设做出了巨大的贡献。2011年3月，国务院学位委员会、教育部将“风景园林学”新增为国家一级学科，这对我国风景园林学科的发展具有里程碑的意义。整个学科、行业将迎来最佳的发展机会，与城乡规划、建筑学一起构成21世纪人居环境保护与发展的重要学科。本书具体编写工作如下：

第1章1～3节，第2、6、9、11章由顾韩编写；第7、10、13章由夏宏嘉编写；第5章、第8章第1、3节由郭丽娟编写；第3、4章由郭阳编写；第8章第2节由郑志颖编写；第1章第4节由郑利远编写；第12章由曾研锋编写。

由于风景园林专业涉及的知识面广，从事该领域的相关人士往往具有不同的学科背景。因此，很多人在对风景园林学科的认识和理解上还存在一些主观意识。本书的编者从2006年开始，主要承担城乡规划、建筑学、风景园林3个专业的风景园林概论课程的教学工作，在教学中发现，正确引导不同专业学生对风景园林的认识，有助于学生在后续课程学习及完成相应的课程设计，更重要的是，能使学生更深入地认识和理解当代风景园林的内涵，对风景园林学科有一个较为客观、系统的了解与认识，有利于消除学生对风景园林学科的传统、固有的认识和看法。

感谢东北林业大学田大方教授在编写过程中给予的指导与帮助，感谢宋若尘、李田、曹珂佳、聂晨曦、孙鹤侨、匡蓬勃、邱瑞、边亚光、王晶、刘诗文同学对本书文字和图片的整理工作所付出的时间和精力。

风景园林是一个新兴的学科，内涵与实践范畴涉及层面大，目前我国专业教学委员会尚未正式出台指导性的学科建设及培养意见，加之编者水平所限，对书中不足之处，欢迎读者给予指导、建议和意见，在此表示感谢。

编者

2014年7月

目　录

上篇　风景园林基础知识

下篇 风景园林设计

上篇

风景园林基础知识

第1章 风景园林概述

重点：掌握与风景园林学科相关的基本概念、学科研究领域及发展趋势。

难点：风景园林学科与相关学科之间的区别与联系。

1.1 风景园林学科中的基本概念

1.1.1 风景

风景(Landscape) 是指空间所呈现的一切美景，包括自然景观和人文景观。风景是由光对物的反映所呈现出来的一种景象。犹指风光或景物、景色等，含义甚至可以更加广泛。

英文中的Scenery，实质是指在一定的条件之中，以山水景物，以及某些自然和人文现象所构成的足以引起人们审美与欣赏的景象。

构成风景的三个要素包括：景物、景感和条件。

景物是风景构成的客体，是具有独立欣赏价值的风景素材的个体，包括山、水、植物、动物、空气、光、建筑以及其他诸如雕塑碑刻、名胜遗迹等有效的风景素材。

景感是指人对风景的感知，是风景构成的活跃因素、主观反映，是人对景物的体察、鉴别和感受能力。例如视觉、听觉、嗅觉、味觉、触觉、联想、心理等。

条件是风景构成的制约因素、原因手段，是赏景主体与风景客体所构成的特殊关系，包括个人、时间、地点、文化、科技、经济和社会各种条件等。

1.1.2 园林 (Garden)

(1) 中国传统园林

园林，传统中国文化中的一种艺术形式，起源于中国“礼乐”文化，通过以花木等为载体衬托出人类主体的精神文化。园林有以下两种基本的解释。

① 专供人游玩休息的、种植了花草树木的地方园林艺术。通常种植花木，兼有亭阁设施，以供人游赏休息的场所。“园林”一词，见于西晋以后诗文中，如西晋张翰《杂诗》：“暮春和气应，白日照园林。”唐代贾岛《郊居即事》诗：“住此园林久，其如未是家。”明代刘基《春雨三绝句》之一：“春雨和风细细来，园林取次发枯荄。”清代吴伟业《晚眺》诗：“原庙寒泉里，园林秋草旁。”清代范阳询《重修袁家山碑记》：“见其祠宇（袁可立别业）萧条，园林将颓，慨然有兴复之志。”

② 指故乡。《元诗纪事》卷三四引元僧实《竹深处》诗：“宦游十载天南北，犹想园林思不忘。”清顾炎武《秋雨》诗：“流转三数年，不得归园林”。

在历史上，游憩境域因内容和形式的不同有过不同的名称。中国殷周时期和西亚的亚述，以畜养禽兽供狩猎和游赏的境域称为囿和猎苑。中国秦汉时期供帝王游憩的境域称为苑或宫苑；属官署或私人的称为园、园池、宅园、别业等。北魏杨玄之《洛阳伽蓝记》评述司农张伦的住宅时说："园林山池之美，诸王莫及。"唐宋以后，"园林"一词的应用更加广泛，常用以泛指以上各种游憩境域。

所谓**园林：是在一定的地域运用工程技术和艺术手段，通过改造地形（或进一步筑山、叠石、理水）、种植树木花草、营造建筑和布置园路等途径创作而成的美的自然环境和游憩境域。**

(2) 西方传统园林

西方对自然的认识是源于人类对自然实施的活动，古罗马诗人西塞罗（Cicero）曾将自然分为原始的第一自然和经过人类耕作的第二自然两种类型。第一自然，即自然景观，是指地球的外表，如高山、沙漠、森林、冰雪、火山、海洋等，也就是原始的大自然；第二自然，即文化景观，是指经过人工改造的自然。

西方园林的起源可以追溯到公元前16世纪的埃及，从古代墓画中可以看到祭司大臣的宅园采取方直的规划、规则的水槽和整齐的栽植，那是人类模仿第二自然开始的园林，因而西方园林沿着几何式的模式开始。其中的代表为古埃及园林、古希腊园林及古罗马园林，其中水、常绿植物和柱廊都是重要的造园要素，为15～16世纪意大利文艺复兴园林奠定了基础。

公元8世纪，阿拉伯人征服了西班牙，带来了伊斯兰的园林文化，结合欧洲大陆的基督教文化，形成了西班牙特有的园林风格。水作为阿拉伯文化中生命的象征与冥想之源，在庭院中常以十字形水渠的形式出现，代表天堂中水、酒、乳、蜜四条河流。各种装饰变化细腻，喜用瓷砖与马赛克作为饰面。这种类型的园林极大地影响到美洲的造园和现代景观设计。

欧洲中世纪时期，封建领主的城堡和教会的修道院中建有庭园。修道院中的园地同建筑功能相结合，在今天，英国等欧洲国家的一些校园中还保存着这种传统。

此后西方园林经历了文艺复兴时期，意大利台地园，法国的勒诺特，英国的自然风景园林，直到19世纪下半叶，美国的奥姆斯特德在主持建设纽约中央公园时，创造了"Landscape Architecture"一词，开创了现代风景园林学。奥姆斯特德把传统园林学涉及的范围扩大，从庭园设计扩大到城市公园系统的规划，以至区域范围的生态景观规划。他认为"城市户外空间系统以及国家公园和自然保护区是人类生存的需要，而不是奢侈品"。

1.1.3 景观（Landscape）

英文的landscape源自德文的landschaft，其原意是陆地上由一些住房、围绕着住房的一片田地和草场以及作为背景的一片原野森林组成的集合。此后，作为自然科学的地理学和生态学先后采用这个词为自己服务，使其成为一个失去主观审美内涵的纯客观的词，含义发生了极大的变化。因此，景观，无论在西方国家还是在中国，都是一个被广泛使用而又难以说清楚的概念。1989年《辞海》中景观一词解释为：地理学名词。

景观——具有多重含义，包括风景、地理学、生态学方面的概念：

① 指具有审美特征的自然和人工的地表景色，意同风光、景色、风景；

② 自然地理学中指一定区域内由地形、地貌、土壤、水体、植物和动物等所构成的综合体；

③ 景观生态学的概念，指由相互作用的拼块或生态系统组成，以相似的形式重复出现的一个空间异质性区域，是具有分类含义的自然综合体。

1.2 从风景园林学科理解“景观”

自然景观的演变，除了其自然因素及其自身的演替外，主要是伴随着人类的出现、活动、利用、开发、破坏而发生改变，至人类的活动开始，人与自然就紧密地联系在一起，相互作用，相互影响，从自然界最初的原始大地、森林、海洋、湖泊开始，历经了不同时期生产力的发展与变革导致了人类活动与自然环境之间在不同阶段形成了特定的景观单元及复合体。以人类的起源、发展为线索，刘滨谊将人与自然形成的景观划分如下：

景观1：自然旷野与森林——人类远古的家园——景观的起源/源头景观。

景观2：人类原始生存环境景观——水体（海洋、湖泊、河流）：人类生命之源。

景观3：人类原始生存环境景观——森林：人类生息繁衍的庇护所。

景观4：人类原始生存环境景观——草原：人类丰衣足食的基础。

水、森林、草原景观为人类奠定了关于景观的原始自然美感，自然山水——奠定了中国风景园林的基础。

景观5：人类农耕生存环境景观——乡村田野、乡村小镇。

景观6：人类现代的生存环境景观——旅游度假地景观。

景观7：人类现代的生存环境景观——都市居住景观。

从景观生成、发展的类型看，景观大致可以从三个层面理解：

大地表面——景观形态（具有地理学景观的含义，也可以理解为自然景观）；

生存空间——环境（人与自然相互作用形成的复合体，如城市、乡村、历史遗迹）；

行为心理——活动（与此同时人类对景观的需要是人类的本性必需、发展需要、精神向往）。

1.3 风景园林（Landscape Architecture）

维基百科关于 Landscape Architecture 的释义为：*Landscape architecture is the design of outdoor public areas, landmarks, and structures to achieve environmental, social-behavioral, or aesthetic outcomes.*

风景园林是关于户外公共区域、地标以及制定实现环境、社会行为和审美结果的设计。

维基百科关于风景园林学科领域的定义为：*The scope of the profession includes: urban design; site planning; stormwater management; town or urban planning; environmental restoration; parks and recreation planning; visual resource management; green infrastructure planning and provision; and private estate and residence landscape master planning and design; all at varying scales of design, planning and management.*

该职业的范围包括：城市设计；场所规划；雨水管理；城镇或城市规划；环境修复；公园和游憩规划；视觉资源管理；绿色基础设施的规划和提供；私人地产和住宅景观总体规划设计；在不同尺度的设计、规划和管理。总体而言，结合我国的实践状况，大体可划分为三大方面：

风景园林资源保护和利用——资源保护、自然环境、城乡环境、历史人文；

风景园林规划设计——规划设计、形象空间、环境生态、功能使用；

风景园林建设与管理——施工建设、养护管理、活动组织。

因此，我们可以给风景园林学做这样一个定义：风景园林学是在不同尺度上规划、设计、保护、建设和管理户外自然和人工境域的学科，其核心内容是户外空间营造，根本使命是协调人和自然之间的关系。

1.3.1 中国风景园林学科的发展

1950 年，在汪菊渊和吴良镛先生共同倡导下，于 1951 年在清华大学建筑系设立“造园组”成为我国风景园林学科教育的开端。1956 年 3 月，高教部决定将北京农业大学造园专业调整到北京林学院。同年 8 月，定名为“城市及居民区绿化专业”。1957 年 11 月，北京林学院成立城市及居民区绿化系。1964 年 1 月，城市及居民区绿化系改名为园林系，正式确立了园林专业的名称，明确了学科的研究方向。1965 年 7 月 1 日，园林系建制被撤销，1974 年，北京林学院恢复园林系建制。

(1) 对风景园林学科的认识

近几十年来我国的园林事业有了长足的发展，早已突破了“建筑+绿化”的初级阶段，大量的实践深化了人们关于该学科的认知，国内相关学者对于风景园林与相关学科的关系有如下研究成果。

① 汪菊渊先生在 1988 年中国大百科全书《建筑—园林—城市规划》卷中就明确了园林学科的 3 个研究层次：传统园林学、城市绿化、大地景物规划，并就其具体研究内容和未来研究方向进行了阐述，“园林学的研究范围是随着社会生活和科学技术的发展而不断扩大的”，这在今天学科发展过程中得以充分的印证。“园林学的发展一方面是引入各种新技术、新材料、新的艺术理论和表现方法用于园林营造，另一方面是进一步研究自然环境中各种因素和社会因素的相互关系，引入心理学、社会学和行为科学的理论，更深入地探索人对园林的需求及其解决途径。”[1] 回顾学科的成长历程，成立之初就可以看到学科是为研究“城市—环境—人”三者之间的关系而诞生的。

② 陈植[2]先生认为：造园学（风景园林）既是综合性学科又是综合性艺术，其有关学科有：农学中的花卉、果树、土壤、昆虫等学科；林学中的造林、树木等学科；工学中的建筑、土木、城市规划等学科；理学中的生物（包括植物、动物、鸟类、鱼类等）、地理、地质、气候、气象等学科；文学中的语文、诗词以及史学、考古学；艺术中的美学、绘图、雕刻等。

③ 王绍增[3]先生认为：风景园林设计与其他相关学科的关系如图 1-3-1 所示。

④ 刘滨谊教授认为：建筑学、城市规划、风景园林三位一体。

⑤ 俞孔坚教授认为：景观设计学（风景园林）与建筑学、城市规划、环境艺术、市政工程设计等学科有紧密的联系。

⑥ 台湾学者陈文锦博士：把风景园林与各学科关系简略成图 1-3-2 所示。

(2) 风景园林学科成立

据统计，截至 2012 年全国已经有 184 个高等院校设置了风景园林（类）专业。2011 年 3 月 8 日，国务院学位委员会、教育部公布《学位授予和人才培养学科目录（2011 年）》，风

---

[1] 引文来自汪菊渊院士对于我国风景园林学发展趋势的论述，汪菊渊，花卉园艺学家、园林学家，中国风景园林（造园）专业的创始人。

[2] 陈植，建筑学专家。早年与赵深、童寯合创华盖建筑师事务所，创作了一批在近代中国建筑史上具有影响的作品；任教之江大学期间，培养了一批优秀人才。中华人民共和国成立后，参加了上海中苏友好大厦工程，设计了鲁迅墓，主持了闵行一条街、张庙一条街等重点工程设计，对上海建设做出了贡献。他主持和指导的苏丹友谊厅设计赢得了良好的国际声誉。晚年为上海的文物保护、建设、修志等工作进行了大量调研，取得了可喜的成果。

[3] 王绍增，北京林业大学园林系本科与硕士，先后工作于成都市园林局、成都市青白江区政府、四川省城乡规划院、四川省建委、华南农业大学等单位。现任中国风景园林学会常务理事。

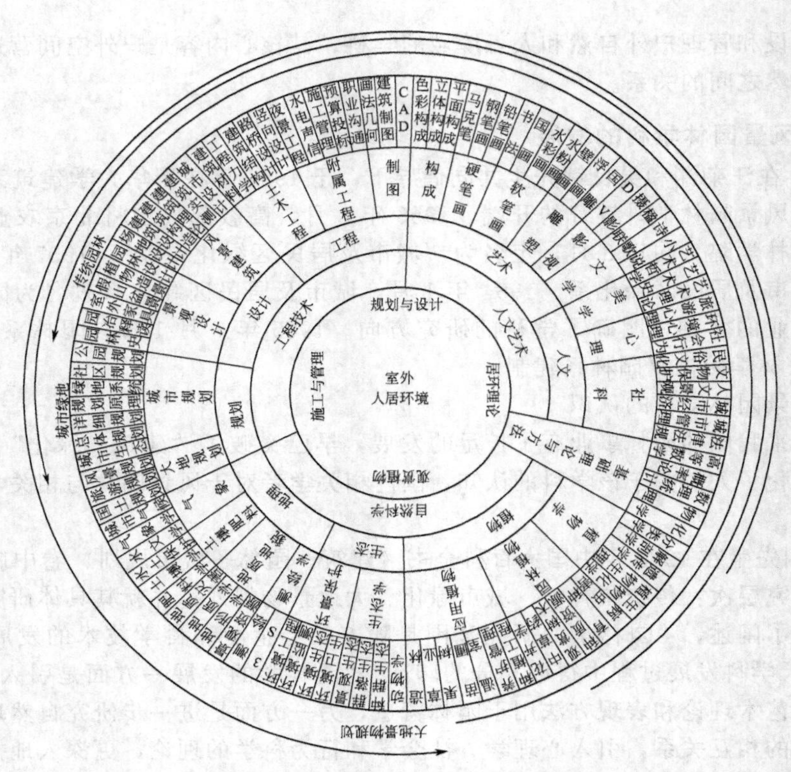

图 1-3-1　王绍增　风景园林设计与其他相关学科图

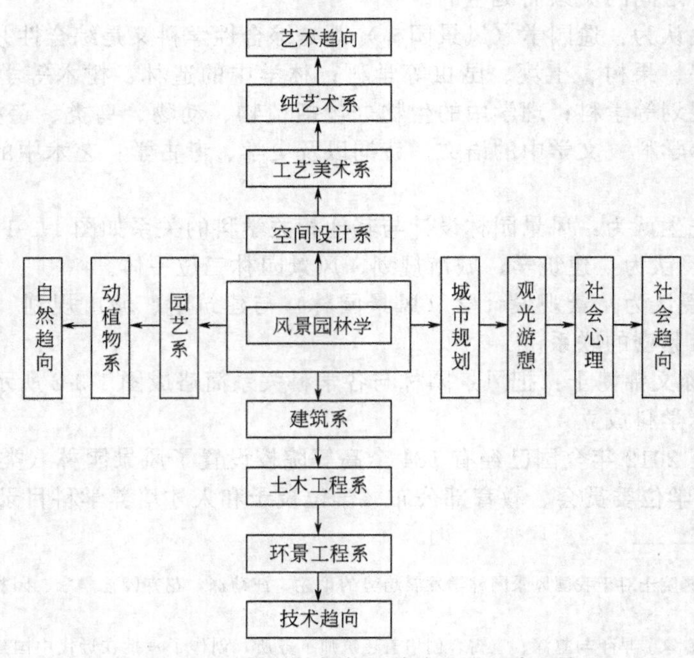

图 1-3-2　风景园林与各学科关系图（陈文锦）

景园林学“新增为国家一级学科，设在工学门类，可授工学和艺术学学位”。对于我国风景园林学科发展具有里程碑的意义。

风景园林学科是一门建立在广泛的自然科学和人文艺术学科基础上的应用学科，旨在保持人及其活动与周围自然世界的和谐关系，创造生态健全、环境优美、具有文化内涵和可持续发展的人居环境的科学和艺术。刘滨谊提出风景园林学科在人居环境学科群中的地位和作用，可以从建筑学、城市规划、风景园林学在人居环境学中三位一体的地位作用来认识：聚居建设过程中包含风景园林；聚居活动也离不开风景园林；而对于聚居环境，作为人类生存的环境背景，更是由风景园林学科专业为主来完成的。自人类聚居有史以来，风景园林始终与建筑密不可分；历经农耕文明、工业文明，风景园林随着城市的发展而繁荣昌盛；当代，随着全球资源、环境、生态成为首要问题，风景园林在整个人居环境保护与发展中的作用更成为至关重要的学科。因此，尽管风景园林已独立成为一级学科，但其与建筑学、城市规划三位一体、相互补充的紧密联系不仅不应弱化，而且必须加强。一方面，如同早先的建筑、城乡规划、风景园林的三位一体，风景园林一级学科的发展仍然脱离不开建筑学、城乡规划，另一方面，从中国人居环境学科整体发展看，也需要风景园林学科的长足发展方可得到强化。因此，无论今后如何发展，风景园林学科坐标系将始终以人居环境学作为更大的坐标体系，位居其中。

风景园林设计主要从事外部空间环境规划与设计，涉及建筑学、城市规划、植物学、生态学等学科，集科技、人文、艺术特征于一体，对于优化城市景观、调节生态系统、保护历史遗产和地方文化、改善人居环境质量等起着重要的作用。

（3）当代中国风景园林发展的时代意义

21世纪，可持续发展已经成为全人类的共识，气候变暖、能源紧缺、环境危机是人类面对的共同挑战。中国在经济大跨步发展之后，全社会开始逐渐地在反思人居环境建设过程中的得与失。当今我国风景园林的发展对整个社会有三个方面重要的意义：

① 促进科学发展、生态文明、和谐社会，实现中国的可持续发展；

② 促进休闲文化产业的发展，保护自然与文化遗产；

③ 为废弃地的利用与开发提供新的途径与方法。

1.3.2 风景园林的学科基础理论与研究方法

风景园林学的核心内容是户外空间营造，根本使命是协调人和自然之间的关系，与建筑及城市构成图底关系，相辅相成，是人居环境主体学科的重要组成之一。本学科涉及的问题广泛存在于两个层面：一是对人类生存环境的保护、恢复利用；二是科学有效地规划设计人类生活、工作、休憩所需的户外人工境域。因此，学科融合工、理、农、文、管理学等不同门类的知识，交替运用逻辑思维和形象思维，综合应用各种科学和艺术手段来实现。

（1）学科三大理论

景观生态学、场地规划与设计和风景园林学美学是风景园林学的3大基础理论。它们分别以生态学、建筑学、城乡规划学和美学为核心，同时借以地理学、林学、地质学、历史学、社会学、艺术学、公共管理、环境科学与工程、土木工程、水利工程、测绘科学与技术等，成为专业研究与实践的辅助学科。

① 景观生态学（Landscape Ecology） 是风景园林学在协调和解决人与自然环境关系中的核心理论，为其分析、解决问题提供了理论支持。景观生态学是以景观结构、功能和动态特征为主要研究对象的一门新兴宏观生态学分支学科，是对人类生态系统进行整体研究的新兴学科。景观生态学的主要研究内容包括：景观格局的形成及与生态学过程的关系；景观的等级结构、功能特征以及尺度推绎；人类活动与景观结构、功能的相互关系；景观异质性（或多样性）的维持和管理等。

② 风景园林学空间营造理论（Theory of Landscape Planning and Design） 是关于如何

规划和设计不同尺度户外环境的理论，是风景园林学的核心基础理论，又可细分为风景园林学规划理论和风景园林学设计理论。风景园林学规划理论包括表述模型、过程模型、评价模型、变化模型、影响模型和决策模型等六个模型；风景园林学设计理论包括如下 8 个技术环节：确定范围与目标、数据收集与区域分析、现场踏勘、社会经济文化背景分析、完成现状调研报告、多方案比较、概念设计、项目概算和施工设计。

③ 风景园林学美学理论（Landscape Aesthetics） 是关于风景园林学价值观的基础理论，反映了风景园林学科学与艺术、精神与物质相结合的特点。它融合中国传统自然思想、山水美学和现代环境哲学、环境伦理学、环境美学，提供了风景园林学研究和实践的哲学基础。

(2) 基本研究方法

风景园林学横跨工、农、理、文、管理学，融合科学和艺术、逻辑思维和形象思维的特征，决定了其研究方法的多样性。一般而言，风景园林学较多采用如下 3 种方法。

① 学科融贯方法　风景园林学的具体规划设计过程，吸收了“整体论（Holism）”、“开放复杂巨系统论（Open Complex Giant System）”和“融贯学科（Transdiciplinary Method）”的成果，应用相关科学（自然和社会科学）、技术（构造、材料）、艺术的知识和手段，综合解决风景园林学规划、设计、保护、建设和管理中遇到的开放性、复杂性问题。

② 实验法　风景园林学的基础理论研究离不开实验，如工程材料与工艺性能、植物抗旱抗寒特性、观赏植物花期控制、新品种繁育、城市街巷气流规律、景观心理规律、园林的医疗作用等。

③ 田野调查法　适用于收集环境建设与维护工作所需要的大量基础资料，以及对其规律的研究。如场地与环境的基本特征、游人的活动规律、绿地系统的生态作用、民众的各种要求等。

1.3.3　风景园林学科的研究领域与方向

风景园林学是一门古老而年轻的学科。作为人类文明的重要载体，园林、风景与景观已持续存在数千年；作为一门现代学科，风景园林学可追溯至 19 世纪末、20 世纪初，是在古典造园、风景造园基础上通过科学革命方式建立起来的新的学科范式。从传统造园到现代风景园林学，其发展趋势可以用 3 个拓展描述：第一，服务对象方面，从为少数人服务拓展到为人类及其栖息的生态系统服务；第二，价值观方面，从较为单一的游憩审美价值取向拓展为生态和文化综合价值取向；第三，实践尺度方面，从中微观尺度拓展为大至全球、小至庭院景观的全尺度。

风景园林学包括 6 个研究方向：风景园林历史与理论（History and Theory of Landscape Architecture）、风景园林规划与设计（Landscape Design）、大地景观规划与生态修复（Landscape Planning and Ecological Restoration）、风景园林遗产保护（Landscape Conservation）、园林植物与应用（Plants and Planting ）、风景园林工程与技术（Landscape Technology）。

(1) 风景园林历史理论与遗产保护

该学科方向领域要解决风景园林学学科的认识、目标、价值观、审美等方向路线问题。主要领域：①以风景园林发展演变为主线的风景园林文化艺术理论；②以风景园林资源为主线的风景园林环境、生态、自然要素理论；③以风景园林美学为主线的人类生理心理感受、行为与伦理理论。

(2) 大地景观规划与生态修复

该学科方向领域要解决风景园林学科如何保护地球表层生态环境的基本问题。主要领域：①从宏观尺度上，面对人类越来越大规模尺度的区域性开发建设，运用生态学原理对自然与人文景观资源进行保护性规划的理论与实践；②中观尺度上，在城镇化进程中，发挥生态环境保护的引领作用，进行绿色基础设施规划、城乡绿地系统规划的理论与实践；③微观尺度上，对各类被污染破坏了的城镇环境进行生态修复的理论与实践，诸如工矿废弃地改造、垃圾填埋场改造等。这是一个以“规划”“土地”“生态保护”为“核心词”的科学理性思维为主导的二级学科，时间上以数十年、数百年、甚至千年为尺度，空间变化从国土、区域、市域到社区、街道不等，需要具有时间和空间上高度的前瞻性。

(3) 园林与景观设计

该学科方向领域要解决风景园林如何直接为人类提供美好的户外空间环境的基本问题。主要领域：①传统园林设计理论与实践；②城市公共空间设计理论与实践，包括公园设计、居住区绿地、校园、企业园区等附属绿地设计、户外游憩空间设计、城市滨水区、广场、街道景观设计等；③城市环境艺术理论与实践，包括城市照明、街道家具等。这是一个以“设计”“空间”“户外环境”为核心词的兼具艺术感性和科学理性的二级学科，需要丰富深入的生活体验和富有文化艺术修养的创造性。因为实践内容与日常人居环境息息相关，应用面广。

(4) 园林植物应用

作为风景园林最重要的材料，该学科方向领域要解决植物如何为风景园林服务的基本问题。主要领域：①园林植物分析理论与实践；②园林植物规划与设计理论和实践；③风景园林植物保护与养护理论与实践。这是一个以“植物”为“核心词”的二级学科，园林植物分析包括植物生理、植物生态、植物观赏作用的分类、评价；园林植物规划与设计是与二级学科相匹配的植物规划设计。因为其与“规划”“设计”密不可分，并且在其中所占比重较大，无论是过去、现在，还是未来，始终具有不可替代和缺之不可的地位。

(5) 风景园林工程与技术

该学科方向领域要解决风景园林的建设、养护与管理的基本问题。主要领域：①风景园林信息技术与应用；②风景园林材料、构造、施工、养护技术与应用；③风景园林政策与管理。这是一个以“技术”“管理”为核心词的二级学科。作为风景园林遗产保护、规划、设计、生态修复、建设、养护实现的手段，信息技术包括遥感、地理信息系统、全球卫星定位、计算机多媒体、景观模拟等技术的应用；政策与管理涉及一系列有关风景园林保护、修复、建设、养护的法律、法规、条例、规范。

1.3.4 IFLA 关于风景园林教育的阐述

风景园林国际教育宪章对专业教育及培养目标做了如下阐述：

现代社会面临着人居环境和地域风景在生态、社会、功能等方面的衰退等复杂挑战，这些挑战为学术机构提出针对解决以上问题的新途径的教学与研究提供了指导。

(1) 风景园林的目标是改善自然和人居环境的质量，建立和协调风景与建筑、基础设施的关联以及对自然环境和文化传统的尊重等，这些都与公众利益息息相关。

(2) 公众关注的是风景园林师对个人、团体和私营业主在空间规划、设计组织、园林建设等方面需求的理解并提出切实可行的方案。同时他们也关心遗址的保护和复兴、自然平衡的维持和可供利用资源中合理的土地利用规划等。

(3) 多样化的风景园林教育和培训方法应被视为值得保护的文化财富。

(4) 为使风景园林教育达到较高水准，我们需要一个未来行动的通用平台。这就是允许国家、学校和行业组织建立一系列相关标准，以评估和改进未来风景园林师的教育。

(5) 风景园林师在不同国家间的流动日益频繁，要求风景园林专业的学历、文凭、资格证书实现互认。

(6) 风景园林学历、文凭的相互认证要以客观标准为基础，保证证书持有者接受并达到本宪章要求的职业训练内容。

(7) 展望未来世界，风景园林专业的人才培养目标如下：

① 为人类和其他栖息者提供良好的生活质量；

② 探求尊重并调和人的社会、文化以及行为和审美需求的风景园林规划设计方法；

③ 用生态平衡的方法保证已建成环境的可持续发展；

④ 珍视表现地方文化的公共园林。

1.4 风景园林与相关学科的关系

1.4.1 与城乡规划、建筑学学科的关系

中国真正意义上的风景园林学科是由汪菊渊、吴良镛先生提议，在梁思成先生的支持下，于1951年由北京农业大学园艺系和清华大学建筑系共同创办的造园专业，从学科创办人即可看出风景园林学科与城乡规划、建筑学的紧密联系。风景园林、城市规划、建筑学其共同的目标都是创造人类聚居环境，核心是将人与环境的关系处理落实于具有空间分布和时间变化的人类聚居的环境中。

2011年“风景园林学”正式成为110个一级学科之一，与城乡规划学、建筑学一起，三者共同构成了完善的人居环境学科组群，极大地推动了中国生活环境、城乡环境的保护与建设。正如吴良镛先生在《北京宪章》中提出的实现人居环境的“可持续发展”，营建宜人美好生活环境的对策：通过城市设计的核心作用，从观念上和理论基础上把建筑学、城市规划学、风景园林学进行整合，摒除专业间的门户之见，将三者有机整合成“三位一体”的工程体系。美国很早就开始了三个领域研究及实践的合作，甚至学科带头人的教育背景和设计实践方法都在相互渗透，风景园林专业实践领域与建筑、城市规划领域的相互渗透是发展的必然趋势。

现代风景园林学科是建立在人居环境学的大学科背景下，与城市规划学科、建筑学科一起，共同承担着建设适宜人类居住环境的任务。在实际工程项目中，这三个学科有众多的交叉，缺一不可，在理论上同样有众多的相似之处。但三者又是相互独立、互相渗透的，它们的区别在于基本概念和设计内容不同。城乡规划是国家对城市发展的具体战略部署，既包括空间发展规划，又包括经济产业的发展战略，是为城市建设和管理提供目标、步骤、策略的科学，在空间规划上注重用地、道路交通为主的人为场所规划。建筑设计则主要侧重于聚居空间的塑造，重在人为空间设计，而风景园林设计是综合性的科学，主要内容是空间规划设计和管理，对象是城市空间形态，侧重于对空间领域的开发和整治，即土地、水、大气、动植物等景观资源与环境的综合利用与再创造。建筑与城乡规划也强调精神文化，但它们最基本的还是偏重于使用功能，偏重于技术，偏重于解决人类生存问题。风景园林则要上一个层次，它要解决人类精神享受的问题。就人居环境的主体而论，建筑、城市规划、风景园林规划设计三者各有侧重和分工，有机叠合，构成生活世界场域过程体系。

风景园林、建筑学与城乡规划在研究与实践领域都会有着一定程度的交叉，在实践操作中已经出现了部分工程项目既有风景园林专业人员承担完成的，也有建筑专业人员牵头的，又有城乡规划专业人员作为主要负责人的，如目前从事城市设计、广场方案设计、小城镇规

划等项目的包括园林、建筑、城乡规划三类专业背景的人员都有，从不同的角度去分析、解决现状问题。但是重要的并不是由谁来做项目负责人，而是很多领域的项目涉及多方面的知识及技能，需要处理这些问题的综合技能。因此，正确的方法是风景园林设计从开始就参与到城市规划阶段，对城市布局、分区和发展，从人与自然的关系上提出规划建议，由具有风景园林、建筑、城乡规划三方面专业背景的人，鼎力合作、共同完成，这样才有利于创造适宜的城市环境。

1.4.2 与其他学科的关系

风景园林与建筑及城市构成图底关系，相辅相成，是人居环境学科三大重要的组成部分。本学科涉及的问题广泛存在于两个层面：如何有效保护和恢复人类生存所需要的户外自然境域？如何规划设计人类生活所需要的户外人工境域？为了解决上述问题，本学科需要融合工、理、农、文、管理学等不同门类的知识，交替运用逻辑思维和形象思维，综合应用各种科学和艺术手段。因此，也具有典型的交叉学科的特征。风景园林设计学、建筑学、土木工程和城市规划都是与环境建设有关的专业。也有以下区别：

建筑师从事各种功能的建筑物和设施的设计，如住宅、办公建筑、学校和工厂；土木工程师运用科学原理进行公共设施如道路、桥梁和设施等的设计和建造；城乡规划师对整个城市和区域的全面发展树立广泛的、综合的观点。较早阶段的城市规划领域与风景园林学和建筑学密切相关，但是城乡规划已经发展成为一门与众不同的专业，具有其自身的课程和学位体系。今天也有许多景观设计师从事城乡规划的工作。

【思考练习】

1. 了解风景园林涉及的相关基本概念。
2. 从现代风景园林学科涉及的领域，谈谈自己对风景园林学科的认识。
3. 试述风景园林学科的特点与相关学科的关系。

第2章 中外园林发展概述

重点：中国古典园林与西方园林的特点及代表作品。

难点：中国园林与西方园林的异同；不同思潮影响下的西方现代风景园林的发展。

2.1 中国古典园林的发展

中国古典园林的发展，历经了从“囿到颐和园”的历程，形成了具有自然山水气息的造园风格，讲究“虽由人作，宛自天开”造园宗旨，其文化内涵丰富，个性特征鲜明，造园技艺精湛绝伦，极具艺术魅力与价值，影响着亚洲汉文化圈内的朝鲜、日本，甚至欧洲地区。

2.1.1 中国古典园林的起源——囿（起始）

中国古典园林的营造史始于何时，至今尚无明确的定论。如果从殷、周时代囿的出现算起，至今已有三千多年的历史，是世界园林艺术起源最早的国家之一。从园林的使用性质来分析，主要是供游猎游憩、文化娱乐、起居生活的要求，因此，造园活动必定受生产力和物质财富的制约。在生产力低下的社会，人类的造园活动是难以实现的。《礼记·札记》有这样一段对当时人类的生活场景进行描述：“昔者先王未有宫室，冬则居营窟，夏则居橧巢。未有火化，食草木之实，鸟兽之肉，饮其血，茹其毛；未有麻丝，衣其羽皮”。

夏朝已经出现了宫殿建筑。到了商朝，经济、技术、文化艺术的发展，为造园活动奠定了基础。而甲骨文中出现了园、圃、囿等文字，引起了学术界关于我国古典园林的营造活动和最初形式的开始及雏形的讨论。

《史记》中记载的中国古代最早的园林——沙丘苑。《史记·殷本纪》：帝纣王“益广沙丘苑台，多取野兽飞鸟置其中，慢于鬼神。大聚乐戏于沙丘，以酒为池，悬肉为林，使男女倮逐其间，为长夜之饮”。沙丘苑在今河北广宗西北大平台，当建于殷纣王之前。殷纣王进行了大规模的扩建，园内当建有不少离宫别馆，并畜养着很多捕获的野兽和飞鸟。

《周礼》的：“园圃树果瓜，时敛而收之”；《说文》的：“囿，养禽兽也”；《周礼地官》的：“囿人，……掌囿游之兽禁，牧百兽”等，说明囿的作用主要是放牧百兽，以供狩猎游乐。在园、圃、囿三种形式中，囿具备了园林活动的内容，特别是从商到了周代，就有周文王的“灵囿”。据《孟子》记载：“文王之囿，方七十里”，其中养有兽、鱼、鸟等，不仅供狩猎，同时也是周文王欣赏自然之美、满足他的审美享受的场所。可以说，囿是我国古典园林的一种最初形式。

西周灵囿，始建于周文王时。《史记·周本纪·集解》引徐广曰：“丰在京兆北户县东，有灵台。镐在上林昆明北，有镐池，去丰二十五里。皆在长安南数十里。”《史记·封禅书·索隐》说：“故周文王都丰，武王都镐，即立灵台，则亦有辟雍耳。”“灵台、镐池和璧雍”是西周苑囿内的主要建筑。《诗·大雅·灵台》以诗歌的形式描述了周文王创建苑囿的情景：

"经始灵台，经之营之。庶民攻之，不日成之。……王在灵囿，鹿鹿攸伏。鹿鹿濯濯，白鸟翯翯。"显然这是一个有山有水有建筑并饲养着鹿、白鹤和鱼的园林。用以观天象和游观的"灵台"，是园中最重要的高台建筑，唐初李泰《括地志》云："辟雍、灵沼，今悉无处，惟灵台孤立，高二丈，周回一百二十步也。"这是经过近两千年风雨剥蚀后的规模，由此可以想象灵台建成之初应是相当高大。

囿，是中国古代供帝王贵族进行狩猎、游乐的一种园林形式。通常在选定地域后划出范围，或筑界垣。囿中草木鸟兽自然滋生繁育。狩猎既是游乐活动，也是一种军事训练方式；囿中有自然景象、天然植被和鸟兽的活动，可以赏心悦目，得到美的享受。先秦及汉代苑囿以物质资料生产为主，兼有游赏功能，多依托湿地等生产力较高的自然环境，其物产主要供给祭祀活动及宾客宴请，是中国园林的初始形态。其后，苑囿性质逐渐变化，游赏功能逐渐取代物质生产功能成为主角。

所谓"囿"(图 2-1-1)，就是将自然景色优美的地域用墙垣围合，在其中种植草木，放养禽兽，有池有水，筑有简单建筑，供帝王狩猎游憩的场所。

特征：狩猎、通神、生产、游憩。

图 2-1-1　周文王灵囿

2.1.2　皇家园林的形成期——秦汉宫苑（发展）

公元前 221 年，秦统一中国，建立第一个封建社会。在渭水之南开始大兴土木，修建离宫别苑，在其统治的 12 年中共修建 500 多座宫苑，其中"上林苑"最具规模。这一时期，神仙思想盛行，秦始皇在上林苑的蓝池宫挖池建岛，模拟东海仙山，祈求长生不老，开创了皇家园林中"一池三山"布局的雏形。

历史背景：公元前 221 年，秦统一中国

意识形态：天人合一思想，君子比德思想

神仙思想：在园林中模拟神仙仙境，"一池三山"布局形式

到了汉代，在秦朝的基础上把早期的游囿，发展到以园林为主的帝王苑囿行宫，除布置园景供皇帝游憩之外，还举行朝贺，处理朝政。汉高祖的"未央宫"、汉文帝的"思贤园"、汉武帝的"上林苑"、梁孝王的"东苑"（又称梁园、菟园、睢园）、宣帝的"乐游园"等，都是这一时期的著名苑囿。从敦煌莫高窟壁画中的苑囿亭阁，元人李容瑾的《汉苑图》中，可以看出汉时的造园已经有很高水平，而且规模很大。枚乘的《菟园赋》，司马相如的《上林赋》，班固的《西都赋》，司马迁的《史记》以及《西京杂记》、典籍录《三辅黄图》等史书和文献，对于上述的囿苑，都有比较详细的记载。汉代代表性园林有上林苑、建章宫。

① 上林苑　是汉武帝在秦时旧苑基础上扩建的，苑墙 130～160km，地跨西安市和咸

宁、周至、户里、蓝田四县的县境，是中国历史上最大的一座皇家园林。离宫别院广布其中，三十六处苑，十二宫，其中建章宫规模最为宏大。上林苑开凿昆明池，保证了城市和宫苑的供水，通过园林的理水来改善城市的供水条件，在中国古代城市建筑史上，是一项开创性的成就。其中太液池运用山池结合手法，造蓬莱、方丈、瀛洲三岛，岛上建宫室亭台，植奇花异草，自然成趣。这种池中建岛、山石点缀手法，被后人称为秦汉典范。两汉时期，私家园林相继在长安、洛阳两地兴建。

② 建章宫　总体布局特点：建章宫北部以园林为主、南部以宫殿为主，成为后世“大内御苑”规划的滥觞（làn shāng，注：先导、先河）。西北部开凿大池，名为太液池，堆筑三岛（蓬莱、方丈、瀛洲），是历史上第一座具有完整三仙山的仙苑式皇家园林（图 2-1-2）。一直沿袭到清代的颐和园与圆明园。

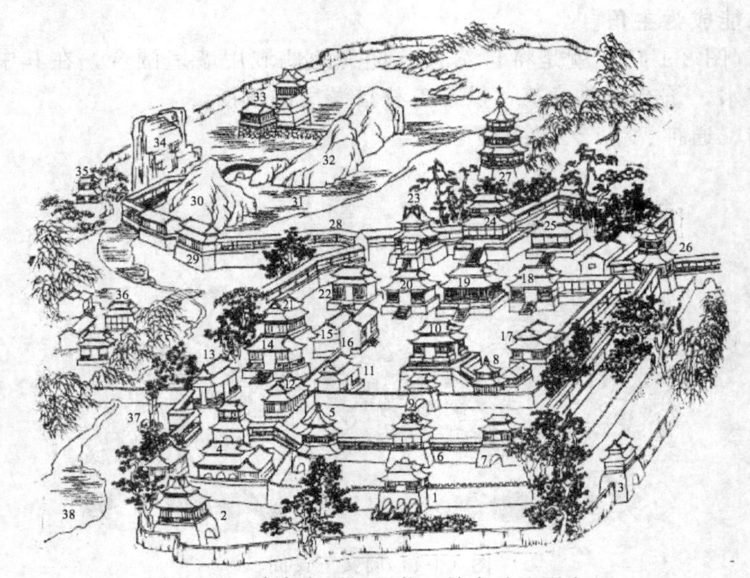

图 2-1-2　建章宫图（原载《关中胜迹图志》）

1—壁门；2—神明台；3—凤阙；4—九室；5—井干楼；6—圆阙；7—别凤阙；8—鼓簧宫；9—嶕峣（音 yao）阙；10—玉堂；11—奇宝宫；12—铜柱殿；13—疏圃殿；14—神明堂；15—鸣鸾殿；16—承华殿；17—承光宫；18—枍诣宫；19—建章前殿；20—奇华殿；21—涵德殿；22—承华殿；23—駘（音 sa）娑宫；24—天梁宫；25—骀（音 dai）荡宫；26—飞阁相属；27—凉风台；28—复道；29—鼓簧台；30—蓬莱山；31—太液池；32—瀛洲山；33—渐台；34—方壶山；35—爆衣阁；36—唐中庭；37—承露盘；38—唐中池

2.1.3　自然山水园的兴起——魏、晋、南北朝的园林（转折期）

魏、晋、南北朝时期，战乱不断，社会动荡不安。佛教、道教、玄学在这一时期逐渐流行与发展，在思想上人们敢于冲破传统儒学的礼法，开始探索人生的真谛，思想的解放促进了儒、道、佛、玄的共同发展。

面对纷繁动荡的社会，人们开始逃避现实寄情自然山水。在这种世风的影响下，以抒发自然情趣为主的田园诗和山水画得以兴起和发展，对造园产生了深远影响，造园活动逐渐普及广大民间，而且升华到艺术创造的境界。营造园林已成为魏、晋、南北朝时期社会活动的主流，特别是名人志士爱园成瘾。文人士大夫对于园林的鉴赏，形成一种园林审美心态。造园从写实过渡到写意，写实与写意相结合，是中国造园艺术创作的一个飞跃。私家园林与寺观园林得到一定的发展。

历史背景分析：

A. 政治上动乱分裂——思想解放——人性的觉醒

B. 消极情绪与及时行乐思想

C. 知识阶层从审美角度对自然山水的再认识

(1) 私家园林

城市私园：北魏迁都于洛阳后，洛阳有了很大发展，城内东西二十里，南北三十里，共有居坊里220个，八景私园散布其中。如城东的寿丘里宅园均极华丽考究，园林不仅是游赏的场所，甚至作为斗富的手段。

郊野别墅园：城市以外的别墅园一般都与庄园相结合而成为园林化的庄园或庄园别墅，现仅一例：西晋大官僚石崇的“金谷园”就是当时北方著名的庄园别墅。

私家园林从汉代的宏大变为小巧，意味着园林内容从粗放到精致的跃进，小园深得社会上的广泛赞赏。私家园林的艺术成就尽管尚处于比较幼稚的阶段，但在中国古典园林的三大典型中，却率先迈出了转折时期的一步。

(2) 寺观园林

东汉，佛教传入，道教开始形成，魏晋南北朝时期，佛教、道教兴盛。佛寺、道观大量出现，随着寺观的大量兴建，出现了新的园林类型——寺观园林，一般有两种形式。

城市寺观：不仅是宗教活动的场所，也是居民公共游园活动的中心。

郊野寺观：在选择建筑基址的时候，对自然风景条件要求非常严格，寺观与自然山水的情景交融，既显示出佛国仙界的氛围，也像世俗的庄园、别墅一样，呈现出天然和谐的人居境遇——逐步形成了以寺观为中心的风景名胜区（如茅山、庐山）。

小结：到魏晋南北朝时期，中国古典园林的四大特点中的两个——本于自然、高于自然，建筑美与自然美的融糅——已经初步形成。作为园林体系的雏形，它是秦汉园林发展的转折升华，也是此后全面振兴的伏脉。中国风景式园林正是按这个脉络进入了下一阶段的隋唐全盛期。

2.1.4 自然山水园的发展——唐宋园林（繁荣）

2.1.4.1 唐代园林

隋朝结束了魏晋南北朝三百多年的战乱，国家恢复统一，社会经济得到恢复和迅速发展，在政治、经济、文化、建筑及园艺栽培技术等方面达空前的鼎盛，又展开了大规模的城市和宫苑的建设，造园在这一时期出现了繁荣的局面。

唐代园林繁盛的因素：

政治——国家出现大一统局面；

意识——儒、道、释共尊，以儒家为主，儒学重新获得正统地位；

文化——兼容并蓄，对外来文化襟怀宽容；

建筑技术——传统的木构建筑，在技术和艺术方面均已趋于成熟；

栽培技术——观赏植物栽培的园林艺术有了很大进步。

(1) 皇家园林

唐时期的皇家园林集中在长安和洛阳的城内、近郊、远郊，规模之大远远超过魏晋南北朝时期。皇家三大园林分别是洛阳西苑（行宫御园）、华清宫（离宫）、九成宫（离宫）。

下面以西苑——行宫御园（人工山水园）为例简要介绍。

西苑位于洛阳以西，建都之时就始建此苑，西苑周长200里，历史上仅次于上林苑。西苑有起伏的平原，北背邙山水源充沛，南临洛河，是一座人工山水园。园内理水、筑山、植物配置和建筑营造工程极其浩大。总体布局：以人工开凿最大水域“北海”为中心，周长十余里，海中筑三座岛山，立出水面百余尺。海北的水渠曲折萦绕注入海中。沿着水渠置十六院，均穷极华丽，院内皆临渠，三岛相距几百步，岛上分别建置各种楼台亭阁，水上有船，连接十六院，所谓十六院即有十六个建筑组合群，各院名极为好听：延光院、合香院、丽景院、长春院、流芳院……每院置四品夫人十六个人各主一院。十六院相当于十六个园中园，它们之间以水道串联成一个整体。北海在其南，又凿五湖，每湖方四十里：东曰翠光湖，南曰迎阳湖，西曰金光湖，北曰浩水湖，中曰广明湖，五湖与北海接连，无不显示江山永固。隋炀帝兴建西苑时，“诏天下境内所有鸟兽草木驿至京师”，因此无数年后，院内已是“草木鸟兽繁荣茂盛，桃蹊柳径翠荫交合”。

西苑大体沿袭了汉以来“一池三山”的皇家宫苑模式，山上有道观建筑，但仅是求仙象征，实为观赏景点。用十六组建筑群结合水道的穿插而构成园中有园的小园集群，则为规划创新之举。十六院多为模拟天然河湖的水景，开拓水上游览内容，这个水系有与“积土石为山”相结合而构成丰富的、多层次的山水空间，这都是精心规划设计的。苑内营造大量建筑。植物配置范围广泛，品种极其丰富，足以说明西苑不仅是复杂的艺术创作，也是庞大的土木工程和绿化工程，是园林规划设计方面的里程碑，它的建成标志着中国古典园林全盛期的到来。

(2) 私家园林

唐代私家园林在艺术水平上有了长足的进步与提高，此时私家园林主要有城市私园和郊野别墅园两个类型。

a. 城市私园：代表园林有白居易的“和园”——造园目的在于寄托精神和陶冶情操，以泉石竹树养心，借诗酒琴书怡情。

b. 郊野别墅园：代表园林有王维的辋川别业。辋川为蓝田西南20公里，原是宋之问的庄园。

(3) 唐代园林的特点

a. 皇家园林的“皇家气派”已经完全形成，作为园林类型的特征，不仅表现宏大，而且在园林总体和局部的设计处理上都给人一种整体的审美感受，出现像西苑、华清宫、九成宫这样的一些具有划时代意义的作品。

b. 私家园林融糅诗画，应运而生的便是意境含蕴。从而通过山水景物诱发游赏者的联想活动，意境的创造也处于朦胧的状态。儒家、道家、佛家生活情趣少和寡欲，神清气朗，三者得以合流融会于少数知识分子的造园思想之中，从而形成独特的园林观，给私家园林的创作注入了新鲜的血液，成为宋明文人园林兴盛的启蒙。

c. 寺观园林进一步世俗化，促进了原始型旅游的发展，扩大了范围，在一定程度上保护生态环境。宗教建设与风景建设在更高的层次上相结合，促成了风景名胜尤其是山岳风景名胜区普遍开发的局面，这一点今不如昔了，乱建乱伐，粗制滥造，破坏有余……

d. 由于山水画、山水诗文、山水园林这三个艺术门类的相互渗透，中国古典园林的第三个特点——诗画情趣开始形成。虽第四个特点——意境含蕴尚处于朦胧，但隋唐作为一个完整园林体系已形成，沿着体系的持续发展，形成了中国古典园林的成熟期。

2.1.4.2 宋代园林

公元960年宋太祖赵匡胤即位后，建都开封，改名东京，开始了宋代的历史。宋代在中国五千年的文明历史中占有极为重要的历史地位，也是中国古典园林发展史上的一个重要时期。著名史学家陈寅恪所说：“华夏民族之文化历数千载之次进，造极于宋赵之世”。宋代山水画通过写实和写意的手法表现出“可望、可行、可游、可居”的士大夫心目中的理想境界，与之息息相关的山水园林也开始呈现出理想画论中“可望、可行、可游、可居”的特点。两宋时期造的园不仅着眼于园林的整体布局，更强调叠山、置石、建筑、小品、植物配置等深入细致的设计。文人参与造园的营造是宋代的一大特点，主要代表有：

苏舜钦——沧浪亭；范成大——石湖别墅；叶清臣——小隐堂；史志正——鱼隐。

历史背景分析：

① 小资产阶级经济发达，城市商业和手工业空前发达；

② 科学技术的长足发展，建筑技术、植物花卉栽培技术、石材的应用；

③ 文化繁荣，促使文化园林的兴起。

代表著作有李明仲的《营造法式》、《梅谱》、《兰谱》、《菊谱》、《石谱》。

（1）皇家园林

艮岳，又名万岁山，或称阳华宫，是宋徽宗亲自设计的杰作，是宋代写意山水园的杰出代表，是在平地上以大型人工假山来模拟自然山河的造园典型。艮岳位于北宋首都汴梁（开封）城东北隅，《易·说卦》“艮，东北之卦也。”周长约6里，面积约750亩。具备了写意山水园的主要特点：艮岳是典型的山水宫苑，以山水画为蓝本、诗词品题为景观主题。艮岳的建设遵循了“按图度地，按图施工”的思想。艮岳突破了秦汉以来“一池三山”的传统造园形式，把诗情画意融入造园，建筑物具有了使用与观赏的双重功能，园中的禽兽已经不再供帝王们狩猎之用，而是起增加自然情趣的作用，是园林景观的组成部分。

艮岳的造园艺术成就主要体现在以下几个方面。

① 筑山与理水　全园以艮岳为园内各景的构图中心，以万松岭和寿山为宾辅，形成主从关系。介亭立于艮岳之巅，成为群峰之主。两侧宾山峰与之呼应形成主峰的余势，构成宾主分明、远近呼应、余脉延展的完整山系，既是天然山脉的典型概括，又体现了山水论所谓的“先主宾主之位，决定近远之形”“客山拱伏，它山始尊”的构筑规律。整个山系“岗连埠属，东西相望，前后相续”并非孤立的土丘。其经营位置也“布善形，取峦向，分石脉”的画理。用石十分讲究（太湖石、灵璧石），千姿百态，殚奇尽怪，均按图样加工而成。山上路是“斩石开径，飞空架桥，依石排空，周环曲折，有蜀道之难。”

左为山，平地起山，右水，池水出为溪，自南向北行岗脊两石间，往北流入景龙江，往西与方沼、凤池相通，形成了谷深林茂、曲径两旁的完好水系。园内形成一套完整的水系。它几乎包罗了内陆水体的全部形态，河、湖、沼、溪、涧、瀑、潭等，与山系配合形成山嵌水抱的整体。这是大自然山水成景的最理想的地貌概括，也体现了儒道思想的最高哲理——虚实的相互补充、统一和谐。

② 建筑　园内厅堂楼谢可碑记，集中为大约四十处，几乎罗列了当时全部的建筑形式，如书馆、仙筑等。建筑布局大部分从造景的需要出发，充分发挥点景和观景的作用，山顶制高点和岛上多建亭，水畔建台榭，山坡建楼阁，建筑作为造园的四要素之一在园林中的地位更加重要。

③ 植物　植物配置种类繁多，果、藤、蕨、水生、药用、花卉等，其不少是从南方运来，包括枇杷、橙、柑、桔、荔枝、茉莉、含笑等。石隙、岩隙连绵不断，都被花木所围。植物配置：孤植、从植、对植、混交大量的则是片植。这在宋帝《艮岳记》中都有记载。艮岳东麓，植梅万株，辅以“萼绿草堂”、“萧森亭”等亭台，之西是药用植物配置。西庄是农舍，帝王贵族在此可以“放怀适情，游心玩思”欣赏田野风光。

艮岳称得上是一座叠山、理水、花木、建筑完全具有浓郁诗话情趣而少皇家气派的人工山水园。它代表着宋代皇家园林的特征和宫廷造园艺术的最高水平，把大自然生态环境和山水风景加以高度概括提炼和典型化。

（2）私家园林

宋代的私家造园以文人园林为主，继承了南北朝以来的隐逸思想的表现，而不重于生活之享受。宋代士人园，大多为“主题园”，他们往往通过园林题咏，将自己的审美理想、政治愤懑寄寓其中，园林成为重要的抒情载体。园中景点都有寓意隽咏的题名。从唐朝中后期延续下来的“园虽小而诸景皆备”的“壶中”范式在宋代发展成为高度成熟而完美的艺术典范。

“归来”即回归江湖和田园，是宋代文人园林不倦的主题。宋代园林与唐代园林有着比较分明的审美界限，魏晋至唐天然的、客观的因素所占比重大于人工的、主题的因素；宋代以后与之正好相反。如果把中国园林的发展划分为两个阶段，那么前者可以看作是它的发展期，宋代以后则是其成熟完善期。

隋唐园林开始将诗画与园林景观创造结合起来，抒情写意成为园林创作的基本艺术观念，特别是中晚唐开始，园林规模越来越小，融进园林的思想内涵却越来越丰富，主题园林萌芽，直到宋代主题园的确立，园林成为容纳士大夫荣辱、理想和审美感情的诗画艺术载体，完成了园林发展史上的第二次飞跃。

2.1.5　古典园林的辉煌时期——明清园林（鼎盛期）

明清时期的造园，再次达到中国古典园林的高潮，造园活动无论在数量、规模和类型方面都达到了空前的水平，造园艺术、技术日趋精湛、完善；文人、画家积极投身于造园活动。与此同时还出现了一些专业的匠师。不仅人才辈出，而且出现了与造园相关的理论著作。其中江南的私家园林与北方的避暑山庄、圆明园、清漪园（今天的颐和园）成为了中国古典园林的瑰宝。

2.1.5.1　代表园林

（1）皇家园林：颐和园

颐和园（图 2-1-3），位于山水清幽、景色秀丽的北京西北郊，原名清漪园，始建于公元 1750 年，时值中国最后一个封建盛世 ——“康乾盛世”时期；1860 年的第二次鸦片战争中，清漪园被英法联军烧毁；1886 年，清政府挪用海军军费等款项重修，并于两年后改名颐和园，作为慈禧太后晚年的颐养之地。1998 年 11 月被列入《世界遗产名录》。

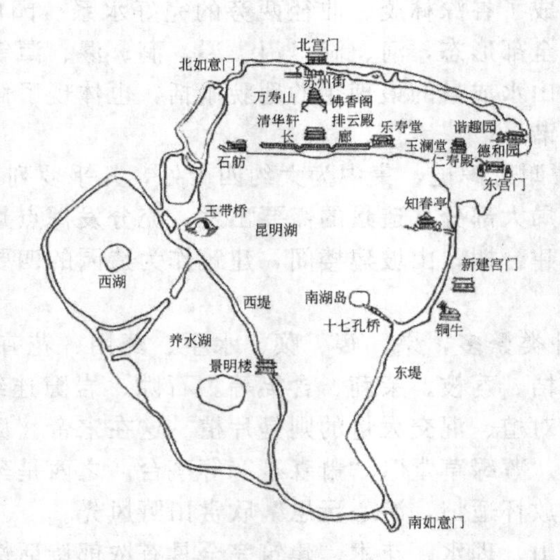

图 2-1-3　颐和园与圆明园（见封二彩插）

颐和园集传统造园艺术之大成，借景周围的山水环境，饱含中国皇家园林的恢弘富丽气势，又充满自然之趣，高度体现了“虽由人作，宛自天开”的造园准则。万寿山、昆明湖构成其基本框架，占地 300.59 公顷，水面约占四分之三，园中有点景建筑物百余座，大小院落 20 余处，3000 余间古建筑，面积 70000 多平方米，古树名木 1600 余株。其中佛香阁、长廊、石舫、苏州街、十七孔桥、谐趣园、大戏台等都已成为家喻户晓的代表性建筑。

园中主要景点大致分为三个区域：以庄重威严的仁寿殿为代表的政治活动区，是清朝末期慈禧与光绪从事内政、外交政治活动的主要场所。以乐寿堂、玉澜堂、宜芸馆等庭院为代表的生活区，是慈禧、光绪及后妃居住的地方。以长廊沿线、后山、西区组成的广大区域，是供帝后们澄怀散志、休闲娱乐的苑园游览区。万寿山南麓的中轴线上，金碧辉煌的佛香阁、排云殿建筑群起自湖岸边的云辉玉宇牌楼，经排云门、二宫门、排云殿、德辉殿、佛香阁，终至山颠的智慧海，重廊复殿，层叠上升，贯穿青琐，气势磅礴。巍峨高耸的佛香阁八面三层，踞山面湖，统领全园。蜿蜒曲折的西堤犹如一条翠绿的飘带，萦带南北，横绝天汉，堤上六桥，婀娜多姿，形态互异。烟波浩渺的昆明湖（昆明湖是颐和园的主要湖泊，占全园面积的四分之三，约 220 公顷。南部的前湖区碧波荡漾，烟波浩渺，西望起伏、北望楼阁成群；湖中有一道西堤，堤上桃柳成行；十七孔桥横卧湖上，湖中 3 岛上也有形式各异的古典建筑。昆明湖是清代皇家诸园中最大的湖泊，湖中一道长堤——西堤，自西北逶迤向南。西堤及其支堤把湖面划分为三个大小不等的水域，每个水域各有一个湖心岛。这三个岛在湖面上成鼎足而峙的布列，象征着中国古老传说中的东海三神山——蓬莱、方丈、瀛洲。由于岛堤分隔，湖面出现层次，避免了单调空疏。西堤以及堤上的六座桥是有意识地模仿杭州西湖的苏堤和“苏堤六桥”，使昆明湖益发神似西湖。西堤一带碧波垂柳，自然景色开阔，园外数里的玉泉山秀丽山形和山顶的玉峰塔影排闼而来，作为园景的组成部分。从昆明湖上和湖滨西望，园外之景和园内湖山浑然一体，这是中国园林中运用借景手法的杰出范例。湖区建筑主要集中在三个岛上。湖岸和湖堤绿树荫浓，掩映潋滟水光，呈现一派富于江南情调的近湖远山的自然美。）中，宏大的十七孔桥如长虹偃月倒映水面，涵虚堂、藻鉴堂、治镜阁三座岛屿鼎足而立，寓意着神话传说中的“海上仙山”。阅看耕织图画柔桑拂面，豳风如画，乾隆皇帝曾在此阅看耕织活画，极具水乡村野情趣。与前湖一水相通的苏州街，酒幌临风，店肆熙攘，仿佛置身于二百多年前的皇家买卖街，谐趣园则曲水复廊，足谐其趣。在昆明湖湖畔岸边，还有著名的石舫，惟妙惟肖的铜牛，赏春观景的知春亭等点景建筑。

（2）私家园林：江南园林［图 2-1-4、图 2-1-5（见封三彩插）］

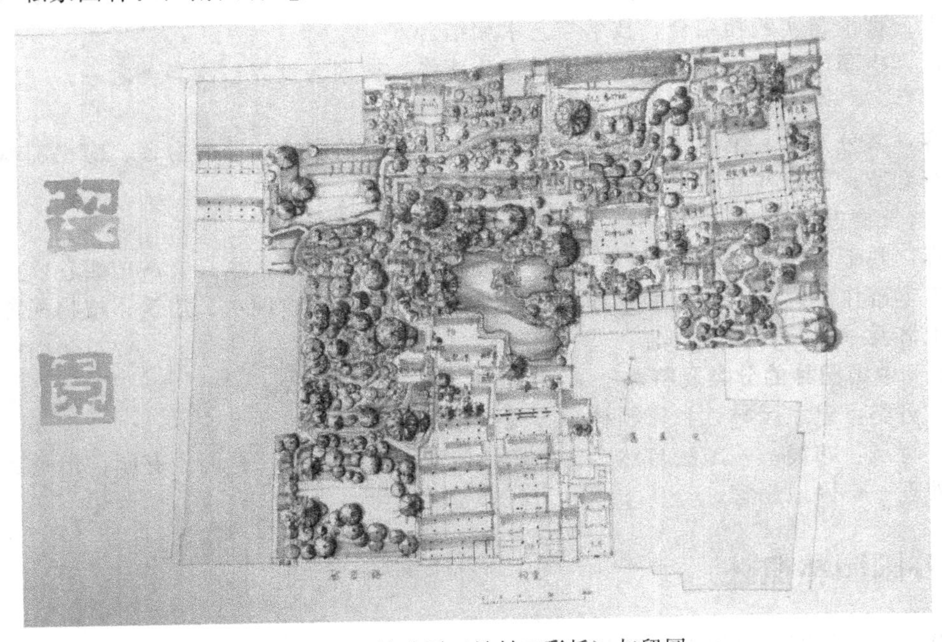

图 2-1-4　拙政园（见封二彩插）与留园

江南地区尤以苏州、扬州最是精华荟萃之地，享有园林城市之誉称。在《扬州画舫录》记述了三地为：杭州以湖山胜，苏州以市肆胜，扬州以名园胜。代表有扬州休园。扬州建筑博南北风范，造屋之巧，当以扬州第一，如作之有变换，无雷同。造园石料也汇集扬州，故有“扬州以名园胜，名园以叠石胜”的说法。

苏州城市与扬州有所不同，苏州文风更盛，学而仕则仕，当仁不让。这些士大夫还乡则买田建园自娱，户宦也不等，颐养天年。苏州河面纵横，地下水浅，取水方便，附近洞崖西山是太湖石的产地，小峰山产黄石，石材取之便捷，因而苏州园林之盛不输于扬州。除了沧浪亭建于北宋，狮子林建于元代之外，拙政园、留园等都建于明代后期。可以说沿袭文人园林的风格一脉相传而已。当时的拙政园以植物造景为主，以水石之景取胜，充满浓郁却为天然野趣，建筑物仅一楼、一堂、六亭、二轩而已。若于今日相比，原貌的疏朗、雅致、简约、天然的格调是显而易见的。

苏州附近的无锡、常州等地也有一些名园，其中无锡的寄畅园保留有当年的格局，未经大动，乃江南园林较好保留至今的明末清初时期的文人园林。康熙、乾隆两帝南巡时曾住此园。此园是一座以山为重点，以水为中心，山水林木为主的人工山水园。这是宋以来的文人园林风格的承传，不过在园林规划设计、叠山、理水、植物配置更为精致、成熟，不愧为江南文人园林中的上品之作。

2.1.5.2　小结

到了清末，造园理论探索停滞不前，加之社会由于外来侵略，西方文化的冲击，国民经济的崩溃等原因，使园林创作由全盛到衰落。但中国园林的成就却达到了历史的峰巅，其造园手法也被西方国家所推崇和模仿，在西方国家掀起了一股“中国园林热”。中国园林艺术从东方到西方，成了被全世界所公认的园林之母、世界艺术之奇观。

2.1.5.3　清代园林造园理论著作

(1)《园冶》作者：计成

内容：全面讲述江南地区私家园林的规划、设计、施工，以及各种局部、细部处理的综合性著作。

特点：理论与实践相结合，技术与艺术相结合。

评价：中国历史上最重要的一部园林理论著作，被列为世界造园名著之一。

(2)《一家言》(又名《闲情偶寄》) 作者：李渔

内容：共分九卷，第四卷“居住部”是建筑与造园的理论，分为房舍、窗栏、墙壁、联匾、山石五节；其余八卷讲述词曲、戏剧、声容、器玩。

(3)《长物志》作者：文震亨

内容：共十二卷，其中与造园有直接关系的为室庐、花木、水石、禽鱼四卷。

这三本著作内容以论述私家园林的规划设计艺术和叠山、理水、建筑、植物配置的技艺为主，也涉及一些园林美学范畴。

2.1.5.4　中国园林的分类及特点

(1) 分类：皇家园林，私家园林，寺观园林。

(2) 特点：布局——施法自然；构思——诗情画意；手法——园中有园；组景——建筑为主；处理——因地制宜。

2.2　外国园林概述

世界上最早的园林可以追溯到公元前 16 世纪的埃及，从古代墓画中可以看到祭司大臣的宅园采取方直的规划、规则的水槽和整齐的栽植。西亚亚述的猎苑，后演变成游乐的林园。8世纪之前，世界各国几乎都有自己的园林，由于各自所处的自然环境、社会形态、文化氛围等方面的差异，以及造园中使用不同的建筑材料和布局形式，表达各自不同的观念情调和审美意识，产生了东西方园林的差异，逐渐形成了各自的园林体系。通常所说的世界三大园林体系即：东方园林体系，欧洲园林体系，西亚园林体系。

东方园林体系：以中国古典园林为渊源，包括日本、朝鲜等。

欧洲园林体系：主体包括文艺复兴意大利台地园、17世纪法国古典园林、18世界英国自然风景园林。

西亚园林体系：包括中世纪的西班牙、印度、印尼及墨西哥湾地区。

2.2.1 东方园林体系

中国与日本关系始于汉代，从这一时期开始，日本全面学习中国文化。在造园艺术方面上，受中国山水园林的影响，同时结合了其自身的自然条件和文化背景，形成了日本独特的造园风格。其中日本所特有的山水庭园，精巧细致，在再现自然风景方面十分凝练，并讲究造园的意境，极富诗意和哲学意味，形成了“写实”与“写意”相结合的艺术风格。

环境特征：海岛国家，多山地，气候温和四季分明（图2-2-1）。森林茂盛，植被丰富，山石丰富。

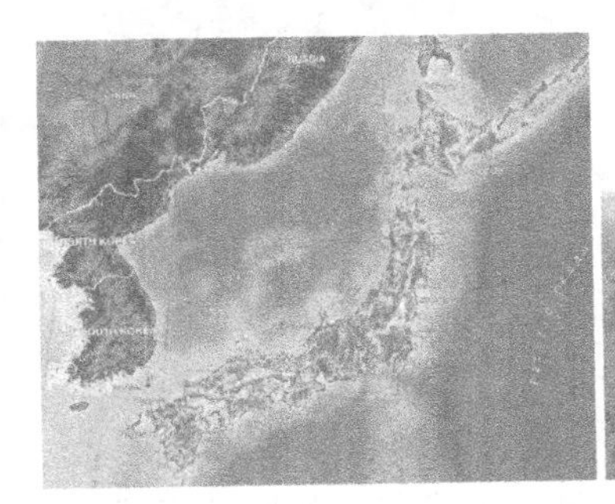

图2-2-1　日本地理环境

审美特征：热爱自然、顺应自然、赞美自然。着重体现和象征自然界的景观，创造出一种简朴、宁静致远的审美意境，具有突出的象征性和禅宗哲理。

根据日本历史划分，日本园林大致可分为4个阶段：即古代园林、中世园林、近世园林、现代园林。古代园林指大和时代、飞鸟时代、奈良时代和平安时代的园林；中世园林指镰仓时代、室町时代和南北朝的园林；近世园林指桃山时代和江户时代的园林；现代园林指的是明治时代以后的园林，包括明治、大正、昭和及平成时代的园林。

日本园林造园的演变过程为：动植物（大和、飞鸟）——中国式山水（奈良）——寝殿建筑佛化岛石（平安）——池岛、枯山水（镰仓）——纯枯山水石庭（室町）——书院、茶道、枯山水（桃山）——茶道、枯山水与池岛（江户）。

从种类而言，日本庭园一般可分为枯山水庭园、池泉园、筑山庭、平庭、茶庭（图2-2-2）。

（1）枯山水庭园

图 2-2-2 日本园林

枯山水，枯庭（写意园林的极致）是日本特有的造园手法，系日本园林的精华。

① 概念：是无水之庭，即在庭园内敷白砂，缀以石组或适量灌木或苔草的庭院形式。

白砂——曲线：借以象征海洋湖泊；

白砂——石块：象征山峦，使不大的庭院蕴含深远的意境。

② 特点：多见于寺庙园林，设计者多为僧人。

是禅宗哲理与园艺相结合的园林艺术形式。往往是小型的观赏性庭园，游人不能入内。

（2）池泉庭园

即江户时期的园林形式。

① 特点：园中以水池为中心，布置岛、瀑布、土山、溪流、桥、亭、榭等。

② 观赏方式：回游式、坐观式、舟游式。

（3）筑山庭

① 概念：是在庭园内堆土筑山，缀以石组、树木、石灯笼的园林形式。

② 特点：有较大的规模；表现开阔的河山；常利用自然地形加以人工美化，达到幽深丰富的景致。

（4）平庭

即在平坦的基地上进行规划和建设的园林。

特点：表现出一个山谷地带或原野的风景，用各种岩石、植物、石灯和溪流配置在一起，组成各种自然景色。

平庭和筑山庭样式都有真、行、草三种格式。“真”是对自然山水的写实模拟，“草”属写意的方法，“行”则介于两者之间。

(5) 茶庭

15世纪，随着日本茶道的盛行而出现了茶庭。茶庭即茶室所在的庭园。

特点：庭园其他部分隔开，有庭门和小径通过茶屋。庭中栽植主要为绿树，忌用花木，茶室门前设石制洗手盆、石灯笼、竹篱等，都成为日本庭园中必不可少的点缀。

2.2.2 西亚园林体系

西亚园林（图2-2-3）是世界三大园林体系之一，是古代阿拉伯人在吸收两河流域和波斯园林艺术基础上创造的，以幼发拉底、底格利斯两河流域及美索不达米亚平原为中心，以阿拉伯世界为范围，以叙利亚、波斯、伊拉克为主要代表，影响到欧洲的西班牙和南亚次大陆的印度，是一种人工化、几何化的园林艺术形式。横跨欧、亚、非的阿拉伯帝国，形成了以巴格达、开罗、科尔多瓦为中心的两河流域文化，西亚园林形式形成，并影响着其文化圈内的世界各国。它与古巴比伦园林、古波斯园林有着十分紧密的渊源关系。

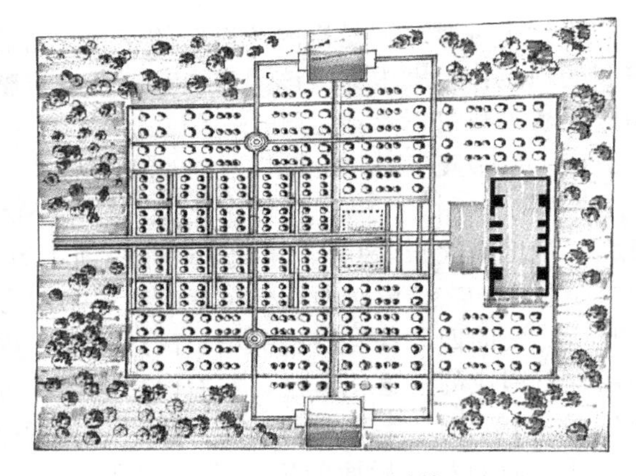

图2-2-3 西亚园林

西亚园林通常面积较小，建筑封闭，十字形的林荫路构成中轴线，封闭建筑与特殊节水灌溉系统相结合，富有精美细密的建筑图案和装饰色彩，全园分割成四区。园林中心，十字形道路交汇点布设水池，象征天堂。园中沟渠明暗交替，盘式涌泉滴水，又分出几何形小庭园，每个庭园的树木相同。彩色陶瓷马赛克图案在庭园装饰中广泛应用。代表园林有阿尔罕布拉宫和泰姬陵。

(1) 阿尔罕布拉宫

公元1250～1319年，西班牙摩尔人在格兰纳达建造了阿尔罕布拉宫（Alhambra Palace）（图2-2-4）和格内拉里弗伊斯兰园林。其中，具有重要意义的是阿尔罕布拉庭园中的桃金娘中庭、狮庭和格内拉里弗花园。

桃金娘中庭是阿尔罕布拉宫最重要的综合体，也是外交和政治活动的中心。该中庭的主要特征是一反射水池。长长的水池反射出宫殿倒影，给人以漂浮宫殿之感。沿水池旁侧是两列桃金娘树篱，中庭的名称即源于此。

桃金娘中庭的东侧有一扇门，可由此通达狮庭。它是苏丹王室家庭的中心。精雕细琢的拱廊由列柱支承，从柱间望去是狮子雕像的大喷泉。这是一个很有意思的添加物，因为伊斯兰教是不允许使用动物作原型的。十二座大理石狮围成一圈，中心为一水盘，水从石狮口中喷出，再经由水渠导入围绕中庭的四条通廊。水槽位于石狮背部，为十二边形。该水系既具装饰性，又有制冷作用。

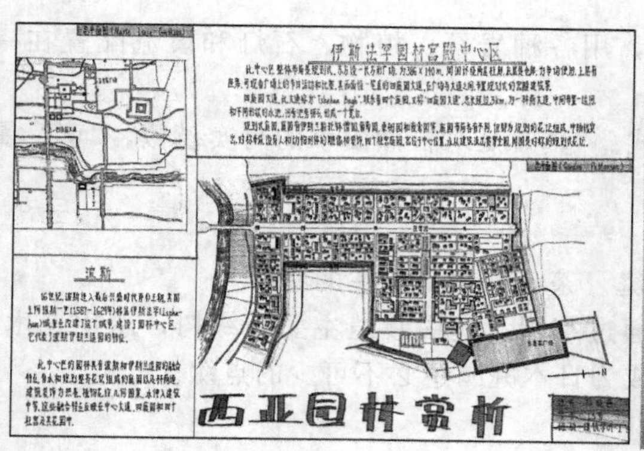

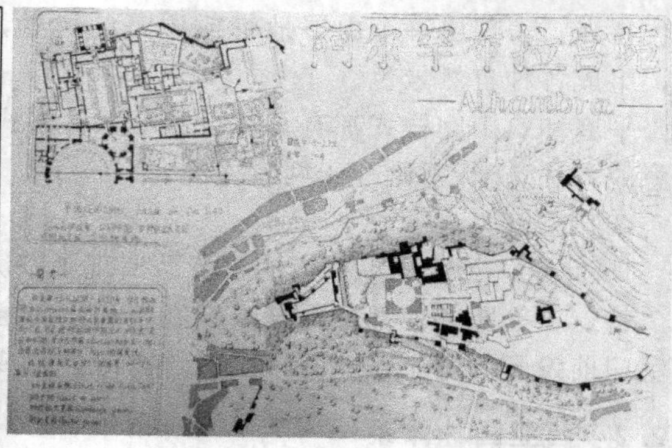

图 2-2-4　西亚园林（伊斯法罕与阿尔罕布拉）

第三个重要庭园是格内拉里弗的花园。它们是对称种植的台地园，由台地园可抵达所有花园的顶点：水渠中庭。该中庭内有一条纵贯整个庭院的水渠，沿水渠两侧排列有喷泉，在满园的植物映衬下熠熠生辉。

（2）泰姬陵（Taj Mahal）

泰姬陵（图 2-2-5），世界文化遗产，整个陵园是一个长方形，长 576m，宽 293m（另一资料：陵区南北长 580m，宽 305m），总面积为 17 万平方米。四周被一道红砂石墙围绕。正中央是陵寝，在陵寝东西两侧各建有哀思与纪念的寺庙与万堂建筑，两座建筑对称均衡，左右呼应。陵的四方各有一座尖塔，高达 40m，内有 50 层阶梯。大门与陵墓由一条宽阔笔直的用红石铺成的甬道相连接，左右两边对称，布局工整。在甬道两边是人行道，人行道中间修建了一个“十”字形喷泉水池。陵园分为两个庭院：前院古树参天，奇花异草，芳香扑鼻，开阔而幽雅；后面的庭院占地面积最大，由一个十字形的宽阔水道，交汇于方形的喷水池。喷水池中一排排的喷嘴，喷出的水柱交叉错落，如游龙戏珠。后院的主体建筑，就是著名的泰姬的陵墓。陵墓的基座为一座高 7m、长宽各 95m 的正方形大理石，陵墓边长近 60m，整个陵墓全用洁白的大理石筑成，顶端是巨大的圆球，四角矗立着高达 40m 的圆塔，庄严肃穆。象征智慧之门的拱形大门上。中央墓室放着国王与泰姬石棺，宝石闪烁。

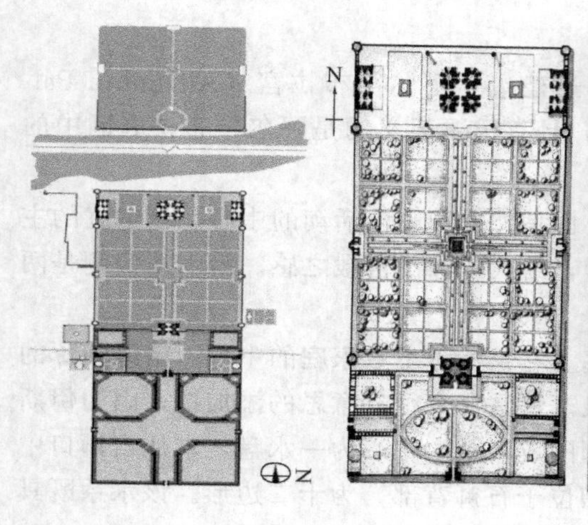

图 2-2-5　印度泰姬陵

2.2.3 欧洲园林体系

2.2.3.1 文艺复兴时期意大利台地园（图 2-2-6）

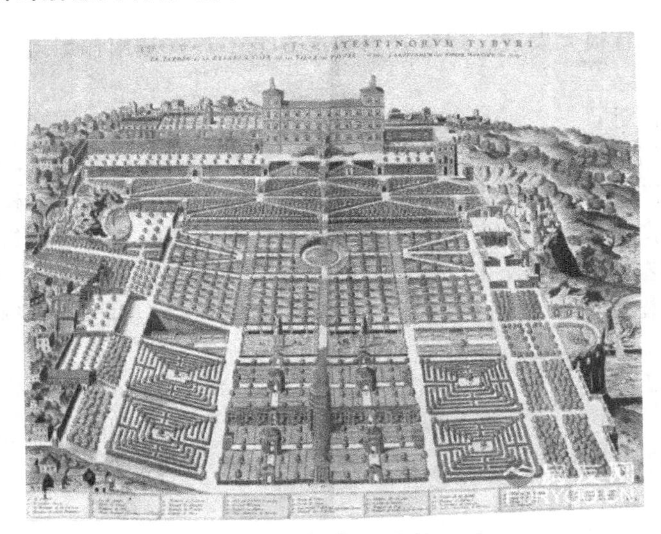

图 2-2-6 意大利台地园

经过了漫长的中世纪的黑暗，西方终于迎来了文艺复兴运动的曙光。这场运动是由于新兴资产阶级为了反映自身的利益而发起的一场复兴古希腊、古罗马文化的思想运动。欧洲文艺复兴发源于意大利，公元 14～15 世纪是早期，16 世纪极盛，16 世纪末走向衰落。

文艺复兴初期，13 世纪末克累森兹著《Opus Ruralium Commodorum》，将庭园分为上、中、下三等，并就这三等庭园提出了设计方案，重点——王公贵族。

(1) 文艺复兴初期

这时的意大利庄园多建在佛罗伦萨郊外的丘陵上，选址在山坡上可以远眺自然郊野风光。一般也是由几层台地组成，但各层台地相对独立，没有贯穿的中轴线。

水池喷泉形状简洁，常被作为局部构图的中心，并与雕塑结合。理水技术还比较简单。绿篱图案也很简单，多设在下层台地。

建筑往往位于最高的一层台地上，为了达到较好的视线辽阔性，建筑风格还有中世纪的痕迹、小窗、雉堞等。

比较著名的有喀雷吉奥庄园、卡法吉奥罗庄园、菲所罗的美第奇庄园等。

(2) 文艺复兴中期

16 世纪文艺复兴的中心由佛罗伦萨移到了罗马。这时的庄园也是建在郊外的山坡上，依山就势批出几层台地。而这时的台地园有了明确的中轴线，各层台地之间相互贯穿，成为有机的整体。中轴线的布置比较突出视觉效果，利用水池、喷泉、雕像、台阶等来丰富中心，加强透视。中轴线两边的景物对称布置，也经常以绿篱水池雕像等作为局部的构图中心。

在整体布局上，这时期台地园有一个很大的特点是“建筑化”，由于很多都是建筑师设计的，就把建筑的构图布局等运用到了园林中来，使得园林十分地服从于建筑，是建筑的室外延伸。这也就是那些“方块”和“纵横道路”的产生原因了。

理水技术这时已经十分娴熟，不仅利用水和背景的明暗对比效果，如建筑植物的倒映，还利用了水的音响效果，把水声加以很好的利用（水风琴）；并且还变化出很多水的形式，如炼式喷泉、瀑布、小线喷泉等，更加把雕塑和喷泉加以融合，使得两者相映成趣，相互搭配。

植物造景方面也有很大发展，绿篱被修剪成高低不一，被用作绿墙、舞台背景、绿色壁龛、洞府等。

（3）文艺复兴后期

16 世纪末到 17 世纪，欧洲的建筑艺术进入了巴洛克时期。相应地，园林也产生了许多新的变化。“巴洛克”一词的原意是指奇异古怪的意思。运用于建筑艺术的巴洛克是指那些反对古典教条，追求自由风格和装饰性效果，运用新奇夸张的手法的建筑。

受巴洛克建筑艺术的影响，园林艺术也变得开始追求新奇变化，手法比较夸张，大量运用小品，细部装饰也十分烦琐，绿篱修建技术发达，因此绿篱形状也是非常有装饰效果。

（4）意大利造园的特征

地理自然条件：意大利是个多丘陵山地的国家，河流水源也比较丰富，植被物种丰富，自然植物群落生长较好。平原炎热，山坡凉爽。

造园特点：

① 台地造园　在山坡丘陵上依山就势，开辟多层台地。在高处不仅可以俯瞰底层台地，而且可以远眺郊野风光，用到借景和俯视的手法，将自然风光和园林融为一体。

② 轴线控制　园林的轴线往往是建筑的轴线，植物、水体、小品等在轴线的控制下按照一定的比例，主次分明，变化统一，从而组成有序协调的整体。并且，轴线在远处逐渐淡化，和自然得以融合，形成良好的过渡。

③ 常绿树木　意大利园林常用常绿树作为基调树，又穿插白色的建筑物雕塑以及水池等来展示明暗的对比。在视觉上也起到凉爽宜人的作用。植物还被修建成各种造型，来满足功能的需要。

④ 内容丰富　意大利园林有着许多丰富的要素，如园门、凉亭、花架、水池、喷泉、雕塑、台阶、挡土墙、壁龛、洞府、花瓶等。对后世的造园有很大的借鉴意义，有些要素直到今天还在使用。

⑤ 功能多样　丰富的内容满足了园林的多样化功能的需要。不仅有凉亭、花园、露台这样的常见功能，而且还有露天剧场、迷园、柑橘园这样的专类场所，满足园主人丰富的活动需要，体现一种对场所和活动尽可能细致的协调。

⑥ 水景丰富　意大利园林中的水景是重要题材。水景在这里不仅可以扩大空间，产生倒映，明暗变化，还可作为泉眼，增加山林气息。既可以是静水的水池，也可以是水阶梯、跌水以及壁泉、大瀑布等，更绝的是还利用水的流声效果，营造出水风琴水剧场的音响场所。在这里，水景的变化多种多样，令人叹为观止。

2.2.3.2　法国古典园林——勒诺特园林（图 2-2-7）

法国的园林艺术在 17 世纪下半叶形成了鲜明的特色，产生了成熟的作品，对欧洲各国有很大的影响。它的代表作是孚勒维贡府邸花园（建于 1656～1671 年）和凡尔赛宫园林，创作者是 A. 勒诺特尔。这时期的园林艺术是古典主义文化的一部分，所以，法国园林艺术在欧洲被称为古典主义园林艺术，以法国的宫廷花园为代表的园林则被称为勒诺特尔式园林。

法国园林萌芽于罗马一高卢时期。在中世纪，园子附属于修道院或者封建主的寨堡，以种植蔬菜、药草、果木为主。园子由水渠划分为方块的畦。水井在园子中央，上面用格栅建

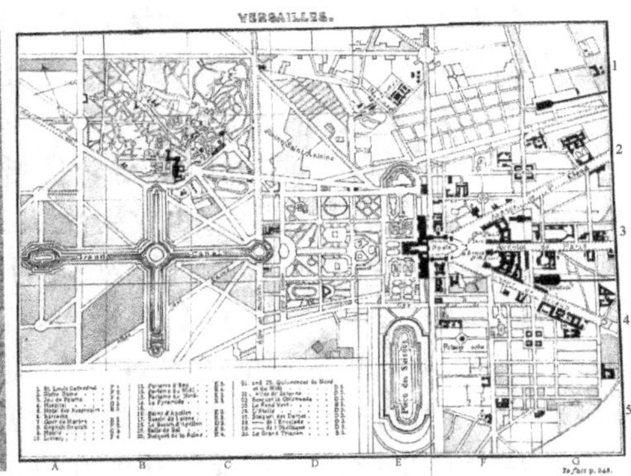

图 2-2-7　凡尔赛宫平面

亭，覆满葡萄或其他攀缘植物。有用格栅构造的拱架覆在小径上，以攀缘植物形成绿廊。园子一侧有鱼池，偶尔有鸟笼。树木修剪成为几何形或动物形状。

16 世纪初，法国园林受到意大利文艺复兴时期园林风格的影响，出现了台地式花园布局，剪树植坛、岩洞、果盘式喷泉等（见意大利园林）。结合法国的条件，又有自己的特点：法国地形平坦，因此园林规模更宏大而华丽；在园林理水技巧上多用平静的水池、水渠，很少用瀑布、落水；在剪树植坛的边缘加上花卉镶边，以后逐步大量应用花卉，发展成为绣花式花坛。

17 世纪上半叶，古典主义已经在法国各个文化领域中发展起来，造园艺术也发生重大变化。1638 年，J. 布瓦索在他的著作《论依据自然和艺术的原则造园》中，肯定人工美高于自然美，而人工美的基本原则是变化的统一、变化，就是园林地形和布局的多样性，花草树木的品类、形状和颜色的多样性。而一切多样性，都应该“井然有序，布置得均衡匀称，并且彼此协调配合”。他主张把园林当作整幅构图，直线和方角是基本形式，都要服从比例的原则。花园里除植坛上很矮的黄杨和紫杉等以外，不种树木，以利于一览无余地欣赏整幅图案。

(1) 勒诺特尔的园林艺术

17 世纪下半叶，王朝专制制度达到顶峰，古典主义文化是这种制度的反映。勒诺特尔是法国古典园林集大成的代表人物。他继承和发展了整体设计的布局原则，借鉴意大利园林艺术，并为适应宫廷的需要而有所创新，眼界更开阔，构思更宏伟，手法更复杂多样。他使法国造园艺术摆脱了对意大利园林的模仿，成为独立的流派。

勒诺特尔总是把宫殿或府邸放在高地上，居于统率地位。从它前面伸出笔直的林荫道，在它后面，是一片花园，花园的外围是林园。府邸的中轴线，前面穿过林荫道指向城市，后面穿过花园和林园指向荒郊。他所经营的宫廷园林规模都很大。花园的布局、图案、尺度都和宫殿府邸的建筑构图相适应。花园里，中央主轴线控制整体。配上几条次要轴线，还有几道横向轴线。这些轴线和大路小径组成严谨的几何格网，主次分明。轴线和路径伸进林园，把林园也组织到几何格网中。轴线或路径的交叉点，用喷泉、雕像或小建筑物做装饰，既标志出布局的几何性，又造成节奏感，产生出多变的景观。重视用水，主要是用石块砌成形状规整的水池或沟渠，并设置了大量喷泉。

(2) 凡尔赛宫（Versailles）

凡尔赛宫位于法国巴黎西南郊外 18km 的伊夫林省省会凡尔赛镇，建于路易十四［路易十四（1643—1715)］时代，1661 年由勒诺特（André Le Nôtre）和勒沃（Louis Le Vau）

为其设计并开始修建，1667年，勒诺特主要设计凡尔赛花园及喷泉，勒沃在狩猎行宫的西、北、南三面添建新宫殿，将原来的狩猎行宫包围起来。原行宫的东立面被保留下来作为主要入口，修建了大理石庭院（Marble Court），1674年，建筑师孟莎（Jules Hardouin Mansart）从勒沃手中接管了凡尔赛宫工程，他增建了宫殿的南北两翼、教堂、橘园和大小马厩等附属建筑，并在宫前修建了三条放射状大道。1689年竣工，至今有330多年的历史。全宫占地111万平方米，其中建筑面积为11万平方米，园林面积100万平方米。宫殿建筑气势磅礴，布局严密、协调。正宫东西走向，两端与南宫和北宫相衔接，形成对称的几何图案。1979年被列为《世界文化遗产名录》，是世界五大宫之一（北京故宫、法国凡尔赛宫、英国白金汉宫、美国白宫、俄罗斯克里姆林宫）。

凡尔赛宫园林布局比较复杂，花园在宫殿西侧，从南至北分为三部分。南、北两部分都是绣花式花坛，南面绣花式花坛再向南是橘园和人工湖，景色开阔，是外向性的；北面花坛被密林包围着，景色幽雅，是内向性的，一条林荫路向北穿过密林，尽端是大水池和海神喷泉。中央部分有一对水池，从这里开始的中轴线长达3km，向西穿过林园。林园分两个区域，较近的一区叫小林园，被道路划分成12块丛林，每块丛林中央分别设有回纹迷路、水池、水剧场、岩洞、喷泉、亭子等，各具特色。远处的大林园全是高大的乔木。中轴线穿过小林园的一段称王家大道，中央有草地，两侧排着雕刻。王家大道东端的水池里立阿波罗母亲的雕像，西端的水池里立阿波罗雕像，阿波罗正驾车冲出水面。这两组雕像表明，王家大道的主题是歌颂太阳神阿波罗，也就是歌颂号称“太阳王”的路易十四。进入大林园以后，中轴线变成一条水渠，另一条水渠与它十字相交，构成横轴线，它的南端是动物园，北端是特里阿农殿。

2.2.3.3 英国自然风景式园林（图2-2-8、图2-2-9）

图2-2-8 英国自然风景式园林

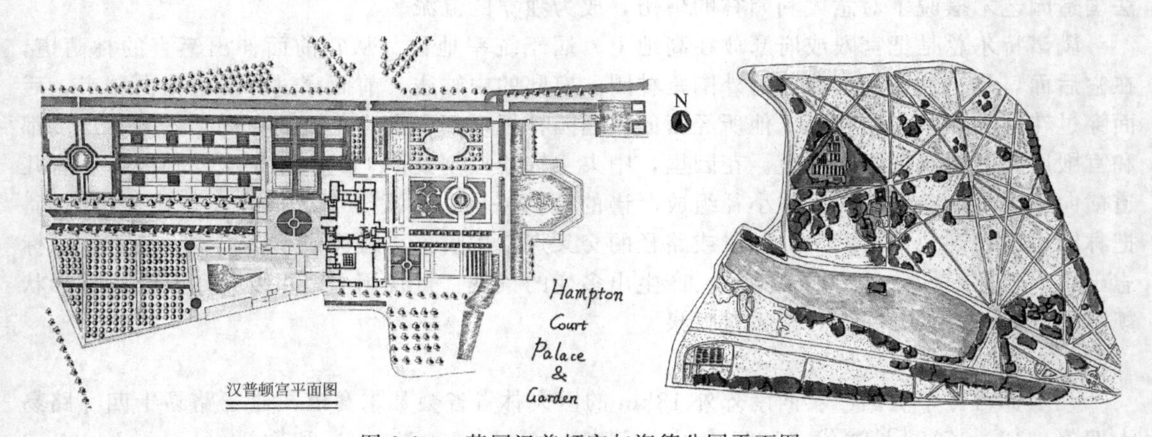

图2-2-9 英国汉普顿宫与海德公园平面图

英国自然风景园指英国在18世纪发展起来的自然风景园。这种风景园以开阔的草地，自然式种植的树丛，蜿蜒的小径为特色。不列颠群岛潮湿多云的气候条件，资本主义生产方式造成庞大的城市，促使人们追求开朗、明快的自然风景。英国本土丘陵起伏的地形和大面积的牧场风光为园林形式提供了直接的范例，社会财富的增加为园林建设提供了物质基础。这些条件促成了独具一格的英国式园林的出现。这种园林与园外环境结为一体，又便于利用原始地形和乡土植物，所以被各国广泛地用于城市公园，也影响现代城市规划理论的发展。18世纪英国自然风景园的出现，改变了欧洲由规则式园林统治的长达千年的历史，这是西方园林艺术领域内的一场极为深刻的革命。

(1) 英国自然风景式园林产生的历史背景

① 文学艺术的影响　当时的诗人、画家、美学家中兴起了尊重自然的信念，他们将规则式花园看作是对自然的歪曲，而将风景园看作是一种自然感情的流露。这为风景园的产生奠定了理论基础。

② 自然地理与气候的影响　欧洲兴起法国勒诺特尔造园热时，英国受影响极少，原因有二：一是英国人固有的保守性，二是在英国丘陵起伏的地形上，要想建造勒诺特尔式宏伟壮丽的效果，必须大动土方改造地形，从而耗资巨大。

英国多雨潮湿的气候条件下，植物生长十分有利，而树木的整形修剪要花费更多的劳力。

③ 产业经济的影响　14世纪中叶，黑死病流行，1/3人口减少⟶农业结构改变⟶畜牧业发展⟶毛纺业发展⟶畜牧业发展⟶改变了英国的乡村景观和风貌。

16世纪，产业革命的发展⟶燃料、建筑材料匮乏⟶禁止砍伐森林法令颁发⟶12种树必须加以保护，包括栎树⟶保护了英国树林景观。

18世纪，牧草与农作物的轮作制⟶乡村风景面貌改变。

④ 对中国园林与文化的赞美与憧憬的影响　虽然当时英国人有不少热衷于追求中国园林的风格，却只能取其一些局部而已。中国园林与英国自然风景园的不同：中国园林源于自然而高于自然，对自然的高度概括，体现出诗情画意。英国风景园为模仿自然，再现自然。反对者认为风景园与郊野风光无异。英国自然风景式造园思想首先是在政治家、思想家和文人圈中产生，他们为自然风景式园林的形成奠定了理论基础，并且借助于他们的社会影响，使得自然风景式园林一旦形成，便广为传播，影响深远。

(2) 英国风景园的特征

① 与靳诺特式的园林完全相反，它否定了纹样植坛、笔直的林荫道、方正的水池、整形的树木。摒弃了一切几何形状和对称均齐的布局，代之以弯曲的道路、自然式的树丛和草地、蜿蜒的河流，讲究借景和与园外的自然环境相融合。

② 为了彻底消除园内景观界限，英国人想出一个办法，把园墙修筑在深沟之中即所谓“沉墙”。

③ 风景式园林比规整式园林，在园林与天然风致相结合、突出自然景观方面有其独特的成就。但物极必反，又逐渐走向另一个完全极端即完全以自然风景或者风景画作为抄袭的蓝本，以至于经营园林虽然耗费了大量的人力和资金，而所得到的效果与原始的天然风致并没有什么区别。看不到多少人为加工的点染，虽本于自然但未必高于自然。

④ 造园家列普顿 (Humphry Replom) 开始使用台地、绿篱、人工理水、植物整形修剪以及日晷、鸟舍、雕像等的建筑小品；特别注意树的外形与建筑形象的配合衬托以及虚实、色彩、明暗的比例关系。甚至在园林中设置废墟、残碑、断壁、朽桥、枯树以渲染一种浪漫的情调，开创“浪漫派”园林。

2.3 西方现代风景园林概述

工业革命的发展，让人与自然的关系发生了巨大的变化，由崇尚自然、改造自然、掠夺自然，最后回归到尊重自然。18 世纪，英国的部分皇家园林对公众开放，随即欧洲各国群相效仿。1854 年，继承道宁（A. J. Downing）思想的奥姆斯特德（F. L. Olmsted）在纽约市修建了中央公园，传播了城市公园的思想。此后，在美国掀起了以保护自然环境、建设城市公园的行动，这就是著名的“城市公园运动（The City Park Movement）”。到了 19 世纪末、20 世纪初，由于社会的巨大变革，文化艺术的蓬勃发展，西方风景园林开始摆脱传统的模式，探索新的道路，得到了前所未有的发展。

2.3.1 新风格的产生

(1) 规则与自然的园林形式的争论

从 18 世纪初风景园思想萌发之后，有关风景园林规则与自然式形式的争论从未停止，工艺美术运动的提倡人威廉·莫里斯（W. Morris）认为，庭院必须脱离外界，决不可一成不变地照搬自然的变化无常和粗糙不精。1892 年，建筑师布鲁姆菲尔德（R. Blomfield）出版了《英国的规则式庭院》，提倡规则式设计。与布鲁姆菲尔德截然相反的，是以鲁滨逊（W. F. Robinson）为代表的强调接近自然形式的植物的更简单的设计。双方论战的结果，人们在热衷于建筑式庭院设计的同时，也没有放弃对植物学的兴趣，不仅如此，还将上述两个方面合二为一，这一原则对当代的设计仍有影响。

代表：穆哈尔皇家花园（Mughal Gardens）

是由英国杰基尔（G. Jekyll，园艺家）与路特恩斯（E. Lutyens，建筑师）于 1911～1931 年间在印度新德里设计的。运用现代建筑简洁的三维几何形式，美丽的花卉和修剪的树木体现了 19 世纪的传统，交叉的水渠象征着天堂的四条河流，给予了印度伊斯兰园林传统以新的生命。

(2) 新艺术运动的影响

19 世纪末～20 世纪初“新艺术运动”在建筑界广为传播并席卷欧洲大陆，它是强调曲线、动感、装饰的浪漫主义艺术运动，但在园林中始终没有成为主流。在园林中的主要表现是应用矩形几何图案的建筑要素，如花架、几级台阶、长凳和铺装。受新艺术运动的装饰特点的影响，铺装中出现了黑白相间的棋盘格图案。植物通常在规则的设计中被组织进去，被修剪成球状或柱状，或按网格种植。

代表：居尔公园（Parc Güell），巴塞罗那

1920 年，西班牙建筑师高迪（A. Gaudi）以他超凡的想象力，设计了梦幻般的居尔公园，将建筑、雕塑和大自然环境融为一体。高迪的作品，一方面从自然界的动植物中获取灵感，另一方面，显然又受到西班牙传统的影响。在许多西班牙伊斯兰园林中，浓重的色彩和马赛克镶嵌的地面以及墙面是一个显著的特点。这一特点随着殖民开拓，也影响到美洲的一些国家，如墨西哥和巴西。

2.3.2 欧美的现代风景园林

(1)“国际现代工艺美术展”和法国现代园林

从 19 世纪下半叶一直到第二次世界大战，法国巴黎一直被誉为是世界艺术的中心，集中了莫奈、凡·高、塞尚、毕加索、柯布西耶等伟大的艺术家和建筑家，印象派、后期印象派到野兽派、立体派、超现实派在这里得到了发展，这些艺术思想和艺术财富为现代园林的

发展提供了巨大动力。

1925 年法国巴黎举办了"国际现代工艺美术展"（Exposition des Arts Décoratifs et Industriels Modernes）。展会主要由建筑，家具，装饰，戏剧、街道和园林艺术，教育五大部分组成。此次展览的园林作品位于两块区域，分别在塞纳河的两岸。虽然组织者的意图是要用园林去填充展馆之间的开放空间，但事实上，园林展品很少与它们相邻的建筑有任何形式上的联系，园林的风格也有很大不同。一个引起普遍反响的作品是由建筑师 G. Guevrekian 设计的"光与水的园林"（the Garden of Water and Light）。这个作品打破了以往的规则式传统，以一种现代的几何构图手法完成，并在对新物质、新技术的使用上，如混凝土、玻璃、光电技术等，显示了大胆的想象力。园林位于一块三角形基地上，由草地、花卉、水池、围篱组成，这些要素均按三角形母题划分为更小的形状，在水池的中央有一个多面体的玻璃球，随着时间的变化而旋转，吸收或反射照在它上面的光线。

（2）英国的现代园林

20 世纪二三十年代，欧洲的园林设计开始将抽象的现代艺术与规则式或自然式园林结合起来，但从未有人从理论上对现代园林设计的方法进行探究和总结。1938 年唐纳德的《现代景观中的园林》（Gardens in the Modern Landscape）从理论上探讨在现代环境下设计园林的方法，提出了现代园林设计的三个方面，即功能的、移情的和美学的。唐纳德生于加拿大，曾学习园艺和建筑结构。虽然唐纳德的观点几乎全是从艺术和建筑的同时代思想中吸收过来的，但他列举的一些新园林的实例，仍然对当时英国传统的园林设计风格产生了很大冲击。

① 唐纳德"本特利树林"（Bentley Wood）的住宅花园

花园的露台设计，是唐纳德的现代园林设计三个方面的直接和精美的表达。住宅的餐室透过玻璃拉门向外延伸，直到矩形的铺装露台。露台尽端被一个木框架限定，框住了远处的风景，旁边侧卧着亨利·摩尔（H. Moore）的抽象雕塑，面向无垠的远方。

② 杰里科 Sutton Place（舒特花园）

杰里科（G. Jellicoe）出生于伦敦，他对意大利文艺复兴园林进行了深入研究，，这一经历也深刻地影响了他的职业生涯。1925 年出版的《意大利文艺复兴园林》，成为这一领域的权威著作

1982 年他为 Sutton Place 做的设计，被认为是其作品的顶峰。这个 16 世纪留下来的园林，最初由威斯顿（R. Weston）设计，后来又经布朗改建，近代又有杰基尔女士做过设计。杰里科设计了围绕在房子周围的一系列小空间，包括苔园、秘园、伊甸园、厨房花园和围墙角的一个瞭望塔。他的园林富有人情味，宁静隽永，又带有古典的神秘。

1975 年，杰里科出版了《人类的景观》（The Landscape of Man），显示了他作为一个学者对世界园林历史和文化的渊博知识和深刻的理解，此书也成为现代风景园林的重要著作之一。杰里科是英国风景园林协会的创始人之一，1948 年，他任国际风景园林师联合会（IFLA）的首任主席。

（3）美国现代风景园林

纽约公园的设计者奥姆斯特德被誉为是美国的风景园林之父，他让户外空间环境设计成为一项专业。1899 年，美国风景园林师协会成立，小奥姆斯特德在哈佛设立美国第一个风景园林专业。20 世纪 20 年代，斯蒂里（F. Steele）从法国带来了新园林——"现代园林"的新思想，年轻的设计师开始对传统的设计理念提出了质疑。第二次世界大战后，欧洲有影响的艺术家和建筑师纷纷来到美国，使得现代艺术和现代建筑的作品和理论在美国得到了发展，也促进了美国风景园林设计的应用。

代表性作品是由托马斯·丘奇（Thomas Church）设计的唐纳花园（Donnel Garden）。

托马斯·丘奇出生于波士顿，在加州大学伯克利分校和哈佛大学攻读风景园林专业。他的设计风格受"立体主义"（Cubism）、"超现实主义"（Surrealism）形式的影响，在设计中应用如锯齿线、钢琴线、肾形、阿米巴曲线结合形成简洁流动的平面，通过花园中质感的对比，运用木板铺装的平台和新物质，如波状石棉瓦等，创造了一种新的设计风格。他在40年的实践中留下了近2000个作品，其中著名的作品是1948年设计的唐纳花园（Donnel Garden）。庭院轮廓以锯齿线和曲线相连，肾形泳池流畅的线条以及池中雕塑的曲线，与远处海湾"S"形的线条相呼应。1955年丘奇的《园林是为人的》（Gardens are for People）一书出版，对他的思想和设计进行了总结。他在现代风景园林的发展中具有广泛和深远的影响。

2.3.3 新思潮下的西方现代风景园林

（1）大地艺术

大地艺术（Land art，Earthworks 或 Earth art）也叫地景艺术，是指艺术家以大自然作为创造媒体，把艺术与大自然有机地结合，创造出的一种富有艺术整体性情景的视觉化艺术形式。其表现为大地景观和艺术作品本身不可分割的联系，同是这也是一种在自然界创作的艺术形式，创作材料多直接取自自然环境，例如泥土、岩石、有机材料（原木、树枝、树叶等）以及水等。

大地艺术始于20世纪60年代的美国，最初是受极简主义雕塑家的思想和作品的影响，逐渐产生和形成。这一时期一些艺术家开始走出画廊和社会，他们普遍厌倦现代都市生活和高度标准化的工业文明，主张返回自然，视之为现代文明堕落的标志，并认为埃及的金字塔、史前的巨石建筑、美洲的古墓、禅宗石寺塔才是人类文明的精华，才具有人与自然亲密无间的联系。他们以大地作为艺术创作的对象，在沙漠、海滩、堤岸、荒野中创造一种巨大的超人尺度的景观艺术。

大地艺术既可以借助自然的变化，也能改变自然。它利用现有的场所，通过给它们加入各种各样的人造物和临时构筑物，完全改变了它们的特征，并为人们提供了体验和理解他们原本熟悉的平凡无趣的空间的不同方式。

大地艺术是雕塑与景观设计的交叉艺术。它的叙述性、象征性、人造与自然的关系以及对自然的神秘崇拜，都在当代风景园林的发展中起到了不可忽略的作用，促进了现代风景园林一个方向的延伸。

代表性作品如越南阵亡将士纪念碑（Vietnam Veterans Memorial）。

华盛顿越南阵亡将士纪念碑，由华裔女建筑师（Maya Lin）设计，是20世纪70年代"大地艺术"与现代公共景观设计结合的优秀作品之一。场地被按等腰三角形切去一大块，形成一块微微下陷的三角地，象征着战争所受的创伤。"V"字形的挡土墙由磨光的黑色花岗岩石板构成，刻着57692位阵亡将士的名字，形成"黑色和死亡的山谷"，镜子般的反射效果反射着周围的一切，让人感到一种刻骨铭心的责任和义务。"V"字形墙的两边分别指向华盛顿纪念碑和林肯纪念堂，将这种纪念意义带入整个历史长河中。正如林璎所说，这个作品是对大地的解剖和润饰。

（2）生态主义思潮的冲击

西方风景园林设计的生态主义思想可以追溯到18世纪的英国自然式风景园，其主要原则是："自然是最好的园林设计师"。19世纪初，工业化所带来的污染及城市问题日益显著，人们开始重新思考自然和城市土地利用之间的关系。在这一时期一些重要的思想起到了积极的推动作用，主要有以下三个。

① 奥姆斯特德——城市公园运动，促进了城市公共绿地空间、国家公园体系的建立。

② 20 世纪三四十年代——“斯德哥尔摩学派”，公园应该是满足美学原则、生态原则和社会理想的统一与结合。

③ 麦克哈格（I. L. McHarg）——《设计结合自然》（Design with Nature），运用生态学原理，研究大自然的特征，提出创造人类生存环境的新的思想基础和工作方法。

麦克哈格，英国著名环境设计师、规划师和教育家，宾夕法尼亚大学风景园林设计及区域规划系创始人，《设计结合自然》是西方风景园林学科的重要著作，他的理论将风景园林提高到一个科学的高度，其客观分析和综合类化的方法，具有严格的学术原则和特点。麦克哈格的设计思想也促使风景园林的设计者意识到，风景园林不仅仅只是空间与植物的营造与布局，更需要将与其紧密相关的生态系统考虑在规划设计之中。他将整个景观作为一个生态系统，在这个系统中，地理学、地形学、地下水层、土地利用、植物、野生动物都是重要的要素；把每一个要素进行单独的分析，最后综合叠加形成整体景观规划的依据，我们也把这种分析方法称之为“千层饼模式”。事实上，麦克哈格的理论和方法对于大尺度的规划有重大的意义，而对于小尺度的园林设计并没有太多实际的指导作用。

(3) “后现代主义”影响下的风景园林

后现代主义是 20 世纪 60 年代以来在西方出现的具有反西方近现代体系哲学倾向的思潮，哲学和建筑学领域最早出现这一思想。20 世纪 60 年代在美国和西欧出现的反对或修正现代主义建筑的思潮。1966 年，美国建筑师文丘里在《建筑的复杂性和矛盾性》一书中，提出了与现代主义建筑针锋相对的建筑理论和主张，引起了建筑界的震动和响应。对于什么是后现代主义、什么是后现代主义建筑的主要特征，这一时期人们并无一致的理解。1977 年，英国建筑理论家查尔斯·詹克斯（Charles Jencks）在其著作《后现代建筑语言》（The Language of Post-modern Architecture）中对后现代主义的类型和特征进行了总结：历史主义；直接的复古主义；新地方风格；因地制宜；建筑与城市背景相和谐；采用装饰、隐喻和玄学及后现代空间。在后现代主义思潮的影响下，整个 20 世纪 70 年代出现了一大批这样风格的建筑设计、室内设计及风景园林设计。代表作品：费城富兰克林纪念馆（美国，文丘）、新奥尔良意大利广场（美国，摩尔）、巴黎雪铁龙公园（法国，P. Berger，G. Clement，A. Provost，J. P. Viguier，J. F. Jodry）。

(4) “极简主义”影响下的风景园林

极简主义（Minimalism），是 20 世纪 60 年代所兴起的一个艺术派系，称为“Minimal Art”，作为对抽象表现主义的反对而走向极致，以最原初的物自身或形式展示于观者面前为表现方式，让观者自主参与到对作品的建构中。

瓦尔特·格罗皮乌斯是德国现代建筑师和建筑教育家，现代主义建筑学派的倡导人和奠基人之一，公立包豪斯（Bauhaus）学校的创办人，积极提倡建筑设计与工艺的统一、艺术与技术的结合，讲究功能、技术和经济效益。他的建筑设计讲究充分的采光和通风，主张按空间的用途、性质、相互关系来合理组织和布局，按人的生理要求、人体尺度来确定空间的最小极限等。

彼德·沃克，当今美国最具影响的园林设计师之一，是极简主义园林的代表人物。彼德·沃克于 1932 年出生在美国加利福尼亚帕萨德纳市，1955 年在加州大学伯克利分校获得了他的风景园林学士学位，哈佛大学设计系主任，美国 SWA 集团创始人，极简主义园林设计的代表。他的作品具有简洁现代的布局形式、古典的元素、浓重的原始气息和神秘的氛围。这样的设计风格为艺术与园林的结合赋予了全新的含义。

极简主义艺术被彼得·沃克（Peter Walker）、玛萨·舒瓦茨（Martha Schwartz）等先锋园林设计师运用到他们的设计作品中去，并在当时社会引起了很大的反响和争议。

20世纪80年代中后期是彼得·沃克的一些作品标志着他这种设计风格的成熟阶段，如1984年的唐纳喷泉、IBM索拉那园区规划、广场大厦以及1991年的市中心花园等。

哈佛大学校园内的唐纳喷泉：它位于一个交叉路口，是一个由159块巨石组成的圆形石阵，所有石块都镶嵌于草地之中，呈不规则排列状。石阵的中央是一座雾喷泉，喷出的水雾弥漫在石头上，喷泉会随着季节和时间而变化，到了冬天则由集中供热系统提供蒸汽，人们在经过或者穿越石阵时，会有强烈的神秘感。唐纳喷泉充分展示了沃克对于极简主义手法运用的纯熟。著名建筑师密斯·凡·德罗有句名言："少就是多"——简洁的形式中往往却包含了更深刻的意义，著有《极简主义庭园》《看不见的花园》。

(5)"解构主义"影响下的风景园林

解构主义作为一种设计风格的探索兴起于20世纪80年代，它的哲学渊源则可以追溯到1967年，法国哲学家德里达（Jacque Derride，1930—2004）基于对语言学中的结构主义的批判，提出了"解构主义"的理论。他的核心理论是对于结构本身的反感，认为符号本身已能够反映真实，对于单独个体的研究比对于整体结构的研究更重要。

解构主义建筑是在20世纪80年代晚期开始的后现代建筑的发展。它的特别之处为破碎的想法，非线性设计的过程，有兴趣在结构的表面和明显非欧几里得几何上花点工夫，形成在建筑学设计原则的变形与移位。解构主义是当时非常新派的艺术思潮，将既定的设计规则加以颠倒，反对形式、功能、结构、经济彼此之间的有机联系，提倡分解、片段、不完整、无中心、持续地变化等，认为设计可以不考虑周围的环境或文脉等，给人一种新奇、不安全的感觉。其中，法国巴黎的拉·维莱特公园就是解构主义公园设计的典型。

拉·维莱特公园——屈米（Bernard Tschumi）：拉维莱特公园是纪念法国大革命200周年巴黎建造的九大工程之一，1974年以前，这里还是一个有百年历史的大市场，公园在建造之初，它的目标就定为：一个属于21世纪的、充满魅力的、独特并且有深刻思想意义的公园。它既要满足人们身体上和精神上的需要，同时又是体育运动、娱乐、自然生态、科学文化与艺术等诸多方面相结合的开放性绿地，并且，公园还要成为各地游人的交流场所。建成后的拉·维莱特公园向我们展示了法国的优雅，巴黎的现代、热情、奔放。

【思考练习】

1. 简述中国园林的发展轨迹。
2. 简述中国古典园林的雏形及特征。
3. 简述中国皇家园林的产生及代表园林。
4. 简述艮岳在中国园林中的地位。
5. 简述中国园林的理论成就。
6. 简述中国园林的分类及特征。
7. 简述世界园林的起源及三大园林体系。
8. 简述日本园林的类型及特征。
9. 简述欧洲园林体系的特征及代表园林。
10. 比较中国园林与法国园林的异同。
11. 简述不同思潮影响下，西方风景园林的特征及代表。
12. 什么是大地艺术？

第3章　风景园林设计理论基础

重点：掌握风景园林设计的相关理论的基本内涵。

难点：理解相关的理论知识对风景园林设计的影响和应用。

3.1　生态学与景观生态学

3.1.1　生态学与景观生态学概述

生态学源于希腊文“Oikos”，原意是房子、住所、家务活及生活所在地，“ecology”是生物生存环境科学，是研究生物与环境之间相互关系及其作用机理的科学。德国动物学家恩斯特·海克尔1869年将生态学定义为研究生物及其周围环境——包括非生物环境和生物环境相互关系的科学。

1937年德国地理学家卡尔特罗在《航空像片判图和生态学的土地研究》一文中首次提出景观生态学概念。景观生态学由地理学的景观和生物学的生态两者组合而成，是表示支配一个地域不同单元的自然生物综合体的相互关系分析。它是以整个景观为对象，通过物质流、能量流、信息流与价值流在地球表层的传输和交换，通过生物与非生物以及与人类之间的相互作用与转化，运用生态系统原理和系统方法研究景观结构和功能、景观动态变化以及相互作用机理、研究景观的美化格局、优化结构、合理利用和保护的学科，是一门新兴的多学科之间交叉的学科，主体是生态学和地理学。

景观生态学中三个基本构成要素是基质、廊道、斑块。各要素之间通过一定的流动产生联系和相互作用，在空间上构成特定的分布组合形式，共同完成生态系统所承担的生产、生活及还原自净等功能。

3.1.2　生态学在风景园林中的发展

1962年，美国生态作家雷切尔·卡逊（Rachel Carson），出版著作《寂静的春天》（Silent Spring），把人们从工业时代的富足梦想中唤醒，开始意识到环境和能源危机。风景园林设计流露出对人与自然关系的关注，这是对自然和文化的全新认识。1969年英国著名风景园林师、规划师及教育家麦克·哈格在其著作《设计结合自然》（Design with Nature）中首次提出了运用生态主义的思想和方法来规划和设计自然环境的观点。在他看来：“在设计建造一座城市的时候，自然与城市两者缺一不可，设计者需要着重考虑的是如何将两者完美地结合起来。”这其中包含着他将人类和自然看成是一个有机整体的生态思想。麦克哈格的这些观点在社会上引起了极大反响，因此人们第一次站在科学和系统的角度去认识园林设计学科。

《设计结合自然》的问世，将生态学思想运用到景观设计中，产生了“设计尊重自然”，以生态原理进行规划操作和分析的方法，使理论与实践紧密结合，对城市、乡村、海洋、陆地、植被、气候等问题均以生态原理加以研究，并指出正确利用的途径。把景观设计与生态学完美融合，开辟了生态化景观设计的科学时代，也产生了更为广泛意义上的生态设计。

麦克哈格提出了将景观作为一个包括地质、地形、水文、土地利用、植物、野生动物和气候等决定性要素相互联系的整体来看待的观点。强调了景观规划应该遵从自然固有的价值和自然过程，完善了以因子分层分析和地图叠加技术为核心的生态主义规划方法，称之为“千层饼模式”。这种规划以景观垂直生态过程的连续性为依据，使景观改变和土地利用方式适用于生态方式，这一千层饼的最顶层便是人类及其居住所，即我们的城市。“千层饼模式”的理论与方法赋予了风景园林学以某种程度上的科学性质，景观规划成为可以经历种种客观分析和归纳的、有着清晰界定的学科。麦克哈格的研究范畴集中于大尺度的景观与环境规划上，但对于任何尺度的景观建筑实践而言，这都意味着一个重要的信息。

3.1.3 生态学与景观生态学在风景园林中的应用

生态学观念对现代风景园林设计理念产生了深远的影响，生态化的景观设计，强调从场地环境组成的各个要素出发，建立一种全面、系统的框架，力图实现人与环境的相互平衡与协调。

3.1.3.1 生态学在风景园林中的应用

（1）应用生态学原理，保护并加以利用场地现有的自然生态系统

应用生态学原理进行风景园林设计，保护自然环境不受或尽量少受人类的干扰，稳固现有场地已经形成的动植物生态系统。在景观改造时，尊重场地原有自然环境，尽可能将原有的有价值的自然生态要素保留并加以利用。

① 利用当地的乡土资源　乡土资源是指经过长期的自然选择及物种演替后，对某一特定地区有高度生态适应性的自然植物区系成分的总称。它们是最能适应当地大气候生态环境的植物群体。除此之外，使用乡土物种的管理和维护成本最少，能促使场地环境自生更新、自我养护。

② 尊重场所自然演进过程　从生态学理论来看，应尽量保留原场所的自然特征，如地形、水体、植被，这是对自然内在价值的认识和尊重，使设计具有唯一性和历史性。既能降低投资成本，又能保留和少破坏原有生态系统。

（2）基于生态学原理，利用并再生场地现有材料和资源

生态学中的循环再生原理即倡导能源与物质的循环利用。在风景园林设计中尽可能地使用再生原料，将场地材料和资源循环使用，发挥材料潜力，最大限度地减少对新材料的需求，减少对生产材料所需能源的索取。

（3）土壤的设计

在风景园林设计中植物是必不可少的要素，因此应选择适合植物生长的土壤。主要考虑土壤的肥力和保水性，分析植物的生态学习性，选择适宜植物生长的土质。常规做法是将不适合或者污染的土壤换走，或在上面直接覆盖好土以利于植被生长，或对已经受到污染的土壤进行全面技术处理。如采用生物疗法，处理污染土壤，增加土壤腐殖质，增加微生物活动，种植能吸收有毒物质的植被使土壤情况逐步改善。

（4）以生态平衡、生物多样性为理论的植物配置设计

① 植物材料选择，提高城市园林植物生态功能　尽可能地扩大城市绿地面积，提高绿化覆盖率，充分利用绿化空间，合理利用园林植物的配植结构，提高现有绿地的绿量。

② 选用生态效益高的植物　不同树种的生态作用和效益也不同，必须选择与各种污染气体相对应的抗性树种和生态效益较高的树种。

③ 遵从生物多样性原理，模拟自然群落的植物配置　遵循生态原则、互惠共存原则、

物种多样性原则、生态效益原则和艺术原则，考虑植物的层次性、多样性及群落的稳定性，形成合理的配置结构。一般来说，乡土树种生命力和适应性强，能有效地防止病虫害暴发。常绿与落叶树种分隔栽植能有效阻止病虫害的蔓延。林下植草比单一林地或草地更能有效利用光能及保持水土。耐阴灌木树种与喜光乔木树种配植，增加土地利用率，提高绿化综合效益。

（5）以循环为主的水设计

风景园林设计中从生态因素方面对水的处理一般集中在水质清洁、地表水循环、雨水收集、人工湿地系统处理污水、水的动态流动以及水资源的节约利用等方面。

3.1.3.2 景观生态学在风景园林设计中的应用

（1）在大中空间尺度上景观生态规划设计

基于景观生态分类、景观格局与功能分析，根据“斑块—廊道—基质”、“网络—结点”景观结构模型进行绿地布置。如对城市绿地系统、风景区的景观生态规划。

（2）中小空间尺度上的景观生态规划设计

只要规划区内存在生态系统的多样性和异质性，即可进行景观生态规划或设计。如对城市绿地空间的景观生态设计。

（3）不同尺度层次上景观生态学原理的综合应用

绿地系统的空间结构—景观系统分成宏观、中观和微观三个尺度层次。根据景观基质特征的不同，以“斑块—廊道—基质”景观构成模式进行布置，根据绿地斑块、廊道宽度等原理对绿地进行具体的规划布局，最终形成层次分明、功能互补、具有良好的景观和生态功能的绿地系统结构。

（4）生态适宜度分析

生态适宜度是指在规划区确定的土地利用方式对生态因素的影响程度（生态因素对给定的土地利用方式的适宜状况和程度），是土地开发利用适宜程度的依据。生态适宜度评价指标和方法是衡量生态规划、建设、管理等的主要依据。

3.2 行为地理学与环境心理学

一个地方特有的地貌和与之俱来的居民风土人情或性格之间有着一定的联系，如草原人的豪爽、黄土地人的憨厚纯朴、江南人的精明能干等。环境对人的性格的塑造在某种程度上起着一定的作用，因此，环境和人的行为、心理之间存在着一定联系，其研究最早起源于行为地理学。

3.2.1 行为地理学

行为地理学是研究人类在地理环境中的行为过程、行为空间、区位选择及其发展规律的科学。它是20世纪60年代末西方人文地理学发展中出现的新分支学科，也有的学者把其作为一种关心人地关系的思想观点和人文地理学的基本方法论。这也是景观规划设计的根本依据，一个好的风景园林规划设计，最终还是以满足人类户外环境活动的需要为出发点。

3.2.1.1 人的行为与需求

人的行为都具有某种动机，不过所有的动机都可以合为两大类：一类是谋求生理上、心理上的自我维持的动机，即生存动机；另一类是以成长、自身实现和更充分地满足目标的、改善自身和改善周围环境的动机，即生长动机。1954年美国心理学家马斯洛在《人的动机理论》中提出了“需要的层次”：①生理的需求：饥、渴、寒、暖、生存等；②安全的需求：安全感、领域感、稳定性、私密性等；③归属与爱的需求：情感、性、家庭、友谊等；④尊敬的需求：名誉、威信、褒奖和受人尊重等；⑤自我实现的需要：这是最高的层次需求。除马洛斯外，Henry Murray、Peggy Peterson、Alexander Leighton也提出了相应的理论。

（1）人的行为构成

人的行为由5个基本要素构成。

① 行为主体　人，具体而言是指具有认知、思维能力，并有情感、意志等心理活动的人。

② 行为客体　人的行为目标指向。

③ 行为环境　行为主体与客体发生联系的客观环境。

④ 行为手段　行为主体作用于客体时所应用的工具和使用的方法等。

⑤ 行为结果　行为主体预想的行为与实际完成行为之间相符的程度。

（2）人的行为模式

人类在世界上生存，所表现的各种行为可以归纳为三种基本需求，即安全、刺激与认同（Robret Ardrey）。在景观规划设计中，我们所关注的是空间中人的行为方式，我们将这类行为概况为下列三种模式：必要性活动、选择性活动和社交性活动。

① 必要性活动　因人的生存需要而进行的活动，一般不受环境品质影响。如上班，基本不受环境品质的影响。

② 选择性活动　指自发的、随机选择的行为，有相当的随意性。如散步、休闲旅游，与环境质量关系密切。

③ 社会（交）性活动　一般由他人或其他媒介引发而产生。与环境品质的好坏有相当大的关系。

无论哪一种行为模式都可起到诱发人的活动动机，也可起到制约人的活动的作用。从风景园林规划设计的角度看，在这三类行为中，社会（交）性活动与城市公共空间景观规划设计最为密切。对于现代城市而言，合理安排能满足公众性、群体性的活动空间是解决城市人群社会性活动的基础，因此，不能忽略人的行为，片面地追求景观形象、生态绿化。因此，对于城市公共空间的设计应该处理好景观形象、生态绿化、使用人群三者之间的关系。

3.2.1.2　人类活动的行为空间

行为空间是指人们活动的地域范围，它包括人类直接活动的空间范围和间接活动的空间范围。直接活动空间是人们日常生活、工作、学习所经历的场所和道路，是人们通过直接的经验所了解的空间。间接活动空间是指人们通过间接的交流所了解到的空间，包括通过报纸、杂志、广播、电视等宣传媒体了解的空间。

人们的间接空间活动范围比直接活动空间的范围大得多。直接活动空间与人们日常行为活动关系极为密切，间接活动空间则极力推进人们进一步的空间探索。人类日常活动的行为空间可以有以下几类情况。

（1）通勤活动的行为空间

主要指人们的上学、上班过程中所经过的路线和地点。这时人们包括外地游览观光者在内对景观空间的体验是由建筑群体组成的整体街区的感受，景观设计在这个层面上应当把握局部设计与整体的融合。

（2）购物活动的行为空间

购物活动的行为空间受到消费者的特征影响、商业环境的影响、居住地与商业中心的距离的影响。因此，在这个层面上主要考虑商业环境及其设施的设计，除了可以完成人们身心愉悦的购物行为外，还要在一定程度上满足人们的休息、游玩等功能。商业环境的成功营造不但可以改变城市地价、提升城市活力，还会抬升城市的品牌。

(3) 交际与闲暇活动行为空间

朋友、同事、邻里和亲属之间的交际活动是闲暇活动的重要组成部分。这些行为的发生往往会在住宅的前后、广场、公园、体育活动场所以及家里进行。

(4) 领域性

英国鸟类学教授霍华德在《鸟的生活领域》一书中，提出了“领域性的概念”。即指动物的个体或群体常常生活在自然界的固定位置或区域，各自保持自己一定的生活领域，以减少对于生活环境的相互竞争，这是动物在生存进化中演化出来的行为特征，即个体或群体对一片地带的排外性控制。

20 世纪 70 年代，这一理论应用于人类活动研究。空间行为研究者阿尔托曼将领域定义为：“当其他人想闯入领域时，因没有得到允许而感到不快，于是用眼神、手势、语言，乃至动作来保卫属于自己的这一领域。”

领域性是个人或群体为满足某种需要，拥有或占用一个场所或一个区域，并对其进行加以人格化和防卫的行为模式。该场所或区域就是拥有或占用它的个人或群体的领域。

人与动物的领域性有着根本的区别。动物的领域性是一种生理上的需要，包含着生物性的一面，人的领域性则在很大程度上受到社会、文化的影响，理解空间、场所、领域是构成人类活动的主要范围，三者之间可做如下理解。

空间 (space)：三维空间数据构成，是通过生理感受限定。

场所 (place)：三维空间数据构成，但限定不严密，有时没有顶面或地面，通过心理感受限定。

领域 (domain)：三维空间数据构成，界定更为松散，基于精神的量度。

3.2.1.3 风景园林设计中人的行为习性

① 捷径效应（抄近路） 所谓捷径效应是指人在穿过某一空间时总是尽量采取最简洁的路线。在目标明确时，为了达到预定的目的地，只要不存在障碍，人们总是趋向于选择最短路径，即大致成直线向目标前进。

在设计道路时要参考人的这一行为习性。如功能性的道路，如校园里学生每天频繁行走的道路、广场中人们穿越的小径等，应以便捷性为主。国外的设计师曾尝试，在未完成路线设计之前开放景区，通过航拍勾勒出人为踩踏的全景路线图，参考作为行走的路线。但这样做不同于中国古典园林的曲径通幽的立意。当在伴有其他目的，如散步、闲逛、观景时，才会信步任其所至。对于这类穿行，一般有两种解决办法：一是设置障碍（围栏、土山、矮墙、绿篱、假山和标志等）使抄近路者迂回绕行；二是在设计和营造中尽量满足人的这一习性，并借以创造更为丰富和复杂的建成环境。

② 识途性 人们在进入某一不熟悉场所后，会边摸索边通往目的地，为了安全或紧急遇到危险（如火灾）时，会寻找原路返回，这种习性称为识途性。很多灾难报告表明，灾难者都是应为本能而原路返回没有迅速寻找正确的疏散出路，失去了逃生的机会。因此在设计时，要有详细、明确、明显的标志，既起到引导流程的作用，也在突发事件发生时给人以快捷的提示。

③ 左转弯（逆时针转弯） 在一个空间中若需做环形运动，人们左转弯比例约占 70%。在棒球运动中垒的回转方向以及田径运动的跑道、滑冰的方向均是左向转弯。

④ 右（左）侧通行 是指人在空间内行进过程中，习惯于靠右侧边缘通行。一般在人员密度超过 0.3 人/平方米时一般就会无意识地趋向于选择右侧通行，例如在繁华的商业街上的人。

⑤ 从众习性　从众习性是动物的追逐本能。当遇到异常情况，一些动物向某一方向跑，其他动物会紧跟而上，人类也有这种“随大流”的习性。如在紧急事件中，火灾或突发事件的混乱中，人们往往会盲目地随着大多数人奔跑，实际自己并不清楚出口在哪个方向。在商场、展览会上，当人们没有明确方向的时候，也往往是随大流。

⑥ 聚集效应　研究发现当公众场所的人群密度超过1.2人/平方米时，步行速度明显下降，出现滞留，如由于好奇造成围观现象。用荷兰建筑师克林格瑞的话来讲就是“一加一至少等于三”，也就是说活动为更多的活动提供支持。景观设计倡导娱乐体验，更加强调这一效应的科学把握，即研究如何运用景观节点造成人群滞留，并激发人们尤其儿童参与到环境中。当然，滞留空间的尺度和形态要适宜人群的聚集和交互活动。出于安全避险的考虑，应合理妥善地处理景区与周围疏散通道的关系。

⑦ 依靠（性）行为　人并非均匀散布在外部空间之中，而且也不一定停留在设计者认为最合适停留的地方。观察表明，人总是偏爱停留在后面有绿篱、柱子、树木、旗杆、墙壁、门廊、建筑、小品周围和附近，让自己有所凭靠，产生安全感，并形成心理上的自我占有和控制的领域。

⑧ 边界效应　由于人的眼睛长在前面，背后难以防范而最容易受到攻击。因此，自古以来人们都偏爱既具有庇护性又具有开敞性的视线向外的地方，这是数万年来人类动物性本能的防御的具体表现。这类位置提供了可观察、可选择做出反应、可防卫的有利位置，更重要的是提供了一个防卫的、安全的空间。这样的空间既具有私密性，又可观察到外部空间的公共活动。人在其中感到舒适隐蔽，但决不幽闭恐惧。

⑨ 观看的行为　无论是坐着、站着，人的行为模式表现为一种“停驻”状态。“人看人”成为其最主要的娱乐方式。人都习惯处在接近人群的地方，习惯处在可以观察到人群的地方，都有看热闹的习惯。

从视觉角度分析，人的视线往往首先被运动的物体吸引，相对于静止景观，活动的人更加吸引人的目光。在较大的公共空间中，人们愿意在“半公共—半私密”空间中逗留。这种空间具有灵活的选择性。一方面既可以看到场所中的各种活动，甚至可以亲自参与；另一方面使用者还拥有足够的安全感。这种良好的“停留空间”易于被使用者控制和驾驭。

⑩ 小群生态　在公共开放空间中，如不是有组织的会议、集会等活动，人际交往将以三三两两、三五成群的方式展开，这就是社会心理学中所谓的“小群生态”。

3.2.2　环境心理学

环境心理学属于应用社会心理学领域，又称人类生态学或生态心理学。这里所说的环境虽然也包括社会环境，但主要是指物理环境，包括噪声、拥挤、空气质量、温度、建筑设计、个人空间等。人的本质属性是社会性，因此，一个人的心理活动和行为表现总是受到周围环境、他人与群体的影响，每一个人是在与他人交往的过程中不断社会化而逐渐成熟起来的。

3.2.2.1　拥挤与密度

空间感既是指空间的实际大小，也是指空间处理所带给人的一种心理上的体验。密度是拥挤的物理状态；拥挤感是其心理状态。拥挤感是个人感到自身周围没有足够空间，而私密性又受到他人干扰时所产生的情绪，是一种消极的心理状态。

（1）密度

密度的概念被严格地限定在物理学的范畴内，密度由空间和空间中的人数构成，指单位空间中的人数。密度的改变有两种可能：一是空间大小不变，调整空间中的人数，这称为社会密度；二是固定空间中的人数而改变空间的大小，这称为空间密度。

(2) 拥挤

拥挤是一个复杂过程，它是人类社会的一个普遍现象。拥挤是密度、其他情景因素和某些个人特征的相互影响，通过人的知觉—认知机制和生理机制，使人产生一个有压力的状态。拥挤是对导致负面情感的密度的一个主观心理反应。

拥挤感和密度有关，但未必高密度就产生拥挤感。如精彩的球赛举行时，球场的看台上人山人海，然而人们却欢声雷动，并没有拥挤不堪之感。若在其他公共建筑中，这样的密度会令人难以忍受。在人口高密度区，人们为了保持心灵上的这种空间和自由，只能用冷漠来排斥他人，使他人和自己保持一定的距离。

3.2.2.2 个人空间（气泡）

美国心理学家萨默在《个人空间》一书中最早提出个人空间的概念："每个人的身体周围都存在着一个既不可见又不可分的空间范围，这个空间范围就像围绕着身体的空间气泡，它随身体移动而移动，任何对这一空间范围的侵犯与干扰都会引起人的焦虑与不安。它不是人们的共享空间，而是个人在心理上所需要的最小空间范围，因此也称之为身体缓冲区"。

个人空间就像一个围绕着人体的气泡，腰部以上为圆柱形，而腰部以下呈圆锥形（图3-2-1），个人空间"气泡"具有自我防卫的保护功能和表达亲疏的传递功能。

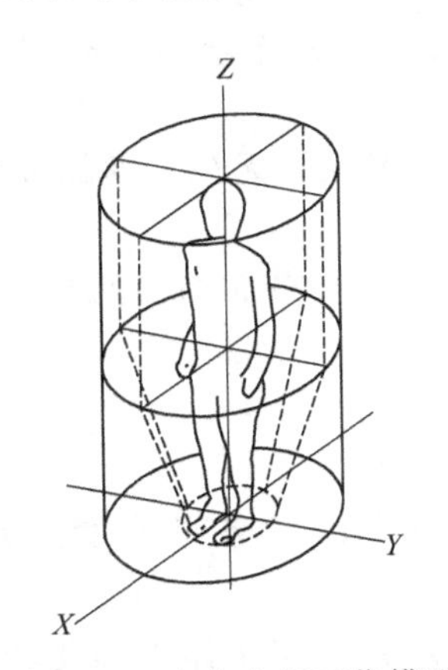

图 3-2-1 个人空间三位模型

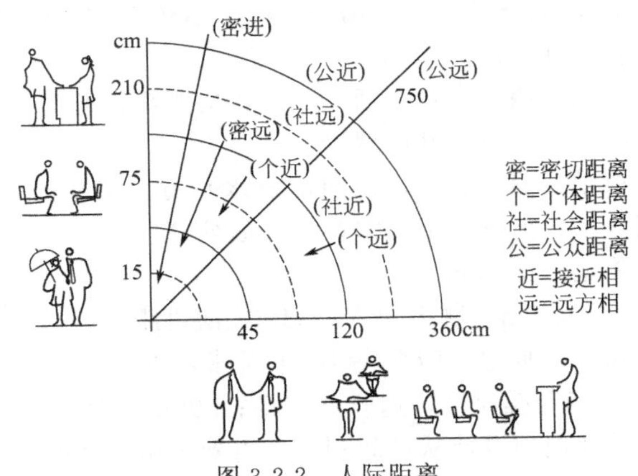

图 3-2-2 人际距离

3.2.2.3 人际距离

人与人接触时，两者之间都保持着具有一定距离的领域范围。这种领域范围是看不见的，但一旦进入该范围，自己便会有意无意地转身背对对方，向对方传递某种信息。人与人之间距离的大小取决于人们所在的社会集团（文化背景）和所处情况的不同而相异。熟人还是陌生人，不同身份的人，人际距离都不一样，赫尔把人际距离分为四种（图 3-2-2）。

(1) 亲密距离（密切距离）：0～0.45m

接近相：0～0.15m，亲密距离、嗅觉敏感、感觉得到身体热辐射。小于个人空间，并受到干扰，可以相互体验到对方的辐射热和气味等。远方相：0.15～0.45m，可接触握手。

处在亲密的距离时，个人空间受到干扰。近距离的触觉成为主要的交往方式，适合抚爱和安慰。距离稍远时表现为亲切的耳语。在公共场合与陌生人处于这一距离时会感到严重不安。需要用避免谈话、避免微笑来取得平衡。

适合人群：母子、情侣、密友。不适合：拥挤的通道、座椅的间距。

(2) 个人（空间）距离（个体距离）：0.45～1.2m

接近与个人空间基本保持一致，是得以最好地欣赏对方面部细节与细微表情的距离。

相：0.45～0.75m，促膝交谈，可近距离接触，也可向别人挑衅。远方相：0.75～1.2m，个人空间的边沿，距离有一臂之隔，亲密交谈、清楚看到对方表情，说话声响适度，不再能闻到对方气味，除非用香水。

处于该距离范围内，能提供详细的信息反馈。谈话声音适中，语言交往多于触觉，适合亲戚、师生等日常熟悉的人群交谈言欢。

适合：密友、亲友、服务人员与顾客。不适合：景亭座椅相对的距离。

(3) 社会（交）距离：1.2～3.6m

社会距离可以看到对方全身以及周围环境。这一距离不能轻易接触到对方，这一距离常用于进行社会活动、非个人的相互联系，如隔一张桌子的距离、同事间商量工作等。

接近相：1.2～2.1m，社交文化、同伴相处、协作。接触的双方均不扰乱对方的个人空间，能看到对方身体的大部分，主要由于视觉提供详细的信息。远方相：2.1～3.6m，交往不密切的社会距离。这一距离内人们常常有清晰的视线但各自相视走过也不显局促和无礼。说话时声音要响，如觉声音太大，双方的距离会自动缩短。

(4) 公共（众）距离：>3.6～7.5m

接近相：3.6～7.5m，对人体细节看不大清楚，说话声音比较大，讲话用此正规，交往不属于私人间的。敏锐的人在3.6m左右受到威胁时能采取逃跑或防范行动。远方相：>7.5m，完全属于公众场合，借助姿势和扩大声音，勉强可以交流。甚至会需要夸张的非语言行为辅助语言表达。

这是一般公众社会活动、演讲的距离。此时无细微的感觉信息输入，无视觉细部可见。

(5) 人体对空间的感受

视觉：静止直立，以向前及水平方向为主，范围上下45°角度、左右90°；行走，视线范围减小，前方偏下；需要对底面处理。

嗅觉：2～3m；

听觉：7m，聊天距离；35m，演讲距离。

视觉、听觉、嗅觉等综合因素：20～25m亲切，可以自由交流，空间尺度：大于110m，场所感尺度，适合做广场；390m，深远距离感，领域尺度。

景观规划设计从空间到场所再到领域，从明确实体到有形界定再到非实体无形化转换，空间趋于淡化；核心不是空间构成，而是行为策划。停留时公共空间中的私密空间与景观空间同等重要：开放空间需要私密空间，私密空间需要个人距离。

3.3 观赏植物学

3.3.1 观赏植物学的概念

观赏植物是具有一定观赏价值、应用于园林及室内植物配置和装饰、改善美化生活环境的草本和木本植物的总称，包括观花、观果、观叶、观芽、观茎、观株、观根、观姿、观韵、观色、观趣及品其芳香等。观赏植物学是系统研究观赏植物分类、习性、栽培、繁殖及应用的学科。

3.3.2 观赏植物的功能作用

3.3.2.1 构建空间功能

空间感是指由地平面、垂直面以及顶平面单独或共同组合成的具有实在的或暗示性的范围围合。

植物在构成室外空间时，如同建筑物的地面、天花板、墙壁、门窗一样，是室外环境的空间围合物。植物可以利用其树干、树冠、枝叶控制视线、控制私密性，从而起到变化方式互相结合，可形成不同的空间形式。

① 开敞空间　低矮灌木与地被植物可形成开敞空间，这种空间四周开放、外向、无私密性，完全暴露。

② 半开敞空间　一面或多面受到较高植物的封闭，限制了视线的穿透，可形成半开敞空间，这种空间与开敞空间相似，不过开放程度较小，具有一定的方向性和隐秘性。如一侧大灌木封闭的半开放空间或两侧封闭的封闭空间。

③ 覆盖空间　利用具有浓密树冠的遮阳树可构成顶部覆盖、四周开敞的覆盖空间，这种空间类似于森林环境，由于光线只能从树冠的枝叶空隙及侧面渗入，因此在夏季显得阴暗幽闭，而冬季落叶后显得明亮开敞（图 3-3-1）。

图 3-3-1　乔木形成的覆盖空间

④ 垂直空间　利用高而密的植物可构成一个四周直立、朝天开敞的垂直空间，这种空间能够阻止视线发散，控制视线的方向，因此具有较强的引导性。

⑤ 封闭空间　这种空间与覆盖空间相似，区别在于四周均被小型植物封闭，形成阴暗、隐秘感和隔离感极强的空间。

3.3.2.2　观赏功能

植物的观赏功能主要反映在植物的大小、外形、色彩、质地等方面。

① 观赏植物的大小　直接影响空间的范围和结构关系，影响涉及的构思与布局。例如乔木形体高大，是显著的观赏因素，可孤植形成视线焦点，也可群植或片植；而小灌木和地被植物相对矮小浓密，可成片种植形成色块模纹或花境。

② 植物的外形　观赏植物的外形多种多样，大体可分为表 3-3-1 中所示的 7 种。

表 3-3-1　观赏植物的外形

基本类型	特征及应用
纺锤形	形态细窄，顶部尖细；有较强的垂直感和高度感，将视线向上引导，形成垂直空间，如龙柏
圆柱形	形态细窄长，顶部为圆形，如紫杉
水平展开形	水平方向生长，高和宽几乎相等；展开形状及构图具有宽阔感与外延感，如鸡爪槭、二乔玉兰
圆球形	圆球形外形，外形圆柔温和，可以调和其他外形，如桂花、香樟
尖塔形	圆锥形外形，可形成视觉的焦点，如雪松
垂枝形	具有悬垂或下弯的枝条，如垂柳、龙爪槐
特殊性	具有奇特的外形，如歪扭式、多瘤节、缠绕式、枝干扭曲等，可成为视觉的焦点，如盆景植物

③ 观赏植物的色彩　观赏植物的色彩具有情感象征，引人注目，直接影响着一个室外空间的气氛与情感，鲜艳的色彩给人轻快、欢乐的气氛，而深暗的色彩则给人郁闷、幽静、阴森沉闷的气氛。植物色彩是通过树叶、花朵、果实、枝条、树皮等各个部分呈现出来的，并随季节和植物年龄变化而变化。

④ 植物的质地　根据树叶的形状（针叶、阔叶）和持续性（落叶、常绿）可以将植物分为落叶阔叶、常绿阔叶；落叶针叶、常绿针叶。

落叶阔叶植物种类繁多，用途广泛，夏季用于遮阳，冬季产生明亮轻快的效果。常绿阔叶植物色彩较浓重，季节变化较小，可以作为浅色物体的背景。

落叶针叶植物多树形高大优美，叶色秋季多为古铜色、红褐色。常绿针叶植物多为松柏类，常给人端庄厚重的感觉。

3.3.2.3　生态功能

① 净化空气、水体和土壤　吸收二氧化碳、放出氧气；吸收有害气体；吸滞烟尘和粉尘；净化水体。

② 改善城市小气候　调节气温，调节湿度，通风防风。

③ 降低城市噪声　植物配置结构以乔灌草结构为最佳的降噪模式，据研究，隔音林带在城区 6～15m，郊区 15～30m。

④ 安全防护　蓄水保土，防震防火，防御放射性污染及防空。

3.4　艺术美学

艺术美学是横跨美学与艺术学的交叉性人文学科，是美学的一个分支，它主要研究艺术活动中的审美现象和审美规律。艺术美的创造和欣赏对主体条件有特定的要求，其过程以审美为核心。

3.4.1　风景园林审美的内涵

从19世纪末至20世纪初的“新艺术”运动开始，现代设计发展时间跨度为从1880～1910年的近30年时间。这一运动是传统审美观与工业化发展进程中所折射出的、新的审美观念之间矛盾的产物。受到当时的抽象画艺术的影响，其哲学上否定传统与固有的形式，宣扬非理性主义与世界主义；在造型语汇与形式上，追求简洁与明快，由大界面、大曲面、大色块代替传统冗繁的精细装饰。

形式和功能的审美价值观成为景观审美的主流。生态价值观取向关注人类与自然的关系，和谐共生即是美的，在人类活动的废弃地中，自然生长的杂草、废渣、旧设备都能构成景观的元素；促使艺术大众化、生活化的审美价值观取向，则将日常生活的物品或过程都视作艺术的素材，彻底抛弃了经典的权威。

3.4.2　风景园林设计的艺术要素

风景园林设计是一种立体艺术，它的高度、宽度、深度及各组成部分的大小、位置、形状、色彩、质地的适当安排组合，可以表达三维空间的美，从而达到静态美，加上植物生长上的变化，更能表现动态美。

风景园林设计在艺术表现方式上有所不同，有形象美，即利用实体景物创造赏心悦目的环境形象，如雕塑、建筑小品；还有意境美，利用各种景观元素，如树木、水体、和风、细雨、阳光、天空、铺地、墙体、栏杆、建筑物造成某种意境，是观赏者依经验、情感、灵性、修养感受到心灵的触动。

3.4.3 现代艺术美学对风景园林设计的启迪

20 世纪现代艺术的发展分为两条线索，第一条线索注重新的艺术母题思维方式与纯形式语言的美术性研究，强调人类的理性知觉性，这一条线索由“现代艺术之父”塞尚挑起，从野兽派、立体主义走向构成主义及几何抽象，这是冷静的理性抽象主义，它们纯粹的理性思维，表达了简洁而富有逻辑性的思维，最终创造了一种独立于客观自然的抽象艺术。

第二条线索则是作为达达主义的代表人物杜尚挑起，他从根本上颠覆了艺术的固有概念。沿着杜尚指引的方向，第二次世界大战后西方艺术家创造了波普艺术、新现实主义、集成艺术和装置艺术等，这些艺术都是“现成品”的陈列、重组和复制。艺术家由此进一步推出了大地艺术、环境艺术、行为艺术、偶发艺术和过程艺术等，这类艺术力求打破艺术与生活、艺术家与大众的界限，重视的是创作的过程、行为和体验，而不是创作的结果，总体说来更强调非理性思维的抽象。

3.4.3.1 理性抽象艺术的影响

整个 20 世纪，理性抽象艺术基本上遵循着抒情的抽象和几何的抽象两个方面发展。英国风景园林师唐纳德指出抽象艺术在设计形态和色彩运用的相互关系上，拓宽造园家的眼界。理性抽象艺术为现代设计提供了丰富的、可借鉴的形式语言。

① 野兽主义　野兽主义在 1898～1908 年在法国盛行的一个现代绘画流派。他们热衷于运用鲜艳、浓重的色彩，以直率、粗放的笔法，创造强烈的画面效果，充分显示出追求情感表达的表现主义倾向。

托马斯·丘奇是美国现代园林的开拓者，他从 20 世纪 30 年代后期开始，开创了被称为“加州花园”的美国西海岸现代园林风格。他的作品中开始展现一种新的动态均衡的形式，中心轴被抛弃，流线、多视点和简洁平面得到应用，质感、色彩呈现出丰富变化（图 3-4-1）。

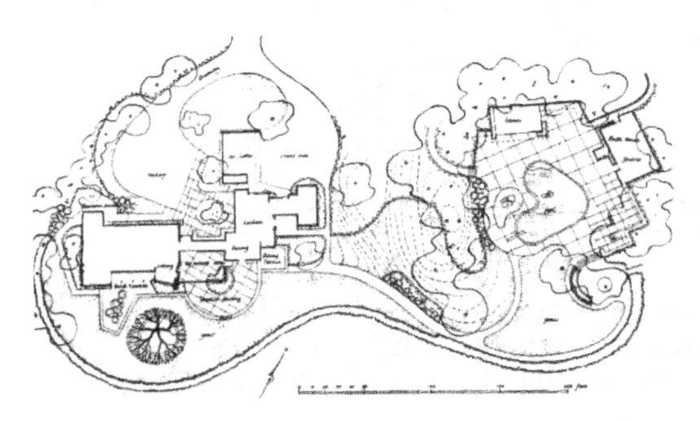
图 3-4-1　唐纳花园平面图

图 3-4-2　“水与光之园”与德诺耶别墅的立体园林

② 立体主义和构成派（图 3-4-2）　以毕加索、G·布拉克为代表的立体主义用块面的结构关系来分析物体，表现体面的重叠、交错的美感。抽象主义的先驱康定斯基用点、线、面的组合构成，用绘画来传达观念和情绪，为抽象主义奠定了基础。真正奠定几何抽象主义理论基础和在艺术实践上有突出贡献的是荷兰画家蒙德里安创建的风格派。

建筑师盖伍莱康，1925 年为巴黎装饰艺术博览会设计的“水与光之园”，1926 年为德诺耶别墅设计的“立体派”园林等。打破传统的规则式布局，融入现代构成的艺术手法，对原有三角形的框架进行编排与细织，采用三角形和方形（矩形）为母题，采用重复、并置等平面关系构成图形，竖向高低错落，通过花篱与铺装设计，形成令人耳目一新的

"立体派园林"。

③ 未来主义　未来主义在现代工业科技的刺激下，用分解物体的方法来表现运动的场面和运动的感觉，热衷于形体的重叠、并置、变形、运动、增生。从构图形式上看，哈普林在 1960 年为波特兰市设计的系列广场表现出未来主义的特征（图 3-4-3）。

图 3-4-3　波特兰市爱悦广场与柏蒂格罗夫公园（Pettygrove Park）

④ 极简主义　早在 20 世纪早期俄国画家马列维奇创建的至上主义，探讨了艺术的虚、空、无方面的尝试，对极简主义有启发意义。在极简主义中，艺术表现为一种观念和无所不在的几何形体。极简主义的代表人物唐纳德·贾德的作品《无题》就是由一系列相同形状的长方体的串联。1979 年，彼得·沃克在哈佛大学设计的泰纳喷泉堪称极简主义的代表。在折中主义风格的传统教堂前的一块空地上，沃克将一批大小和质感相仿的石块，围为一个个间断的、放射状圆圈，石缝中的雾状喷泉石块似乎漂浮起来（图 3-4-4）。这种略带原始主义的极简手法营造出特别的场所精神。

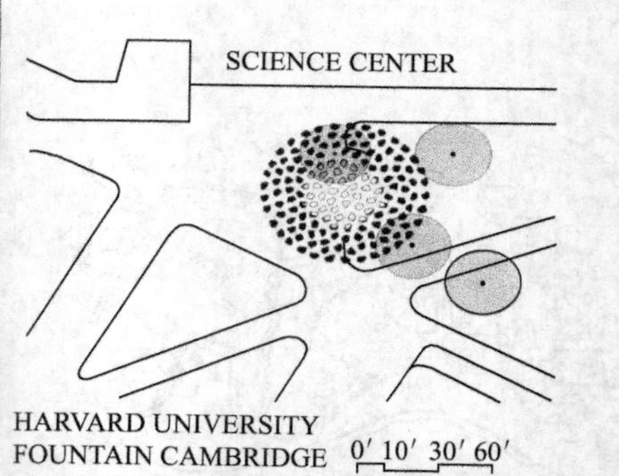

图 3-4-4　哈佛大学的泰纳喷泉

3.4.3.2　非理性抽象艺术的影响

第一次世界大战期间出现的达达主义的虚无主义和反传统的精神，贯穿在整个西方现代艺术的进程之中。把偶然性、机遇性运用在艺术创作中，是达达对现代美学的贡献。

① 表现主义　表现主义指艺术中强调艺术家的主观精神和强烈的感情表现，而导致对客观形态的夸张、变形乃至怪诞地处理的一种思潮。西班牙建筑师高迪在居尔公园的设计中将建筑、雕塑和大自然环境融为一体（图 3-4-5），线条充满波动、韵律，色彩、光影、空间变化丰富。围墙、长凳、柱廊和绚丽的马赛克镶嵌装饰表现出鲜明的个性，使人有置身梦幻的感觉。

图 3-4-5　高迪居尔公园

② 超现实主义　超现实主义直接从弗洛伊德的潜意识学说中吸取思想养料，探讨人类经验的先验层面，试图突破现实观念，把现实观念与本能、潜意识和梦的经验相糅合，达到一种绝对和超现实的境界。超现实主义者常常采用出其不意的偶然结合无意识的发现、现成物的拼集等手法。1982 年乔治·哈格里夫斯完成的美国丹佛市哈乐昆广场，用玻璃镜面材料来映衬环境，创造一种梦幻的感觉。

③ 波谱艺术　波普艺术可以追溯到 20 世纪初，波普艺术的主题就是日常生活，反映当代文化现实，揭示这种文化上的深刻变化。在艺术表现上利用令人感到刺激的行为、藐视经典审慎的魅力。20 世纪 70 年代艺术发展更多元化，不断扩展媒介和技术手段。波普化不带有任何批判意味，只是与现实生活的互动。其表现形式有拼贴与重复两类。

玛莎施瓦茨在剑桥怀特海德生化所屋顶花园拼合园设计中，拼贴了法国树篱园和日本枯山水两种原型，用染成绿色的塑料泡沫塑造树篱、花球等（图 3-4-6、图 3-4-7）。

图 3-4-6　染成绿色塑料泡沫塑造树篱

图 3-4-7　史密斯的螺旋形防波堤

④ 大地艺术　20 世纪 60 年代末起源于美国的大地艺术创造性地将艺术与大地景观紧密结合在一起。早期有代表性的当属罗伯特史密斯于 1970 年设计的美国犹他州大盐湖的螺旋形防波堤（图 3-10）。“大地艺术”的介入，扩展了园林艺术的含义，使其能在更广阔的空间中找到灵感的源泉。

詹克斯夫妇 1990 年设计的私家花园，波浪线是花园中占主导地位的主题，将原有的一块沼泽地改造成了一座小山和池塘，池塘为两个半月形，合起来恰似一只蝴蝶（图 3-4-8）。1992 年由建筑师、艺术家合作设计的巴塞罗那北站公园（图 3-4-9），通过大地艺术景观

"沉落的天空"和"旋转的树林"等塑造，为城市营造富有艺术气息的公共空间。

图 3-4-8　詹克斯夫妇私家花园的半月形池塘图

图 3-4-9　巴塞罗那北站公园

3.5　遥感与地理信息系统

随着科学技术的飞速发展，越来越多的现代尖端科学技术已经应用于风景园林中。尤其是 GIS 与 RS 技术在空间数据获取、分析处理方面具有显著的优势，已被广泛地运用到风景园林、城市规划、测绘、农业等领域，为风景园林在绿地监测、空间分析、园林设计、三维模拟等方面提供了有力的工具，使得风景园林的研究范围更加广阔，规划方案更加科学合理。

3.5.1　RS 与 GIS 技术简介

RS（Remote Sensing）是从远处探测、感知物体或事物的技术。遥感即利用某种装置，远离目标，在不被研究对象直接接触的情况下，通过某种平台上装载的传感器收集对象的信息，对所获取的信息进行提取、判定、加工处理、应用分析及提取有用信息的一种技术。遥感具有可获取大范围资料、信息量大、快速、周期短和受限制少等特点，目前遥感技术正经历着从定性向定量、从静态向动态的发展变化。

GIS（Geographic Information System）地理信息系统是 20 世纪 60 年代发展起来的一门介于地球科学、信息科学、空间科学之间的交叉学科，它以地理空间数据为基础，在计算机软件、硬件技术的支持下，对空间相关数据进行采集、管理、操作、分析，并采用地理模型的分析方法，适时提供各种空间和动态的地理信息，为地理研究和决策服务的计算机技术系统。

地理学是 GIS 的理论依托，为 GIS 提供有关空间分析的基本观点和方法。测绘学为 GIS 提供各种定位数据，其理论和算法可直接用于空间数据的变化和处理。

3.5.2　RS 与 GIS 技术在风景园林中的应用

3.5.2.1　覆盖调查

城市绿地的覆盖调查是研究园林绿地变迁和编制城市园林绿地系统规划的重要基础。遥感技术大大改善了传统园林绿地覆盖调查的局限性，从采用人工普查结合数学统计分析的方法转变为遥感影像结合局部人工调查，不仅使投资的人力、物力减少，而且调查的数据准确性提高，方便综合分析评价。随着现代遥感技术的发展，如 IKONOS 和 SPOT 卫星影像的应用，为城市绿地覆盖调查提供了精确翔实的数据。

3.5.2.2 动态监测

绿地的动态监测技术是定性与定量分析绿地在时空中的变化过程，绿地的变化特征，并借助不同层次、不同空间分辨率与光谱分辨率的传感器，周期性地记录园林绿地在不同时期的空间信息特征。遥感技术在园林绿地动态监测方面的应用在于遥感信息源可以定期不断地获取地面信息。而GIS具有强大的空间数据管理功能，可存放不同时期的监测数据，这些数据在动态监测上既可作为辅助数据，又可作为分析对比数据，因此在动态监测上，GIS是一个不可缺少的技术手段。

3.5.2.3 景观结构及格局分析

RS与GIS技术是景观生态学研究中的重要技术工具。RS与GIS技术应用于园林绿地的景观结构和格局分析中，使得研究人员能够更加全面准确地了解园林绿地的景观特征，很容易得到各类园林绿地的景观类型、面积及其所占比例等，对应用景观空间格局分析的各项评价指标体系有极大帮助，为设计师创造优美、合理、生态的景观提供了有力支持。

3.5.2.4 规划管理信息系统

应用RS、GIS技术，构建园林规划管理信息系统，将园林绿地信息、城市绿化覆盖信息、古树名木、城市绿线等各种园林绿化数据建立园林绿化专题数据库，并结合基础空间地形图数据库和空间遥感影像数据库，实现城市园林绿化信息的编辑、查询、分析、更新、管理、检索、存储和科学辅助决策等功能，建立现代化园林绿化的数字化、信息化和网络化管理系统。

3.5.2.5 辅助设计与分析评价

GIS技术拥有强大的空间分析功能，在风景园林规划中，尤其是大尺度范围内，叠加分析、缓冲区分析和拓扑分析等工具常用于场地景观视线分析、用地敏感度分析、用地适宜性分析等规划设计的决策支持阶段。利用可视化GIS可以随着设计师的调整，实时更改构造模块，同时也可以快速修改视点和观赏路线。

3.5.3 RS与GIS技术的新发展

RS技术改善遥感影像的分辨率，创新遥感图像判读方法，提高解译精度，为风景园林规划提供更加准确可靠的数据。GIS技术的一些新发展，如WebGIS、OpenGIS、ComGIS、3DGIS、TGIS等，将在风景园林中得到实际应用，从而提高GIS技术在风景园林中的应用水平。如WebGIS的发展，可以实现风景园林信息发布和公众参与，使得群众可以了解规划，积极参与规划。

3.6 人体工程学

人与环境之间的关系如同鱼与水的关系一样，彼此相互依存，人是环境的主题，在理想的环境中，不仅能提高工作效率，也能给人的身心健康带来积极的影响。从风景园林设计的角度来说，人体工程学的主要功能和作用在于通过对人的生理及心理的正确认识，使一切环境更适合人类的生活需要，进而使人与环境达到统一。

风景园林设计的主要目的是要创造有利于人们身心健康和安全舒适的良好环境，而人体工程学主要解决的就是对人体尺度的适宜性的研究，是让人感到舒服方便。因此不能忽视人体工程学，只有根据人体学设计的环境才能使环境更为舒适，满足人们生活的需要。

3.6.1 人体工程学的起源

人体工程学起源于欧美，原先是在工业社会中，开始大量生产和使用机械设施的情况下，探求人与机械之间的协调关系，作为独立学科有 40 多年的历史。第二次世界大战中的军事科学技术，开始运用人体工程学的原理和方法，在坦克、飞机的内舱设计中，如何使人在舱内有效地操作和战斗，并尽可能使人长时间地在小空间内减少疲劳，即处理好：人—机—环境的协调关系，并伴随着人类技术水平和文明程度的提高而不断发展完善。

3.6.2 人体工程学的涵义

人体工程学是利用人体科学的理论、方法与生产技术相结合，并将其成果直接服务于生产或生活实际的一门应用科学。

人体工程学，又称“人体工效学”、“人机工程学”、“工效学”、“人类工程学”等，目前，所用名称尚未统一。

3.6.3 人体工程学在风景园林设计中的应用

① 视觉与景观的设置　一般来说，在大型的自然山水园林中，视距在 200m 以内，人眼可以看清主景中单体的建筑物；200～600m 之间，能看清单体建筑物的轮廓；600～1200m 之间，能看清建筑物群；视距大于 1200m，则只能约略识别建筑群的外形。

② 栏杆　一般来说，高栏杆在 1.5m 以上，中栏杆 0.8～1.2m，低栏杆（示意性护栏）高 0.4m 以下。

③ 绿篱　绿墙一般在视高（1.6m）以上，阻挡人们视线不能透过，株距为 1～1.5m，行距为 1.5～2m；高绿篱高度在 1.2～1.6m，人们的视线可以通过，但其高度，一般人不能跳跃而过；绿篱高度在 0.5～1.2m，人们要比较费力才能跨越而过，株距一般为 0.3～0.5m，行距为 0.4～0.6m。矮绿篱：高度在 0.5m 以下，人们可以毫不费力地跨过。

④ 园椅、园凳　园椅及圆桌凳的高度宜在 0.3m 左右，不宜太高，否则无安全感。数量按游人容量的 20%～30% 设置。园椅双人长 1.3～1.5m，四人长 2.0～2.5m，宽度均为 0.6～0.8m。园凳双人长 1.3～1.5m，四人长 2.0～2.5m，宽度均为 0.3～0.6m。圆桌凳直径一般为 0.4m 和 0.7m 左右。

⑤ 园灯　灯杆的高度一般为 5～10m，灯的间距为 35～40m。在园路两旁的灯光，要求照度均匀。灯不宜悬挂过高，一般为 4～6m。灯杆间距为 30～60m。在道路交叉口或空间的转折处，应设指示园灯。在某些环境如踏步、草坪、小溪边可设置地灯。

⑥ 台阶　台阶设计时应结合具体的地形地貌，尺度要适宜。一般台阶的踏面宽 30～38cm，高度为 10～17cm，踏步数不少于两级，侧方高差大于 1.0m 的台阶应设防护设施。

⑦ 汀步　汀步间距应考虑游人的安全，石墩间距不宜太远，石块不宜过小。一般石块间距可为 8～15cm，石块大小应在 40cm×40cm 以上。汀步石面应高出水面约 6～10cm 为佳。

3.7 风景园林空间构图的规律

风景园林的性质与功能是园林艺术构图的依据，地形地貌、植被、园林建筑等是构图的物质基础。构图是造型艺术术语，构图即组合、联系和布局的意思，造园中叫“园林章法”。在园林景观中，将各种物质材料和时空因素组合成具有审美意义的平面图案、立体空间景观、动态空间景观序列以及园林整体环境创作行为和过程称为风景园林构图，包括平面构图和立体构图；静态构图和动态构图。

3.7.1 构图的基本要求

① 风景园林构图应先确定主题思想，即意在笔先，要根据园林用地的性质、功能用途

确定其设施与形式。

② 要根据工程技术、生物学要求和经济上的可能性进行构图。

③ 按照功能进行分区，各区要各得其所、互相提携又要多样统一，既分隔又联系，避免杂乱无章。

④ 要有特点、有主题，要主次分明。

⑤ 要根据地形地貌特点，结合周围景色环境，巧于因借。

⑥ 要具有诗情画意，把现实风景中的自然美，提炼为艺术美，上升为诗情和画境。

3.7.2 构图的规律

3.7.2.1 多样与统一

多样指构成整体的各个部分形式因素的差异性；统一指部分间、部分与整体间和谐一致性。统一是整体的统一，变化是局部的变化，在统一中求变化，在变化中求统一。多样统一使人感到既丰富又单纯，既活泼又有次序。多样与统一的处理方法如下。

① 形式与内容的变化统一 构成要素和景点表现出外形、展示方式上相同或接近，为形式上的统一，如建筑无论大小、外观采用当地民居特色来体现（图 3-7-1，图 3-7-2）；园路无论宽窄，采用同样样式的铺装。

图 3-7-1 统一外观形式的建筑 1

图 3-7-2 统一外观形式的建筑 2

图 3-7-3 规则有序

图 3-7-4 自然典雅

② 局部与整体的多样统一 各个景点、景区在全园统一的格调和风格下变化。

③ 风格的多样统一 风格是在历史的演变中逐渐形成的，受到历史、地域、文化、民族等因素的影响。世界造园三大体系中的欧洲体系体现了规则有序（图 3-7-3、图 3-7-5），

而东方体系则体现自然典雅（图 3-7-4、图 3-7-6）。

图 3-7-5　法国巴黎凡尔赛宫

图 3-7-6　北京颐和园万寿山昆明湖

④ 形体的多样与统一　形体可分为单一形体与多种形体，形体组合的变化统一有两种方法，一是以主体的主要部分形式去统一各次要部分，起到衬托呼应主体的作用；二是用整体体型去统一各局部体形或细部线条，以及色彩、动势（图 3-7-7、图 3-7-8）。

图 3-7-7　统一动势，不同造型的植物 1

图 3-7-8　统一动势，不同造型的植物 2

⑤ 图形线条的多样与统一　构图本身采用统一类型的图形和线条，不同要素采用相似图形达到统一。采用不规则线条形成的道路、水池和种植池等，在统一的形式下形成不同的景观主体（图 3-7-9）。

图 3-7-9　西安园博会

图 3-7-10　西安园博会休闲空间

⑥ 材料与质地的变化与统一　不同要素上采用相同的材料和质地来装饰，相同的材料

表现出相同的色彩、质感。场地、座椅和背景墙虽然用途不同，但采用统一的木质材质、木质铺装、藤条背景墙，使其保持最大的一致性（图 3-7-10）。

⑦ 线形纹理的变化与统一　横向与纵向追求不同的纹理方向，但与整体环境保持一致。

3.7.2.2　均衡与稳定

均衡与稳定来源于自然物体的属性，是动力和重心两者的矛盾统一。自然界静止的物体都遵循力学原理，以平衡的状态存在。稳定是指景观形体整体的上下轻重关系，而均衡是指景观形体的前后左右的轻重关系。

(1) 均衡的类型

均衡有静态均衡和动态均衡两种。

① 静态均衡（对称均衡）　具有明确轴线，给人庄重严整、理性的稳定感（图 3-7-11、图 3-7-12）。规则式园林，如凡尔赛宫显示出对称的非凡美；纪念式园林可突出肃穆的气氛；公共建筑的前庭体现建筑的磅礴气势。但有时会产生呆板而不亲切。

图 3-7-11　静态均衡 1

图 3-7-12　静态均衡 2

② 动态均衡（不对称均衡）　即景物的质量、体量不同，但使人感到平衡。在园林布局上，重量感大的物体离均衡中心近，重量感小的物体离均衡中心远。不对称均衡给人轻松、自由、活泼变化感，应用于游息性园林布局中（图 3-7-13、图 3-7-14）。

图 3-7-13　雕塑小品的动态均衡

图 3-7-14　悉尼歌剧院

(2) 动态均衡创造的方法

① 构图中心法　在群体景物之中，有意识地强调一个视线构图中心，而使其他部分均与其取得对应关系，从而在总体上取得均衡感。

② 杠杆均衡法　又称平衡法。根据杠杆力矩的原理，使不同体量或重量感的景物置于相对应的位置而取得平衡感。

③ 惯性心理法　或称运动平衡法。人在劳动实践中形成了习惯性重心感，若重心产生偏移，则必然出现动势倾向，以求得新的均衡。如一般认为，以右为主（重）左为辅（轻）

等，但多采用三角构图法。

（3）要做到均衡具备的条件

① 必须有一视点或视点连线的轴线，也就是说对称或均衡的物体应有合适的距离，有合适的观赏点来欣赏。

② 对称均衡的景物之间有一定的距离，且距视点或视线相等。

③ 对称均衡的景物之间通过形象、色彩、质地、体量等外观形态应传达出相等或近似的信息，这样才可保证整体的稳定。

（4）稳定

风景园林布局中的稳定是指风景园林各要素能相互取得平衡，表现在上下、大小的轻重关系。体量上的下大上小的坚固感（图 3-7-15、图 3-7-16）；色彩上的下重上轻的稳定感。

图 3-7-15　杭州六和塔的稳定感

图 3-7-16　巴黎埃菲尔铁塔

3.7.2.3　对比与调和

对比与调和是事物存在的两种矛盾状态，体现事物存在的差异性。对比强调“差异性”；调和强调“相似性”。在园林构图中，任何景物间都存在一定的差异，差异程度明显则对比强；差异程度小则表现为调和。

对比使个性鲜明、引人注目，能引起强烈、兴奋、突然、崇高等感觉。

（1）适于用对比的场所

① 入口　用对比手法突出入口的形象，容易发现、标示公园属性，给人强烈的印象。

② 景观节点　对于园中喷水池、雕塑、大型花坛、孤赏石等，对比可使位置突出、形象突出或色彩突出。

③ 建筑附近　尤其对园内的主体建筑，可用对比手法突出建筑形象。

（2）对比的手法

对比的手法很多，在空间构图程序安排上有欲扬先抑、欲高先低、欲大先小、以暗求明、以素求艳等。

① 方向对比　水平与垂直是一对方向对比因素。通过立面、形体、空间中应用方向对比，丰富景物形象，增加空间变化。如山体与水面、树林与水面等（图 3-7-17、图 3-7-18）。

② 体量对比　景物大小是相形之下比较而来的。体量不同的物体放在一起可突出各自特色；体量相同的物体放在不同环境中，大空间感觉小，小空间感觉大。

③ 色彩对比　指在色相与色度上的对比。利用色彩对比可引人注目、突出主题。

④ 明暗对比　因光线强弱造成明暗，明暗对比强会令人轻快、振奋；明暗对比弱令人柔和、沉郁。由暗入明感觉放松；由明入暗感觉压抑。

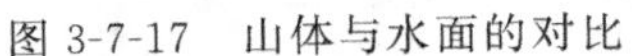
图 3-7-17　山体与水面的对比

图 3-7-18　树林与水面的对比

⑤ 布局对比　园林中的建筑以人为的几何形象出现，山水风景以自然形象存在，两者可构成明显的对比。

⑥ 开合对比　开者空间宽敞明朗；合者空间幽静深邃。

⑦ 虚实对比　园林中的虚实指实墙与空间；密林与疏林、草地；山与水等。虚给人轻松感，实给人厚重感。

(3) 调和

调和是风景园林中不同艺术形象和不同功能要求的局部，求得一定的共同性与相互转化，这种构图上的技法称为调和。

对比与调和是对立因素间的渗透与协调，可采用“总体协调，局部对比”，做到对比与调和的统一。

3.7.2.4　比例与尺度

比例是指事物整体或局部本身的长、宽、高的关系；或整体与局部或局部之间空间形体、体量大小的比例关系。最佳数比关系是毕达哥拉斯的“黄金分割”，但在人的审美活动中，也产生了人们感觉和经验上的审美概念（表 3-7-1）。

表 3-7-1　比例尺度关系表

1∶1	具有端正感
1∶1.168(黄金比例)	具有稳健感
1∶1.414	具有豪华感
1∶1.732	具有轻快感
1∶2	具有俊俏感
1∶2.236	具有向上感

比例主要表现为各部分数量关系之比，是相对的，不涉及具体尺寸。和比例相连的另一个范畴是尺度。尺度是园林景物、建筑物整体和局部与人之间某些特定标准的大小关系，尺度涉及真实的大小和尺寸。有绝对尺度和相对尺度。绝对尺度是指物体的实际尺度，可以用数字准确表达；相对尺度是指人的心理尺度，体现人对眼前景物空间尺度的心理感受。

3.7.2.5　韵律与节奏

韵律与节奏在设计上是指以同一视觉要素有规律地连续重复时所产生的律动感。条理性、重复性、连续性是韵律的特点，重复是获得韵律的必要条件。

(1) 韵律的形式

① 简单韵律（连续韵律） 是指一种或多种景观要素有秩序地排列、等距反复出现的连续构图。

② 渐变韵律 指连续出现的要素，按一定规律逐渐变化，这种逐渐演变为渐变，渐变韵律可增加景物生气（图 3-7-19）。

图 3-7-19 渐变韵律排列的建筑屋顶（任我飞 摄）

图 3-7-20 突变韵律排列的鼓

③ 突变韵律 指景物连续构图中某一部分以较大的差别和对立形式出现，从而产生突然变化的韵律感，给人以强烈变化的印象（图 3-7-20）。

④ 交替韵律 两种以上因素交替、等距反复出现的连续构图方式称为交替韵律（图 3-7-21）。变化多、丰富，适于表现热烈、活泼、具有秩序感的景物。

图 3-7-21 交替韵律出现的座椅（郭杨 摄）

图 3-7-22 未来摩天大厦随风转动模拟图

⑤ 旋转韵律 某种要素按照螺旋状方式反复出现进行，向上、左、右，从而得到旋转感很强的韵律特征（图 3-7-22）。在图案、花纹或雕塑设计中常见。

⑥ 自由韵律 指某些要素以自然流畅、不规则但有一定规律地婉转流动、反复延续，出现自然柔美的韵律感（图 3-7-23）。

图 3-7-23　自由韵律的图案

图 3-7-24　拟态韵律的漏窗

⑦ 拟态韵律　即由某一组成因素（相同因素、不同因素）有规律纵横交错或多个方向出现重复变化的连续构图（图 3-7-24、图 3-7-25）。

(2) 节奏

节奏近似节拍，是一种波浪起伏的律动，当形、线、色、块整齐而有条理地重复出现，或富有变化地重复排列时，就可获得节奏感。节奏主要体现在：强弱和长短、疏密、高低、刚柔、曲直、方圆、大小、错落等对比关系的配合（图 3-7-26、图 3-7-27）。

图 3-7-25　拟态韵律变化的花窗（郭阳 摄）

3.7.2.6　主从与重点

(1) 主与从

园林布局的主要部分或主体与从属体，要"主从分明、重点突出"，有主有次，达到丰富多彩、多样统一的效果。主从关系的处理手法：

① 组织轴线　主体位于主要轴线上；从安排位置上，主体位于中心位置或最突出的位置，从而分清主次。

② 运用对比手法，互相衬托，突出主体。

图 3-7-26　高低错落的装饰

图 3-7-27　瓦片景墙上变化的漏窗

（2）重点与一般

重点处理常用于园林景物的主体和主要部分，使其更加突出。重点处理不能过多，以免流于烦琐，反而不能突出重点。

3.8 风景园林的造景方法

3.8.1 主景与配景

景有主景与配景之分。主景是景物的核心、空间构图的重心、全园视线的焦点，在艺术上富有感染力。主景有两方面含义：一是风景园林的主景，二是局部空间的主景。配景起衬托、烘托主景作用，突出主景。在风景构图中，主景因配景而突出，配景因主景而增色。突出主景的方法如下。

① 主景升高或降低法　使视点相对降低或抬高，升高主景使主体造型轮廓鲜明突出，给人较强的视觉感；降低主景，产生空间变化，使人产生注意，关注焦点。

② 面阳朝向　面向朝阳，阳光普照，景物显得光亮、富有生气。

③ 运用轴线和风景视线的焦点　轴线的端点、横纵轴线及辅轴的交点、视线集中的焦点都具有较强的表现力，可强调主景。

④ 动势向心　四面环抱的空间中周围的景物常具有向心的动势，将主景布置在这个焦点上。

⑤ 空间构图的重心　主景布置在构图重心处。规则式园林主景居于几何中心；自然式园林主景位于自然重心上。

3.8.2 前景、中景与背景

景就距离远近、空间层次而言，有前景（近景）、中景、背景（远景）、全景之分，前景、背景突出中景，使空间富有层次。近景是近视范围较小的单独风景；中景是目视所及范围的景致；全景是一定区域范围的总景色；远景是伸向远处辽阔空间的景致（图 3-8-1）。

图 3-8-1　景的层次

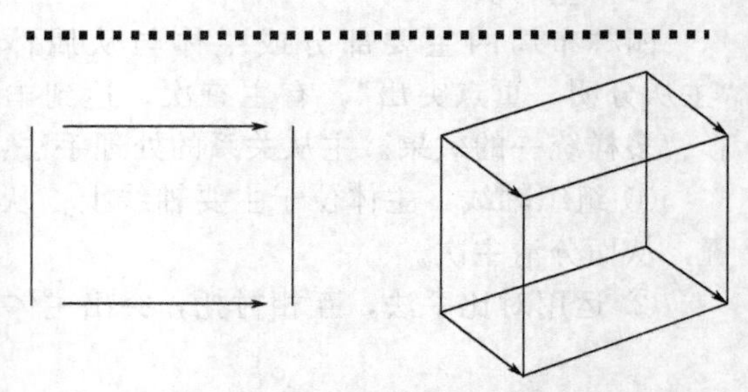

图 3-8-2　点、线、面、体的关系

3.8.3 点、线、面、体

点、线、面、体是风景园林设计的造型要素，是设计的基础。点是一个简单的圆点代表空间中没有度量的一处位置。当点被移位或运动时，就形成了一维的线。线的特征有长度、方向、位置。当线被移动时，就会形成二维的平面或表面，但仍没有厚度。这个表面的外形就是它的形状。其特征有长度、宽度、形状、表面、方位和位置等。当面被移动时，就形成三维的形体。体被看成是实心的物体或由面围成的空心物体。其特征有长度、宽度、深度、形式、空间、表面、方位和位置等（图 3-8-2）。

3.8.3.1 点

（1）点的特征

点是形态中最初的源头，也是形态世界中最小的表现极限。点是空间最重要的位置，不管其大小、厚度、形状怎样，只要它同周围其他形态相比，就具有凝聚视线和表达空间位置的特征；点有它的存在感，当它处于一个环境中心时，点的稳定感最强。

(2) 点在风景园林中的运用

风景园林中的植物、亭塔、雕塑、小品、水景、山石等有一定位置的造园要素均可以视为点。

① 节点或终点　在轴线的节点或轴线的终点位置，布置主要景观要素，突出中心和主题。如烈士陵园在轴线上布置主题雕塑，西方古典园林在轴线上布置雕塑群和喷泉等。

② 焦点和中心　点具有高度积聚的特性，易形成视觉的焦点和中心。焦点是空间环境中控制人的视线，引导人视点的一种感应。视觉中心点又分为注目点和标志点，注目点是在人的空间视野内使人认知环境的发端。如利用地形变化，在山顶建亭。标志点是场所、领域、空间中记载着控制作用的视觉中心。

③ 点的排列　点的运动、分散与密集，可构成线与面。同一空间中的两个点会产生疏密、高低等变化，具有明显的节奏韵律感。如行道树、路挡、汀步等。

④ 散点　散点可增加环境的自由、轻松和活泼的特性，会带来聚集或离散感。散点往往采用石头、雕塑、喷泉和植物的形式（图 3-8-3、图 3-8-4）。

图 3-8-3　英国巨石阵

图 3-8-4　日式枯山水

3.8.3.2　线

(1) 线的特征

线是点移动的轨迹，线有长度、有宽度、有方向感、有位置。

线条是造园家的语言，用它可以表现起伏的地形线、曲折的道路线、婉转的河岸线，美丽的桥拱线、丰富的林冠线、严整的广场线、挺拔的峭壁线、简洁的屋面线等。

(2) 线在风景园林中的运用

风景园林中有相对长度和方向的园路、长廊、围墙、栏杆、溪流、驳岸、桥等均为线。

① 直线　本身具有某种平衡性，中性，易适应环境。具有表现的纯粹性，有时具有重要的视觉冲击力，但直线过分明显则会产生疲劳感。水平线平静、稳定、统一、庄重，具明显的方向性。如道路、铺装、绿篱、规整形水池及台阶等。竖直线挺拔向上、庄重、严肃、坚固的感觉。如纪念性碑塔、栏杆等。斜线动感较强，具有奔放、上升等特点，也意味着危险，运用不当会有不安定感和不协调性。

简洁线条成为现代审美的主要表现形式，如美国景观设计大师彼得·沃克的伯纳特公园（图 3-8-5）；西安园博会的河岸（图 3-8-6）。

图 3-8-5　彼得·沃克的伯纳特公园

图 3-8-6　西安园博会（任我飞 摄）

② 曲线　曲线的基本属性是柔和、流畅、细腻、活泼、丰富。曲线有自由曲线和几何曲线。几何曲线种类很多，如椭圆曲线、抛物曲线、双曲线，有弹性、严谨、理智、明确的现代感（图 3-8-7、图 3-8-8），同时也具有机械的冷漠感。自由曲线是一种自然的、优美的、跳跃的线形，表达圆润、柔和、有人情味的感觉，具有强烈的活动感和流动感。

图 3-8-7　北京国家大剧院

图 3-8-8　孟买宝莱坞电影城博物馆

曲线在风景园林中运用广泛，起伏的山峰、弯曲的驳岸、蜿蜒的道路、高低错落的植物形成自然的林冠线和林缘线。曲线带来轻松、自由的感觉，但要注意其弯度、曲度的设计要适度。美国设计师托马斯·丘奇在唐纳德花园肾形水池中对曲线的运用别具一格（图 3-8-9）。新加坡诗加达景观事务所设计师 CICADA 在山语原墅山水四季城中也有曲线的运用（图 3-8-10）。

图 3-8-9　唐纳德花园肾形水池

图 3-8-10　山语原墅山水四季城

3.8.3.3 面

(1) 面的特征

面是线的移动轨迹，具有两度空间，有明显、完整的轮廓。点的扩大、线的宽度增加都会产生面。

(2) 面在风景园林中的应用

园林中的面包括有一定面积感的广场、草坪、水面、树林、建筑群、山体等。

① 几何形平面　是有规律的鲜明的形态，最容易复制，体现理性及严谨性，在规整式园林设计中应用较多，如建筑物、建筑外广场轮廓、水体、植物等。

② 自由曲线形平面　形态优美，随和、自由，是自然描绘出的形态，其随意性深受人们的喜爱。在自然式园林中运用较多。

3.8.3.4 体

一个面展开变成体，体有三个度量，即长度、宽度和深度。所有的体都是由点、线、面组成。体具有被切割、叠加、移动、连接、组合、分离等特性。各部分间彼此保持一定的依附关系，可将其重新组合形成形体的多样协调性。

风景园林中的体可以是建筑、树木、石头、地形、水体等。

① 实体　体量的真实空间。建筑形体是内部空间的外部反映，它有尺度、比例、量感、凸凹和空间感、稳重和安定感以及封闭感。宏大的形体由于它们的量强而使人容易注意。

② 虚空　由面所包容或围起的空间。

3.8.4 自然与人工美的结合

东方园林与西方园林在造园形式上存在明显差异，是典型的自然美与人工美的代表。西方园林体现人工美，强调规则、对称，立求用人工的方法改变其自然状态。东方园林力求与自然融合，山环水抱，曲折蜿蜒，展现植物的自然原貌。

西方造园追求人化自然。西方美学认为自然美本身是有缺陷的，不经过人工的改造，便达不到完美的境地。黑格尔也曾在他的著作中专门论述过自然美的缺陷，认为“美是理念的感性显现”，所以自然美必然存在缺陷，不可能升华为艺术美。而园林是人工创造的，只有按照人的意志加以改造，才能达到完美的境地。

东方园林追求拟人化、拟自然。中国人寻求自然界中能与人的审美心情相契合，并引起共鸣。中国园林属于自然山水园，是在深切领悟自然美的基础上加以萃取、抽象、概括和典型化。在中国人看来审美不是按人的理念去改变自然，而是强调主客体之间的情感契合，沟通审美主体和审美客体。从更高的层次上看是通过“移情”的作用把客体对象人格化。

对于现代风景园林设计，不能单独地强调哪一个更好，而应是将二者结合，在继承的基础上完美融合。

3.8.5 运用轴线控制

轴线是指连接空间中的两点得到一条直线，形式和空间沿线排列。一条轴线的两个端点、几条轴线的一个交点，这些点具有较强的表现力，故常把主景布置在这样的端点或交点上。

在我国传统园林中，利用轴线组织园景的实例很多。如故宫乾隆花园以轴线统领全局，轴线两侧建筑相对自由布置，既严正有序又富于变化。颐和园万寿山上的建筑群由两条轴线将十几座建筑有机地组成一个整体。正是因为轴线关系的利用，使园林设计的诸多要素能够在松散中得到秩序、协调和统一。

西方园林又可称为轴线式园林，对轴线的运用较常见。轴线本身意味着对称，控制好轴线的关键就是把握好对称的概念和做法。但要注意的就是不要把一切起定位作用的线都认为是轴线。设计好几何图形的关键是要有很好的设计几何学知识，在景点之间、景观空间之间、景物之间，景点、景物和道路之间控制好几何对位关系。如法国巴黎的凡尔赛宫（图3-8-11、图3-8-12)、印度泰姬陵等（图3-8-13、图3-8-14)。

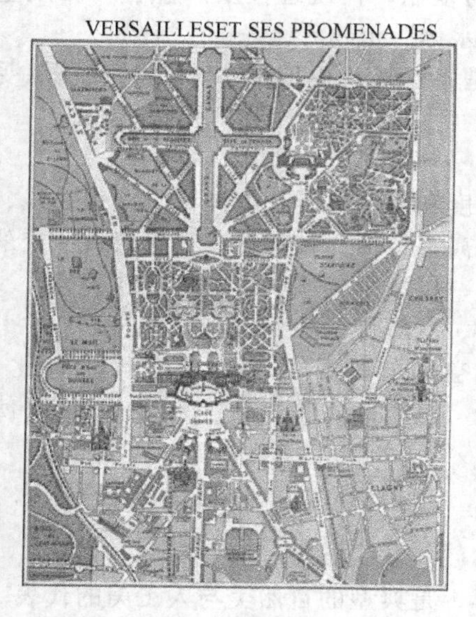

图 3-8-11 法国巴黎凡尔赛宫平面图

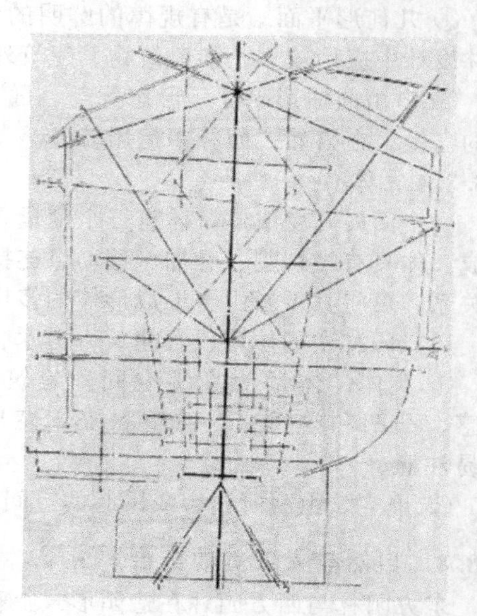

图 3-8-12 法国巴黎凡尔赛宫轴线分析图

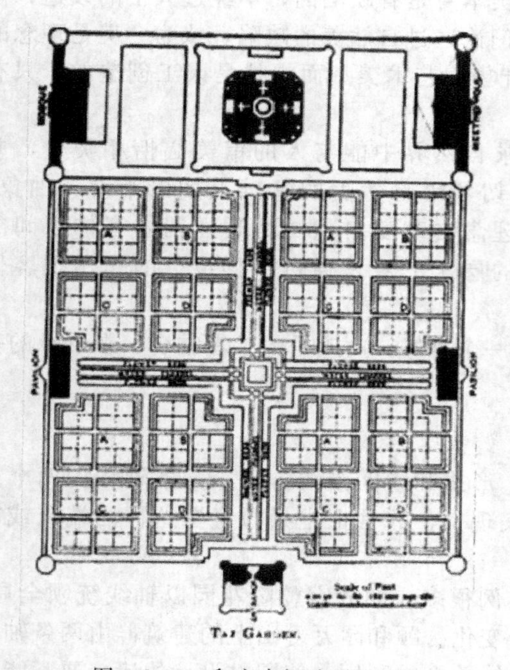

图 3-8-13 印度泰姬陵平面图

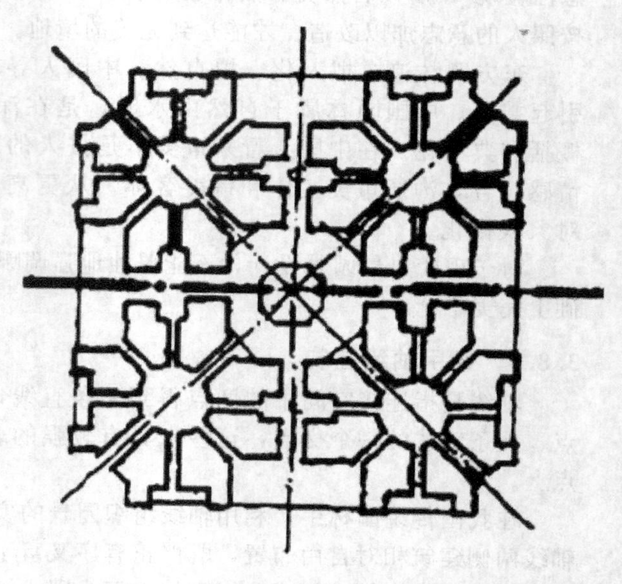

图 3-8-14 印度泰姬陵轴线分析图

3.8.6 色彩与季相

3.8.6.1 色彩

色彩能赋予形体鲜明的特征，是风景园林中能引起形式美感的因素，又具有强烈的感染力，能够激发丰富的情感。

（1）色彩的基本内容

① 色相　色彩的相貌，是区别色彩种类的名称。

② 纯度　色彩的纯净程度，又称彩度、饱和度。

③ 色调　即画面中总是由具有某种内在联系的各种色彩组成一个完整体，形成画面色彩总的趋向。

④ 色性　指色彩的冷暖倾向，暖色从黄到橙再到红；冷色从绿到蓝再到紫。暖色明亮、活泼、引人注目；冷色宁静而收缩。

（2）色彩在风景园林中的应用

风景园林服务于人，满足人们的使用需要，同时给人带来心理上的享受。而不同的色彩会给人带来不同的心理感受，如白色给人安静、绿色给人舒适、红色给人热烈、黄色给人活力等。

① 色彩与风景园林功能相适应　不同的风景园林为了满足不同的需要而设计，而不同的功能对景观空间环境的需求不同，对色彩的设计要求也不同。如纪念性建筑、烈士陵园等，营造的气氛是庄重、肃穆、严肃。

娱乐性空间，如主题公园、游乐园等则需要营造出活跃、热烈、欢快的气氛，应该充分利用明度和彩度比较高的对比色来形成丰富的视觉感受（图 3-8-15）。在安静的休息区，需要宜人、舒适、平和气氛，应该采用以近似色为主，同时较为调和的色彩进行设计，以自然环境色彩为主，满足人较长时间休息的心理需要（图 3-8-16）。

图 3-8-15　深圳东部华侨城

图 3-8-16　大连发现王国

② 色彩突出风景园林的个性　华裔建筑师林樱所设计的越战纪念碑，在大片草地中切入一道黑色的大理石矮墙，犹如大地上的一道伤痕，使参观者在沿着斜坡而下时，望着两面黑得发光的岩体，犹如在阅读一本叙述越南战争历史的书。在这里，代表哀悼的黑色，光滑的岩体表面及在岩体上反映出来的自己的影子，使生者与死者、生者与自己的影像实现了无语的交流。

③ 色彩与服务人群主体相和谐　不同的人对色彩的喜爱有不同的偏好，例如为儿童设计的色彩，应该采取彩度较大的暖色系，符合儿童喜爱鲜艳温暖色彩的心理；为老年人设计的景观，应采用稳重大方调和的色彩，以符合老年人的心理需要；在炎热地区应该采取让人

感到凉爽和宁静的色彩；而北方寒冷地区，则应采用温暖鲜艳的色彩。

（3）色彩的处理

① 单色处理　多用在主景形态、轮廓丰富以及要求配景色彩简洁的园林局部，给人以单纯、大方的感受。

② 多色处理　严格地说，单色彩的园林空间是不存在的，而多色彩的园林空间到处都是，首先单色本身就是由三种间色，如绿、蓝绿、黄绿，有九种明度和五种纯度的等级变化，有 135 种不同色泽的变化。多色处理有生动、活泼、愉快、兴奋的效果，多色宜在大环境小面积上使用。

多色处理包括调和色处理、类似色的渐层处理和色块的镶嵌应用等。

③ 对比色处理　两种相对的色为对比色，由于对比的作用而使彼此的色相都得到加强，给人的感受是兴奋、突出、运动性强，对人有较强的艺术感染力，产生的感情效应更为强烈，但对比过于强烈的色彩容易产生失调或者刺目的感受，并不能引起人们的美感。

3.8.6.2　季相

利用四季变化创造四时景观，在风景园林设计中广泛应用。造景表现在景区划分、植物配置、建筑景点、假山造型等方面。利用花卉表现季相变化的有春桃、夏荷、秋菊、冬梅；利用树木造景的有春柳、夏槐、秋枫、冬柏；利用山石造景的有春用石笋、夏用湖石、秋用黄石、冬用宣石（英石）。扬州个园的四季假山在植物的配合下营造出“春山淡冶而如笑，夏山苍翠而如滴，秋山明净而如妆，冬山惨淡而如睡”的季相景观（图 3-8-17～图 3-8-20）。体现四季的西湖十景中苏堤春晓（春季）、曲院风荷（夏季）、平湖秋月（秋季）、断桥残雪（冬季）。

图 3-8-17　扬州个园的春山

图 3-8-18　扬州个园的夏山

图 3-8-19　扬州个园的秋山

图 3-8-20　扬州个园的冬山

画家对季相的认识，对造园甚有益处，如园林植物上“春发、夏荣、秋萧、冬枯”或“春莫、夏荫、秋毛、冬骨”。“春水绿而潋艳，夏津涨而弥漫，秋潦尽而澄清，寒泉涸而凝滞”。“春云如白鹤，……夏云如奇蜂，……秋云如轻浪，……冬云澄墨惨翳，……”。

3.8.7 主调、基调与配调

主调是起宏观控制的作用，常用来做风景园林中的主体，作为主景观赏。基调是园林空间的基本，犹如一幅画的底色，作为陪衬的背景。配调是对主调起烘托、衬托作用，形成小范围的烘托。在园林布局中，应先定基调，然后定主调，最后定配调。

在园林树种的种植设计中，主调是选用的骨干树种，贯穿整个风景序列，是序列的主景。基调是背景树种，基调决定于自然，地面以植被的绿色为基调，这是不以人们意志为转移的。配调是风景序列中的点缀的树种。基调树种数量最多，但品种不要太多，避免杂乱。主调树种最突出，有特别的观赏特性。配调树种品种可丰富，形成多样的种类。每块绿地中都要种植许多种树木，但是不论种多少种树木，总要有一两种主要树种，其他为陪衬树种，或在某一局部以一种树为主。如果主景树与配景树配置得当，就能充分发挥植物群体的艺术感染力。园林中的主色调是以所选植物开花时的色彩表现出来的，配调对主调起陪衬或烘托作用。

3.9 风景园林的赏景

“景”即是风景、景致、境域的风光，也称风景，是指在园林中自然的或经人为创造加工的，并以自然美为特征的，供游息欣赏的空间环境。景点是指具有独立观赏内容的风景单元。景区是由若干景点组成。

3.9.1 赏景的方式

游人在观赏时采用不同的游览方式，对景观就会有不同的观赏效果，产生不同的景观感受。

（1）动态观赏与静态观赏

景的观赏有动静，动态观赏就是游，静态观赏就是息。大园宜动，小园宜静。

① 动态观赏　人在游览走动过程中所观赏到的连续风景序列，即人的视点与景物产生的相对位移。动态观赏应安排一定的风景路线以达到“步移景异”的效果。动态观赏分步行、乘船和乘车等几种形式。游人在一个景点驻足后再走向另一个景点，所看到的景色发生变化，即所谓的“步移景异”。

② 静态赏景　指人的视点与景物是相对静止的，赏景距离、角度不发生变化。其实质是让观赏者静止来赏景，静态观赏多在亭廊台榭或安静的小空间中进行，视点安排在赏景的最佳位置。

③ 静态观赏和动态观赏的相对性　动态观赏和静态观赏二者可互相转换，具有相对性。人在亭中，四周之景可静态欣赏；人到路中，亭和四周的景物是动态赏景的对象。园林的观赏是动中有静、静中有动。

（2）平视、仰视、俯视观赏

根据视点与景物相对位置的远近、高低变化，将观赏方式分为平视、仰视和俯视。

① 平视观赏　平视也称中视，是人的视线与地平线平行而视，头部不必移动，舒展平望出去的一种观赏方式（图 3-9-1、图 3-9-2），使人平静、深远、不易疲劳，给人广阔、坦荡的感受。

图 3-9-1 平视观赏 1

图 3-9-2 平视观赏 2（申沣煦 摄）

② 仰视观赏 中视线上移，头部上扬，这时垂直于地面的线向上有消失感，景物高度方面有感染力，产生雄伟、高大、威严的气势（图 3-9-3）。

图 3-9-3 仰视佛香阁

图 3-9-4 上海静安广场俯视

③ 俯视观赏 游人视点高，景物在视点下方，低头可看清景物，中视线向下与地平面成一定角度。有征服感、自危的险境感，俯视视野开阔，增强人的信心、雄心（图 3-9-4）。

(3) 赏景的视觉规律

游人赏景主要通过视觉来欣赏，即所谓观景。游人观赏所在位置称观赏点或视点。观赏点与景物之间的距离，称观赏视距。通过分析人的视觉特点和规律，找出合适的视距范围。

① 视距 正常人清晰视距离为 25～30cm，明确看到景物细部的距离为 30～50m，能识别景物的视距为 250～270m，能辨认景物轮廓的视距为 500m，能明确发现物体的视距约为 1300～2000m。

在园林景物中，合适的观赏视距（D）与景物高度（H）的关系为：

$$D=(H-h)\text{ctg}\alpha=(H-h)\text{ctg}\left(\frac{1}{2}\times30^{\circ}\right)=3.7(H-h)$$

式中，H 为景物高度，h 为人眼高，α 为垂直视场（图 3-9-5）。

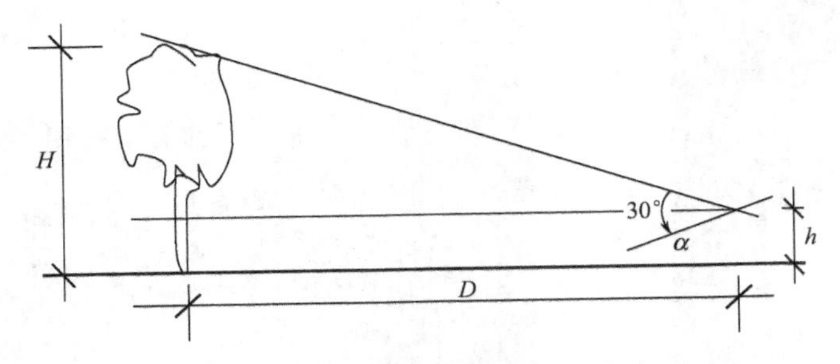

图 3-9-5 视距与景物高度的关系（作者 绘）

水平视域为 45°时，其合适的观赏视距（D）与景物宽度（W）的关系为：$D=\text{ctg}\left(\frac{1}{2}\times 45°\times 1/2W\right)=1.2W$。所以合适的观赏视距是 1.2 倍的景物水平宽度（图 3-9-6）。

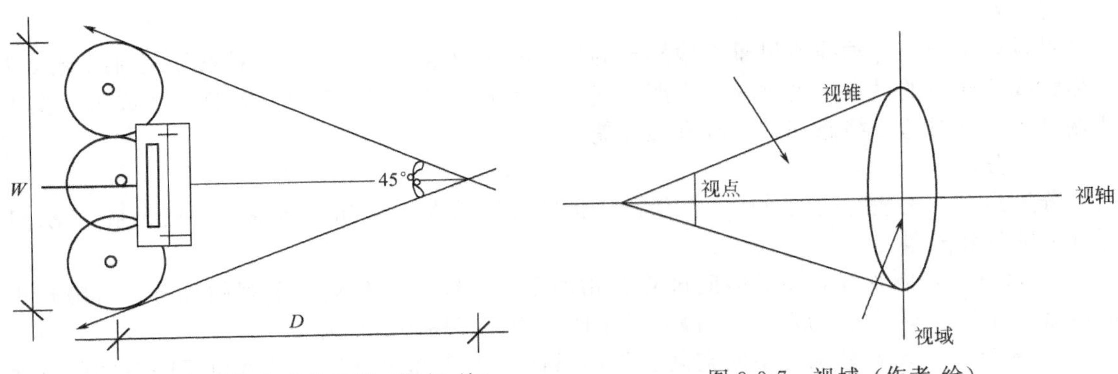

图 3-9-6 视距与景物宽度的关系（郭杨 绘）

图 3-9-7 视域（作者 绘）

粗略估计，大型景物的合适观赏视距约为景物高度的 3.3 倍，小型景物的合适观赏视距约为景物高度的 3 倍。合适视距约为景物宽度的 1.2 倍。

② 视角与视域 人在观赏景物时，一个视角范围称为视域或视场。人眼的视域一般为圆锥形，双眼形成的复合视域称为中心眼视域，其范围向上为 70°，向下为 80°，左右各为 60°，超出此范围时，色彩、形状的辨认能力都将下降（图 3-9-7）。

人在观赏物体时，若不转动头部能看清景物的视域，垂直方向为 26°～30°，水平方向为 45°；若转动头部则对景物的整体构图或印象就不完整，宜产生疲劳感，垂直视角为 130°，水平视角为 160°。但按照人的视网膜鉴别率，最佳垂直视角为 30°、水平视角为 45°。

3.9.2 中国传统园林赏景的方式

3.9.2.1 抑景与扬景

在入口空间设障景、对景、隔景等引导游人通过封闭、半封闭、开敞相间、明暗交替的空间转折，再通过透景引导，豁然开朗，如苏州留园的入口（图 3-9-8）。

3.9.2.2 实景与虚景

园林景观通过空间围合、视面虚实形成人们视觉的清晰与模糊，通过虚实对比、虚实交替、虚实过渡创造丰富的视觉感受。如园林要素中的植物为虚，墙为实；水为虚，建筑为实（图 3-9-9）。

图 3-9-8　苏州留园入口空间的抑扬处理

图 3-9-9　虚实对比（作者 摄）

3.9.2.3　对景与分景

（1）对景

对景是位于园林轴线或风景视线端点的景，有正对景和互对景。正对景是在轴线端点或对称轴线两侧设的景，达到雄伟、庄严、气魄宏大的效果；互对景是在对称轴线或风景视线两端设景，互对适合静态观赏，具有柔和美。

（2）分景

分景是对景物或空间的分隔。分景用于把园林划分若干空间，切忌“一览无余”。分景可分为障景和隔景。

① 障景　抑制视线，引导空间屏障景物的手法。障景可隐蔽不美观的部分，可障远也可障近，而障本身又可自成一景。障景有土障、山障、树障、曲障等。

② 隔景　将园林分隔为不同空间、不同景区的手法称为隔景。可避免不同空间的互相干扰，增加园景构图变化。隔景与障景不同，它不但抑制某一局部视线，而且组成封闭或可流通的空间。隔景的方法和题材很多，如山冈、树丛、漏墙、复廊等。

3.9.2.4　借景

《园冶》云：“嘉则收之，俗则屏之”。有意识地把园外的景物“借”到园内可感受的范围中来称借景。扩大景物的深度和广度，以有限面积造无限空间，可分为以下几种类型。

① 近借　在园中欣赏园外近处的景物。

② 远借　在不封闭的园林中看远处景物，把园外远处的景物借为本园所有（图 3-9-10、图 3-9-11）。

图 3-9-10　颐和园西借玉泉山及宝塔

图 3-9-11　拙政园

③ 邻借　在园中欣赏相邻园林的景物。

④ 互借　两座园林或两个景点之间彼此借视对方的景物。

⑤ 仰借　利用仰视借取园外景物。

⑥ 俯借　利用居高临下俯视观赏园外景物。

⑦ 应时而借　利用一年四季、一日之时，由大自然的变化和景物的配合而成的景观。

⑧ 临水而借　借水中的倒影来丰富景致。

3.9.2.5　框景、夹景、漏景、添景

① 框景　有意识地设置门窗、洞口等，有选择地摄取另一空间的优美景色，使观者在一定位置通过框洞看到景物（图 3-9-12）。

图 3-9-12　扬州瘦西湖吹台框景

图 3-9-13　华盛顿纪念碑前的夹景

② 夹景　为突出优美景色，常将左右两侧贫乏景观以树丛、树列、土山或建筑物等加以屏障、隐蔽，形成两侧较封闭、左右遮挡的狭长空间，在空间的端头设置欣赏对象称夹景（图 3-9-13）。

③ 漏景　漏景从框景发展而来，框景景色全观，漏景若隐若现、含蓄雅致。漏景可用漏窗（图 3-9-14）、漏墙、漏屏风、疏林等手法。

图 3-9-14　漏窗形成的漏景

图 3-9-15　扬州瘦西湖柳丝添景（顾韩 摄）

④ 添景　在主景前加一些花草、树木或山石，使主景具有丰富的层次感称为添景（图 3-9-15）。

3.9.2.6　点景与题景

抓住每一景点，根据性质、用途，结合空间环境景象和历史，高度概括，作出形象化、诗意浓、意境深的园林题咏为点景。有匾额、对联、石碑、石刻等多样形式。

在园林中以对联、匾额、石碑、石刻等形式来概括园林空间环境的景象。它具有形象化、诗意浓、意境深等特色。它可借景抒情、画龙点睛，给人艺术的联想；又有宣传、装饰、导游的作用。如苏州拙政园的荷风四面亭。亭名因荷而得，四面皆水，内植莲花，湖岸柳枝婆娑，单檐六角，四面通透，亭中抱柱联：“四壁荷花三面柳，半潭秋水一房山。”联中的“壁”字用得好，亭为开敞建筑物，柱间无墙，视线不受遮挡，倍感空透明亮，虽然无壁，然而三面河岸垂柳茂盛无间，四周芙蓉偎依簇拥，密密匝匝地围成了一道绿色的香柔之墙。春柳轻，夏荷艳，秋水明，冬山静，荷风四面亭不仅最宜夏暑，而且四季皆宜。

【思考练习】

1. 简述什么是生态学、什么是景观生态学。

2. 生态文化是物质文明与精神文明在自然与社会生态关系上的具体表现，是城市生态建设的原动力。结合你所在城市的实际情况阐述生态文化理论在社区人居环境建设中的目标、途径和方法。

3. 简述生态学与景观生态学在风景园林中的应用。人的行为构成有哪些？

4. 简述马斯洛的层次需求论。

5. 风景园林设计中人的行为习性有哪些？并举例说明。

6. 请举例说明个人空间气泡理论。

7. 简述霍尔的人际距离，并举例。

8. 什么是观赏植物学？

9. 请详述观赏植物学的功能，举例并绘制。

10. 请简述托马斯·丘奇的代表作品，并通过图示绘制标识。

11. 请分析哈普林的波特兰市广场的设计构图形式。

12. 简述艺术美学对风景园林设计的影响。

13. 简述遥感、地理信息系统的一般特征及其在风景园林设计中的应用。

14. 叙述GIS的组成和功能及基于GIS的景观空间格局分析的步骤。

15. 什么是遥感？什么是地理信息系统？

16. 简述什么是人体工程学。

17. 举例说明人体工程学与风景园林的关系及影响。

18. 简述风景园林设计的基本构图规律有哪些？

19. 简述韵律的应用形式及特点。

20. 简述构图法则是如何在风景园林设计中进行应用的。

21. 试述中国江南文人园林的造景手法，剖析某一例，如退思园、拙政园、网师园、留园、瞻园、寄畅园、沧浪亭等，并配图（平面示意图）加以详细说明。

22. 何谓框景？请用图示性语言画出五种框景。

23. 绘制艮岳平面图并简述其造园手法。

24. 你认为在风景园林设计和管护中应如何做到“自然天成之趣，不烦人事之功”？

25. 你是如何理解“Every site is unique”的？

26. 简述赏景的视觉规律。

27. 简述赏景的几种方式。

28. 利用景观视线组织的动态空间序列（开门见山、众景先收；半隐半现、忽隐忽现；深藏不露、出其不意）及其特征，案例应用分析。

29. 景观空间的组织手法（对比、分隔、渗透、空间序列建立，空间轴线组织）及案例应用分析。

第 4 章　风景园林环境要素与评价

重点：掌握环境要素的基本内容。

难点：理解环境要素对风景园林设计的影响。

环境从广义上理解，是“包围人类，并对其生活和活动给予各种各样影响的外部条件的总和”，也可定义为场，属于人类生存的时空系统。空间是固定的，时间是流动的，物质、能量、信息、精神在此相互交流，形成运动的状态。环境包括自然环境和人文环境。自然环境是不经过人力改造而自然天成的。人文环境是人类创造的非实体的环境，根据政治、经济、文化等人为因素而发展的。

4.1　自然环境要素

自然环境孕育了人类的繁衍生息，在人类发展的历史长河中，人类逐渐地用自己的行为改造和改变着自然环境。人类有意识地适应和改造环境的活动，对自然环境的影响在不断地加大。

自然环境要素是一个复杂而又多彩的生态系统，主要包括气候、土地、水体、植被等，它们影响着环境（图 4-1-1）。土地对环境景观的地域特色有直接的影响，包括海拔、坡向、坡度以及局部地形、水文状况等。气候主要是通过与人的活动密切相关的日照、温度、通风、降水等因素作用于外部环境的设计。植被是较为重要的景观元素，但它本身也是地形、

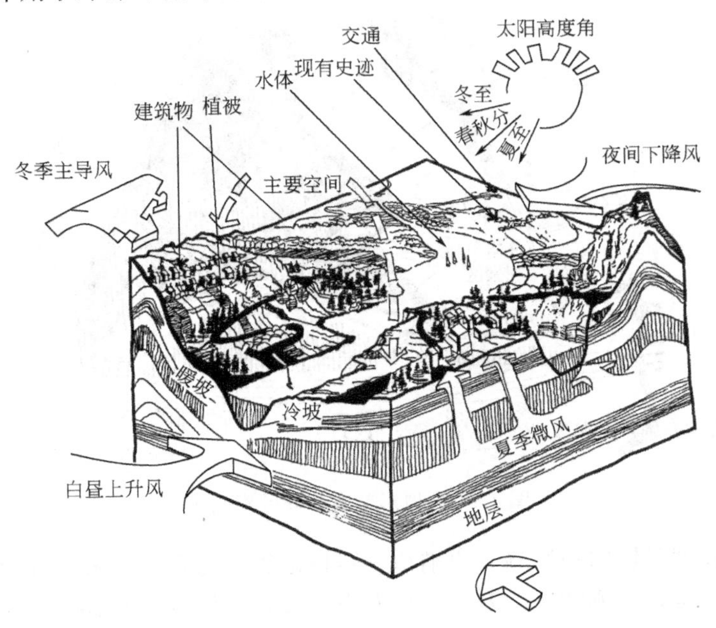

图 4-1-1　自然环境的影响要素

地貌和气候条件的反映。

4.1.1 气候

人类对世界气候除了适应别无他法，最直接的适应形式就是迁移到具有最适于人类需要的气候区，尽量利用所在地区中已存在条件，除非拥有气候学中的香格里拉，如“伊甸园、理想国、世外桃源、乌托邦”等的代名词。

气候是一个地区在一段时间内各种气象要素特征的总和，它包括极端天气和长期平均天气。传统的气候定义为地球上某一地区多年时段大气的一般状态，是该时段各种天气过程的综合表现。即某一地方地球大气的温度、降水、气压、风、湿度等气候要素在较长时期内的平均值或统计量，以及它们以年为周期的震动。

气候是长时间内气象要素和天气现象的平均或统计状态，时间尺度为月、季、年、数年到数百年以上。气候以冷、暖、干、湿这些特征来衡量，通常由某一时期的平均值和离差值表征。气候的形成主要是由于热量的变化而引起的。

区域气候（或大气候）是一个大面积区域的气象条件和天气模式。大气候受山脉、洋流、盛行风向纬度等自然条件的影响。

小气候是用来描述小范围内的气候变化，是因下垫面性质不同，或人类和生物的活动所造成的小范围内的气候。在很小的尺度内各种气象要素就可以在垂直方向和水平方向上发生显著变化。这种小尺度上的变化由地表的坡度和坡向、土壤类型和土壤湿度、岩石性质、植被类型和高度以及人为因素的变化而引起。一些需要考虑的小气候要素包括空气的流通、雾、霜、太阳辐射、地面辐射以及植被的变化。

（1）地形影响微气候

地形上的细微变化也会强烈影响地表的温度，而气温的变化反过来又影响了本地的雾和霜出现的可能性。我们在设计时注重利用地形或道路强调迎取微风、回避寒风、拥抱阳光，使场地空间充分沐浴于温暖的阳光和明媚的夏日空气中，免受强光刺激，回避闷热的空气以及冬日刺骨的寒风（图 4-1-2、图 4-1-3）。

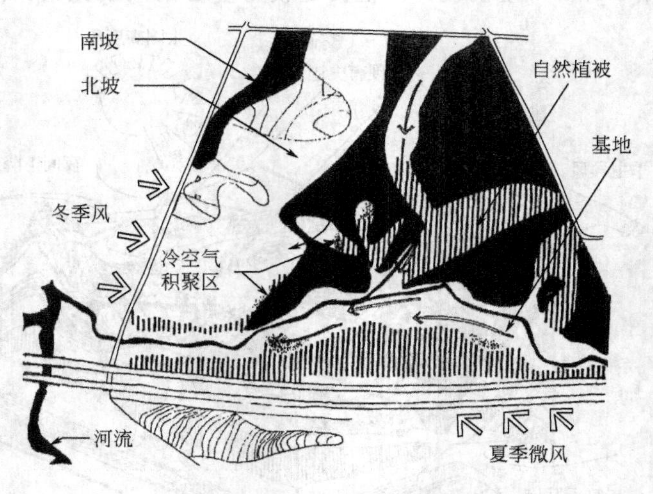

图 4-1-2　地形对微气候的影响 1

太阳辐射受坡度和坡向的影响。唐纳德·赛特伦德和约瑟夫·米恩斯发现，太阳辐射决定了生态系统的分布、组成和生产力，而且太阳辐射融化积雪，为水循环提供能量，并显著影响农业生产力。

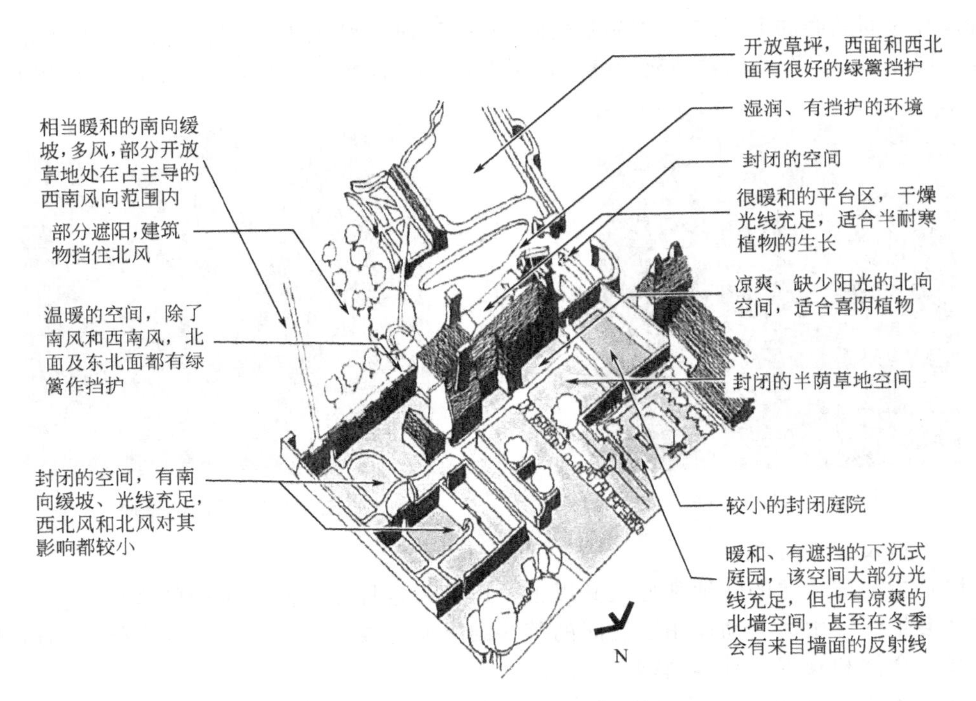

图 4-1-3　地形对微气候的影响 2

空气流通是新鲜空气在大地景观内的循环，它主要取决于地形和风向。空气流通“对地方气候非常重要，而且，风压和涡流的形成主要取决于地形起伏程度”。在地形的走向与盛行风向相一致的地方，空气的流通程度高。一般认为：地形起伏越大或越显著，迎风坡的风压也就越大，而背风坡形成的涡流也就越强。

(2) 植被影响微气候

植被与小气候之间以多种方式相互作用、相互影响。空气的流通、霜和雾以及太阳辐射都会受植被的影响（图 4-1-4）。

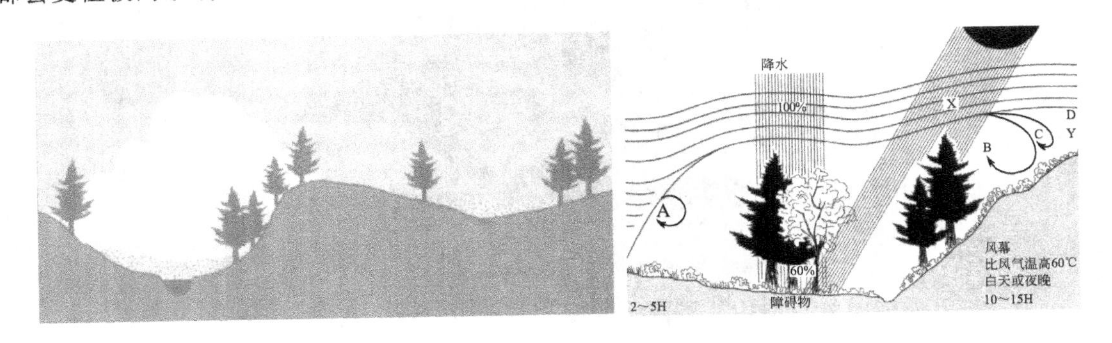

图 4-1-4　植被影响小气候

（H：障碍物的高度；A：压力涡流；B：吸入涡流；C：由大漩涡形成的弱小的干扰漩涡；D：平均气流之上的小干扰漩涡，但不包括从 C 来的强气流；XY：干扰漩涡的其余部分和风幕之间的辅助边界）

4.1.2　土地

土地是山川之根，是万物之本，是人类衣食父母，是一切财富之源。所有的物华天宝都是土生土长的。土地是人类生存的基础，是地球上所有生物的陆生家园。自然界中的大地在自然规律和时间的磨砺下形成了独特的风景，每一种地形都有自己的特有信息，陡峭的峡谷蕴含危险（图 4-1-5）；宽阔的盆地充满魅力；望不到边际的牧场、草原（图 4-1-6）辽阔无垠。

图 4-1-5　陡峭的峡谷

图 4-1-6　辽阔的草原

（1）土地及土地资源

土地是指地球表层的陆地部分及其以上、以下一定幅度空间范围内的全部环境要素，以及人类社会生产、生活活动作用于空间的某些结果所组成的自然—经济综合体。土地具有养育、承载、仓储和景观等基本功能。

土地是人类生活和生产活动的舞台，土地资源是人类生存最基本的自然资源。我国占地 960 万平方公里，人口 13 亿，人均土地面积不足世界平均的 1/3。我国土地资源不尽合理，耕地、林地比重小，难以利用的比重大，后备土地资源不足是我国土地资源的特点（图 4-1-7）。基于我国土地资源不足的特点，在设计时应从整体上看待土地，设计新的保护、保存或必要的开发利用模式，合理地利用每一宽阔的地域，形成合理的系统。

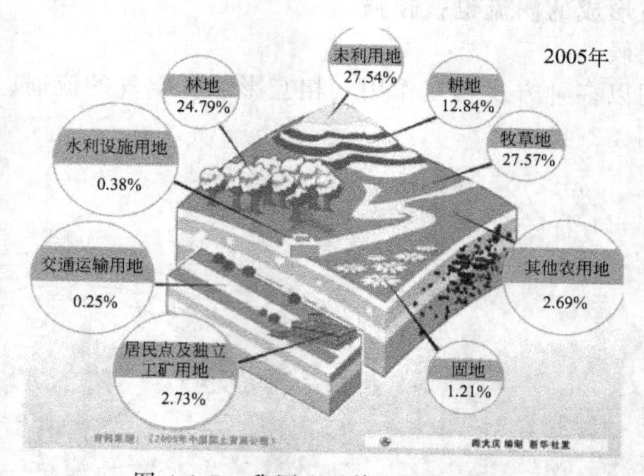

图 4-1-7　我国土地资源利用现状

（2）城市用地分类

为统筹城乡发展，集约节约、科学合理地利用土地资源，依据《中华人民共和国城乡规划法》的要求制定《城市用地分类与规划建设用地标准》。

① 城乡用地（town and country land）　指市（县）域范围内所有土地，包括建设用地与非建设用地。建设用地包括城乡居民点建设用地、区域交通设施用地、区域公用设施用地、特殊用地、采矿用地等，非建设用地包括水域、农林用地以及其他非建设用地等。城乡用地分类包括建设用地（H）和非建设用地（E）两大类。

② 城市建设用地（urban development land） 指城市和县人民政府所在地镇内的居住用地（R）、公共管理与公共服务用地（A）、商业服务业设施用地（B）、工业用地（M）、物流仓储用地（W）、交通设施用地（S）、公用设施用地（U）、绿地（G）。城市建设用地规模指上述用地之和，单位为公顷（hm^2）。

（3）土地对风景园林设计的影响

土地的自然属性决定其利用方式，通过规划、利用和管理，让每一处土地景观发挥它的特性和潜力。在设计前期对土地现状资源的调查分析是对场地合理规划的基础。在风景园林设计前期对土地资源的调查包括两方面内容。

① 地形 原有场地地形图是最基本的地形资料，并结合场地进行实际调查，掌握现有地形的起伏与分布、坡级分布和场地自然排水坡度等。地形图只能表示地形的整体起伏，不能表示不同坡度的地形，因而采用不同颜色代表不同坡度表示坡级类型（图 4-1-8）。坡度分析对如何经济合理地安排用地，对分布植被、排水类型和土壤等都有一定作用。

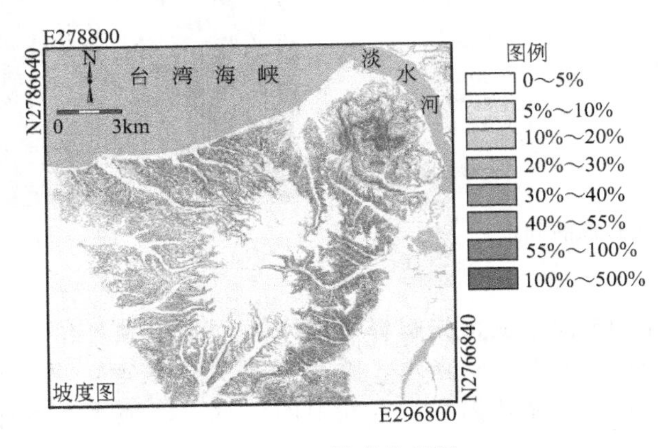

图 4-1-8 坡度分析图

② 土壤 因所有的建筑及景观都是建立在土壤的基础之上，在设计之前有必要了解土壤的类型、结构；土壤 pH 值、有机物的含量；土壤的含水量、透水性；土壤的承载力、抗剪切强度、安息角；土壤的冻土层深度、冻土期的长短；土壤受侵蚀状况。通过掌握基本的土壤现状，合理进行场地的建设。如潮湿、富含有机物的土壤承载力低，若荷载超过该土壤承载力就必须通过打桩、增加接触面积、铺垫水平混凝土条等进行加固。土壤的抗剪切强度决定了土壤的稳定性和抗变形能力，在坡面上，无论是自然还是人工因素引起的土壤抗剪切强度的下降都会损害坡面，造成滑坡。土壤的安息角是由非压实土壤自然形成坡面角，它随着土壤颗粒的大小、形状和土壤的潮湿程度而变化，为保持坡面稳定不能超过其自然安息角。

4.1.3 水

水对于任何生命而言，都是必不可少的。作为风景园林中的水体景观，对人们产生不可抗拒的吸引力。从涓涓泉水到汹涌的瀑布，从溪流到湖泊，最后流入大海，在一定程度上，我们急不可待地、不自觉地趋向于水边。

（1）水资源

水资源是一种有限的资源。地球上水圈中的水主要是咸水，占中水量的 97.20%，而极地冰盖和寒冻区的固态水约占 2.15%，这意味着世界上的水资源中仅有 0.65% 是液态的淡水，而且在质量和分布上是很不均匀的。地球上淡水总量约为 3.8 亿亿吨，是地球总水量的

2.8%，如此有限的淡水量以固态、液态和气态几种形式存在于冰川、地下水、地表水和水蒸气中（图 4-1-9）。对于淡水资源的下降和耗竭，应限制消耗，防止利用优质水源灌溉，提倡废水循环。

淡水存在两大类型的水体：静水水体（湖泊、池塘、沼泽等）和流动水体（泉水、溪水以及河流）。从水文要素分析这一角度出发，分析水生生态系统的生物化学特征以及淡水水体的类型是非常重要的。

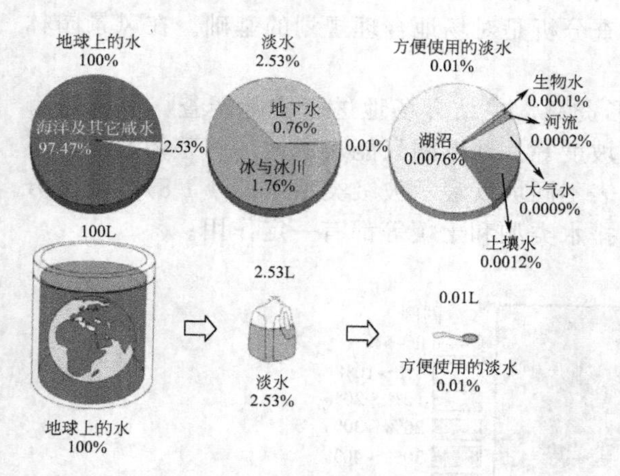

图 4-1-9　淡水资源的分布

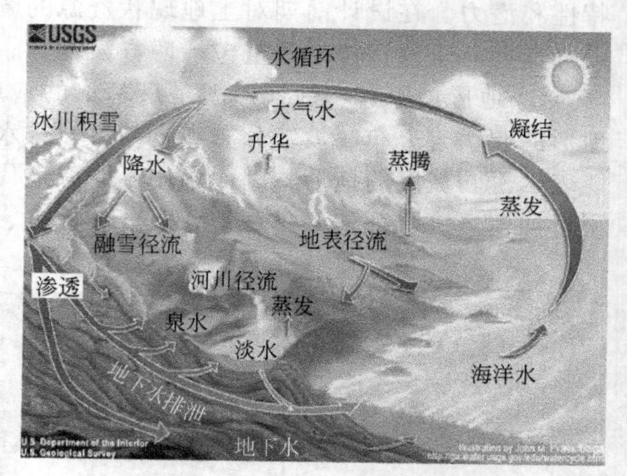

图 4-1-10　水循环

（2）水循环

贝马·帕利西早在 16 世纪就首先解释了泉水由雨水单独补给。他解释了其机理：海水蒸发为水蒸气，水蒸气凝结形成降水，降水渗透到地表面，之后形成了泉水和河流，再流回大海（图 4-1-10）。水循环揭示了空气中的水汽、陆地水和海洋水之间的动态平衡关系。

正如水循环和水量平衡表明的那样，水文学是一门关于地表水和地下水运动的学科。地下水指地表以下沉积物的空隙中所含有的水分，而地表水指在地表流动的水分。地下水的水位深度、水质、含水层的出水量、水的运动方向、水井的位置都是地下水的重要因子。

人类聚落影响地表径流，铺装的街道和建筑物可以阻止雨水的下渗，城市化的加剧造成了地表径流量和流速的增大。应通过降水的截流和土壤过滤，保持地下水储量的平衡。

水量是规划中需要考虑的重要因素，因为我们需要充足的水资源来维持我们的社区，但是过多的水则会带来灾害。而水质也是同样重要的因子。

（3）水对风景园林设计影响

大面积的水域吸引人们的驻足和使用，近水的环境带给人惬意。水体是风景园林中必要的景观要素。在设计的前期应了解水域的位置、范围、平均水深、常水位、最低和最高水位；地下水位波动情况、地下常水位、水质及污染状况；水体处是否有落差；地形的分水线和汇水区等。水体位置影响整体布局，水位的高低影响植物物种的选择，高差的变化影响水体景观的形式，汇水区和分水区影响了水的流向和场地布局。

4.1.4　动植物

在地球上没有生物出现之前是寂静、单调的，生命的出现使地球有了生机和色彩。生物是地球表面有生命物体的总称，是自然界最具活力的组分，它由动物、植物和微生物组成。

动植物和人类是地球生物圈内的主要组成部分，是生态系统平衡的重要因素。这种生态平衡表现为动植物种类和数量的相对稳定，动植物的种类越多、丰度越高，人类对其影响越小，生态系统越复杂、越稳定。

生态系统是指在一个特定空间内的环境，包括非生命的成分（如空气、土壤、水）以及有生命的成分（如植物、动物）。在一个生态系统中，动物和植物形成了一个整体。绿色植物吸收土壤中的养分和太阳光，草食动物、腐食动物、寄生生物和腐生植物以绿色植物为食物来源，同时它们又成为肉食动物的食物，动、植物死亡后，它们的躯体开始腐烂，被细菌、真菌和蚯蚓等有机体所消耗，变成了无机的矿物营养物，又被新一轮的植物吸收，一种生物以另一种生物为食，彼此形成一个食物链锁的关系叫食物链（图 4-1-11）。通过食物链，生态系统中的物质和能量在不断地循环流动，保持着整个系统的动态平衡。

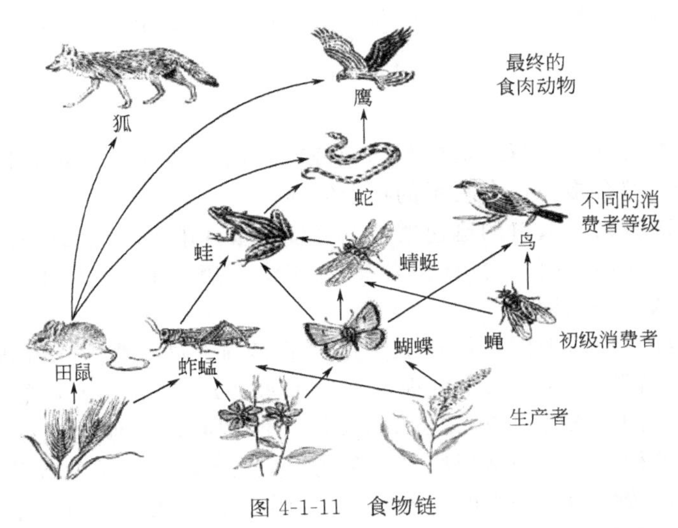

图 4-1-11　食物链

(1) 动物

动物与环境的关系较为复杂，每种动物都需要有一定的栖息环境。食物网可以很清楚地向人们展示各种生物是如何利用地区资源的。

动物具有美学价值、药用价值并能用于科学研究，它们能激发艺术家、作家的创作灵感，激起我们对大自然的赞美，保护野生动物最重要的是保护它们的栖息地，不要乱砍滥伐，破坏草坪，不要随意堆放垃圾，不要滥用农药和杀虫剂，保护水源和空气也是保护栖息地的一部分。不要滥捕滥杀野生动物，不参与非法买卖野生动物。

野生动物是指那些除人和家畜之外的动物，昆虫、鱼类、两栖类、鸟类和哺乳类比植物具有大得多的运动型，尽管与作为食物来源地、栖息地的植被单元存在十分密切的联系，野生动物通常在不同的地方繁殖后代、寻找食物、休息睡眠。

(2) 植物

自古以来，植物一直在默默地改善和美化着人类的生活环境。在植物王国里约有 7000 多种植物可供人类食用，有不少植物具有神奇的治病效果。绿色植物是生态平衡的支柱，净化污水，消除、减弱噪声，耐旱固沙，耐盐碱、耐涝，监测有害气体等的污染。绿色植物依靠光合作用维持生长，吸收二氧化碳，释放出人类维持生命的氧气。据调查，林区空气中有较多的负氧离子，吸入人体后，可以调节大脑皮层的兴奋和抑制过程，提高机体免疫能力，并对慢性气管炎、失眠等有疗效。还有许多植物能分泌杀菌素，杀死周围的病菌。

植物是融汇自然空间与建筑空间最为灵活、生动的手段。在建筑空间与山水空间中普遍种植花草树木从而把整个园林景观统一在花红柳绿的植物空间中。植物独特的形态和质感能够使建筑物突出的体量与生硬轮廓软化在绿树环绕的自然环境之中。植物与其他事物一样不能脱离环境而单独存在。一方面环境中的温度、水分、光照、土壤、空气等因子对园林植物的生长和发育产生重要的生态作用。另一方面植物对变化的环境也产生各种不同的反应和多种多样的适应性。

4.2 人文环境要素

人文环境可以定义为一定社会系统内外文化变量的函数，文化变量包括共同体的态度、观念、信仰系统、认知环境等。人文环境是社会本体中隐藏的无形环境，是一种潜移默化的民族灵魂。

4.2.1 人口

人口是生活在特定社会、特定地域范围和特定时期内具有一定数量和质量的人的总体。它是一个内容复杂、综合多样社会关系的社会实体。

生活质量的提高带来了人口的迅速增长，直接导致城市生活面临的环境问题。短短的十几年，地球上的人口净增10亿，预计在未来30年将会翻一番。“人口问题”已经成为当今世界使用频率最高的一个词语。

人类的活动已经对地球上的环境造成了重大的影响，这种影响还在继续。Paul Erhlich采用公式$I=PAT$（影响＝人口×富裕程度×技术水平），来表示人口数量、人均消耗率与消耗量的经济效益之间的关系。例如，虽然美国可能拥有比其他国家更为高效、清洁的技术，但它相对富裕的程度引起的高消耗率将会抵消由技术水平产生的效益。相反，虽然中国人口众多，但它相对较低的富裕程度和技术水平则会抵消其大量人口产生的影响。但是，在这两个国家中，环境问题都是非常严重的。

影响人口的因素有以下几种。

（1）人口趋势

人口趋势包括人口的数量、空间分布和组成成分的变化。人口趋势是为了获悉规划区人口是如何随着时间而改变的，在许多规划项目中，人口增减都是非常重要的。如果规划的目标是为了促进经济发展，那么规划师为了指导招商计划就需要了解该区域的人口是增加还是减少。如果增长管理是规划的目标，那么多少人在什么时候迁移到该区域的人口趋势就是其中一个指标。如果规划了新的设施，那么人口趋势揭示了对这些设施的需求。

人口趋势也能反映人口从城市到农村，从农村到城市的迁移。另外一个影响人口趋势的要素由变化的要素组成，变化的要素包括出生率、死亡率和迁移率的变化，出生率和死亡率是自然趋势，而人口的迁移则是由就业机会等的改变而引起的。

（2）人口特征

人口特征包括年龄、性别、出生、死亡、民族成分、分布、迁移和人口金字塔等方面。研究人口特征是为了了解规划区的使用人群以及带眷人口比率。如果采用增长管理策略，人口密度就显得重要。如果规划需要考虑学校和公园设施，年龄特征就非常重要。

人口密度、分布、带眷系数、劳动力状况等因素在规划中非常重要。人口密度是单位面积土地上居住的人口数，反映某一地区范围内人口疏密程度的指标。通常以每平方千米或每公顷内的常住人口为计算单位。世界上的陆地面积为14800万平方千米，以世界50亿人口计，平均人口密度为每平方千米33人。人口密度这一概念虽然现在应用得比较广泛，它把单位面积的人口数表现得相当清楚。但是，这一概念也有不足之处。例如，它考虑的只是陆地土地的面积，并未考虑土地的质量与土地生产情况。以我国的情况来说，江苏人口的平均密度约为700人/平方千米，而西藏的平均人口密度为2人/平方千米。中国是世界上人口最多的国家之一。人口密度是人口的一个特征，它取决于整个区域的人口总数与面积的比。

年龄和性别分布也是人口的重要特征，分析这些特征最常见的就是人口金字塔，在人口金字塔中女性的寿命比男性长。种族和民族分布则反映了少数民族的数量和分布特征。带眷人口比率指的是不拿工资的人口的比重。另一个有用的人口特征是适龄劳动力比率。该比率是劳动力人口占总人口的比重。

（3）预测分析

预测谁将居住或者经常使用该规划场地，以便设计必要的供其使用的空间场所或设施。值得指出的是开发预测，在很多情况下，需要根据人口进行开发规划。如一个社区采用的增长管理计划，那么政府主管部门或开发商就想知道需要多少新的公共绿地或公共活动空间来容纳或适应新的使用人群。

在很多情况下，规划师需要根据人口进行开发规划，知道需要多少新住宅和商业设施以容纳新居民。未来开发的规划可以根据人口增长。

4.2.2 文化与历史

文化是一个非常广泛的概念，给它下一个严格和精确的定义是一件非常困难的事情。不少哲学家、社会学家、人类学家、历史学家和语言学家一直努力，试图从各自学科的角度来界定文化的概念。然而，迄今为止仍没有获得一个公认的、令人满意的定义。据统计，有关“文化”的各种不同的定义有二百多种。笼统地说，文化是一种社会现象，是人们长期创造形成的产物。同时又是一种历史现象，是社会历史的积淀物。确切地说，文化是指一个国家或民族的历史、地理、风土人情、传统习俗、生活方式、文学艺术、行为规范、思维方式、价值观念等。

不同国家、不同地域、不同民族、不同城市都有着不同的文化背景与历史脉络，城市园林景观作为城市历史文化内涵的载体，应在以自然生态条件为基础的同时，重视和挖掘历史人文及本土文化，以创新理念塑造出体现本土文化、人文生活环境的景观，将民俗风情、传统文化、历史文物等融合于景观设计中，烘托出城市环境的文化氛围，使地域人文底蕴得到充分的展示与释放，体现出城市特有的人文底蕴，使人感觉到城市色彩的丰富绚丽，品味到城市特有的人文风貌与历史脉络。

（1）文化

文化就是人化，即人类通过思考所造成的一切。具体讲，文化是人类存续发展中，对外在物质世界和自身精神世界的不断作用及其引起的变化。其有广义和狭义之分，在园林景观设计中引用狭义的概念，是指人们普遍的社会习惯，如衣食住行、风俗习惯、生活方式、行为规范等。

文化的存在依赖于人们创造和运用符号的能力。对于特定的规划区域来说，文脉的延续增添场所的意境与特色，保存其历史的记忆，体现了对历史的尊重。文化的符号化或物质化以及空间或意境使得景观环境极具特色。

（2）历史

历史指的是历史承载见证了场所过去的兴衰和发展足迹。了解历史对于理解一个区域、场所是十分重要的。通常，某些公共图书馆和当地的地方志可能保存了比较完整的发表或未正式发表的地方事件的史实。而一些野史或民间传说往往以口述而非文字的形式得以流传，这些地方历史的原书信息可以通过民间访谈获得。历史信息的获得与否，关系到景观场所的解读与设计倾向，真实的历史有助于人们了解场所的地方精神或文脉，以保持其历史可持续性和地方特色。

了解历史对于理解一个地区是非常重要的，地方历史可以通过访谈或讨论获得。公共图书馆和当地的史学团体经常在他们的档案室保存了非正式发表的地方事件的史料。一旦口头的野史变得流行，通常它们也就被保存在当地图书馆或者史学团体中。

(3) 文化、历史的认知与表达

直观性的历史信息以贴近历史原貌的景观形式出现，易于给人们带来最为直观的感受。人们通过视觉感官对其形态、色彩、质地等构成要素的认知，能够较快地了解景观的形式内容，形成浅层的直觉感受。

感悟性的文化寓意以一定的抽象环境形象，调动游赏者的审美记忆，促使其在感性认识的基础上，通过思维验证和心理联想等综合判断的过程，最终达到对景观寓意的深层理解与情感共鸣。引导人们对景观的认知从一般的感性认识的层面升华到理性感悟层次的目的。

历史、文化在园林环境中具有满足人们的怀旧情结、增加城市园林文化内涵、弘扬城市文化价值的作用。可通过保留、借鉴、再现（对原貌片段再现和意象环境再现）、重构、标识（遗迹自身展示性的标识、景观纪念物揭示性的标识）、转化、象征、隐喻等手法进行表达。

4.2.3 经济（经济与风景园林的发展关系）

经济与生态的英文“economics”和“ecology”都源于希腊文。词根“oikos”意思是“家”。经济学家的研究正是对“人类家园”的考虑。马克思在《资本论》中提出“经济基础决定上层建筑”。风景园林是经济发展的产物，是一定的社会经济发展状况的体现。经济体制和经济增长方式的转变，将有助于我国风景园林环境建设的快速发展。

城市产业结构直接影响园林环境的建设发展。产业类型、规模及其经济结构和发展状况对于园林环境的规模、数量、布局、品质以及建设质量有很大的限制作用。一般，在三大产业中，第一、二产业对于园林环境的需求远不及第三产业。就城市功能区绿地比例而论，第一、二、三产业对于园林绿地的需求分别为10%、20%、35%。传统的以第一、第二产业为主的工业城市，必将导致园林环境建设的停滞发展。

随着城市产业结构的改变，第三产业比重正在不断加大，对风景园林环境的需求必然加大。随着人类对社会环境意识的增强，人们会对公共开敞空间和园林环境予以更多的需求和关注。“以环境创造价值”，这种观念已开始深入人心。在房产市场中，当住房建造总量达到一定规模，人们自然会将目光投向住区的环境质量，强调人居功能，以此为着力点，吸引目光，拉动房地产、金融市场、建材市场、劳动力市场、搬运市场等的投资，加速形成周边地区的集聚和辐射能力，促进区域经济的发展。

4.3 景观环境调查与分析

景观环境调查与分析是科学规划设计的重要前提，通过对环境信息的收集与分析，对环境中的景观因子进行评价与评估，明确场地建设的适宜性与强度，避免由主观因素导致的错误决策，最大化地实现景观资源的综合效益与可持续性。

景观环境可以分为自然环境与建成环境两类。

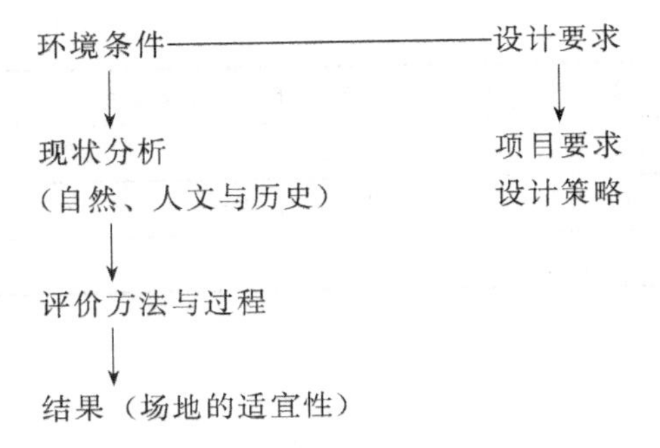

4.3.1 景观环境特征

科学地认识景观环境特征是评价的前提，组成景观环境的风景环境和建成环境均具有空间与生态双重属性。

自然环境在较少或没有人为干扰下属于自然生态系统，景观的变化取决于自然因子的干扰程度，如地形地貌、气候等影响。自然环境要素是建成环境存在与发展的基础，决定了建成环境空间发展形态、开发建设强度及景观风貌。

（1）景观环境的生态特征

景观环境生态特征主要特点：整体性、复杂有序的层级关系、自我修复与更新、动态演替。

（2）建成环境

建成环境是人与自然两大生态圈层相互作用结合形成的复杂有机生态系统。建成环境不仅要满足人类生存、发展的基本诉求，同时还需要满足人类自身不断提高的心理需求。与自然生态相比，建成环境生态系统不稳定，受人类活动的影响，对建成环境生态系统带来很多负面影响。如城市无序的建设，会增强城市内部的热岛效应，不透水的城市基底改变了水热分布格局，建筑改变场地的日照条件、通风以及局部气候等，从而影响到建成环境中的自然生态系统。因此，建成环境中的自然因子对场地的生态性具有决定性意义。景观的规划与设计，正是利用科学合理的手段，将环境中的自然因子与人结合，实现其系统效益的最大价值，提高生态系统的维持能力与水平。

建成环境的生态特征：

① 以人为主体的景观生态单元（人工化痕迹显著）；

② 不稳定性（系统内不能实现循环、自给自足——生态化设计的趋势）；

③ 景观异质性突出（不同单元所构成的镶嵌体，也表现在空间的异质性上，城市建筑在垂直空间上形成不同高度的界面）。

4.3.2 景观环境的调查

场地的调查是对场地环境基础因素的认知过程，是利用现有地形图，结合实地勘察，以实现对环境中不同类型的数据收集以及对其图形化的表达，为场地评价提供齐全的基础资料以及建立相对精确的图纸表达。通常采用统一的图底（表 4-3-1）。

表 4-3-1 景观环境调查

自然要素	气候	区域气候、场地小气候（日照、湿度、温度、风向……）
	地形地貌	高程、坡度、坡向……
	水文	水质、水位、水深、水底基质
	植被	乔灌木、地被、水生植物
	土壤	土质、土壤类型……
	动物	种类、数量

续表

人工要素	历史遗存	文物古迹、历史建筑分布、保护等级、现状条件
周边环境	道路交通	道路等级、人车交通流线及流量、出入口、声环境
	社会	用地现状类型、公共设施分布、规模、避让要素
风水格局		

4.4 生态环境评价

4.4.1 起源

工业革命促进了工业、能源、交通等行业的迅速发展，但自然景观资源却遭到了严重破坏，从 20 世纪 60 年代中期，产生了一系列保护景观美学资源的法令：

① 美国：《野地法》1964 年，《国家环境政策法》1969 年，《海岸管理法》1972 年。

② 英国：1968 年，《乡村法》，标志着景观美学资源与其它有经济价值的自然资源一样，有法律地位，但景观往往因为"不可捉摸"，缺乏价值的平衡标准而在法庭上受挫，这种现象最终刺激了科学景观美学研究的发展。

③ 近年来，景观评价及美学研究的特点体现在多学科综合性上，包括：景观规划专家、专业资源管理人员、心理及行为科学家、生态学家、地理学家、森林科学专家等。他们分别将本学科的研究思想和方法，带到景观美学研究领域里来，从而使该领域呈现崭新的面貌。

4.4.2 概念

景观评估与评价（landscape assessment or landscape evalution）：始于 20 世纪 60 年代中期，以美国为中心开展，主要就景观的视觉美学意义而言，景观评估与评价，是对景观视觉质量（visual quality）等景观各方面资源的评价，从客观的意义上讲，景观"视觉质量"则被认定是景观"美"的同义词，Daniel 等人将其称为景观美（scenic beauty）。

美国土地管理局，则将其等同于"景观质量（scenic quality)"，并将其定义为"基于视知觉的景观的相对价值"，从主观上讲，景观评价则表现为人们对"景观价值（landscape value)"的认识，Jacques 认为景观的价值表现在"景观所给予个人的美学意义上的主观满足"。其意义：还原景观资源固有的内在价值，进行景观资源管理的基本依据。

4.5 景观分析评价的四大学派

景观分析评价的四大学派包括专家学派（expert paradigm）、心理物理学派（psychophysical paradigm）、认知学派（cognitive paradigm）、经验学派（experiential paradigm）。

4.5.1 专家学派（exper paradigm）

指导思想——认为凡是符合形式美原则的景观都具有较高的景观质量。

参与人员——有少数训练有素的专业人员完成。

四个基本元素——线条、形体、色彩和质地。

四个景观视觉要素——形态（form）、线（势）（line）、色彩（colour）、质感（tecture）。

评价指标——形式美原则，例如：多样性、奇特性、统一性等，生态学原则。

分类——形式美学派和生态学派（Danial&Vining，1983）。

代表人物——最早是 Lewis 等人，影响最大的是 Litton 等人。

运用范围——专家途径直接为土地规划、景观管理及有关法令的制定和实施提供依据。在英、美诸国的景观评价研究及实践中，一直占有统治地位，并已被许多官方机构所采用。

应用系统——美国林务局的景观管理系统 VMS（visual management system）；美国土地管理局的景观资源管理 VRM（visual resources management）；美国土壤保护局的景观资源管理 LRM（landscape resources management）；联邦公路局的视觉污染评价 VIA（visual impact assessment）。其中美国林务局的 VMS 系统和美国土地管理局的 VRM 系统主要使用于自然景观类型，主要目的是通过自然资源（包括森林、山川、水面等）的景观质量评价，制定出合理利用这些资源的措施；美国土壤保护局 LRM 系统主要以乡村、郊区景观为主；联邦公路局的 VIA 系统主要用于较大范围的景观类型，主要目的是评价人的活动（建筑施工、道路交通等）对景观的破坏作用，以及如何最大限度地保护景观资源。

VMS 系统基本框架结构（VMS——visual management system）简介如下。

（1）景观类型的分类——VMS 系统的重要环节

根据地形地貌、植被、水体等特点，基本上按照自然地理区划的方法来划分景观类型（character types），在每一景观类型下面，又可以根据具体区域内的多样性，划出亚区（sub-types）。在 VMS 系统中，虽然并不十分强调景观类型的划分，但在景观评价中也应用自然地理区划的成果。

（2）景观质量评价

VMS（VRM——visual resources management）系统中，丰富性（多样性）是景观质量分级的重要依据，根据山石、地形、植被、水体的多样性划分出三个景观质量等级：A——特异景观；B——一般景观；C——低劣景观。

（3）敏感性分析

敏感性（sensitivity）是用来衡量公众对某一景观点关心（注意）程度的一个概念。人们注意力越集中的景观点，其敏感性程度就越高，即在该点的任何变化就越能影响人们审美态度的改变。在 VMS 系统中，把景观区域根据敏感性程度划分为三个等级：高度敏感区、中等敏感区、低敏感区，在各敏感性登记区内，又以主要观赏点及娱乐中心划分出三个距离：前景带、中景带、背景带。

（4）管理及规划目标的设定

管理目标是以景观质量评价和敏感性评价为依据的。把标有景观质量等级的地图同标有敏感性等级和距离带的地图重叠起来，决定每一地段或区域内采取什么样的管理措施。在 VMS 系统中根据管理措施的差别划分为四个等级区：保留区、部分保留区、改造区、大量改造区。

（5）视觉影响评价

视觉影响（或称视觉冲击）的评价（visual impact assessment），就是评价或预测某种活动（如公路的开设、高压线路的架设等）将会给原景观的特点及质量带来多大程度的影响（冲击）。在 VMS 中，常用“视觉吸收能力（visual absorption capability）”这一概念描述景观本身对外界干扰的忍受能力。VRM 系统中的视觉污染评价体系较为完善，它首先以地形、地貌、植被、水体、建筑等的形体、线条、色彩、质地为基本元素，分析现状景观的特点，然后，将计划活动（工程）也分解为形体、线条、色彩和质地四个基本元素，再对这两组基本元素的对比度评价，划分出四个等级：

① 没有对比——各对应元素之间的对比度不存在或看不到。

② 对比不明显——各对应元素之间的对比度能够觉察，但不引人注意。

③ 对比中等——对比度开始引人注意，并将成为景观的重要特征之一。

④ 对比强烈——对比度成为景观的主导特征，并使人无法避开对它的注意。

一般认为，对比度越大，则对原景观的冲击也就越大，景观的破坏也就越严重。

4.5.2 心理物理学派（psychophysical paradigm）

把景观与景观审美的关系理解为刺激—反应的关系。把心理物理学的信号检测方法应用到景观评价中来，通过测量公众对景观的审美态度，得到一个反映景观质量的量表，然后在该量表与各景观成分之间建立起数学关系。

景观评价模型有以下两种。

(1) 测量公众的平均审美态度（即景观美景度）

两种测量方法：

① 评分法　SBE 法（scenic beauty estimation procedure），以归纳评判法为依据，让被测试者按照自己的标准，给每一景观进行评分（0～9），各景观之间不经过充分的比较。

② LCJ 法（law of comparative judgment）　以比较评判法为基础，该方法主要通过让被试者比较一组景观来得到一个美景度量表。

(2) 对构成景观的各成分的测量

① 起源　景观评价美学研究的心理物理学方法最早出现于 20 世纪 60 年代末期。代表人物：最早——1969 年，Rutherford 和 Shafer，主要是在森林景观评价及景观管理、远景景观评价、娱乐景观评价和其他方面的应用。

② 心理物理学派基本点　景观审美是景观和人之间共同作用的过程，而心理物理学派的目的是为了建立反映这种主客观作用的关系模型。承认人类具有普遍一致的景观审美观，并把这种普遍的、平均的审美观作为景观质量衡量标准，人们对景观的审美评判（景色质量）是可以通过景观的自然要素来预测和定量的。

4.5.3 认知学派（cognitive paradigm）

主要思想：把景观作为人的生存空间、认识空间来评价，强调景观对人的认识及情感反应上的意义，试图用人的进化过程及功能需要去解释人对景观的审美过程。

起源：18 世纪英国经验主义美学家 E. Burke（1729—1787），他认为“崇高”和“美感”是由于人的两类不同情欲引起的，其中一类涉及人的“自身保存”，另一类则涉及人的“社会生活”。

代表性理论：20 世纪 70 年代中期英国地理学家 Appleton 的“了望-庇护”理论。

4.5.4 经验学派（experirential paradigm）

指导思想：把景观的价值建立在人同景观相互影响的经验之中，二人的经验同景观价值也是随着两者的相互影响而不断地发生变化。把景观作为人类文化不可分割的一部分，用历史的观点，以人及其活动为主体来分析景观的价值及其产生背景，而对客观景观本身并不注重。

代表人物：Lowental（美国地理学者）。

研究方法：考证文学艺术家们的关于景观审美的文学、艺术作品，考察名人的日记等方法来分析人与景观的相互作用及某种审美评判所产生的背景，采用心理测量、调查、访问等方式，记述现代人对具体景观的感受和评价，但这种心理调查方法同心理物理学的方法是不同的，在心理物理学方法中，被试者只需对景观打分或将其与其它景观比较即可，而经验学派的心理调查方法中，被试者不是简单地给景观评出好劣，而要详细地描述他的个人经历、体会及关于某景观的感觉等。

【思考练习】

1. 请以某一具体的规划实例，详细阐述自然环境要素在风景园林设计中的应用。
2. 自然环境要素包括哪些内容？并论述其与风景园林的关系。
3. 人文环境要素如何对风景园林设计产生影响？
4. 简述景观环境调查的目的、意义和内容。
5. 简述景观分析评价主要学派的差异。

第5章　风景园林的构成要素

重点：掌握风景园林的构成要素的基本理论及设计方法。

难点：综合考虑、灵活应用风景园林构成要素。

风景园林的构成要素包含自然要素和人工要素，具体来讲就是地形、水体、植物、园路和建筑等。风景园林设计师应合理地组织、灵活地运用各种要素，设计出满足人们需要的不同景观空间。

5.1　地形

地形是指地面上各种高低起伏的形状，风景园林用地范围内的峰、峦、谷、湖、潭、溪、瀑等山水地形外貌，是构成风景园林景观的基本骨架，也是整个风景园林赖以存在的基础。按照风景园林设计要求，综合考虑风景园林的各种因素，充分利用原有地形，统筹安排景观设施，对局部地形进行适当改造，使园内与园外在高程上具有合理的关系，构建优美的风景园林景观。

5.1.1　地形的作用

建筑、植物、水体等要素常常都以地形作为依托，构成起伏变化、丰富多样的风景园林空间。

（1）分隔空间，营造氛围

利用地形可以有效自然地划分空间，使之形成不同功能区或景区（图5-1-1），也可以利用许多不同的方式创造和限制外部空间。利用地形划分空间不仅是分隔空间的手段，而且还能获得空间大小对比的艺术效果。平坦的地形由于缺乏垂直限制的平面因素，因此在视觉上感觉缺乏空间限制。而斜坡和地面较高点则能够限制和封闭空间，还能影响一个空间的气氛（图5-1-2）。平坦、起伏平缓的地形能给人以美的享受和轻松感，陡峭、崎岖的地形极易在一个空间中给人造成兴奋的感受。

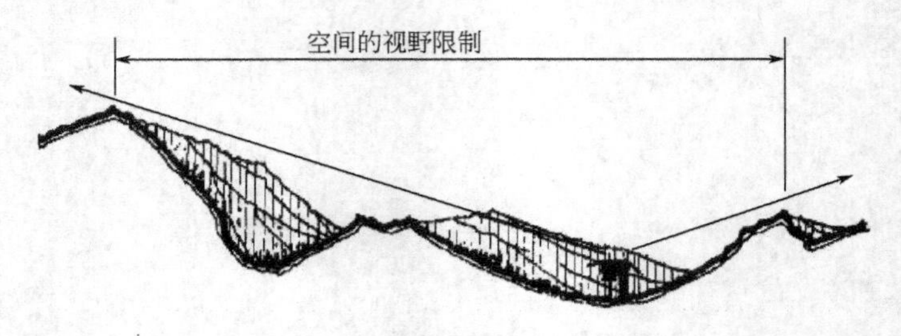

图5-1-1　地坪轮廓线对空间的限制

（2）控制视线

在景观中，利用地形可以将视线导向某一特定点（图5-1-3），影响某一固定点的可视景物和可见范围，形成连续观赏或景观序列。还可以完全封闭通向不悦景物的视线，影响观赏

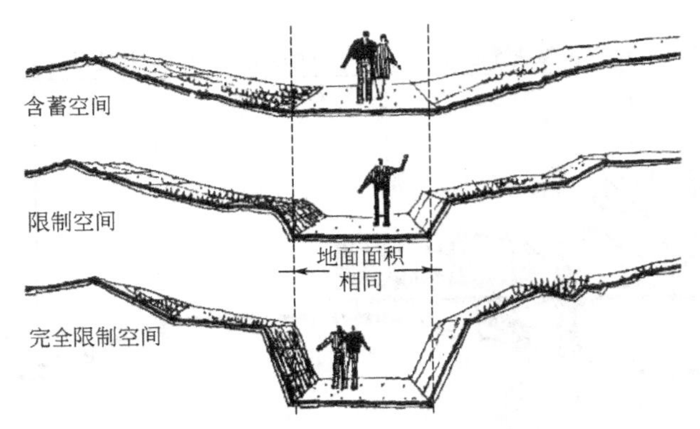

图 5-1-2　不同底面积创造不同的空间限制

者与所视景物或空间之间的高度和距离关系（图 5-1-4）。不同的观赏方式都能产生对被观赏景物细微的异样观感，达到一定的艺术效果。

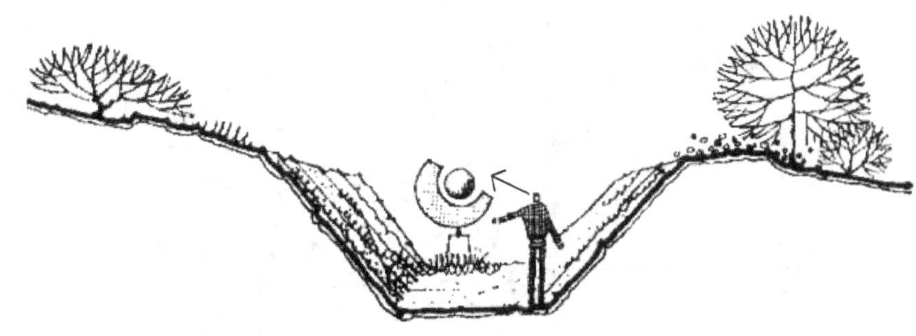
图 5-1-3　利用地形将视线集中在特定焦点

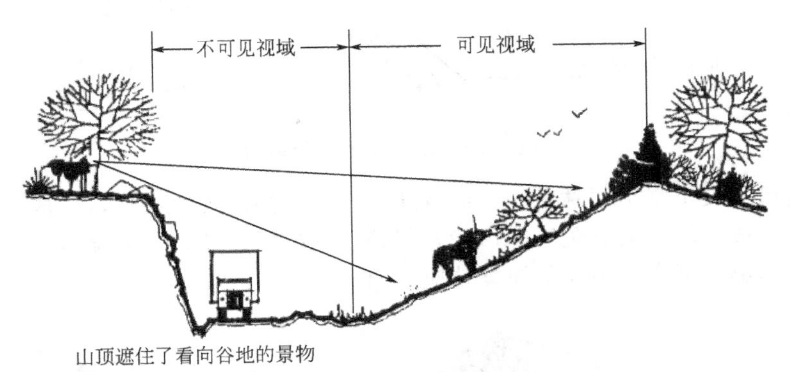

图 5-1-4　利用地形遮挡景物

（3）影响游览路线和速度

风景园林中，地形能够影响行人和车辆运行的方向、速度和节奏。在平坦的地形上，人们的步伐稳健持续，不需花费什么力气。随着坡度的增加，或更多障碍物的出现，人们上下坡时，就必须花费更多的力气和时间，中途的停顿休息也就逐渐增多了（图 5-1-5）。

（4）改善小气候

地形可以影响园林绿地某一区域的光照、温度、湿度、风速等生态因子。地形在景观中可用于改善小气候。使用朝南的坡向，形成采光聚热的南向坡势，保持温暖宜人的状态。用高差来阻挡刮向某一场所的冬季寒风或用来引导夏季风（图 5-1-6）。

（5）美学功能

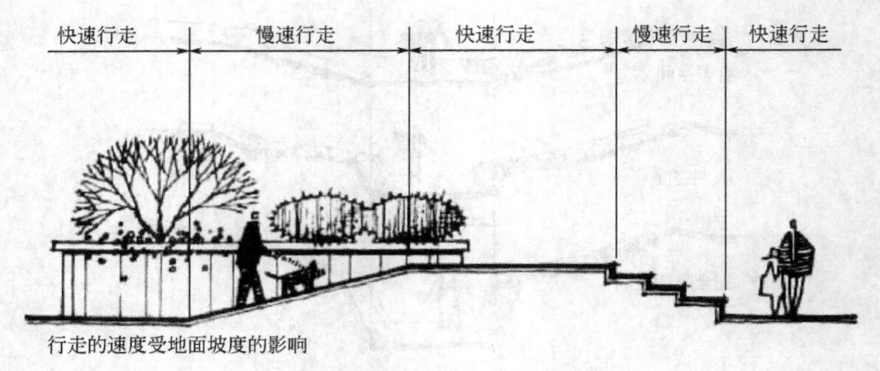

图 5-1-5 地形影响行人的游览速度

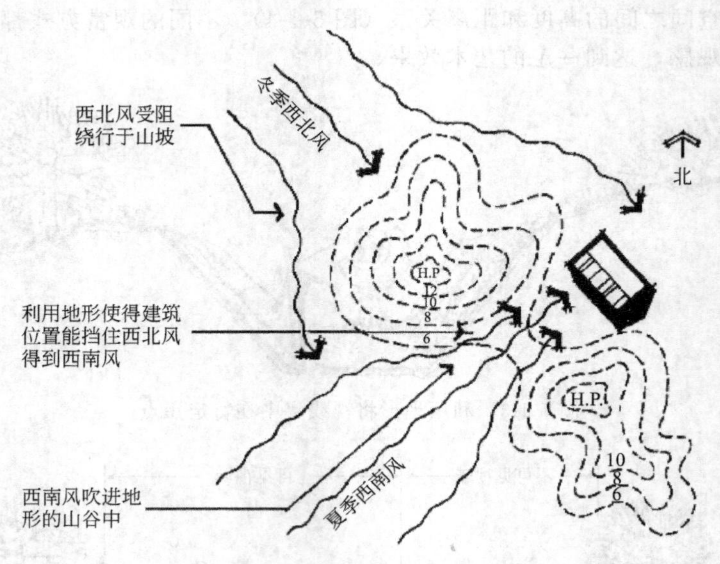

图 5-1-6 利用地形引导风向

地形的起伏不仅丰富了园林景观，而且还创造了不同的视线条件，形成了不同风格的空间。地形可以形成柔软、具有美感的形状，能轻易地捕捉视线，使其穿越于景观之间。还能在光照和气候的影响下产生不同的视觉效应（图 5-1-7）。

图 5-1-7 引人注目的地形造型可作为雕塑

5.1.2 地形的类型与坡度

5.1.2.1 地形的类型

风景园林地形主要包括土丘、丘陵、山峦、山峰、凹地、平地、坡地、谷地等类型。

① 平地　平地在视觉上较为空旷、开阔，没有任何屏障，景观具有强烈的视觉连续性。

宜组织水面，使空间有虚实变化。设计时，要注意营造植物或建筑等竖向景观，以打破平面景观的单一（图 5-1-8）。

图 5-1-8　平地景观

图 5-1-9　坡地景观

② 坡地　通过合理组织空间，能够利用坡地使得地形变化丰富，景观特色突出。一般用作种植观赏，提供界面、视线和视点，塑造多级平台、围合空间等（图 5-1-9）。

③ 凹地形　又称为碗状洼，即四周高、中间低，有利于汇水、积水，可养鱼、种植水生植物，面积较大时有利于形成天然湖泊景观（图 5-1-10）。

图 5-1-10　凹地形景观

图 5-1-11　凸地形景观

④ 凸地形　以环形同心的等高线布置环绕所在地面的制高点。表现形式有土丘、丘陵、山峦以及小山峰。它是一种正向实体，也是负向的空间、被填充的空间。它是一种具有动态感和进行感的地形（图 5-1-11）。

⑤ 谷地　两侧为高山，有利于形成溪流和瀑布、水潭（图 5-1-12）。

图 5-1-12　谷地景观

图 5-1-13　山脊景观

⑥ 山脊　总体呈线状，可限定户外空间边缘，调节其坡上和周围环境中的小气候，也能提供一个具有外倾于周围景观的制高点。所有脊地终点景观的视野效果最佳。它的独特之处在于它的导向性和动势感，能摄取视线并具有沿其长度引导视线的能力，脊地还可以充当分隔物（图 5-1-13）。

5.1.2.2　斜度与坡度

通常来说，人习惯于水平行走，斜面和坡度都是异常状态，即给人以变化，让其眺望远处，诱发不同的动作，这是斜面的特征。不同的斜面处理营造的景观氛围不同，给人的感觉也会发生变化（图 5-1-14）。

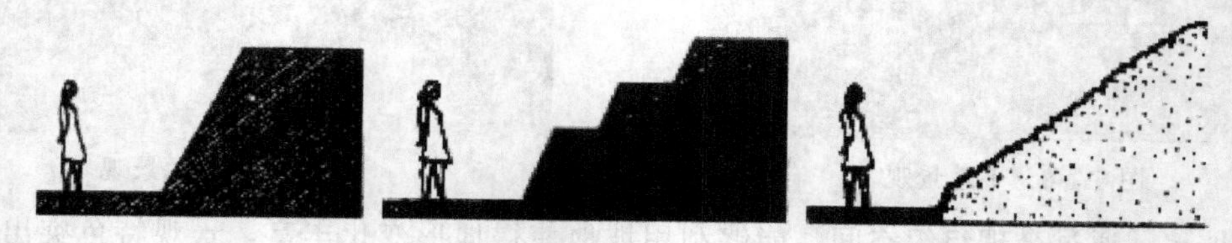

图 5-1-14　不同斜面形成的景观效果（单调—突兀—自然美观）

（1）风景园林绿地对坡度的要求

① 平地　指坡度比较平缓的地面，坡度一般为 0～4％或 0～2°。它可作为集散广场、交通广场、草地、建筑等方面的用地，便于开展各种集体性的文体活动，利于人流集散，供游人游览和休息，形成开朗的风景园林景观。

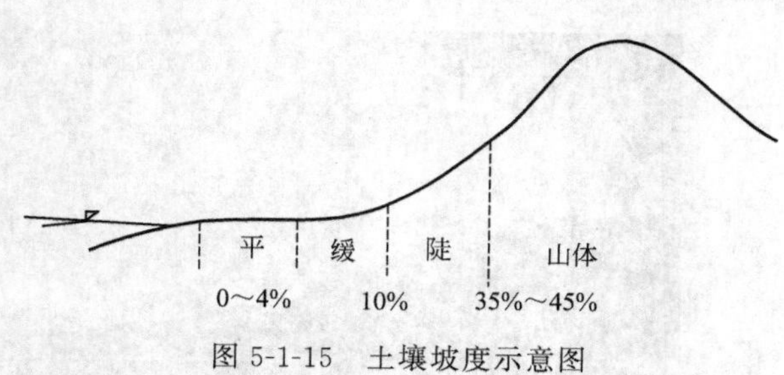

图 5-1-15　土壤坡度示意图

② 坡地　指倾斜的地面（图 5-1-15）。根据地面的倾斜角度不同可分为缓坡（坡度在 4％～10％或 2°～10°）、陡坡（坡度大于 10％或 10°～20°）。在风景园林绿地中，坡地常见的表现形式有土丘、丘陵、山峦以及小山峰。坡地在景观中可作为焦点物或具有支配地位的要素，还赋有一定的感情色彩。上山可以使游人产生对某物或某人更强的尊崇感，如颐和园的万寿山上的佛香阁。

（2）极限和常用的坡度范围

极限和常用的坡度范围见表 5-1-1。

表 5-1-1　极限和常用的坡度范围

内　容	极限坡度/％	常用坡度/％	内　容	极限坡度/％	常用坡度/％
主要道路	0.5～10	1～8	停车场地	0.5～8	1～5
次要道路	0.5～20	1～12	运动场地	0.5～2	0.5～1.5
服务车道	0.5～15	1～10	游戏场地	1～5	2～3
边道	0.5～12	1～8	平台与广场	0.5～3	1～2
入口道路	0.5～8	1～4	铺装明沟	0.25～100	1～50
步行坡道	≤12	≤8	自然排水沟	0.5～15	2～10
停车坡道	≤20	≤15	铺草坡面	≤50	≤33
台阶	25～50	33～50	种植坡面	≤100	≤50

注：1. 铺草与种植坡面的坡度取决于土壤类型；
2. 需要修整的草地，以 25％的坡度为好；
3. 当表面材料滞水能力较小时，坡度的下限可酌情下降；
4. 最大坡度还应考虑当地的气候条件，较寒冷的地区、雨雪较多的地区，坡度上限应相应地降低；
5. 在使用中还应考虑当地的实际情况和有关的标准。

5.1.3 自然坡地的利用

适当的地形整理和改造可使土石方工程量达到最低限度，并尽量使土石方就地平衡。如我国古代深山寺庙建筑，就很巧妙地利用峰顶、山腰、山麓富于变化的地形；现代的一些自然风景区、森林公园，无需大兴土木，而是侧重于对原有地形的改造，这些都是地形整理和改造的成功范例。

在利用自然坡地时，首先要分析自然的特征，找到好的和坏的因素，最大限度地利用有利条件，减小不利条件，结合周边的景物，形成有特色的景观环境。

丘陵地的造地手法可细分为阶梯形与斜面式两种，都是为了调整水平差的基本形式。阶梯形，将水平差集中在法面与垂壁间而确保平坦地；斜面式，将斜面尽量控制为缓坡。

阶梯形有雨水的排放和防灾的问题，而且地基平坦，可作为建筑的基地，是现在丘陵地开发的主流。相反，斜面式在防灾上、建筑造价方面问题较多。但前者是人工痕迹明显，景观生硬。而后者可构成起伏丰富的空间，构造舒适的景色，是应该提倡的做法。

自然保存型的丘陵地开发见图 5-1-16。

图 5-1-16　自然保存型的丘陵地开发（郭丽娟 绘）

其中，中腹保存型在挖填地平衡、土地利用等方面问题最少，并且是最容易规划的方法，但如果保存地宽度太狭窄的话，会使生态不安定且景观效果也差。另外，由于不伤害树木的施工方法很难进行，所以须留下相当宽度。

自然地形的利用，如果地形的坡度与看台相一致，那就是一处非常好的观众席，如南京中山陵园音乐台对坡地处理就是很好的典范（图 5-1-17）。

图 5-1-17　南京中山陵园音乐台

5.1.4 自然地形的整理

（1）自然地形的改造原则

地形改造是在原始地形上，限定的改造范围轮廓线内通过设计等高线或控制点高程来改造原有地形的方式。它的原则：外观自然；形态美观；功能性强；经济节约。

（2）自然地形处理方式

根据风景园林造园需要，对现状山体进行处理，有以下四种方式（图 5-1-18）。

① 保护　开发规划上的自然保存，一般是在水系保存等基础环境的保全以及乡土景观的保存上，在硬质景观和软质景观两方面予以保存。

② 加强　通过堆山来强化地形，达到空间高差强化的效果，可以说是现行的一般手法。局部需要可以采用，大面积处理慎用。还可以进一步地细分为阶梯形与斜面式两种。

③ 改变　通过对山体斜面形式和内容的变化改变原有地形。斜面式是今后必须重点考虑的手法，特别是考虑到丘陵地植物复原的困难程度。

④ 夷平　完全破坏原有自然山体，是不经济的处理方式，是不可取的挖补填高（挖平填高），是无视倾斜地有效利用的反面例子，应该予以避免。

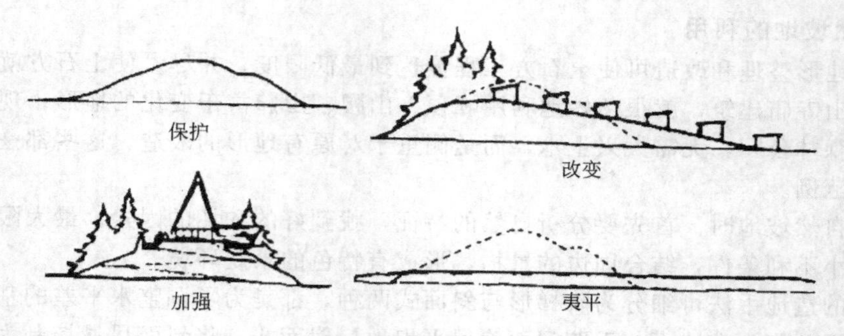

图 5-1-18　自然地形的处理

5.1.5　堆山与置石

在中国将山石作为风景园林中的主要组成之一，这在世界造园中是颇为突出的。自古就有“以山为骨”、“片石生情”、“智者乐山”的说法，表达出人们对山石的感情。

5.1.5.1　堆山

堆山，又称掇山、叠山，是以天然真山为蓝本，加以艺术提炼和夸张，用人工堆土叠石而塑造的山体形式，人们常称之为“假山”。我国著名的假山有北京北海白塔山、苏州环秀山庄的湖石假山、上海豫园的黄石假山、扬州个园的四季假山等。

堆山设计要点简介如下。

假山造型艺术可以归纳为六个方面：一要有宾主；二要有层次；三要有起伏；四要有来龙去脉；五要有曲折回抱；六要有疏密、虚实。“山不在高，贵有层次，峰岭之胜，在于深秀”，达到“虽由人作，宛自天开”的艺术效果。堆山，平面上要做到有缓有急，在地形各个不同方向以各种不同坡度延伸，产生各种不同体态、层次，给人以不同感受。立面上要有主、次、配峰的安排。主峰、次峰和配峰三者在水平布局上应呈不等边三角形，要远、近、高、低错落有致。作为陪衬的客山要和主峰在高度上保持合适的比例，进而实现“横看成岭侧成峰，远近高低各不同”的效果（图 5-1-19）。

山与水最好能取得联系，使山间有水，水畔有山（图 5-1-20）。体量大的山体与大片的水面，一般以山居北面，水在南面，以山体挡住寒风，使南坡有较好的小气候，如颐和园的万寿山与昆明湖（图 5-1-21）。山坡南缓北陡，便于游人活动和植物的生长。山南向阳面的景物有明快的色彩，如山南有宽阔的水面，则回光倒影，易产生优美的景观。

5.1.5.2　置石

置石又称点石或理石，园林中利用石材或仿石材布置成自然露岩景观的造景手法。置石是我国园林中传统的艺术之一，表现山石的个体美，以观赏为主，能够用简单的形式，体现较深的意境，达到“寸石生情”的艺术效果，自古便有“无园不石”、“石配树而华，树配石而坚”之说，可见置石在造园中的作用。置石可用作驳岸、挡土墙、石矶、踏步、护坡、花台，既有造景作用，又具实用功能，可以点缀局部景点，如庭院、墙角、路边、树下及墙角作为观赏引导和联系空间。

风景园林中常用的置石材料有太湖石、英石、黄石、剑石、笋石、灵璧石、蜡石、花岗石和青石等。布局方式有特置、散置和群置。

(1) 特置

以姿态秀丽、古拙或奇特的山石或峰石，作为单独欣赏而设置，可在入口处特置石块，

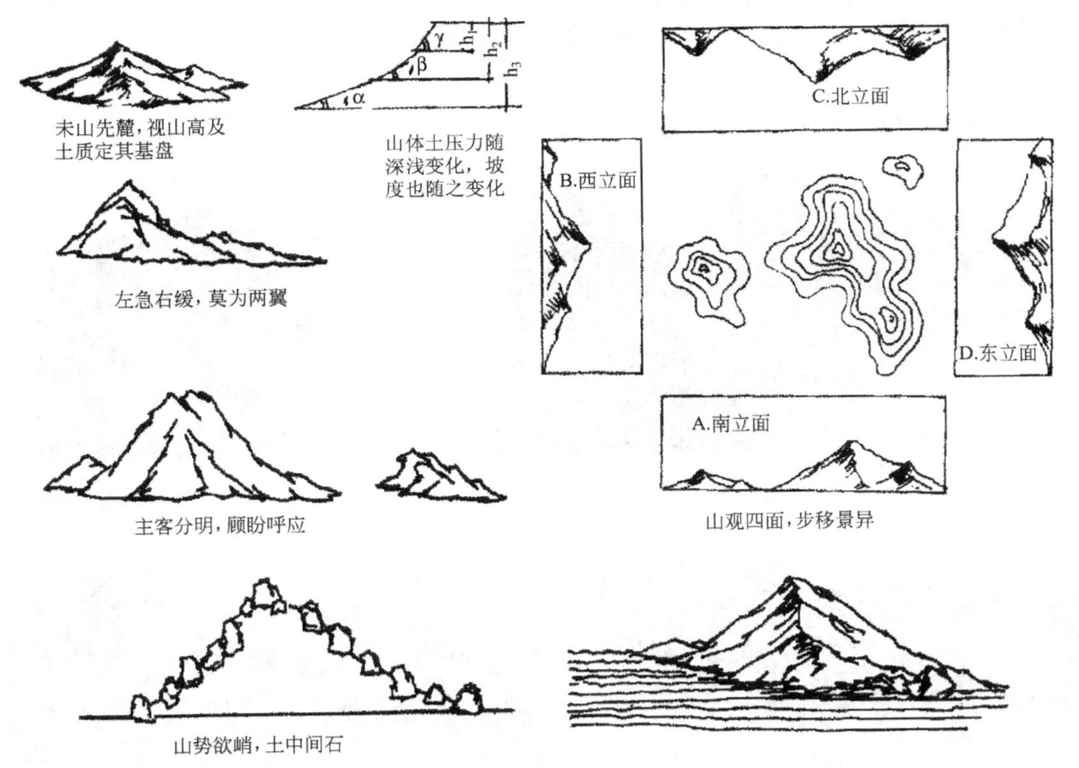

图 5-1-19　堆山设计

图 5-1-20　桂林象鼻山

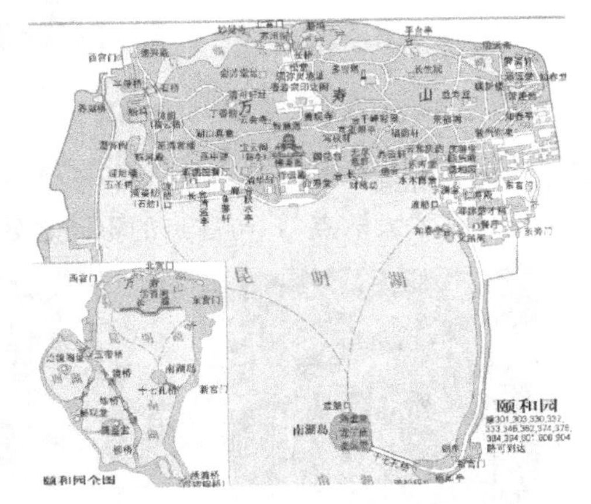

图 5-1-21　颐和园的万寿山与昆明湖

并刻上相应文字，用于点景，可成为风景园林中的主景（图 5-1-22）。在草坪中的特置石可形成对景。

苏州著名的峰石有冠云峰（图 5-1-23）、岫云峰、朵云峰、瑞云峰等；上海有豫园的玉玲珑；北京著名的峰石有颐和园的青芝岫、北京大学的青莲朵、中山公园的青云片等。

（2）散置

散置又称为“散点”，是将山石零星布置，所谓“攒三聚五”，有散有聚，有立有卧，或大或小（图 5-1-24）。散点之石不应零乱散漫或整齐划一，而要有自然的情趣，若断若续，相互连贯，彼此呼应，仿若山岩余脉、山间巨石散落或风化后残存的岩石。常用于园门两侧、廊间、粉墙前、山坡上、桥头、路边等，或点缀建筑、装点角隅。

图 5-1-22 特置石（郭丽娟 摄）

图 5-1-23 苏州留园的冠云峰

图 5-1-24 日本龙安寺的散置

图 5-1-25 居住区内的群置石

（3）群置

也称“大散点”，与散点的不同之处是其所在的空间较大，置石材料的体量也较大，而且置石的堆数也较多（图 5-1-25）。通常是以六七块或更多山石成群布置，石块大小不等，体形各异，布置时疏密有致，前后错落，左右呼应，高低不一，形成生动自然的石景。如日本东京千代田区国际会议厅，建筑物间的开放空间将石材塑成圆形，既独立成为景观物件，同时又成为非正式座椅区（图 5-1-26）。

图 5-1-26 城市公共空间的置石

堆山置石造景不仅要注重景物精神感受方面的功能，而且更应注意山石景物的使用与安全要求，立足构景于人、安全可靠的原则，在处理人与景的关系上，要以人的行为活动为主，既要考虑使用与观赏的社会性，积极创造舒适、安闲、有景可赏的条件，又要力求景物坚固耐久、安全，避免对观赏者在心理上和身体上构成侵害的可能，在景物造型和施工中均应慎重行事。

5.1.6 地形的表现方式

（1）等高线法

等高线法是地形最基本、最常用的平面表示方法（图 5-1-27）。它是以某个参照水平面为依据，用一系列等距离假想的水平面切割地形后所获得的交线的水平正投影图表示地形的方法。两相邻等高线切面之间的垂直距离称为等高距，水平投影图中两相邻等高线之间的垂直距离称为等高线平距，平距与所选位置有关，是个变值。地形等高线图上只有标注比例尺和等高距后才能解释地形。一般的地形图中只用两种等高线，一种是基本等高线，称为首曲线，常用细实线表示。另一种是每隔 4 根首曲线加粗、一根并注上高程的等高线，称为计曲线。有时为了避免混淆，原地形等高线用虚线，设计等高线用实线。

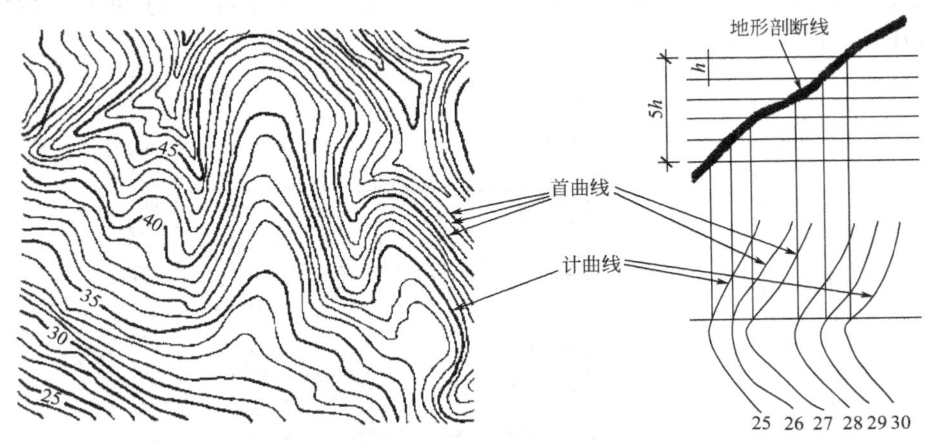

图 5-1-27　地形等高线图

（2）坡级法

在地形图上，用坡度等级表示地形的陡缓和分布的方法称作坡级法。这种图式方法较直观，便于了解和分析地形，常用于基地现状和坡度分析图中。坡度等级根据等高距的大小、地形的复杂程度以及各种活动内容对坡度的要求进行划分（图 5-1-28）。

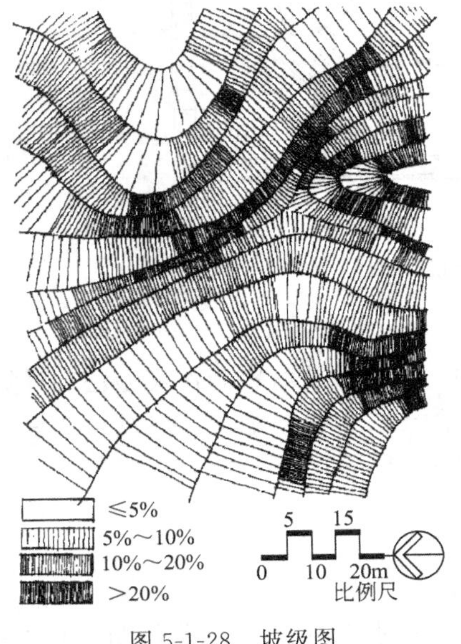

图 5-1-28　坡级图

图 5-1-29　分布法

(3) 分布法

分布法是地形的另一种直观表示法，将整个地形的高程划分成间距相等的几个等级，并用单色加以渲染，较淡的色调表示较高的海拔，反之，则表示较低的海拔；当明暗色调层次渐进和均匀时，整个海拔图的外观最佳（图 5-1-29）。地形分布图主要用于表示基地范围内地形变化的程度、地形的分布和走向。

(4) 高程标注法

当需表示地形图中某些特殊的地形点时，可用十字或圆点标记这些点，并在标记旁注上该点到参照面的高程，高程常注写到小数点后第二位，这些点常处于等高线之间，这种地形表示法称为高程标注法。高程标注法适用于标注建筑物的转角、墙体和坡面等顶面和底面的高程，以及地形图中最高和最低等特殊点的高程。因此，场地平整、场地规划等施工图中常用高程标注法（图 5-1-30）。

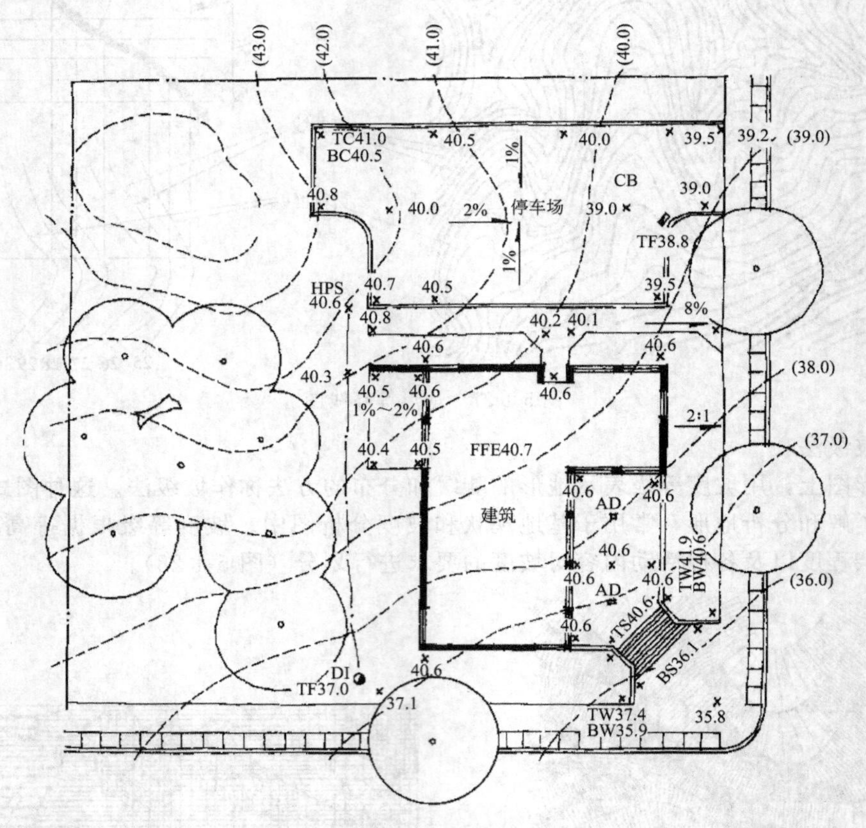

图 5-1-30 地形的高程标注法

(5) 模型表示法

模型表示法是地形最直观有效的表示方法，具体可分为建筑材料制作模型法和计算机软件绘制模型法两种。其中制作模型常用的建筑材料有陶土、木板、泡沫、厚纸板或聚苯乙烯塑料等，绘制模型常用的计算机软件有 GIS 和 AUTOCAD 等。

5.2 水体

山得水而活，树木得水而茂，亭榭得水而媚，空间得水而宽，水体是风景园林的重要构成要素。古今中外的园林，对于水体的运用是非常重视的。它具有灵活多变、巧于因借等特点，能起到组织空间、协调园景变化的作用，加之人具有天生的亲水性。因此，水景可成为全园的视觉焦点和活动中心。

5.2.1 水体的特性

① 独特的质感　水本身是无色透明的液体，具有其他风景园林要素无法比拟的质感。主要表现在水的“柔”性，与其他风景园林要素相比，山是实，水是虚，山是“刚”，水是“柔”。水独特的质感还表现在水的洁净，水清澈见底而无丝毫的躲藏。

② 丰富的形式　水是无色透明的液体，水本身无形。但其形式却多变，随外界而变。在大自然中，有江、河、湖、海等。水的形态取决于盛水容器的形状，因此，盛水容器的不同，决定了水的形式的不同。

③ 多变的形态　水因重力和外界的影响，呈现出不同的动静状态，如湖泊、溪涧、喷泉、瀑布四种典型不同的水的状态。

④ 自然的音响　运动着的水，无论是流动、跌落、喷涌，还是撞击，都会发出不同的音响。水还可与其他要素结合发出自然的音响，如惊涛拍岸、雨打芭蕉等，都是自然赋予人类最自然的音响。水通过人工配置能形成景点，如无锡寄啸山庄的“八音涧”。

⑤ 虚涵的意境　水具有透明而虚涵的特性。表面清澈，呈现倒影，能带给人亦真亦幻的迷人境界，体现出“天光云影共徘徊”的意境。风景园林中常利用水体营造虚实结合的景观。

总之，水具有其他风景园林要素无可比拟的审美特性。在风景园林设计中，通过对景物的恰当安排，充分体现水体的特征，充分发挥风景园林的魅力，使风景园林具有更大的感染力。

5.2.2 水体运用与组织

水体能使风景园林产生生动活泼的景观，形成开敞的空间和透景线。较大的水面往往是城市河湖水系的一部分，可以开展水上娱乐活动；有利于蓄洪排涝；形成湿润的空气，调节气温；吸收灰尘，有助于环境卫生；供给灌溉和消防用水；还可以养鱼及种植水生植物。从生态、经济、低碳的角度讲，风景园林的大水面要结合原有地形来考虑。利用原有河、湖、低洼沼泽地等挖成水面。并要考虑地质条件，水体下面要有不透水层，如黏土、砂质黏土或岩石层等。如遇透水性大的土质，水体中将会渗漏而干涸。水源是构成水体的重要条件，因为水体的蒸发和流失经常需要补充，要保持水体的清洁，也要有水源调换。

5.2.2.1 水体的来源

风景园林造景时，水体来源有：①利用河湖的地表水；②利用天然涌出的泉水；③利用地下水；④人工水源。直接用城市自来水或设深井水泵取水，因费用较大，不宜多用。

5.2.2.2 水体的类型

（1）按水体的状态和功能分

按水体的状态和功能分类有静态水体和动态水体。

① 静态水体　主要指天然湖泊、人工湖和水池等，如杭州西湖（图 5-2-1)、北京颐和园昆明湖、苏州退恩园水面及水庭等。

② 动态水体　分为流水、落水、喷水三大类，主要包括河流、溪涧、瀑布（图 5-2-2）和喷泉等。

图 5-2-1　杭州西湖

图 5-2-2　上海辰山植物园瀑布

（2）按水体的形式分

有自然式的水体和规则式的水体。

① 自然式的水体　指天然的或模仿天然形状的河湖、溪涧、山泉、瀑布等，水体在园林中多随地形而变化。

② 规则式的水体　指人工开凿成几何形状的水面，如运河、水渠、方潭、圆池、水井及几何形体的喷泉、瀑布等。常与雕塑、山石、花坛等共同组成景致。

（3）按水体的使用功能分

有观赏的水体和开展水上活动的水体。

① 观赏的水体　可以较小，主要是为构景之用。水面有波光倒影，又能成为风景透视线，水体可设岛、堤、桥、点石、雕塑、喷泉、水生植物等，岸边可作不同处理，构成不同景色，提高观赏的兴趣。

② 开展水上活动的水体　一般需要有较大的水面、适当的水深、清洁的水质。开展的水上活动有划船、垂钓、游泳和水上冒险活动等。进行水上活动的水体，在风景园林里除了要符合这些活动的要求外，也要注意观赏的要求，使得活动与观赏能配合起来。

5.2.2.3　水体在园林中的运用

不论是在东方园林还是在西方园林中，水体皆为造景的重要因素之一。水体在自然中的姿态面貌给人以无穷的遐思和艺术的联想，使风景园林产生了生动活泼的美丽景观，并加强了风景园林景观的意境感受。

中国古典园林：以自然山水园而著称于世，有“无水不成景”之说。水景的最高艺术手法表现在水体的开合、收放、聚散、曲直均有章法（图 5-2-3），所谓“收之成渠涧，放之成湖河”，这方面的实例比比皆是。此外，中国传统的理水还表现在水能通过串联，形成系统

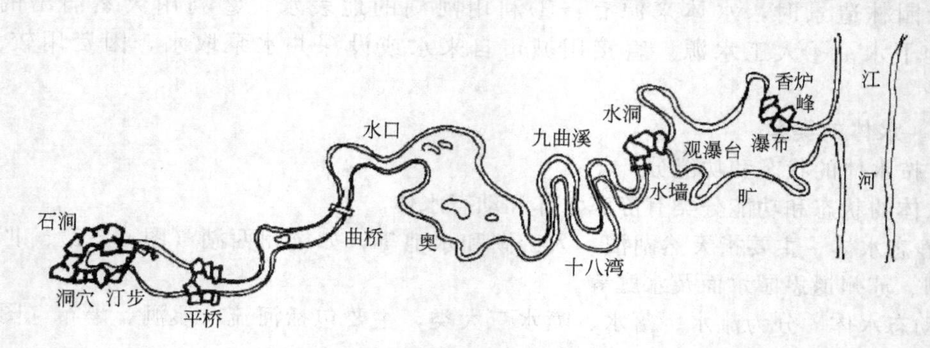

图 5-2-3　水体的运用

的水系，通过平静的湖面呈现静态之美。

日本的理水：动态的景观有瀑布。在回游式园林中，对于水体有水回廊。而最特殊的是枯山水园林，没有真正的水体，而是用白沙耙出纹理，代表波涛骇浪的水体，沙中置石代表岛屿。

意大利的理水：意大利园林最著名的景观莫过于台地园，因此台地园中都有瀑布或喷泉，有的还做成“水扶梯”，并用水声成一景。

法国园林也采用喷泉、瀑布和大水池的形式，是典型的规则式园林处理水体的方法。

英国是风景式园林，水体结合地势，形成曲折静谧的水景。

5.2.3 水体的设计

水体的四种基本设计形式是：静水、落水、流水和喷水。水的四种基本形式还反映了水从源头（喷涌的）到过渡的形式（流动的或跌落的）、到终结（平静的）运动的一般趋势。

5.2.3.1 静水设计

静态的水体能反映出倒影，粼粼的微波、潋滟的水光，给人以明快、清宁、开朗或幽深的感受，适合人们静坐、独处、思考的地方，常以湖、塘、潭、池的形式出现。

（1）湖泊

湖泊是指陆地上面积较大的水洼地。在风景园林中分为天然湖泊（如杭州西湖、济南大明湖等）和人工湖泊（如北京玉渊潭公园的东湖、西湖和八一湖）两种。风景园林中的静态湖面，多设置堤、岛、桥、洲等，目的是划分水面，增加水面的层次与景深，扩大空间感，增添风景园林的景致与活动空间，如颐和园昆明湖的十七孔桥造型优美，既丰富了水面景观，又联系了岛屿与岸边（图 5-2-4）。

图 5-2-4 颐和园昆明湖的十七孔桥

图 5-2-5 自然式水池（郭丽娟 摄）

（2）水池

水池可分为自然式水池（图 5-2-5）和规则式水池（图 5-2-6），是较小的水体，比较精致。在风景园林中用途很广，可布置在广场中心、建筑物前方成为视觉焦点，也可布置在绿地中，或与亭、廊、花架等组合在一起，体现自然景象。

水池设计需要注意以下几点：①水池面积与庭园和环境空间面积要有适当的比例，过大则散漫无趣，过小则局促紧张，所以水池的大小要能给人以合适的空间张力。②水池深度多以 50～100cm 为宜，多取人工水源，因此必须设置进水、溢水和泄水的管线。有的水池还要作循环水设施。③规则式水池除池壁外，池底也须人工铺砌。④水池中还可种植水生植物、饲养观赏鱼和设喷泉、灯光丰富水体景观。⑤水池水面可高于地面，亦可低于地面。应根据环境的需求进行合理的选择。如彼得·沃克设计的美国加利福尼亚州科斯塔梅萨市中心

IBM 广场大厦和城镇中心公园，内部两个完全对称的不锈钢圆形池，结合草地、水、鹅卵石以及立面建筑所用的不锈钢材质，突出各种材质的质感对比。水池反光的“水面”映衬着天空，并因风吹和人的触摸而波光鳞动，大石块铺在清浅水池底部，水池既是与自然的对照与结合，也是一种城市旋律（图 5-2-7）。

图 5-2-6 规则式水池

图 5-2-7 IBM 广场大厦和城镇中心公园

（3）井

在风景园林中有许多故事传说，或因水质甘洌等也可成一景。例如镇江焦山公园的东泠泉井（图 5-2-8）、杭州净慈寺枯木井、四眼井等，还可在井上或井边建亭、台、廊等建筑以丰富景色。

图 5-2-8 镇江焦山公园的东泠泉井（郭丽娟 摄）

图 5-2-9 九寨沟自然瀑布

5.2.3.2 落水

落水是利用自然水或人工水聚集一处，使水流从高处跌落而形成垂直水带景观，即为落水。在城市风景园林设计中，常以人工模仿自然瀑布来营造落水。落水根据水势高差形成的一种动态水景观，常成为设计焦点，落水面变化丰富，视觉趣味多。落水向下坠落时所产生的水声、水流溅起的水花，都能给人以听觉和视觉的感受。落水也是城市水景中常用的一种营建形式，根据其形式与状态，可分为瀑布、叠水、管流等多种形式。

（1）瀑布

瀑布具有刺激、恐惧、聆听、观赏、遐想的景观特征和视景效果，往往成为诗情画意的启迪元素。有自然瀑布和人造瀑布之分，自然瀑布指从山体的坚硬岩石或河溪（湖泊）的水道突然降落的地方，近乎垂直而下的水体（图 5-2-9）。人造瀑布是以自然瀑布为蓝本，通过工程手段而营造的水景景观（图 5-2-10）。

自然瀑布一般由上游水源、瀑布口、瀑身、下部水潭和溪流组成。人造瀑布一般由上部蓄水池、溢水堰口、落水段、下部收水池、水泵和连接上下水的管道组成（图 5-2-11）。其中，瀑布口、溢水堰口的形态特征是瀑布景观的决定因素，当然也受水量大小的影响。因此，在瀑布的设计上，可以通过水泵来设计水量，设定溢水堰口的大小，形成预期的瀑布景观。

图 5-2-10　哈尔滨太阳岛瀑布

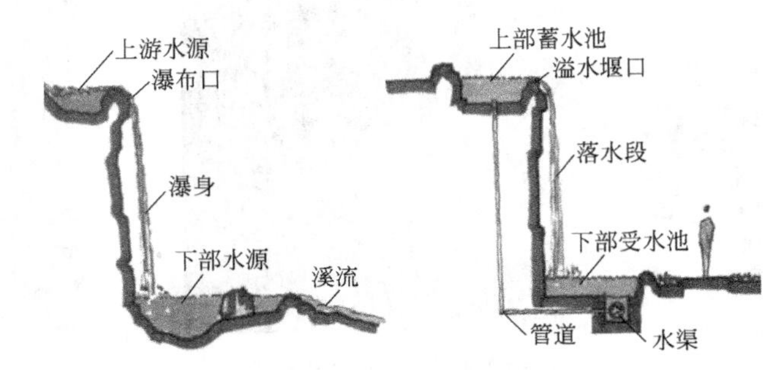

图 5-2-11　自然瀑布及人造瀑布断面

瀑布按其势态分直落式、叠落式、散落式、水帘式、喷射式；按其大小分宽瀑、细瀑、高瀑、短瀑、涧瀑。综合瀑布的大小与势态可形成多种瀑布景观，如有直落式高瀑、直落式宽瀑等。

（2）跌水

跌水是指利用人工构筑物的高差使水由高处往低处跌落而下形成的落水景观（图 5-2-12），在现代风景园林景观中十分常见。跌水的形态分直落式、滑落式和叠落式三种，如水帘、水幕、叠水和水幕墙等。

图 5-2-12　跌水

图 5-2-13　溢流

（3）溢流

溢流，顾名思义，即池水满盈外流（图 5-2-13）。人工设计的溢流形态决定于水池或容器面积的大小、形状及层次。在合适的环境中，这种垂落的水幕将会产生一种非常有效的梦幻效果，尤其当水从弧形的边沿落下时经常会产生这种效果。

（4）管流

管流是指水从管状物中流出。这种人工水态主要源于自然乡野的村落，人们常以挖空中心的竹竿引山泉之水，常年不断地流入缸中，作为生活用水的形式。近现代风景园林中则以水泥管道，大者如槽，小者如管，组成丰富多样的管流水景（图 5-2-14）。

管流的形式十分多样，但最富个性而又最体现自然情趣的是以日式水景中的管流景观为代表，它源于自然的、简朴清新而又富有禅义的境界，对东西方园林水景影响较大，并已成为一种较为普遍的庭园装饰水景（图 5-2-15）。

图 5-2-14　拉维莱特公园的管流景观

图 5-2-15　日式庭院的管流景观

（5）壁泉

水从墙壁上顺流而下形成壁泉（图 5-2-16）。在人工建筑的墙面，结合雕塑设计，不论其凹凸与否，都可形成壁泉，而其水流也不一定都是从上而下，还可设计成具有多种石砌缝隙的墙面，水由墙面的各个缝隙中流出，产生涓涓细流的水景。

图 5-2-16　壁泉景观

图 5-2-17　颐和园的苏州街景区

5.2.3.3　流水

水流动的形式因幅度、落差、基面以及驳岸的构造等因素，而形成不同的流态。流动的水可以使环境显现出活跃的气氛和充满生机的景象。

（1）河流

除去自然形成的河流以外，城市中的流水常设计于较平缓的斜坡或与瀑布等水景相连。流水虽局限于槽沟中，但仍能表现水的动态美。潺潺的流水声与波光潋滟的水面，也给景观带来特别的山林野趣，甚至也可借此形成独特的现代景观。

一般在风景园林水量较大时，如颐和园的苏州街景区（图 5-2-17），可以采用河流的造景手法，一方面可以使水动起来，另一方面又可以造景，同时又能起到划分空间的作用。在设计时要根据情况采用形式多变的手法，如驳岸的高低、宽窄、材料、植物配置等。

（2）溪涧

天然溪涧由山间至山麓，集山水而下，至平地时汇集了许多条溪、涧的水量而形成河流。一般溪浅而阔，涧狭而深。在风景园林中如有条件时，可设溪涧。溪涧应左右弯曲，萦回于岩石山林间，或环绕亭榭或穿岩入洞，构成大小不同的水面与宽窄各异的水流（图 5-2-18）。

溪涧垂直处理应随地形变化，形成跌水和瀑布，落水处则可以成深潭幽谷。

图 5-2-18　环秀山庄水体

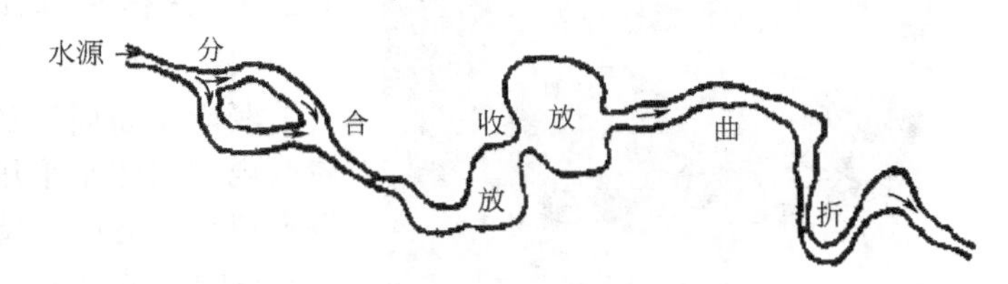

图 5-2-19　溪流造型

溪流设计要点：①溪流的首尾水位需要一定的高差，以造成不同流速，便于截水成潭或造小型瀑布。②溪流水面的宽窄要自然变化（图 5-2-19），应有分有合，有收有放，宽处可成小池；窄处放入石块，形成湍湍急流。③溪流水深要有深浅变化，浅滩或种水生植物，或形成小岛；深处可垂钓、养鱼。④溪流可作为园内水系的纽带，如瀑布水潭—溪流池。⑤溪流应与园路保持若即若离。

5.2.3.4　喷水

泉是地下水的自然露头，因水温不同而分冷泉和温泉，又因表现形态不同而分为喷泉、涌泉、溢泉、间歇泉等。

喷泉是水体造景的重要手法之一，常与水池、雕塑同时设计（图 5-2-20），结合为一体，起装饰和点缀园景的作用。广泛应用于室内外空间，如城市广场、公园、公共建筑（宾馆、商业中心等）、单位主要建筑前或其他风景园林绿地中。

图 5-2-20　意大利埃斯特庄园喷泉

喷泉在现代风景园林中应用非常广泛，其形式有涌泉形、直射形、雪松形、牵牛形、扶桑花形、蒲公英形、雕塑形等。另外，喷泉又可分为一般喷泉、时控喷泉、声控喷泉群、灯光喷泉等。喷泉的位置选择以及布置喷水池周围的环境时，首先要考虑喷泉的主题、形式，要与环境相协调，把喷泉和环境统一考虑，用环境渲染和烘托喷泉，以达到装饰环境、创造意境的效果。在一般情况下，喷泉的位置多设于建筑、广场的轴线焦点或端点处，也可根据环境特点，做一些喷泉小景，自由地装饰室内外的空间。

喷泉一般由进水管、出水口、受水泉池和泄水溪流或泄水管组成。为了便于清洗和在不使用的季节，把池水全部放完，池水应直通城市雨水井，亦可结合绿地喷灌或地面洒水，另

图 5-2-21 北方冬季喷泉设施的保暖（郭丽娟 摄）

行设计。在寒冷地区，为防止冬季冻害，所有管道均应有一定坡度，一般不小于 2%，冬季将管内的水全部排出，并适当保暖（图 5-2-21）。

5.2.4 水体与其他因子的组合

（1）驳岸

驳岸按断面形状分为自然式和整形式两类。大型水体或规则水体常采用整形式直驳岸，用砖、混凝土、石料等砌筑成整形岸壁，而小型水体或景观风景园林中水位稳定的水体常采用自然式山石驳岸。驳岸设计的形式有山石驳岸、假山驳岸、垂直驳岸、木桩驳岸、条石驳岸等（图 5-2-22）。

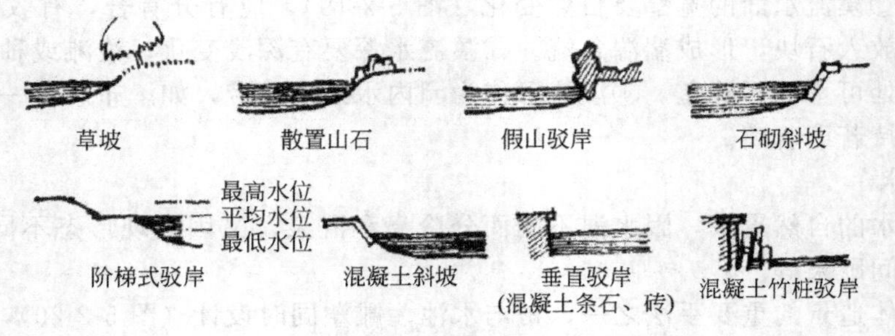

图 5-2-22 驳岸处理

驳岸不仅是水体的岸线，还关系着水体与周边的环境能不能有机地结合成为一个整体。随着人们环境意识的提升，生态驳岸成为了现代驳岸景观设计中最为常见的岸线处理方式，如土人景观公司设计的台州永宁公园生态驳岸处理，与洪水为友的设计手法。再如 2010 上海世博园“后滩公园”同样式生态驳岸处理方式，取得了较好的景观效果和生态保护作用（图 5-2-23）。生态驳岸可以充分保证河岸与河流水体之间的水分交换和调节功能，同时又具有一定的抗洪强度。生态驳岸一般可分为以下三种。

图 5-2-23 世博园“后滩公园”的生态驳岸处理

① 生态型驳岸　主要采用植物，临水种植白杨、垂柳、水杉、池杉、连翘以及芦苇等具有喜水特性的植物保护堤岸，以保持自然堤岸的特性，这些植物发达的根系可以稳固堤岸，保护河堤。植物设计应尽量采用自然化设计，地被、花草、低矮灌木与高大乔木的层次

和组合，应尽量符合水滨自然植被群落的结构特征。

② 自然型驳岸　指驳岸不仅种植植被，还采用天然的滚石、石块、木材等增强堤岸抗洪能力，如在坡脚采用木桩、石块等方式保护水岸基础，基础之上是一定厚度的土堤，再在土堤上种植植被，实行乔、灌、草相结合，固堤护岸。

③ 人工自然型驳岸　在自然型护堤的基础上，用钢筋混凝土等材料牢固护堤，确保大的抗洪能力，然后在混凝土上面填一定厚度的土，栽种草坪或者灌木。这种驳岸一般用在对防洪能力要求很强的大江大河沿岸。

（2）堤

堤可将较大的水面分隔成不同景色的水区，又能作为通道。风景园林中多为直堤，曲堤较少。为了便于水上交通和沟通水流，堤上常设桥。如杭州西湖就是利用堤桥岛分隔风景园林空间的（图 5-2-24）。

图 5-2-24　杭州西湖的苏堤

堤在水面的位置不宜居中，多在一侧，以便将水面划分成大小不同、主次分明、风景变化的水区。也可以使各水区的水位不同，以闸控制并利用水位的落差设跌水景观。

堤岸有用缓坡的或石砌的驳岸，堤身不宜过高，以便使游人接近水面。

（3）岛

岛在风景园林中可以划分水面的空间，使水面形成多种情趣的水域，但水面仍有连续感，同样能增加风景的层次。尤其在较大的水面中，可以打破水面平淡的单调感。岛在水中，四周有开阔的环境，所以是欣赏四周风景的眺望点，又是被四周所眺望的景点，还可以在水面起障景的作用。岛屿还能增加风景园林活动的内容，活跃气氛。

水中设岛忌居中，一般多在水面的一侧，以便使水面有大片完整的感觉。或按障景的要求，考虑岛的位置。岛的数量不宜过多，须视水面的大小及造景的要求而定。我国古典园林有“一池三山”之说，在颐和园、北海公园、承德避暑山庄、杭州西湖都有应用。岛的形状切忌雷同。岛的大小与水面大小应成适当的比例。一般岛的面积宁小勿大，可使水面显得大些。岛小便于灵活安排，岛上可建亭立石和种植树木，取得小中见大的效果。岛大可安排建筑，叠山和开池引水，以丰富岛的景观。

图 5-2-25　苏州拙政园的小飞虹

（4）桥

水面的分隔及两岸的联系常用桥。桥能使水面隔而不断，一般均建于水面狭窄的地方。但不宜将水面分为平均的两块，仍需保持大片水面的完整。

① 桥的形式　桥的形式有廊桥、曲桥、拱桥、平桥和亭桥。其中著名的廊桥就是苏州拙政园的小飞虹（图 5-2-25）。

② 桥的布置　应与风景园林的规模及周边的环境相协调。小型风景园林水面不大，为突出小园水面宜聚的特点，可选用体量较小的桥在水池的一隅贴水而建，如 2010 上海世博园亩中山水的福安桥（图 5-2-26）。桥梁不应过

宽过长，桥面以1～2人通行的宽度为宜，单跨长1～2m。园景较丰富时跨池常采用曲桥，目的是延缓行进速度，增加游人在桥上的逗留时间，以领略到更多的水色湖光，而且因每一曲在设计中都考虑了相对应的景物，所以行进中在左右顾盼之间感受到景致的变幻，取得步移景异的效果。在风景园林规模较大时或水体较为开阔的地方，可以用堤、桥来分割水面，变幻的造型能够打破水面的单调，而抬高的桥面还可以突出桥梁本身的艺术形象。桥下所留适宜的空间不仅强化了水体的联系，同时还能便于游船的通行。

图 5-2-26　世博园亩中山水的福安桥

图 5-2-27　现代桥的形式

由于风景园林中的桥梁在功能上具有道路的性质，而造型上又有建筑的特征，因此园桥的设计需要考虑与周围景物的关系（图 5-2-27）。

（5）水生植物

沿岸有水生植物，常在池中布置莲藕、睡莲之类的植物，其布置如图 5-2-28 所示。可用缸、砖石砌成的箱等沉于水底，使植物的根系在缸、箱内生长（图 5-2-29）。各种水生植物对水位的深度有不同的要求。例如莲藕、菱角、睡莲等要求水深30～100cm；而荸荠、慈姑、水芋、芦苇、千屈菜等要求浅水沼泽地；金鱼藻、苦草等沉于水中；而凤眼莲、小浮萍、满江红等则浮于水面。

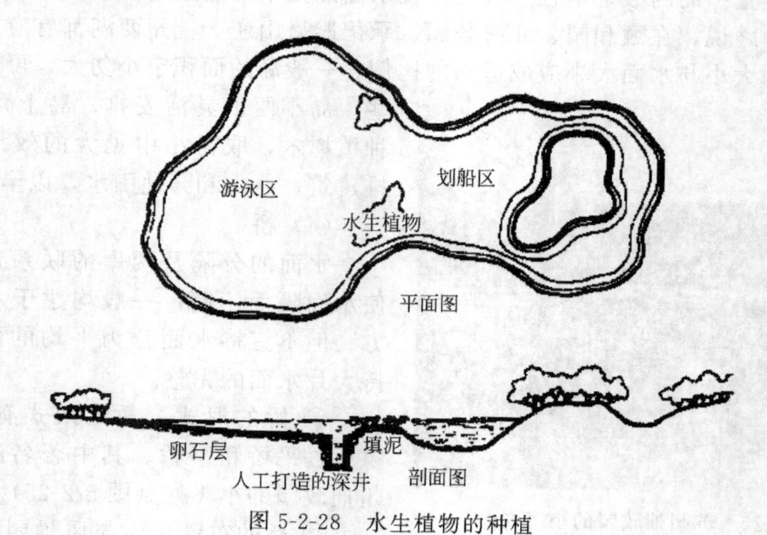

图 5-2-28　水生植物的种植

在挖掘水池时，即应在水底预留适于水生植物生长深度的部分水底，土壤要为富于腐殖质的黏土。在地下水位高时，也可在水底打深井，利用地下水保持水质的清洁，成为鱼类过

图 5-2-29　沉箱或大缸种植水生植物

冬的自然之所。

5.2.5　现代风景园林中对降水的利用

5.2.5.1　结合现代技术，充分利用水资源营造生态景观

水资源的节约是当下风景园林设计必须关注的重点问题之一，也是风景园林设计师应着力解决的问题。在目前的风景园林环境中，有大量硬质不透水材料的铺装地面，地下水无法得到补给，水资源日益紧缺。因此，有必要结合现代技术，建立雨水平衡系统，充分利用中水处理进行风景园林设计。

（1）雨水平衡系统

城市综合利用可持续性的风景园林设计技术有收集、储存和使用雨水，实现雨水利用，可以建立一套有效的雨水平衡系统，即雨水收集⟶雨水截污⟶雨水调蓄⟶雨水净化⟶雨水系统⟶雨水利用，雨水可用于景观回用、市政补充用水、回灌地下水、绿化消防或其他节水系统，为城市建设服务。

北海团城是雨水收集利用的成功范例。2012 年 7 月 21 日，北京的一场暴雨夺走了数十人的生命，暴露出城市基础设施建设中的诸多弊端，与此同时，建于 600 多年前的身处暴雨中心的北海团城却滴水未积，中国古典园林造园家使用的地下集雨排水系统在很大程度上储存了天然降水，并在旱季和雨季之间调节余缺，同时也为团城的植物生长提供良好的环境条件，值得现代风景园林设计师学习与反思（图 5-2-30、图 5-2-31）。

图 5-2-30　北海团城

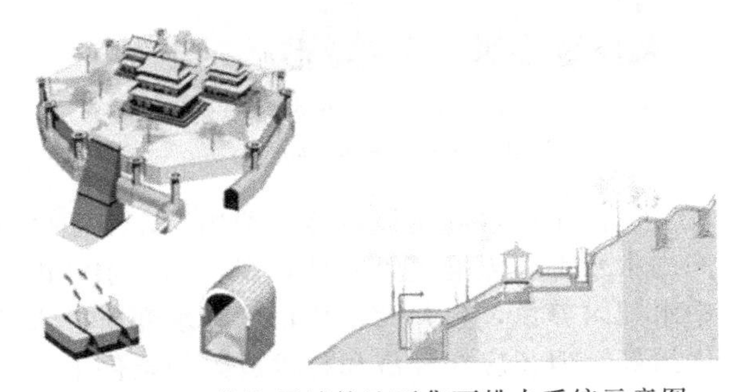
图 5-2-31　北海团城的地下集雨排水系统示意图

美国华盛顿州 Renton 的水园（Waterworks Gardens）同样是雨水收集、水体净化的典范。水园以水池、小径、湿地和植物等，按照艺术与生物净化的设计理念展开园内景观，雨水被收集注入 11 个池塘以沉淀污染物，然后释放到下面的湿地，以供给植物、微生物和野生动物。一条小径曲折穿过池塘和湿地后与园外的步行路相联系。艺术家的介入使整个花园有了独特的美感，花园就像一棵繁茂的植物，池塘就像叶片和花，小路恰似植物的茎秆，它们表达出自然系统的自净能力。颗粒状的污染物首先在池塘中沉淀，然后水流到湿地，通过呈带状种植的湿地植物如莎草、灯芯草、黄鸢尾、红枝山茱萸等得以完全的过滤。水潺潺流过，途经 5 个种植一些大型开花植物的花园空间，其中还有一个奇妙的岩洞，洞窟的表面镶嵌着彩色的石块和卵石，地面的图案就像巨大的植物，从地下生长到墙上，代表着水通过净

化得到的再生（图 5-2-32）。

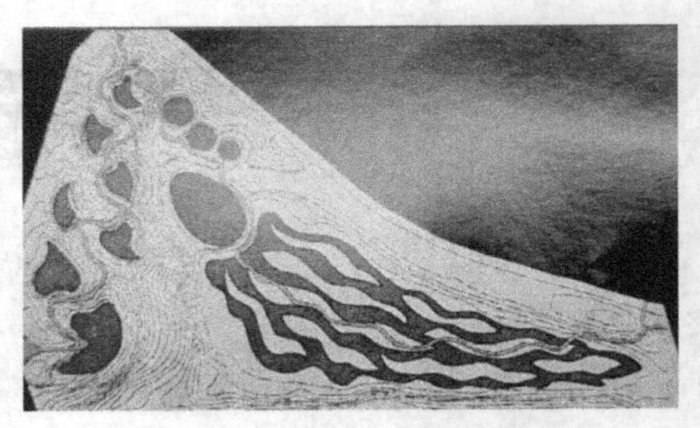
图 5-2-32　华盛顿州 Renton 的水园

（2）中水利用，营造景观

“中水”的概念源于日本，主要指生活和部分工业用水经一定工艺处理后，回用于对水质要求不高的农业灌溉、市政园林绿化、车辆冲洗、建筑内部冲厕、景观用水及工业冷却水等方面的水，由于其介于上水（自来水）和下水（污水）之间，故称为中水。中水利用，实现污水资源化，是目前解决水资源紧缺的有效途径，是缺水城市势在必行的重大决策。中水利用与风景园林设计结合是当今城市社区环境规划中体现生态与景观相结合的重要课题，对节约水资源、改善城市环境有重要意义。目前，已经有很多风景园林项目利用中水营造园林景观，获得了很好的反响。如长沙的洋湖湿地公园通过“MSBR＋人工湿地＋自然湿地”工艺及中水回用系统，保证出水水质达到地表三类以上标准，每天可为湿地公园提供 2 万吨景观用水，为片区提供 2 万吨中水，实现污水资源化利用、零排放。北京大兴的旺兴湖郊野公园内湖水的补充采用全部是小红门污水处理厂处理的中水，园内植被的浇水灌溉也采用中水（图 5-2-33）。

图 5-2-33　北京大兴的旺兴湖郊野公园利用中水补充园内湖水

图 5-2-34　黛秀湖公园水体污染

但由于中水利用设备运行费用高，当园区管理经费不够或对污水处理不彻底时，质量不高的中水都会影响风景园林景观。如哈尔滨市首座以“中水”为主题的黛秀湖公园就曾出现中水湖内养鱼，鱼儿大量死亡，湖水变质，水藻大量繁殖的事件（图 5-2-34）。因此中水利用虽好，但还应在经济和技术成熟的条件下，谨慎使用。

5.2.5.2　发挥水体特点，参与空间组织

利用水的可塑性构筑空间逻辑丰富而有特色的水体，能够为空间增添活跃的气氛和效果，也能够引导和组织建筑空间。水体呈点的形式时，应灵活考虑水与周围环境的尺度关系。点水既可作为庭院空间的中心景观，也可作为庭院环境的标志景点。在贝聿铭先生设计的苏州博物馆整体布局中，新馆巧妙地借助尺度合宜的水体，与紧邻的拙政园、忠王府融会贯通，将各类风景园林构成要素穿插起来，柔化了生硬的建筑材料，并形成良好的交通组织，建筑、山石与水体相映成趣（图 5-2-35）。

水体呈线性时，往往具有一定的方向性，从而可以引导人的视线，步移景异，体现了风景建筑空间的序列。设计中还可利用线状水体来组织空间的韵律和节奏，利用水体的宽窄、岸线的曲直和水体的不同形态求得变化，形成开端、发展、高潮和结尾的丰富空间层次。通过线状的水将不同的风景建筑及空间灵活相连，这样就起到了脉络的作用。如无锡寄畅园，苏州拙政园、留园都是利用水体的线性形式组织空间。

图 5-2-35　苏州博物馆

图 5-2-36　安徽黟县宏村的水系

水体呈面的形式时，一般作为背景将风景建筑及景观衬托出来，这时建筑群体包裹水体或被水体托付。建筑可以以水面为中心布局，建筑环水而建，通过水面的向心性被连接到一起，使得建筑之间关系拓扑有机，耐人寻味。总之，水景空间的设计，首先基于功能和空间逻辑，在此基础上再从体量、尺度等环境点具体考量；研究水位与地形的关系，使岸线优美，与用地建筑、植物和小品完美配合。

5.2.5.3　利用水体，体现地域文脉特色

水是文化的起源，世界上的文明古国大多是在江河流域诞生的。一片引人入胜的水面无论置身其中抑或极目远眺，都会愉悦人的身心。中国古典园林中对水的处理从形到意，追求着自然韵味，满足了生产和生活的需要，促进了生态、人文的有机聚落的建立。

由于传统文化的渗透，水作为一种文化的载体而具有了人文的内涵，这一点使水要素在风景园林中的应用增加了人文的色彩。安徽黟县宏村的水系是成功利用水体的典范，传递着从功能到形式、从历史到文化的意义。山因水青，古宏村人为防火灌田，独运匠心开仿生学之先河，建造出堪称“中国一绝”的人工水系。九曲十弯的水圳是牛肠，傍泉眼挖掘的月沼是牛胃，南湖是牛肚，牛肠两旁民居建筑为牛身。这种别出心裁的科学水系设计，不仅为村民解决了消防用水，而且调节了气温，为居民生产、生活用水提供了方便，创造了一种“浣汲未防溪路远，家家门前有清泉”的良好环境，同时也体现了历史的传承和广博深邃的文化底蕴（图 5-2-36）。

5.2.5.4　以人为本，充分考虑人的亲水性

人是向往水的，设计中应体现人与水最适合的关系，充分考虑人的亲水性。现代风景园林常用以下几种方式满足人们的亲水性。

① 可以通过水景本身的活跃性，让人们参与到水景中，如旱地喷泉或音乐喷泉（图 5-2-37）、浅水溪（图 5-2-38）等。能够让儿童、青少年充分与动态水体互动。

② 临水而建的建筑、桥、岛、堤、平台可以适当地迫近水面，让人感觉水面凌波的情趣。如青岛栈桥公园以宽阔的水面作为背景，建筑漂浮其上而产生建筑和水的融合。哈普林设计的美国波特兰大市伊拉·凯勒水景广场的跌水部分可供人们嬉水。在跌水池最外侧的大瀑布的池底到堰口处做了 1.1m 高的护栏，同时将堰口宽度做成 0.6m 以确保人们的安全。从路面拾级而下所到达的浮于水面的平台既可作为近观大瀑布的最佳位置，又可成为以大瀑布为背景、以大台阶为看台的舞台，充分体现人与水体环境的融合（图

5-2-38）。再如苏州沧浪亭，一池绿水绕于园外，与园内的假山融为一体，在假山与池水之间，隔着一条复廊，廊壁开有花窗，透过漏景沟通着内山外水。其整体布局充分体现了建筑的亲水性格。

图 5-2-37 旱地喷泉成为活动中心

图 5-2-38 让人们参与其中的浅水溪

③ 临水处可适当安排休息座椅或点景雕塑，丰富风景园林景观（图 5-2-39、图 5-2-40）。临水的道路应时远时近，视野时收时放，空间流动性强，能够营造不同的空间变化感觉。

图 5-2-39 美国波特兰大市伊拉·凯勒水景广场

图 5-2-40 亲水性的雕塑（郭丽娟 摄）

5.2.6 水体的表现方式

水体的表现方式有直接表示法和间接表示法（图 5-2-41）。

（1）直接表示法

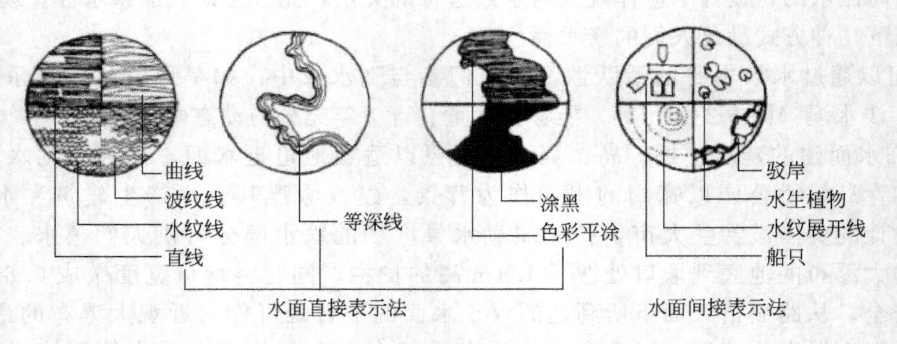

图 5-2-41 水体的表现方式

① 线条法　可将水面全部用线条均匀布满，也可以局部留空白或局部画线条。线条可采用波纹线、直线或曲线。

② 等深线法　在靠近岸线的水面中，依岸线的曲折做两三根类似等高线的闭合曲线，称为等深线，此法常用于不规则水面。

③ 平涂法　用色彩平涂水面的方法。可类似等深线效果，水岸附近色彩较深，水体中部色彩较浅。

(2) 间接表示法

添加景物法：一种间接表示水面的方法，它通过与水面相关的景物，如船只、游艇、水生植物（如荷花、睡莲等）或水面上产生的水纹和涟漪，以及石块驳岸、码头等，来间接表示水面。

5.3　园路与铺装

园路是风景园林不可缺少的构成要素，是风景园林的脉络。不同的园路规划布置，往往反映不同的风景园林面貌和风格。例如，我国苏州古典园林，讲究峰回路转，曲折迂回，而西欧古典园林如凡尔赛宫，则讲究平面几何形状。

5.3.1　园路的作用

风景园林是组织和引导游人观赏景物的驻足空间，与建筑、水体、山石、植物等造园要素一起组成丰富多彩的风景园林景观。而园路又是风景园林的脉络，它的规划布局及走向必须满足该区域使用功能的要求，同时也要与周围环境相协调。风景园林道路除了具有与人行道路相同的交通功能外，还有许多特有的功能。

① 组织交通　园路同城市道路一样，都具有基本的交通功能，承担着集散人流和车流的作用。在大型公园绿地中，风景园林的日常养护、管理需要使用一定的运输车辆及风景园林机械，因此风景园林的主要道路须对运输车辆及风景园林机械通行能力有所考虑。中、小型风景园林的园务工作量相对较小，则可将这些需求与集散游人的功能综合起来考虑。

② 引导游览　因路设景，因路得景，园路是风景园林中各景点联系的重要纽带，使风景园林形成一个在时间和空间上的艺术整体。园路将风景园林的景点、景物进行有机的联系，令园景沿园路展开，能使观光者的游览循序渐进，园路也成为导游线，使园路景观像一幅优美的图画，不断呈现在游人面前。

③ 组织空间　具有一定规模的风景园林，常被划分出若干各具特色的景区。园路可以用作分隔景区的分界线，同时又通过风景园林道路将各个景区相互联络，使之成为有机的整体。

④ 构成园景　园路蜿蜒起伏的曲线、丰富的寓意、多彩的铺装图案，都给人以美的享受。同时，园路与周围的山体、建筑、花草、树木、石景等物紧密结合，不仅是“因景设路”，而且是“因路得景”。

⑤ 暗示提醒　园路可以使游人受到心理暗示而按照园路所表达出的特定含义游赏园林景观。如在风景园林绿地中，在园路的某一段采用石碑铺设的方式将刻着历史事件、人物生平或特殊图案的石板当作园路面层，可以让游人在行走的时候了解风景园林所表达的特殊意义（图 5-3-1）。

⑥ 为水电工程打下基础　风景园林中水电是必不可少的配套设施，为埋设与检修的方

便，一般都将水电管线沿路侧铺设，因此园路布置需要与给排水管道和供电线路的走向结合起来进行考虑。

图 5-3-1　西安世园会咸阳园入口（任我飞 摄）

图 5-3-2　主要园路（郭丽娟 摄）

5.3.2　园路的类型

按照性质和使用功能可分为主要园路、次要园路和游憩小路三种类型。

① 主要园路　从园区入口通往园内各景区的中心、各主要广场、主要建筑、景点及管理区的园路，是园内人流和车流最大的行进路线（图 5-3-2），同时要满足消防安全的需要，路面宽度在 4～6m 间较为适宜。路面材料以水泥或混凝土为主。

② 次要园路　为主要园路的辅助道路，散布于各景区之内，连接景区中的各个景点（图 5-3-3）。次要园路要求能让车辆单行，宽度 2～4m。次要园路路旁的绿化则以绿篱、花坛为主，以便近距离地进行观赏。多采用天然石块为路面材料。

图 5-3-3　次要园路

图 5-3-4　游憩小路（任我飞 摄）

③ 游憩小路　主要供游人散步游憩之用。小路可将游人带向园地的各个角落，如山间、水畔、疏林、草坪之间、建筑小院等处，宜曲折自然地布置（图 5-3-4）。此类小路一般考虑 1～2 人的通行宽度，宽 1.2～2m，不应少于 1m。游憩小路可结合健康步道而设，健康步道有助于足底按摩健身。通过在卵石路上行走达到按摩足底穴位、健身的目的，但又不失为风景园林一景。

5.3.3　园路的设计

5.3.3.1　符合人的行为及心理需求

风景园林中不同的使用者和交通模式都直接影响着园路设计，风景园林师需要综合考虑游人不同的游览方式、不同使用者的行为及心理需求，减少它们之间的冲突，如人车分流的形式就是化解机动车与行人之间的冲突的好办法。

在风景园林园路设计时，交通性和游览性是园路设计的一对矛盾，园路分级设置是解决交通性和游览性矛盾的一种方法。交通与穿越行为是风景园林中目的性最强的人流类型，便捷快速的主要园路是这类游人最需要的，如巴黎雪铁龙公园设计首先考虑到人们的交通穿越行为，整个公园被一条横穿大草坪的对角线一分为二，为从雅维尔（Javel）地铁站到巴拉尔（Balard）地铁站的人们提供了最快捷的通道（图 5-3-5）；目的性较弱的次要园路则对便捷性要求降低，园路可以有所曲折，而对周边风景或环境质量提出了要求；无明确目的的游憩小路则可以蜿蜒迂回，这一方面增加了园路的长度，另一方面也能更好地与自然山水地形相和谐，由于对便捷性要求最低，而对周边风景、道路形式及环境细节要求最高。

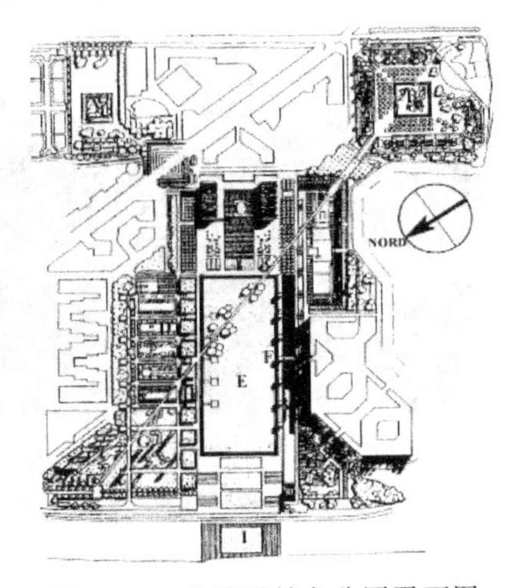

图 5-3-5　巴黎雪铁龙公园平面图

图 5-3-6　美国芝加哥东湖岸公园

人们使用园路的方式、强度和频率决定了园路的宽度、形式和材料。流线形的园路设计能够吸引人们来回散步与慢跑，铺满鹅卵石的路面常常吸引人们边散步边进行足底按摩。同时人们的心理特点也影响人们对园路的选择，例如人们相对于踏步更愿意走稍陡的坡道；在风景园林中，人们趋向于选择曲折弯曲的小路而非直来直往的棱角生硬的大路；环境相似的园路中长时间地行走会使人疲倦，丰富的园路形式、多样的空间边界的合理组合能够创造丰富活泼的景观效果。

5.3.3.2　主次分明，疏密有致

园路的布局应主次分明，密度得体。在城市公园设计时，道路的比重可控制在公园总面积的 10%～12%。园路是优美的导游线（图 5-3-6），主要园路贯穿景区便是主要的游览线，主次道路明确，方向性强，使游人无需路标的指示，依据园路本身的特征就能判断出前行可能到达的地方。园路的尺度、分布密度应该是人流密度客观、合理的反映。人多的地方，如文化活动区、展览区、游乐场、入口大门处等，尺度和密度应该大一些；休闲散步区域，相反要小一些。道路布置不能过密，否则不仅加大投资，也使绿地分割过碎。

5.3.3.3　因地制宜，合理布局

风景园林的用地并无一定的形状，所以园路需要根据地形进行不同的规划布置。在规则式园林中，园林应该也是规则的直线、折线、放射线等形式，表现出规整严肃、整齐划一的景观特点，如美国景观设计师彼得·沃克的伯纳特公园的45°斜线式园路是广场主要人流和次要人流的行进路线，既符合人流需要，又构成了特色景观（图5-3-7）。在自然式园林中，可以结合园内的山水地形，将园路或设池、或绕山迂回布置。然而园路的曲折迂回须依据观景的需要而进行设计，使沿园路设置的山水、建筑、小品、大树等景物因路的曲折而不断变幻，达到“步移景异”的效果。这不仅能使游人放慢行进的脚步，以细细领略园中的景色，而且曲折的园路延长了游览路线，无形中扩大了景象空间。园路也需随观景的要求而设计为套环状。从游览观景的角度说，园路布置成环状可以避免走回头路。

图5-3-7　彼得·沃克的伯纳特公园

图5-3-8　十字交叉两条道路相交叉（郭杨 摄）

5.3.3.4　处理好道路交叉口

（1）道路交叉口的形式

园路在布局时难免出现很多的道路交叉和分支，一般有以下几种形式。

① 十字交叉　两条道路相交叉。可以正交成十字形，也可以设计成斜交，但应使道路的中心线交叉在一点，斜交道路的对顶角最好相等，以求美观（图5-3-8、图5-3-9）。

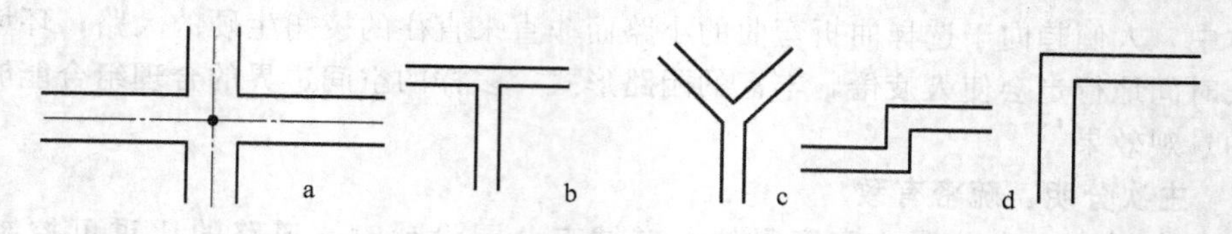

图5-3-9　交叉路口形式（郭丽娟 绘）

② 丁字形交叉　多为外弧交接，并最好为直角相交或钝角相接。这样路的方向性、目的性明确。注意：不宜在凹入的部分分叉，因为这样交叉后，往往形成方向相同、距离相等的不合理道路布局。

③ Y形交叉　Y形属典型的三岔路型，由一条园路分歧为两条，或由两条同路合为一条。

④ L形交叉　L形交叉又被称为转角交叉，有一次转角和二次转角两种形式。

（2）为使园路交叉口自然、美观和使用便利，设计时需注意如下几个方面的问题。

① 在设计园路时，应避免多条道路交于一点，因为这样容易使游人迷失方向。

② 处理道路相交时，应在端头处适当地扩大路面，也可将交叉处设计为小广场，以有利于交通，也可避免游人过于拥挤。

③ 上山的路，除通往某些纪念性建筑物或场所外，一般不宜与主路正交，以取得活泼、自然和若隐若现的趣味。

④ 交叉形式的不同，会产生不同的空间景观效果，在设计时，要恰当地选用交叉形式来塑造道路景观形象。

⑤ 园路交叉空间既是道路交叉点，又是复杂道路网络中的景观场所，因此，不要将其作为简单的路叉，而应作为景观场所对待。

⑥ 在设计交叉路时，要准确掌握交叉口的尺度及各条汇入道路的尺度，以及交叉口街角地的建筑、小品和设施的形体和尺度。

5.3.3.5 与建筑小品的关系

建筑小品位置及方向的确定应服从园路整体环境，并与同路相连接。通常采用外弧线连接，并且在接近建筑的一面，将局部加宽在有大量游人的建筑前，应设置活动广场，这样既能取得较好的艺术效果，又有利于游人的集散和休憩活动（图 5-3-10）。应注意的是，主环路不能横穿建筑物，也不能使园路与建筑、小品斜交或走死胡同。

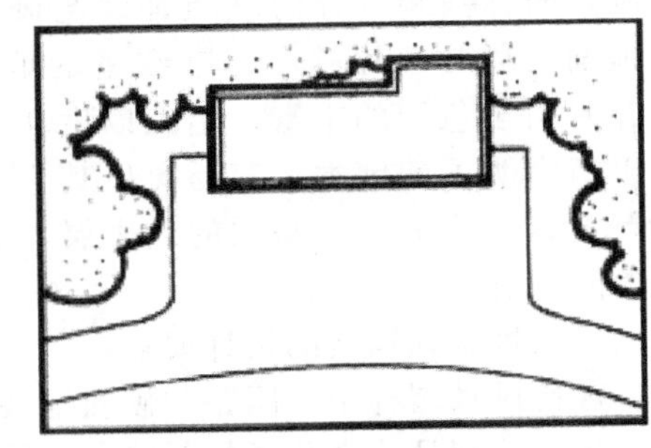

图 5-3-10　建筑小品位置与外弧相接

一些串接于游览线路中的风景园林建筑，一般可将道路与建筑的门、廊相接，也可使道路穿越建筑的支柱层。依山的建筑利用地形可以分层设出入口，以形成竖向通过建筑的游览线。傍水的建筑则可以在临水一侧架构园桥或安排汀步使游人从园路进入建筑，涉水而出。

5.3.3.6 山路的布置

山路的布置应根据山形、山势、高度、体量以及地形的变化、建筑的安排、花木的配置情况综合考虑。山体较大时山路须分主次，主路一般作盘旋布置，坡度应较为平缓；次路结合地形，取其便捷；小路则翻岭跨谷，穿行于岩下林间。山体不大时山路应使之蜿蜒曲折，以使感觉中的景象空间得以扩大。山路的布置还需注意起伏变化，尽量满足游人爬山的欲望。

当园路坡度小于 6%时，可按一般的园路予以处理；若在 6%～10%之间，就应沿等高线作盘山路以减小园路的坡度；如果园路的纵坡超过 10%，需要做成台阶形，以防游人下山时难以收步。对于纵坡在 10%左右的园路可局部设置台阶，更陡的山路则需采用磴道。山路的台阶磴道通常在 15～20 级之间要设置一段平缓的道路，以便让登山者稍作间歇调整。必要时还可设置眺望平台或休息小亭，其间置椅凳，以供游人驻足小憩、眺望观览。如果山路需跨越深涧狭谷，可考虑布置飞梁、索桥。若将山路设于悬崖峭壁间，则可采用栈道或半隧道的形式。由于山体的高低错落，山路还要注意安全问题，如沿岩崖的道路、平台，外侧应安装栏杆或密植灌木。

5.3.3.7 台阶的设计

一般当道路坡度达到 12°时宜设置台阶；当道路坡度达到 20°时一定要设置台阶。台阶的一般踏面宽度 30～38cm，高 10～15cm，以 38cm×12cm 的踏步较为多见。

构筑台阶的材料主要有各种石材、钢筋混凝土及塑石等。用于建筑的出入口或下沉广场周边的台阶主要采用平整的条石或饰面石板，以形成庄重典雅之感；池畔岸壁之侧、

图 5-3-11 台阶的布置（郭丽娟 摄）

山道之间等地方，使用天然块石可增添自然的情趣；钢筋混凝土台阶虽然少了一份自然，但其可塑的特性能使台阶做成各种需要的造型，以丰富园景的变化；至于塑石台阶因其色彩可随意调配，若与花坛、水池、假山等配合和谐，则能产生良好的点缀效果。台阶的布置应结合地形，使之曲折自如，成为人工痕迹强烈的建筑与富有自然情趣的山水间的优美过渡（图 5-3-11）。

5.3.4 风景园林铺装的类型与设计

（1）风景园林铺装的类型

风景园林铺装可分为软质铺装与硬质铺装。软质铺装主要以草坪、花卉和地被植物覆盖地面，通常叶片越小、越致密的地被植物质感越细腻，如龟甲冬青、铺地柏、绒柏等，花卉由于色彩的丰富，给人以生动活泼的感觉，草坪在色泽、高矮、质感上的统一，给人以清晰明了的感觉，容易突出其它风景园林要素。硬质铺装是以硬质材料对裸露地面进行覆盖，形成一个坚固的地表层，既可防止尘土飞扬，美化景观，又可作为车辆、人流聚集的场所。

（2）风景园林铺装的设计要点

在现代风景园林中，园路的硬质铺装材料可谓种类繁多。有木材、石材、陶瓷制品、混凝土制品、砖制品、高分子材料等。不同的铺装材料质感不同，花岗岩板材给人的感觉是坚硬、华丽、典雅；青石板赋予环境以古朴与简洁；陶瓷类面砖铺地明快、色彩丰富，组合多样；混凝土砌块给人以朴素和简单的感觉等。同样的材料其表面加工的手段不同，其质感也不尽相同，如木材被看作是生态材料，不但富有质感和较好的可塑性，而且具有生命力，越来越多的风景园林铺地采用了木制铺装，如木平台（图 5-3-12）、木栈道（图 5-3-13）等，虽然同是木材铺装，但是给人的感觉却完全不同。

图 5-3-12 临水的木质平台

图 5-3-13 詹克斯私家花园的木栈道

粗糙的地面富有质朴、自然和粗犷的气息，尺度感较大；细腻光亮的地面则显得精致、华美、高贵，尺度感较小。因此，在铺装设计中，对于商业广场、步行商业街的铺装，为突出其优雅华贵，可采用质地细密光滑的材料，但这些场所人流密集，要注意防滑问题；对于休闲娱乐广场、居住区道路的铺装，为突出其亲切宜人，可采用质感粗糙的材料；对于运动场地的铺装，可采用质感柔软的材料，给人舒适安全之感；对于风景林区道路的铺装，可采用具有自然质感的材料，如天然石材、卵石、木材等。

在铺装设计中，铺装质地的选用应根据预期的使用功能、远近观看的效果、阳光照射的角度和强度等来进行设计，并形成一定的对比，以增加地面的趣味性。如陶瓷面砖与卵石相结合，既可满足行人的正常行走，又能作为健康步道，在景观上还因材料质感和图案的对比而显得更加生动（图 5-3-14）。利用折线、曲线、圆、直线等单纯的几何符号与统一规矩的斜拼的釉面砖或天然石材相映成趣，给人感觉动中带静、静中带动（图 5-3-15）。

图 5-3-14　陶瓷面砖与卵石结合的铺装（郭丽娟 摄）

图 5-3-15　铺地几何形状和质感的对比

图 5-3-16　美国新泽西州海洋县公共图书馆

设计中应考虑地面的图案设计，空间构成，可结合空间的形状、色彩、风格，对地面作些精心安排，突出空间特色。如美国新泽西州海洋县公共图书馆凭借其与道路开放式的关系，入口的庭院利用活泼的线性铺装花纹吸引游客到图书馆来，加强持续性的运动感（图 5-3-16）。

重视地面铺装与整体环境的和谐统一，体现景观的要求。如彼得·沃克设计的日本丸龟火车站广场，将地面铺装的简洁条形图案与周围环境完美结合，充分利用既美观又透明的玻璃材料营造景观，这种浇注玻璃和压层玻璃随着昼夜的变化而呈现出不同的景观。白天，喷泉是水幕，在阳光的照耀下散发出彩虹般的光彩；随着夜幕降临，喷泉转而成为明亮的荧屏。广场上呈螺旋状摆放的石头更是特别，这些石头的材质为玻璃纤维，只要发生触摸或是黄昏来临，这些石头便会发出火一般的光芒，远远看去宛如一连串的火红的灯笼（图 5-3-17）。

图 5-3-17 日本丸龟火车站广场

5.4 建筑

风景园林建筑是建造在风景园林和城市绿化地段内供人们游憩或观赏用的建筑物，常见的有亭、榭、廊、阁、轩、楼、台、舫、厅堂等建筑物。风景园林建筑比起山、水、植物，较少受到条件的制约，是造园运用最为灵活、最积极的手段。随着工程技术和材料科学的发展及人类审美观念的变化，风景园林建筑在现阶段又赋予了新的意义，其形式也越来越复杂多样化，朝着更好改善和提高人类居住环境质量的方向发展。

5.4.1 风景园林建筑的作用

(1) 满足功能要求

风景园林建筑可作为人们休息、游览、文化、娱乐活动的场所，同时本身也成为被观赏的对象，点缀风景园林景色。随着风景园林活动的内容日益丰富，风景园林类型的增加，出现了多种多样的建筑类型，满足各种活动的需要。如展览馆为展览需求而设置，亭可以为人们提供休息、乘凉、赏景的场所。

(2) 满足造景需要

① 点景　即点缀风景，风景园林建筑与山水、植物相结合，构成美丽的风景画面。建筑常成为风景园林景致的构图中心或主题，具有“画龙点睛”的作用。以优美的风景园林建筑形象，为风景园林景观增色生辉。

② 赏景　即观赏风景。以建筑作为观赏园内或园外景物的场所，一幢单体建筑，往往成为静观园景画面的一个欣赏点；一组建筑常与游廊、园墙等连接，构成动观园景全貌的一条观赏线。因此，建筑的朝向、门窗的位置和体量的大小等都要考虑到赏景的要求，如：视

野范围、视线距离，以及群体建筑布局中建筑与景物的围、透、漏等关系。

③ 引导游览路线　游人在风景园林中漫步游览时，按照园路的布局行进，但比园路更能吸引游人的是各景区的景点、建筑。当人们的视线触及某处优美的建筑形象时，游览路线就会自然地顺着视线而伸延，建筑常成为视线引导的主要目标。游人每走一步都会欣赏到不同的风景画面，形成“步移景异”的效果。

④ 组织和划分　风景园林空间中，风景园林建筑具有组织空间和划分空间的功能作用。我国一些较大的风景园林，为满足不同的功能要求和创造出丰富多彩的景观氛围，通常把局部景区围合起来，或把全园的空间划分成大小、明暗、高低等有对比、有节奏的空间体系，彼此互相衬托，形成各具特色的景区。如中国古典园林常采用廊、墙、栏杆等长条形状的风景园林建筑来组织。

5.4.2　风景园林建筑的类型

风景园林建筑按使用功能可分为五类：游憩类建筑、服务类建筑、文化娱乐类建筑、管理类建筑及风景园林建筑装饰小品。

① 游憩类建筑　这类建筑主要指游览、点景和休息用的建筑等，其具有简单的使用功能，但更注重造景的作用，既是景观又是休憩、观景的场所，建筑造型要求高，它是园林绿地中最重要的建筑。常见的有亭、廊、榭、舫以及园桥等。

② 服务类建筑　为游人在游览途中提供生活服务的建筑。如各类小卖部、茶室、小吃部、餐厅、接待室、小型旅馆及厕所等。

③ 文化娱乐类建筑　供风景园林开展各种活动用的建筑，如划船码头、游艺室、俱乐部、演出厅、露天剧场、各类展览馆、阅览室，以及体育场馆、游泳池及旱冰场等。

④ 管理类建筑　风景园林管理用房包括公园大门、办公管理室、实验室及栽培温室等。此外，还有一类较特殊的建筑，即动物兽舍，同样具有外观造型及使用功能的要求。

⑤ 风景园林建筑装饰小品　此类小品虽以装饰园林环境为主，注重外观形象的艺术效果，但同时兼有一定的使用功能，如花架、坐椅、园林展牌、景墙、栏杆、园灯等设施。

5.4.3　风景园林建筑的设计

5.4.3.1　亭

无论是在中国古典园林中，还是在现代风景园林中，亭是最常见的风景园林建筑，可谓“无园不亭”。《园冶》中云：“亭者，停也。所以停憩游行也”。亭具有休息、赏景、点景、专用等功能。亭的设置可防日晒、避雨淋、消暑纳凉，是风景园林中游人休息之处。亭还是风景园林中凭眺、畅览风景园林景色的赏景点。如中国的四大名亭有安徽滁州醉翁亭、北京先农坛陶然亭、湖南长沙爱晚亭和浙江杭州湖心亭。

（1）亭的类型

按照屋顶的类型来分，亭有单檐、重檐、三重檐、攒尖、歇山、卷棚、庑殿、盝顶、十字顶、悬山顶、平顶等（图 5-4-1）；按照平面形式来分，亭有三角亭、方亭、长方亭、半亭、扇形亭、圆亭、梅花形等形式（图 5-4-2）；按照平面组合形式来分有单亭、组合亭、与廊墙相结合的形式三类；如果从材料上来分，又有木亭、石亭、竹亭、茅草亭、铜亭等，现代还有采用钢筋混凝土、玻璃钢、膜结构、环保技术材料等建造的亭子。

（2）亭的位置选择

① 山上建亭　山地建亭，可使视野开阔，适于登高远望，山上设亭能突破山形的天际线，丰富山形轮廓。尤其游人行至山顶需稍坐休息，山上设亭是提供休息的重要场所。但对

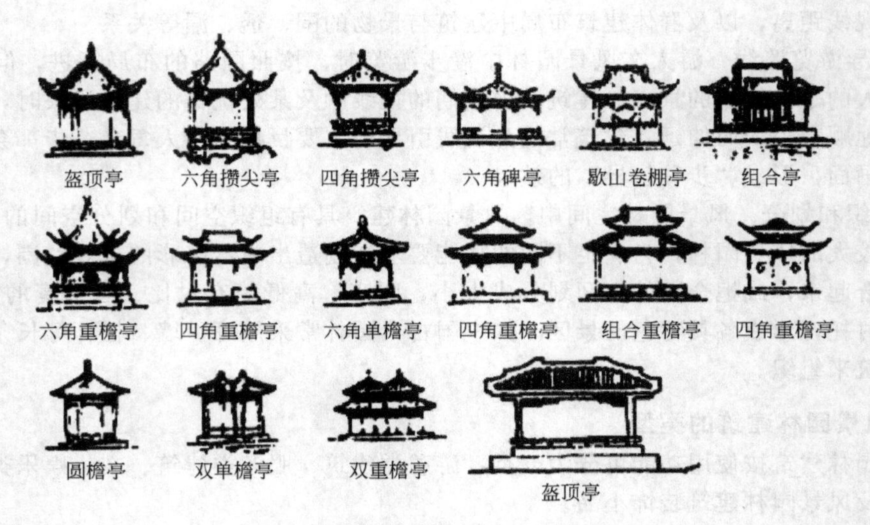

图 5-4-1 亭的屋顶形式

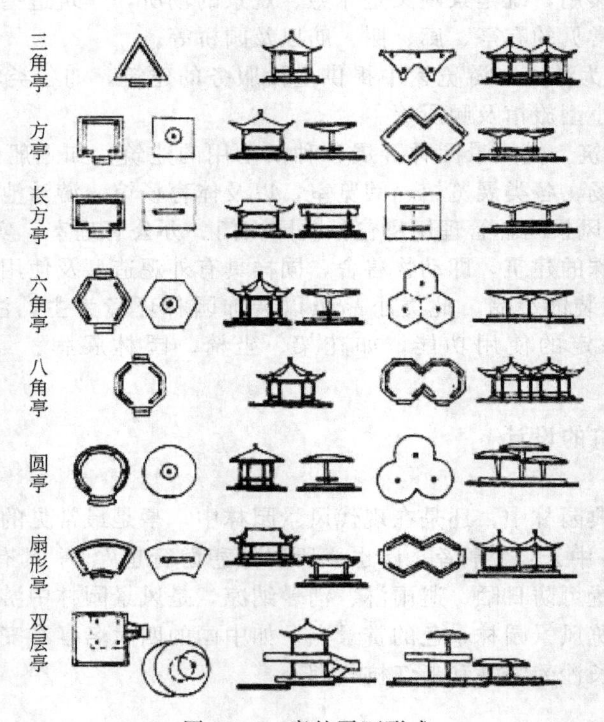

图 5-4-2 亭的平面形式

于不同高度的山，建亭位置亦有所不同（图 5-4-3）。

② 临水建亭 一般临水建亭，有一边临水、多边临水或亭完全伸入水中，四周被水环绕等多种形式，小岛上、湖心台基上、岸边石矶上都是临水建亭之所。在桥上建亭，更使水面景色锦上添花，并增加水面空间层次，如扬州瘦西湖的五亭桥（图 5-4-4）。

③ 平地建亭 平地建亭更多的是供休息、纳凉、游览之用，应尽量结合各种风景园林要素（如山石、树木、水池等）构成各具特色的景致，更可在道路的交叉点结合游览路线建亭，引导游人游览及休息；在绿地、草坪、小广场中可结合小水池、喷泉、山石修建小型亭

子，以供游人休憩。此外，园墙之中、廊间重点或尽端转角等处，也可用亭来点缀。

图 5-4-3　哈尔滨太平公园益寿亭（郭丽娟 摄）

图 5-4-4　扬州瘦西湖的五亭桥

（3）亭的设计要求

亭的色彩设计，要根据当地的风俗、气候与爱好，必须因地制宜、综合考虑。亭的造型体量应与风景园林性质和它所处的环境位置相适应。但一般亭以小巧为宜，体型小会使人感到亲切。单亭直径最小一般不小于 3m。最大不大于 5m，高不低于 2.3m。如果体量需要很大，可以采用组合亭形式，如北京北海公园的五龙亭。

5.4.3.2　廊

在中国古典园林中，廊确切地说廊并不能算作独立的建筑，它只是作为防雨防晒的室内外过渡空间，后发展成为建筑之间的连接通道。廊作为空间联系和划分的一种重要手段，广泛应用于中国古典园林中，它同时具有遮风避雨、交通联系的实用功能。

（1）廊的类型

廊按位置分为爬山廊、水走廊和平地廊；依结构形式分为空廊、半廊和复廊；依平面形式分为直廊、曲廊和回廊等。

空廊只有屋顶用柱支撑、四面无墙的廊。在风景园林中既是通道又是游览路线，能两面观景，又在园中分隔空间。如北京颐和园的长廊（图 5-4-5）。

图 5-4-5　颐和园长廊

图 5-4-6　沧浪亭复廊

单面廊为一侧通透面向风景园林，另一侧为墙或建筑所封闭。这样可观赏一面空间，另一面可以完全封闭，也可半封闭设置花格或漏窗，如《园冶》中所谓“俗则屏之，佳则收之”。且单面墙也不一定总设在一面，还可左右变换。如北京颐和园玉澜堂就有一段这样的廊，人走廊中有步移景异、空间变化的效果。

复廊又叫两面廊，中间设分隔墙，墙上设各式漏花窗。这种廊可分隔两面空间都不暴露生硬的围墙，如苏州沧浪亭临水一面的围墙就采用复廊的办法，可使园内外景色都没有围墙感觉，实现了园内外景观的互相渗透，是小中见大的空间处理手法（图 5-4-6）。

（2）廊的设计

① 廊的选址及布置应随环境地势和功能需要而定，使之曲折有度、上下相宜，一般最忌平直单调。造型以玲珑轻巧为上，尺度不宜过大，立面多选用开敞式。

② 廊的开间宜 3m 左右。一般横向净宽在 1.2～1.5m 之间。现在一些廊宽常在 2.5～3m 之间，以适应游人客流量增长后的需要。檐口距地面高度一般 2.4～2.8m。廊顶设计为平顶、坡顶、卷棚均可。

5.4.3.3 榭

《园冶》记载："榭者，藉也。藉景而成者也，或水边，或花畔，制亦随态。"榭的结构依照自然环境不同而有各种形式，如有水榭、花榭等之分。隐约于花间的称之花榭，临水而建的称之为水榭。现今的榭多是水榭，平面多为长方形，屋顶常用卷棚歇山顶，有平台伸入水面，平台四周设低矮栏杆，建筑开敞通透。水榭主要供人们游憩、眺望，还可以点缀风景。如苏州网师园的濯缨水阁、佛山梁园荷香水榭等（图 5-4-7）。

榭的设计要点如下。

① 水榭的位置宜选在水面有景可借之处，要考虑到有对景、借景，并在湖岸线突出的位置为佳。水榭应尽可能突出池岸，形成三面临水或四面临水的形式。如果建筑不宜突出于池岸，也应将平台伸入水面，作为建筑与水面的过渡，以便游人身临水面时有开阔的视野，使其身心得到舒畅的感觉。

② 榭在造型上，应与水面、池岸相互融合，以强调水平线条为宜。建筑物贴近水面，适时配合以水廊、白墙、漏窗，平缓而开阔，再配以几株翠竹、绿柳，可以在线条的横竖对比上取得较为理想的效果。建筑的形体以流畅的水平线条为主，简洁明了。

③ 榭的朝向颇为重要。建筑切忌朝西，因为榭的特点决定了建筑物应伸向水面且又四面开敞，难以得到绿树遮阳。

图 5-4-7 佛山梁园荷香水榭

图 5-4-8 颐和园石舫

5.4.3.4 舫

舫是依照船的造型在风景园林湖泊中建造的一种船形建筑物。其立意是"湖中画舫"，使人产生虽在建筑中，却犹如置身舟楫之感。舫可供游人在内游赏、饮宴、观赏水景，以及在风景园林中起到点景的作用。舫最早出现在江南的园林中，通常下部船体用石头砌成，上部船舱多用木构建筑，近年来也常用钢筋混凝土结构的仿船形建筑。舫立于水边，虽似船形但实际不能划动，所以亦名“不系舟”、“旱船”。如苏州拙政园的香洲、怡园的画舫斋、北京颐和园石舫（图 5-4-8）等都是较好的实例。

① 舫的结构　一般基座用石砌成船甲板状，其上木构呈船舱形。木构部分通常又被分作三份，船头处作歇山顶，前面开敞，较高，因其状如官帽，俗称官帽厅；中舱略低，作两坡顶，其内用隔扇分出前后两舱，两边设支摘窗，用于通风采光；尾部作两层，上层可登临，顶用歇山形。尽管舫有时仅前端头部突入水中，但仍有条石仿跳板与池岸联系。

② 舫的设计要点　舫应重在神似，要求有其味、有创新，妙在似与不似之间，而不在过分模仿细部形式。舫选址宜在水面开阔之处，这样既可取得良好的视野，又可使舫的造型较为完整地体现出来，一般两面或三面临水。最好是四面临水，其一侧设有平桥与湖岸相连，仿跳板之意。另外还需注意水面的清洁，应避免设在易积污垢的水区之中，以便于长久管理。

5.4.3.5　堂

堂的室内空间较大，门窗装饰考究，造型典雅、端庄，前后多置花木、叠石，使人置身堂内就能欣赏风景园林景色。堂，《园冶》中说：“古者之堂，自半以前，虚之为堂。堂者，当也。为当正向阳之屋，以取堂堂高显之义。”古代的堂，常将屋前面的半间空出作为堂。“堂”有“当”的意思，即位于居中的位置，向阳之屋，有“堂堂高大、开敞”之意。所以一般的堂多为朝南，房子显得高大宽敞。堂在风景园林建筑中往往为主体建筑，为园的中心空间。如苏州沧浪亭有明道堂，位于大假山之北，朝南而立，对面即大假山，中轴线布局，堂后一个小院，再往北为一小轩“瑶华境界”，与之对景。明道堂，此名出自苏舜钦的《沧浪亭记》中句：“观听无邪，则道以名。”

5.4.3.6　楼阁

楼阁多为二层，甚至三五层，在我国古代已属高层建筑，亦为风景园林常用的建筑类型。与其他建筑一样，楼阁除一般的功能外，它在风景园林中还起着观景和景观两个方面的作用（图 5-4-9）。

观景方面，于楼阁之上四望不仅能俯瞰全园，而且还可以远眺园外的景致，所谓“欲穷千里目，更上一层楼”即为此意。

图 5-4-9　楼阁（郭丽娟 摄）

景观方面，楼阁往往是画面的主题或构图的中心。如北京颐和园的佛香阁高踞于万寿山巅南侧，登阁周览，眼前是昆明湖千顷碧波；西有延绵的西山群岭以及玉泉山、香山的古刹塔影；向东则为京城城池宫殿，无限风光尽收眼底。而此阁作为园中主要的对景，在万寿山南麓以南随处可见其高耸的身影，它不仅冲破了万寿山平缓的山形使天际轮廓线起伏变化，而且在周围殿宇、亭台的映衬下更显雄伟壮丽。府宅园林面积不大，楼阁大多沿边布置，用于对景则立于显眼位置，如苏州拙政园的见山楼、浮翠阁。作为配景则掩映在花木或其他建筑之后，如沧浪亭的看山楼、网师园的集虚斋读画楼等。

5.4.3.7　斋

斋为处于幽深僻静处之学舍书屋建筑。凡藏而不露、较为封闭的场所，任何式样的建筑也都称为斋。

5.4.3.8　馆

风景园林中馆的形式，有可居性，也可以在此读书、作画。馆的规模不及堂，但比堂更有人情味。馆的建筑尺度宜人，空间有灵动性，形态不一定庄重，有时表现出欢乐的情趣。如苏州网师园里有蹈和馆，位于园的西南隅。在它的东南角有琴室，是供园主人晏居和操琴娱乐的场所。颐和园的听鹂馆则是一组戏楼建筑。扬州瘦西湖的流波华馆是临水看舟的地方。

5.4.3.9　轩

轩，这种建筑形式像古时候的车，取其空敞而又居高之意。把建筑置于高旷之处，可以增添观景之效果。轩这种建筑形式甚美，但规模不及厅堂之类，而且其位置也不同于厅堂那样讲究中轴线对称布局，而是比较随意。当然也有的轩处在中轴线位置，但相对来说总是比较轻快，不受拘束。如北京颐和园中谐趣园的北部山冈上有霁清轩，后山的西部有倚望轩、勾虚轩、清可轩，苏州拙政园有与谁同坐轩（图 5-4-10）。

图 5-4-10　苏州拙政园的与谁同坐轩

5.4.3.10　花架

花架是风景园林绿地中以植物为顶的廊，其作用与廊一样可供人歇脚赏景、划分空间。但花架把植物与建筑巧妙地组合，是风景园林中最接近自然的建筑物。花架的位置选择较灵活，公园隅角、水边、园路、道路转弯处、建筑旁边等都可设立（图 5-4-11）。在形式上可与亭廊、建筑组合，也可单独设立于草坪之上。

图 5-4-11　花架

图 5-4-12　紫藤花架

花架的设计：花架四周应开敞通透。高度一般 2.2～2.5m，宽 2.5～4.0m，长度 5.0～

10.0m，立柱间距一般为2.4～2.7m。

花架的植物材料选择要考虑花架的遮阳和景观作用两个方面，多选用藤本蔓生并且具有一定观赏价值的植物，如常春藤、络石、紫藤（图5-4-12）、凌霄、地锦、南蛇藤、五味子、木香等。

5.4.3.11　座椅

座椅是风景园林中必备的供游人休息、赏景的设施。良好的座椅设计不仅能为人们提供良好的休憩场所，还能满足人们的心理需求，促进人们的户外交往，诱发景观环境中各类活动的发生。

座椅的设计首先是满足人们坐的需求，因而适宜的高度和良好的界面材料是最基本的要求，风景园林中座椅的合适高度在45cm左右。设计过高过低都会让人感觉不舒服，影响人们的使用（图5-4-13）。座椅材料以木材是户外环境中最常采用的，金属与石材次之。因为金属与石材导热性都较强，都存在冬冷夏热的缺点，不适合人们长期使用。

图5-4-13　过高的座椅（郭丽娟 摄）

座椅本身的形状对于人们的使用影响也很大，图5-4-14是两种形状相反的座椅形式。左边是内弧形的座椅，其空间形态是向心的，使用者的视线是内聚的，这种形状的座椅更适宜彼此熟悉的团体人群的使用；而右侧外弧形的座椅，空间形态是发散的，能够为人们提供开阔的视野，因而更适合彼此陌生的人群使用。

5.4.3.12　园门、景墙、景窗

（1）园门

园门从功能与体量上，可分为两种类型：一类是小游园或风景园林景区的门，其体量小，主要起引导出入和造景功能；另一类是公园的门，其体量大，功能较复杂，需考虑出入、警卫值班等方面的要求。

城市公园的园门设计常追求自然、活泼，门洞的形式多用曲线、象形的形体和一些折线的组合。在空间体量、形体组合、细部构造、材料与色彩选用方面应与风景园林环境相协调。如大庆儿童公园入口，色彩与形状都极符合儿童的审美及兴趣，并且要根据小朋友喜爱的卡通形象定期更换门上的卡通图案，以适应其喜好（图5-4-15）。

（2）景墙

风景园林中的景墙有分割空间、组织游览路线、衬托景物、遮蔽视线、装饰美化等作用。

一般景墙的墙高不小于2.2m，位置常与游人路线、视线、景物关系等统一考虑，形成框景、对景、障景等。景墙可独立成景，也可结合植物、山石、建筑、水体等其他因素（图

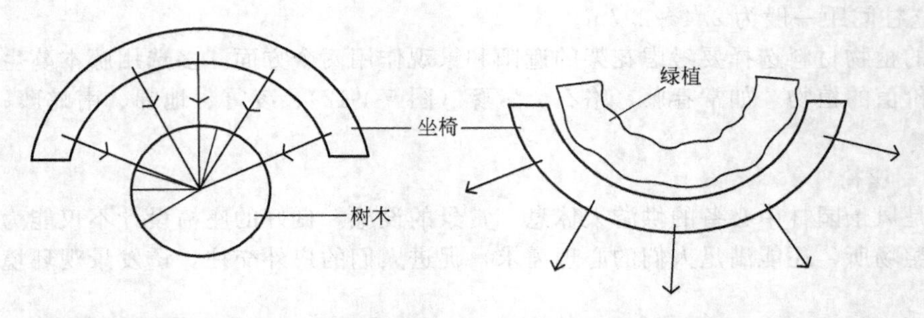

图 5-4-14　弧形的座椅

5-4-16)，以及墙上的漏窗、门洞、雕花刻木的巧妙处理，形成一组组空间有序、富有层次、虚实相衬、明暗变化的景观。

图 5-4-15　大庆儿童公园园门

图 5-4-16　特色大门及景墙（任我飞 摄）

景墙的材料有很多，“宜石宜砖、宜漏宜磨、各有所制。”也就是土石、砖木、竹等均可，对不同质地色彩的材料的灵活运用，可产生墙面景观丰富多彩的效果。

(3) 景窗

风景园林中景窗又称透花窗或漏窗，它既可分割空间，又可使墙两边的空间相互渗透，似隔非隔，若隐若现，达到虚中有实、实中有虚、隔而不断的艺术效果。而景窗自身可成景，窗花玲珑剔透，造型丰富，装饰性强，在风景园林中起画龙点睛作用。

从构图上看，景窗的形式大致可分为几何形和自然形两大类，几何形的图案有十字、菱花、万字、水纹、鱼鳞、波纹等；自然式的图案多取象征吉祥的动植物，如象征长寿的鹿、鹤、松、桃；象征富贵的凤凰及风雅的竹、兰、梅、菊、荷等。景窗在用料上，几何形多用砖、木、瓦等制作，自然形多用木制或铁片，用灰浆、麻丝逐层裹塑，成形涂彩即可。

5.4.3.13 雕塑

雕塑按照功能可分为主题性雕塑、纪念性雕塑和装饰性雕塑三类。雕塑的布置既可以孤立设置，也可与水池、喷泉、山石和绿地等搭配（图 5-4-17），通常必须与风景园林绿地的主题一致，让人产生艺术联想，从而创造意境。设置的地点，一般在风景园林主轴线上或风景视线的范围内；但亦有与墙壁结合或安放在壁龛之内或砌嵌于墙壁之中与壁泉结合作为庭园局部的小品设施的。有时，由于历史或神话的传说关系，会将雕塑小品建立于广场、草坪、桥头、堤坝旁和历史故事发源地，如哈尔滨市春水大典广场体现哈尔滨历史文化的人物群雕（图 5-4-18）。

图 5-4-17 云南石林景区乐器雕塑（郭丽娟 摄）

图 5-4-18 哈尔滨市春水大典广场（郭丽娟 摄）

5.4.4 风景园林建筑与环境的关系

在风景园林的创作中，特别是如何把人工的建筑物与山水、植物等自然因素很好地协调起来，是取得风景园林整体景观效果的关键之一。

（1）风景园林建筑与山石的关系

风景园林建筑与山体关系处理上，讲究随形就势。首先从选址上看，或立于山巅（如避暑山庄古俱亭），或鞍于山脊（如安徽九华山百岁宫），或伏于山腰（如青城山古常道观），或卧于峡谷（如峨眉山清音阁建筑群）。即使在范围较小的市井之地，私家园林在人工山体上，对风景园林建筑也进行巧妙地选址，如扬州个园拂云亭立于黄石秋山之上。其次，从风景园林建筑与山体环境处理的设计手法角度看，或悬挑，或吊脚，或跌落，或整平，在不同环境条件下，可灵活处理。

图 5-4-19 苏州网师园的冷泉亭

风景园林建筑与置石关系处理上，用一两峰造型别致的置石点缀于建筑的墙隅屋角（图 5-4-19），是古典园林常用的处理手法，其作用是使原本过空的墙面得到了充实，从而使构图变得丰满。这也是现代风景园林设计值得借鉴的。

（2）风景园林建筑与水体的关系

风景园林建筑与水体关系处理上，讲究建筑与水体相互依存，以满足人的亲水性心理需求。从风景园林建筑或建筑群选址布局的角度看，通常有三种情况：①建在水体之中或孤岛之上，如湖心亭；②建于水边，依岸而作，面向水域，如水榭；③横跨水面之上，有长虹卧波之势，既有交通作用，又有观景功能，如横跨水面的桥、桥亭、桥廊、水阁等。从设计处理手法来看，让建筑一面临水，或两面临水，但较多的是让建筑三面临水而凸于水中，或让建筑伸出平台架于水上。

（3）风景园林建筑与植物的关系

在风景园林建筑与植物关系处理上，讲究造景与抒情结合，发挥园林植物季相变化特色，与风景园林建筑结合，呈现四时之景，展示时序景观与空间变化。明代计成描述风景园林建筑与植物的交融关系有："杂树参天，楼阁碍云霞而出没；繁花覆地，亭台突池沼而参差。"在古典园林中常常利用植物营造景点，又用建筑加以点缀，如拙政园中荷风四面亭、留园中闻木樨香轩、狮子林的向梅阁等。从中可见风景园林建筑与植物之间的关系是何等的融洽。从景观构成的角度看，植物有效地丰富了风景园林建筑的艺术构图，以植物柔软、弯曲的线条去打破建筑平直、呆板的线条，以绿化的色彩调和建筑物的色彩。

图 5-4-20　西班牙马德里 Gorbea 中庭

（4）风景园林建筑内部自然要素的运用

将山石、水池及植物等自然要素引入风景园林建筑室内，会使人产生丰富的联想，令建筑的内部空间更富情趣（图 5-4-20）。

如将用于室外的山石及建筑材料运用于室内，在中央大厅中散置峰石、假山用虎皮墙石柱予以装饰；或将室外水体延入室内。在室内模拟山泉、瀑布、自然式水池，创造出丰富的水景空间；或在室内保留原有的大树，组成别致的室内景观；把园林植物自室外延伸到室内等。所有这些手法可以打破原来室内外空间的界限，使不同的空间得以渗透、流动。

5.4.5　现代风景园林中建筑的体现

（1）建筑形式更加灵活

现代风景园林的建筑设计不再局限于古典的建筑形式，在空间中表达得更加灵活多样，既有实用功能又丰富景观特色（图 5-4-21，图 5-4-22）。

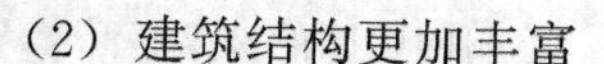

图 5-4-21　既是空间边界又是坐椅

图 5-4-22　座椅与游览步道的结合（郭杨 摄）

（2）建筑结构更加丰富

在建筑技术方面，从传统的砖、木结构到现代的钢、膜结构（图 5-4-23），从梁柱体系到空间网架，甚至充气结构，在风景园林中都有应用。如日本名古屋市东区的广场景观——“21 世纪城市绿洲”，设计师以水和绿色为主题，采用大量的艺术雕塑和构筑物，烘托强烈的文化艺术氛围。设计师通过四根钢柱支撑起一个复杂的钢结构，承载一个巨大的椭圆型玻璃体，形成空中水体（“水的宇宙船”），游人从地面层可通过楼梯上到观景平台层眺望四周的环境。下沉的广场，是宣传集会的场所，也是整合四周的商业设施，联系上下交通和水平交通的重要枢纽（图 5-4-24）。

图 5-4-23　膜结构

图 5-4-24　日本名古屋市东区的广场景观

（3）建筑功能更加多样

在现代风景园林中，利用建筑满足游人的各种需求。如伯纳德·屈米设计的拉维莱特公园中分布着形态各异的红色立方体，每一 Folie（疯狂）的形状都是在长宽高各为 10m 的立方体中变化。为问询、展览室、小卖饮食、咖啡馆、音像厅、钟塔、图书室、手工艺室、医务室之用，这些使用功能也可随游人需求而变化（图 5-4-25）。

图 5-4-25　拉维莱特公园的红色建筑

(4) 建筑的场所再生

在工业废弃地的改造中，建筑通常起到场所再生的重要作用，通常的做法是保留一座建筑物结构或构造上的一部分，如墙、基础、框架、桁架等构件，从这些构件中可以看到以前工业景观的蛛丝马迹，引起人们的联想和记忆。如理查德·哈格主持设计的美国西雅图煤气公园（图 5-4-26），应用了“保留、再生、利用”的设计手法，经过有选择的删减后，剩下的工业设备被作为巨大的雕塑和工业遗迹而被保留了下来。东部有些机器被刷上了红、黄、蓝、紫等鲜艳的颜色，有的被覆盖在简单的坡屋顶之下，成为游戏室内的器械。将工业设施和厂房改成餐饮、休息、儿童游戏等公园设施的做法，使原先被大多数人认为是丑陋的工厂保持了其历史、美学和实用的价值。再如土人景观公司设计的中山岐江公园（图 5-4-27），是在粤中造船厂旧址上建设，保留钢结构、水泥框架船坞等构筑物，对吊塔和铁轨的再利用，实现了工业遗存景观的再生。

图 5-4-26　美国西雅图煤气公园

图 5-4-27　中山岐江公园

5.5 植物

园林植物是风景园林设计中具有生命力且最具特色的要素，风景园林因植物要素的生命力而更富生机。园林植物具有改善生态环境、美化环境、调节人类心理和生理作用，在现代风景园林设计中越来越受到人们的重视。

5.5.1 园林植物的分类

园林植物是园林树木与花卉的总称。按其生长类型或体型分为乔木、灌木、藤本植物、地被植物、花卉、水生植物和草坪，共七类。

(1) 乔木

具有体形高大、主干明显、分枝点高、寿命长等特点。依其体形高矮常分为大乔木（20m 以上）、中乔木（8～20m）和小乔木（8m 以下）。依生活习性分为常绿乔木和落叶乔木。

常绿类乔木叶片寿命长，一般在一年以上，甚至多年，呈现四季常青的自然景观，如雪松、桂花等。落叶乔木一年四季变化明显，早春抽枝发芽展叶，夏季树叶浓密，秋季叶色变化而脱落，冬季则仅剩下枝干，如金钱松、旱柳、糖槭等。落叶乔木是温带用量最大、效果最理想的植物材料，是行道树、庭荫树、孤植树优先考虑的树种。

乔木是风景园林中的骨干植物，对风景园林布局影响很大，不论是在功能上或是艺术处理上，都能起到主导作用。

（2）灌木

没有明显主干，多呈丛生状态或自基部分枝。一般体高 2m 以上者为大灌木，1～2m 为中灌木，高度不足 1m 者为小灌木。

灌木也有常绿灌木与落叶灌木之分，主要作下木、植篱或基础种植，其中开花灌木用途最多，常用在重点美化地区。

（3）藤本植物

凡植物不能自立，必须依靠其特殊情况器官（吸盘或卷须），或靠蔓延作用而依附于其他植物体上的，称藤本植物，亦称为攀缘植物，如地锦、葡萄、紫藤、凌霄等，常用于垂直绿化，如花架、篱栅、岩石或建筑墙面等（图 5-5-1）。

图 5-5-1　垂直绿化

图 5-5-2　铺地柏

（4）地被植物

凡株丛密集、低矮，用于覆盖地面的植物。主要是一些多年生低矮的草本植物和一些适应性较强的低矮、匍匐型的灌木和藤本植物。

地被植物可以分为草本地被植物和木本地被植物。草本地被植物，如马蹄金、白三叶、二月兰、半枝莲、紫花地丁、玉簪、月见草等。木本地被植物，如铺地柏（图 5-5-2）、五叶地锦、绣线菊、金银花、百里香、栀子花、棣棠、薜荔等。

地被植物多用于林下空间，与乔、灌相结合构成群落结构，形成丰富的景观层次。

（5）花卉

指姿态优美，花色艳丽，花香郁馥，具有观赏价值的草本和木本植物，其姿态、色彩和芳香对人的精神有积极的影响，通常多指草本植物而言。

根据花卉生长期的长短及根部形态和对生态条件要求可分为以下四类。

① 一年生花卉　是指春天播种、当年开花的种类，如鸡冠花、凤仙花、波斯菊、矮牵牛（图 5-5-3）、万寿菊等。

② 两年生花卉　是指秋季播种、次年春天开花的种类，如金盏花、七里黄、花叶羽衣甘蓝等。

以上两者一生之中都是只开一次花，然后结实，最后枯死。这一类花卉多半具有花色艳丽、花香郁馥、花期整齐等特点，但其寿命太短，管理工作量大，因此多在重点地区配置。以充分发挥其色、形、香三方面的特点。

③ 多年生花卉　是指凡草本花卉一次栽植能多年继续生存，年年开花，也称宿根花卉，如芍药、玉簪、萱草等。适应范围比较广，可以用于花境、花坛或成丛成片布置在草坪边

缘、林缘、林下或散植于溪涧山石之间。

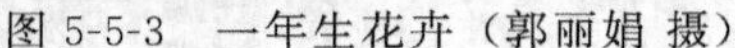

图 5-5-3　一年生花卉（郭丽娟 摄）

图 5-5-4　睡莲（高铭轩 摄）

④ 球根花卉　是指多年生草本花卉的地下部分，不论是茎或根肥大成球状、块状或鳞片状的一类花卉均属之。如大丽花、唐菖蒲、晚香玉等。这类花卉多数花形较大、花色艳丽，除可布置花境或与一二年生花卉搭配种植外，还可供切花用。

（6）水生植物

水生植物是指生活在水域，除了浮游植物外所有植物的总称。水生植物根据其需水的状况及根部附着土壤之需要分为浮叶植物、挺水植物、沉水植物和漂浮植物四类。

浮叶植物生长在浅水中，叶片及花朵浮在水面，例如睡莲（图 5-5-4）、田字草等。挺水植物生长在水深 0.5～1m 余的浅水中，根部着生在水底土壤中，此类植物包括荷花、茭白荨、苇草等。沉水植物其茎叶大部分沉在水里，根部则固着于土壤中，根都不发达，仅有少许吸收能力，例如金鱼藻等。漂浮植物其根部不固定，全株生长于水中或浮于水面，随波逐流，如满江红、槐叶苹等。水生植物是风景园林水景的重要造景素材，不仅可以丰富风景园林水体景观，还有利于水质的处理和生态系统的保护。

（7）草坪

草坪是草本植物经过人工种植或改造后形成的具有观赏效果并能够提供适度活动的地块。草坪植物主要是指风景园林中覆盖地面的低矮禾草类植物，可用来形成较大面积的平整或有起伏的草地。

5.5.2　影响园林植物的环境因素

园林植物是活的有机体，除本身在生长发育过程中不断受到内在因素的作用外，同时还要受到温度、阳光、水分、土壤、空气和人类活动等外界环境条件的影响。

（1）温度

温度对叶绿素的形成、光合作用、呼吸作用、根系活动以及其他生命现象都有密切关系。一般来说，0～29℃是植物生长的最佳温度。在各个不同地区所形成植物生长发育的温度条件是不同的，我国有自南向北的热带植物、亚热带植物、温带植物和寒带植物的水平分布带，以及由低到高的垂直分布带。

现代风景园林中，在植物选择应用上一定要考虑不同地区的温度差异，避免植物因为过冷或过热，导致的大面积死亡。如我国北方某寒地城市就曾盲目引进雪松，结果不言而喻。

（2）阳光

不同植物对光的要求并不相同，这种差异在幼龄期表现尤其明显。根据这种差异性常把园林植物分成阳性植物（如悬铃木、松树、刺槐、黄连木）和耐荫植物（如杜英、枇杷）两大类。阳性植物只宜种在开阔向阳地带，耐荫植物能种在光线不强和背阴的地方。园林植物的耐荫性不仅因树种不同而不同，而且常随植物的年龄、纬度、土壤状况等而发生变化。如年龄愈小，气候条件愈好，土壤肥沃湿润其耐荫性就越强。从外观来看，树冠紧密的比疏松的耐荫。

城市树木所受的光量差异很大，因建筑物的大小、方向和宽度的不同而不同，如东西向的道路，其北面的树木因为所受光量的不同，一般向南倾斜，即向阳性。

（3）水分

植物的一切生化反应都需要水分参与，一旦水分供应间断或不足时，就会影响生长发育，持续时间太长还会使植物干死。反之如果水分过多，会使土壤中空气流通不畅，氧气缺乏，温度过低，降低了根系的呼吸能力，同样会影响植物的生长发育，甚至使根系腐烂坏死，如雪松。不同类型的植物对水分多少的要求颇为悬殊。即使同一植物对水的需要量也是随着树龄、发育时期和季节的不同而变化的。春夏时树木生长旺盛，蒸腾强度大，需水量必然多。冬季多数植物处于休眠状态，需水量就少。

风景园林设计时，在临水的地方栽植耐水湿植物，如柳树、水杉等不但符合植物生长需求，更能增添景致，如杭州西湖的苏堤春晓就是在堤上栽植柳树的成功案例。

（4）土壤

土壤是大多数植物生长的基础，并从其中获得水分、氮和矿物质营养元素，以便合成有机化合物，保证生长发育的需要。但是不同的土壤厚度、机械组成和酸碱度等，在一定程度上会影响植物的生长发育和其分布区域。土层厚薄涉及土壤水分的含量和养分的多少。城市土壤常受到人为的践踏或其他不利影响而限制植物根部的生长，这在城市街道的行道树体现尤为明显。

就大多数植物来说，在pH 3.5～9的范围内均能生长发育，但是最适宜的酸碱度却较窄，根据植物对土壤酸碱度的不同要求可分为以下三类：①酸性土植物：只有在酸性（pH<6.7）的土壤中生长最多最盛的植物均属之，如马尾松、杜鹃类。②中性土植物：土壤pH值在6.8～7.0之间，一般植物均属此类。③碱性土植物：在pH值大于7.0的土壤上生长最多最盛者，如柽柳、碱蓬等。如黑龙江省大庆市油田为盐碱地，因此在绿化时多用丁香、柽柳、沙棘、耐盐碱抗旱的碱草等，保证了景观丰富和植物健康生长。

（5）空气

空气是植物生存的必需条件，当空气中有害物质含量增多则会对植物产生危害。在厂矿集中的城镇附近的空气中含烟尘量和有害气体会增加，污染大气和土壤。以二氧化硫为例，当其含量低时，硫是可以被植物吸收同化的，但当浓度达到百万分之一时，就能使针叶树受害，当浓度达到百万分之十时，一般阔叶树叶子变黄脱落，人不能持久工作，当浓度达到百万分之四百时，人也会死亡。因此在污染地区，必须选用抗性强、净化能力强的植物。

（6）人类活动

人的活动不仅改变植物生长地区界限，而且影响到植物群落的组合。如在沙漠上营造防护林限制流沙移动，引水灌溉改造沙漠可以创造新的植物群落，引种驯化可以促进一些植物类型的定居和发展，以代替那些对国民经济价值不大的植物类型，通过大树移植的方法快速形成景观。但也不能忽视在征服自然界的过程中一些错误的做法，如对森林进行毁灭性的破坏，夺去了秀丽的景色，消失了妩媚的英姿，破坏了生态平衡，导致了气候恶化，造成了水土流失，绿洲变沙漠，受到了大自然应有的惩罚，这是人类永远不能忘记的惨痛教训。除此以外，人类的放牧、昆虫的传粉、动物对果实种子的传播等，对植物生长发育和分布都有着重要的作用。

因此，园林植物的生长发育和分布区的形成，是同时受到各种环境条件综合影响和制约的。

5.5.3 园林植物的观赏特征

植物配置的艺术性要求我们能够深入了解园林植物树形、叶、花、果、枝干、根等细节特征，从而使植物景观具有较高的艺术观赏性。

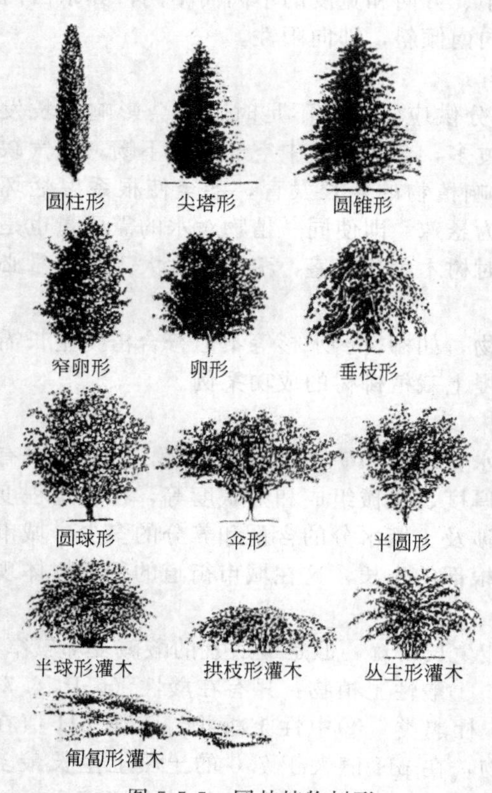

图 5-5-5 园林植物树形

(1) 树形

树形是园林植物景观的观赏特性之一（图5-5-5）。对于树形的描述一般是指树木达到壮龄时，树冠轮廓的形状。树冠轮廓是树木形态的主要观赏特征，能够表达出树木的姿态、各种群落的形象和天际线的轮廓。常用园林树形可概括为：尖塔形（如雪松、南洋杉）、圆锥形（如红皮云杉、落叶松）、圆柱形（桧柏、钻天杨）、伞形（枫杨）、卵形（馒头柳）、圆球形（七叶树、樱花）、垂枝形（垂柳、龙爪槐）、匍匐形（偃柏）等。

在自然界中树冠的天然形状是复杂的，而且是随树龄的增长在不断地改变着它们自己的形状和体积。就是同种、同龄也常因为立地环境条件的不同而有很大的差异。

(2) 枝干

乔灌木的枝干也具有一定的观赏特性，尤其北方冬季，花果之后、落叶归根，裸露的枝干成为主要的观赏对象。色彩各异的枝干具有很好的观赏价值。枝干发白的如白桦、白桉等；红紫的如红瑞木、青藏悬钩子、紫竹等；古铜色的如山桃、华中樱、稠李等；黄色的如黄金间碧玉竹、锦镶玉竹、金竹等；干皮斑驳成杂色的如白皮松（图5-5-6）、榔榆、悬铃木、木瓜等。

图 5-5-6 白皮松（郭丽娟 摄）

图 5-5-7 花叶猕猴桃

另外，枝干的质感多样，能够使人产生不同的触觉和细节的视觉感受。树皮光滑的有柠檬桉、山茶、紫薇等；横纹树皮的有山桃、桃、樱花等；斑状树皮的有白皮松、悬铃木等。

（3）叶

叶的观赏价值主要在于叶形、叶色和叶的大小。粗壮的大叶会使人感到舒展大方；细细的垂丝能倍添园林的情趣；浑圆形、心形、扇形的叶片或有缺裂的叶形，仿佛大自然赐予的精美工艺品；尖尖的针叶使人的感觉更加刚毅。很多植物的叶片独具特色，如槟榔的叶片巨大（长 8m，宽 4m），直上云霄，非常壮观。浮在水面巨大的王莲叶犹如大圆盘，可承载幼童，吸引众多游客。董棕、鱼尾葵、巴西棕、高山蒲葵、油棕等都长着巨叶。具有奇特叶片的植物还有山杨、羊蹄甲、马褂木、蜂腰洒金榕、旅人蕉、含羞草等。

叶色，春夏之际大部分树叶是绿色。但还有一些观赏价值较高的叶色，如春色叶、秋色叶、常色叶、双色叶、斑色叶（图 5-5-7），常用的观叶植物有银杏、黄栌、黄金间碧玉竹、紫叶李等。如北京的西山的黄栌，每逢深秋满山红遍，景色壮丽、气象万千，的确令人陶醉。双色叶片的胡颓子、银白杨等最宜成片种植，在阳光照耀下银光闪闪，更富有山林野趣。利用叶色植物成为现代风景园林中一种重要的手段。

（4）花

花形、花色丰富是园林植物最明显的特征，极富观赏价值。北方的泡桐、合欢、栾树在开花时节，十分壮观。南方的红棉、羊蹄甲、凤凰木的花季让人难以忘怀。其他的花灌木更是丰富多彩，除了纯黑、纯蓝，各类色彩一应俱全。暖温带及亚热带的树种，多集中于春季开花，因此夏、秋、冬季及四季开花的树种极为珍贵，如合欢、夹竹桃、石榴、广玉兰、梅花、金缕梅、云南山茶、冬樱花、月季等。一些花形奇特的花种也很吸引人，如鹤望兰、兜兰、飘带兰、旅人蕉等。赏花时，人们更喜闻香，如清香的茉莉、甜香的桂花、浓香的丁香、淡香的玉兰备受欢迎。

不同花色组成的绚丽色块、色斑、色带及图案在配置中极为重要，有色有香更是上品。根据上述特点，可配置成色彩园、芳香园、季节园等专类园。

（5）果实

以果实作为观赏特性的称为观果植物（图 5-5-8）。其果实大小、形状各异，色彩丰富，如北方的接骨木、花楸、金银忍冬、山楂的果实在绿叶的衬托下格外美丽；象耳豆、眼睛豆、秤锤树、腊肠树、神秘果等果实奇特；木菠萝、番木瓜等果实巨大；很多植物的果实色彩艳丽，紫色的有紫珠、葡萄等，红色的有天目琼花、小果冬青、南天竺等，蓝色的有白檀、十大功劳等。另外，果实还有引诱生物的作用，对城市生物多样性的保护有重要意义。

图 5-5-8　观果植物（郭丽娟 摄）

图 5-5-9　榕树的气生根景观（郭丽娟 摄）

(6) 根

一般植物老年期时，都不同程度地表现出根的独特美。其中以松、榆、梅、腊梅、山茶、银杏、广玉兰、落叶松尤为突出。在亚热带、热带地区有些树木有巨大的板根，很具气魄；具有气生根的树木，可以形成密生如林、绵延如索的景象，最为典型的植物就是榕树（图 5-5-9）。

5.5.4 园林植物的配置

园林植物的配置是按照风景园林设计的意图，因地制宜、适地适树地选择好植物种类，根据景观的需要，采用适当的植物配置形式，完成整个植物造景，体现植物造景的科学性和艺术性的高度统一。园林植物的配置形式很多，环境不同植物配置的形式也不一样，但都是由下面几种基本形式演变而成。

5.5.4.1 乔、灌木的配置

(1) 孤植

园林中的优型树，单独栽植时，称为孤植，孤植的树木，称之为孤植树。广义地说，孤植树并不等于只种 1 株树。有时为了构图需要，增强繁茂、茏葱、雄伟的感觉，常用 2 株或 3 株同一品种的树木，紧密地种于一处，形成一个单元，给人们的感觉宛如一株多杆丛生的大树。这样的树，也被称为孤植树。

孤植树主要为欣赏植物姿态美，植株要挺拔、繁茂、雄伟、壮观，以充分反映自然界个体植株生长发育的景观（图 5-5-10）。孤植树要注意选择植株形体美而大，枝叶茂密，树冠开阔，树干挺拔，或具有特殊观赏价值的树木。生长要健壮，寿命长，能经受重大自然灾害，宜多选取当地乡土树种中久经考验的高大树种，并且不含毒素，不带污染，花果不易脱落及病虫害少。

图 5-5-10　孤植树

孤植树布置的地点要比较开阔，要保证树冠有足够的生长空间，要有比较合适的观赏视距和观赏点，使人有足够的活动地和适宜的欣赏位置。最好有天空、水面、草地等色彩单纯的景物作背景，以衬托、突出树木的形体美、姿态美。常布置在大草地一端、河边、湖畔或布局在可透视辽阔远景的高地上和山冈上。孤植树还可布置在自然式园路或河道转折处、假山蹬道口、风景园林局部入口处，引导游人进入另一景区。或配置在建筑组成的院落中、小型广场上等。

(2) 丛植

丛植是指一株以上至十余株的树木，组合成一个整体结构。丛植可以形成极为自然的植物景观，它是利用植物进行园林造景的重要手段。一般丛植最多可由 15 株大小不等的几种乔木和灌木，可以是同种或不同种植物组成。

树丛主要反映自然界树木小规模群体形象美，这种群体形象美又是通过树木个体之间的有机组合与搭配来体现的，彼此之间既有统一的联系，又有各自的变化。在风景园林构图上，可用做局部空间的主景，或障景、隔景等。同时也兼有遮阳作用，如水池边、河畔、草坪等处，皆可设置树丛。树丛可以是一个种群，也可由多种树组成。树丛因树木株数不同而组合方式各异，不同株数的组合设计要求遵循一定构图法则。

① 两株丛植　两株组合设计一般采用同一种树木，或者形态和生态习性相似的不同树种。两株树的姿态大小不要完全相同，俯仰曲直、大小高矮上都应有所变化，动势上要相互呼应。种植的间距一般不大于小树的冠径。

② 三株丛植　三株组合设计也采用同种树或两种树。若为两种树，应同为常绿或落叶，同为乔木或灌木，不同树木大小和姿态有所变化。最大和最小靠近成一组，中等树木稍远离成另一组，两组之间相互呼应，呈不对称均衡。平面布局呈不等边三角形，忌三株同在一条直线上，也忌等边三角形栽植（图 5-5-11）。

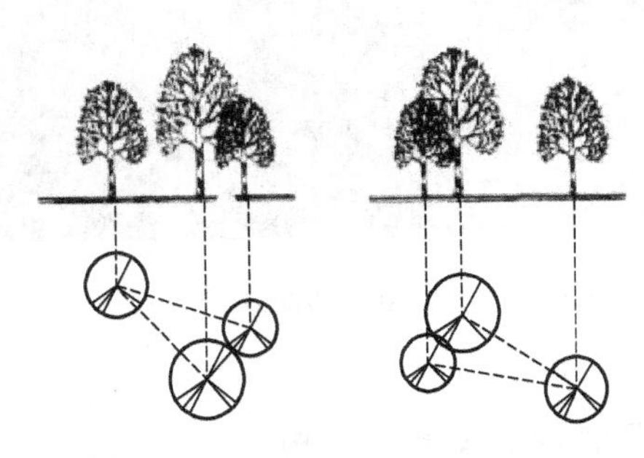

图 5-5-11　三株丛植平立面图

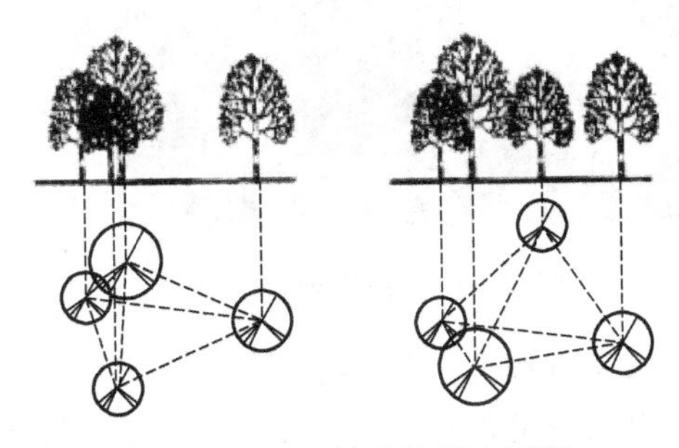

图 5-5-12　四株丛植平立面图

③ 四株丛植　四株组合设计采用同种树或两种树。若为两种树，应同为乔木或灌木，树木在大小、姿态、动势、间距上要有所变化。布局时分两组，成 3∶1 的组合，即三株树按三株丛植进行，单株的一组体量通常为第二大树。选用两种树时，数量比为 3∶1，仅一株的树种，其体量不要是最大的也不要是最小的，还不能单独一组布局。平面布局为不等边的三角形或不等角不等边的四边形。忌 2∶2 的组合，忌平面呈规则的形状，忌三大一小或三小一大地分组，任意的三株不要在一条直线上（图 5-5-12）。

④ 五株丛植　可分拆成 3∶2 或 4∶1 两种形式。分别按照两株、三株、四株丛植的形式进行构图和组合（图 5-5-13）。

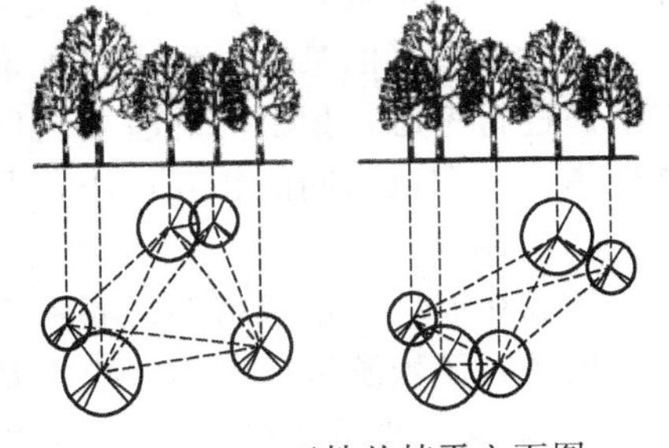

图 5-5-13　五株丛植平立面图

树丛配置，株数越多，组合布局越复杂。但再复杂的组合都是由最基本的组合方式所构成。树丛设计仍要在统一中求变化，差异中求调和。

(3) 对植

对植是将两株树按一定的轴线关系作相互对称或均衡的种植方式，在园林构图中作为配景，起陪衬和烘托主景的作用。

(4) 列植

列植是将乔木、灌木按一定的株行距成排成行地栽种，形成整齐、单一、气势大的景观。它在规则式园林中运用较多，如道路、广场、工矿区、居住区、建筑物前的基础栽植等，常以行道树、绿篱、林带或水边列植形式出现在绿地中。列植宜选用树冠体形比较整齐、枝叶繁茂的树种。株行距的大小，应视树的种类和所需要的郁闭程度而定。一般大乔木株行距为5～8m，中、小乔木为3～5m，大灌木为2～3m，小灌木为1～2m。列植在设计时，要注意处理好与其他因素的矛盾。如周围建筑、地下地上管线等。应适当调整距离，保证设计技术要求的最小距离。现代风景园林中，列植的一种演变形式是树阵式排列（图5-5-14），在严格的几何关系和秩序中创造优美景观。

图5-5-14　树木列植

图5-5-15　群植（郭丽娟 摄）

（5）群植

组成树群的单株树木数量在20～30株以上，主要表现群体美，是构图上的主景之一。应布置在有足够观赏距离的开阔场地上，如靠近林缘的大草坪上、宽广的林中空地上、水中的小岛上、广而宽的水滨、小山坡上、土丘上等。在树群主要立面的前方，至少在树群高度的四倍或宽度的两倍半距离上，要留出空地，以便游人欣赏（图5-5-15）。

树群的组合形式，一般乔木层分布在中央，亚乔木层在外缘，大灌木、小灌木在更外缘，这样可以不致互相遮挡。但是其任何方向的断面，不能像金字塔那样机械，应起伏有致，同时在树群的某些外缘可以配置一两个树丛及几株孤立树。树群内树木的组合要结合生态条件进行考虑，树群的外貌要高低起伏有变化，要注意四季的季相变化和美观。树群的植物选择要考虑植物间的相互作用，尤其是植物间的他感作用。

（6）林植

凡成片成块大量栽植乔、灌木构成林地或森林景观的称为林植。多用于大面积的公园安静休息区、风景游览区或休（疗）养院及卫生防护林带。林植可分为疏林、密林两种。

① 疏林　郁闭度在0.4～0.6之间（郁闭度是指森林中乔木树冠遮蔽地面的程度），常与草地相结合，故又称疏林草地。疏林草地是风景区中应用最多的一种形式，也是林区中吸引游人的地方（图5-5-16），不论是鸟语花香的春天，浓荫蔽日的夏日，还是晴空万里的秋天，游人总是喜欢在林间草坪上休息、游戏、看书、摄影、野餐、观景等活动，即使在白雪皑皑的严冬，疏林草坪内依然别具风格。所以疏林中的树种应该具有较高的观赏价值，树冠应开展，树荫要疏朗，生长要强健，花和叶的色彩要丰富，树枝线条要曲折多致，树干要好看，常绿树与落叶树的比例要合适。

图 5-5-16 疏林草地上人们享受暖阳和美景

图 5-5-17 杭州太子湾公园

② 密林 郁闭度在 0.7～1 之间，光线比较阴暗，然而在空隙地里透进一丝阳光，加上潮湿的雾气，在能长些花草的地段，也能形成奇特迷离的景色。但由于地面土壤潮湿，地块中植物的特殊性，不宜践踏，故游人不宜入内活动。

随着城市环境的恶化，人们希望寻找自然的植物景观，呼吸新鲜空气。因此，“拟自然景观”的群落化栽植（群植与林植）是现代风景园林植物配植的关键方法，是实现生态文明的重要途径，它能够体现风景园林地域特色，避免不当的树种搭配，对生物多样性保护和促进城市生态平衡有重要意义。

拟自然的植物群落的基本方法是，尽可能地提高生物多样性、主要植物栽植密度。既要注重观赏特性又要考虑生态习性相适应；应用乡土树种和引种成功的外来树种，以植物群落为绿化的基本单元，再现地带性群落特性。顺应自然规律，增强绿地的稳定性和抗逆性，减少人工管理力度，最终实现风景园林的可持续维持与发展。如美国纽约中央公园、杭州太子湾公园（图 5-5-17）的人工群落都是“拟自然景观”的成功案例。

（7）林带

在风景园林设计中，林带多应用于周边环境、路边、河滨等地。一般选用 1～2 种树木，多为高大乔木，树冠枝叶繁茂，具有较好的遮阳、降噪、防风、阻隔遮挡等功能。林带一般郁闭度较高，多采用规则式种植，亦有不规则形式。株距视树种特性而定，一般 1～6m。小乔木窄冠树株距较小，树冠开展的高大乔木则株距较大。总之，以树木成年后树冠能交接为准。林带设计常用树种有水杉、杨树、栾树、桧柏、山核桃、刺槐、火炬松、白桦、银杏、柳杉、池杉、落羽杉、女贞等。

（8）绿篱

凡是由灌木或小乔木以近距离的株行距密植，栽成单行或双行，紧密结合的规则的种植形式，称为绿篱、植篱、生篱。因其可修剪成各种造型并能相互组合，从而提高了观赏效果。此外，绿篱还能起到遮盖不良视点、隔离防护、防尘防噪等作用。

根据高度不同，绿篱可分为高度在 160cm 以上的绿墙，高度在 120～160cm 的高绿篱，高度在 50～120cm 的最常见类型绿篱，高度在 50cm 以下的矮绿篱。绿墙可遮挡视线，能创造出完全封闭的私密空间；高绿篱能分隔造园要素，但不会阻挡人的视线；膝盖高度以下的矮绿篱给人以方向感，既可使游人视线开阔，又能形成花带、绿地或小径的边界。

根据功能与观赏要求不同，绿篱有常绿篱、花篱、彩叶篱、观果篱、刺篱、蔓篱、编篱等几种。各种绿篱精心设计，可创造出精美的图案、丰富的层次，如法国古典主义园林利用绿篱营造的模纹图案（图 5-5-18）。常用的绿篱植物有水蜡、榆树、丁香、黄杨和叶子花。

利用绿篱形成错综复杂、容易令人产生困惑的网络系统的种植方法。迷宫和模纹图案是西方园林中一种古老的形式，它具有很多种形状及变化尺度，其迂回曲折的形态能够引发人们深层次的思考。

图 5-5-18 法国古典主义园林利用绿篱营造的模纹图案

图 5-5-19 花坛的形状

5.5.4.2 花卉的配置

(1) 花坛

花坛是在一定范围的畦地上按照整形式或半整形式的图案栽植观赏植物以表现花卉群体美的园林设施。在具有几何形轮廓的植床内（图 5-5-19），种植各种不同色彩的花卉，运用花卉的群体效果来表现图案纹样或观盛花时绚丽景观的花卉运用形式，以突出色彩或华丽的纹样来表示装饰效果。

花坛主要用在规则式园林的建筑物前、入口、广场、道路旁或自然式园林的草坪上。花坛布置的形式和环境要协调，花坛的设计强调平面图案，要注意俯视效果，当花坛直径大于 10m 时，可设成斜面花坛形式（图 5-5-20、图 5-5-21）。

图 5-5-20 天安门广场的花坛

图 5-5-21 模纹花坛图案设计图

(2) 花境

花境是以多年生花卉为主组成的带状地段，布置采取自然式块状混交，表现花卉群体的自然景观。它是风景园林中从规则式构图到自然式构图的一种过渡的半自然式种植形式。花境主要表现花卉丰富的形态、色彩、高度、质地及季相变化之美（图 5-5-22）。

花境起源发展于英国。在英国皇家贵族的大型花园或普通居民的小型花园都少不了花境的布置，并且广泛地被其他国家效仿和创新，成为国际性的一门植物造景艺术。生态花境设计是近些年的发展趋势。

生态花境的设计方法就是要把植物的株形、株高、花期、花色、质地等主要观赏特点进行艺术性地结合和搭配，最终创造出优美的群落景观。例如有的花卉有较长的花期，应尽量做到让不同品种的花卉的花期能分散于各季节；有些花卉的花序有差异，有水平线条与竖直线条的交叉，要注意这些线条的组合效果；有些花卉有较高的观赏价值，如芳香植物、花形独特的花卉、花叶均美的植物材料、观叶植物等，要在设计的初期适当地选择一部分这样的植株。

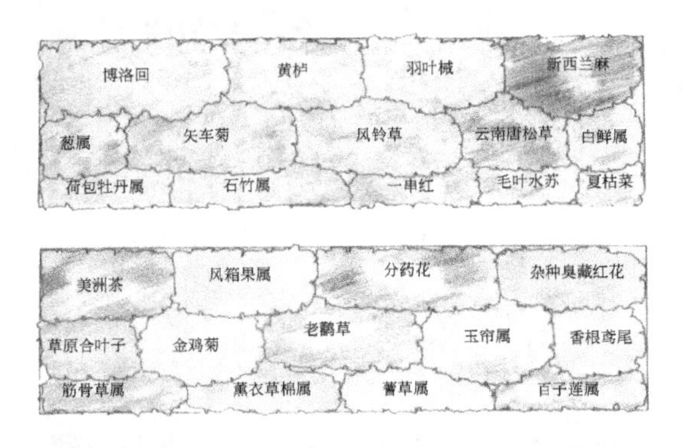

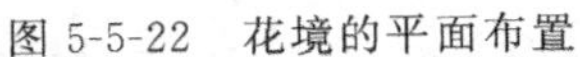
图 5-5-22 花境的平面布置

图 5-5-23 加拿大布查特花园的花境

生态花境所选用的植物材料，以能越冬的观花灌木和多年生花卉为主，要求四季美观又有季相交替，一般栽植后 3～5 年不更换。花境分为单面观赏和双面观赏两种。单面观赏的花境多布置在道路两侧或草坪四周，一般把矮的花卉种植在前面，高的种在后面。双面观赏的花境多布置在道路中央，一般高的花卉种中间，两侧种矮些的花卉。如加拿大布查特花园优美的花境景观（图 5-5-23）。

生态花境的布置地点很多，构建方法灵活多样，一般建于风景园林绿地区界的边缘，最好以乔木、灌木做背景。如：清水绿带工程的水边、沿江各单位的围墙（栅栏）外边、小游园的灌木前、建筑物的前面、大草坪的边缘、公园林间小路的两旁、城区各广场的绿地里、主要街路的分车带内、古典园林的庭院和各类花园中。

（3）花台

花台是在高出地面几十厘米的种植床中栽植花木的形式。花台的外形轮廓都是规则的，而内部植物配置有规则式的，也有自然式的。

花台最初用于栽植名贵的花木，非常注重植株的姿态和造型，常在花台中配置山石、小草等，属于自然式的植物配置形式，中国古典园林中常见。

现代风景园林中的花台更像是小而高的花坛，在外形规则的种植槽中规则地种植一二年生花卉。与花坛相似，花台有单个的，也有组合型的（图 5-5-24），如有的将花台与休息座椅相结合。现代花台的种植槽已演变为可移动的、外形简洁多样的花钵，多设于广场、庭院、台阶旁、墙下、路边等（图 5-5-25）。

5.5.4.3 草坪的配置

规则式园林和自然式园林中都有草坪的应用，是风景园林设计中不容忽视的内容之一。根据草坪在园林中规划的形式可分为以下两类。

① 自然式草坪　主要特征在于充分利用自然地形，或模拟自然地形的起伏，形成开阔或闭锁的原野草地风光。自然起伏的大小应该有利于机械修剪和排水，一般允许有 3%～5%左右的自然坡度来埋设暗管以利排水。为加强草坪的自然态势，种植在草坪边缘的树木应采用自然式（图 5-5-26），再适当点缀一些山石、树丛、孤植树等增加景色变化（图 5-5-27）。

图 5-5-24　日本百段苑花台景观

图 5-5-25　花台（郭丽娟 摄）

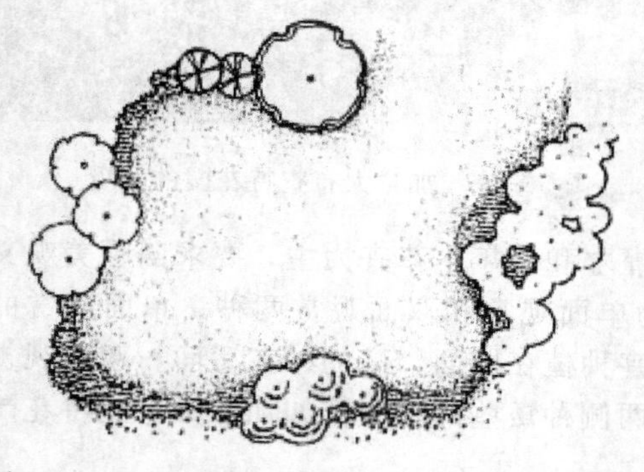

图 5-5-26　草坪边界的圆滑曲线及树木的自然形式

图 5-5-27　自然式草坪（高铭轩 摄）

② 规则式草坪　在外形上具有整齐的几何轮廓，一般用于规则式的园林中或花坛、道路的边饰物，布置在雕像、纪念碑或建筑物的周围起衬托作用，有时为了增加草皮花坛的观赏效果，可在边缘饰以花边，红花绿草，相互衬托，效果更好。在草种选择上，北方多用高羊毛草、羊胡子草、野牛草等，而南方则常用桔缕草、假俭草、四季青等，为了达到四季常青的效果，则常采用混合的方式来种植。

5.5.5　园林植物的表现方式

5.5.5.1　园林植物平面表现方式

（1）树木的平面表现方式（图 5-5-28、图 5-5-29）

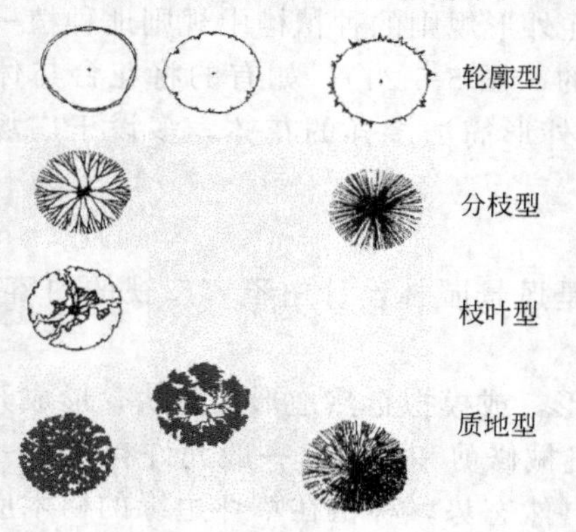

图 5-5-28　单株树木的平面表现方式

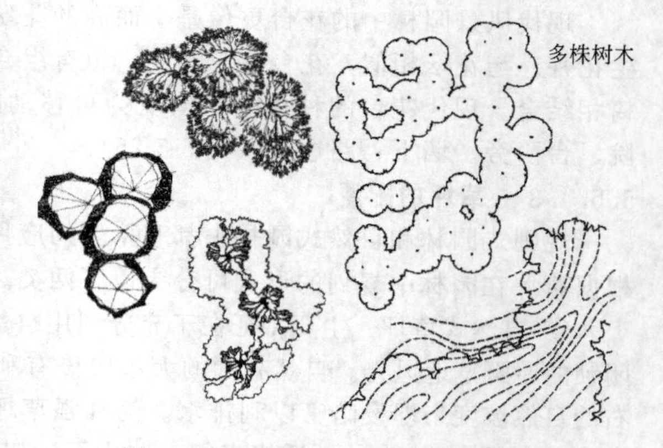

图 5-5-29　多株树木的平面表现方式

① 轮廓型　只用线条勾勒出轮廓。

② 分枝型　只用线条的组合表示树枝或树干的分叉。

③ 枝叶型　表示分枝及树冠，树冠用轮廓表示。

④ 质地型　只用线条的组合表示树叶。

(2) 灌木和地被植物、草坪的平面表现方式（图 5-5-30、图 5-5-31）

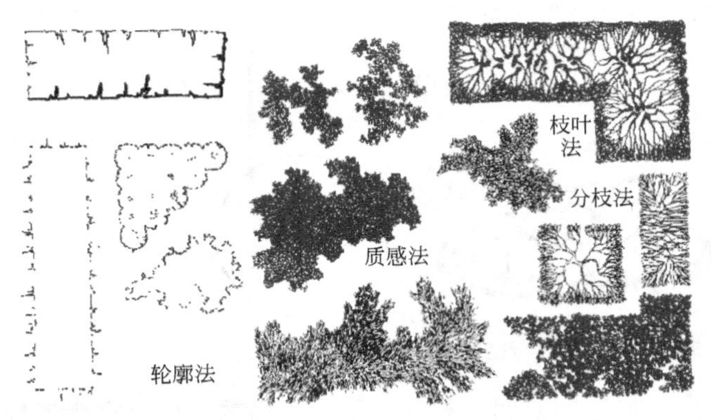

图 5-5-30　灌木和地被植物的平面表现方式

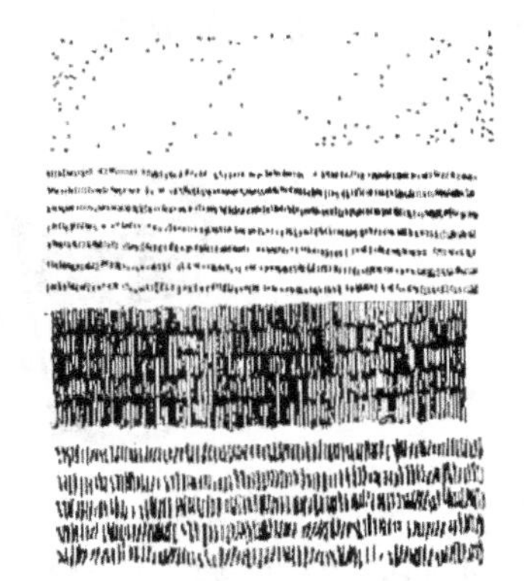

图 5-5-31　草坪的平面表现方式

5.5.5.2　园林植物的立面表现手法

树木的立面表现形式有写实的，也有图案化的或稍加变形的。但树木平面和立面图面的表示方法相同（图 5-5-32），其表现手法也要一致（图 5-5-33）。

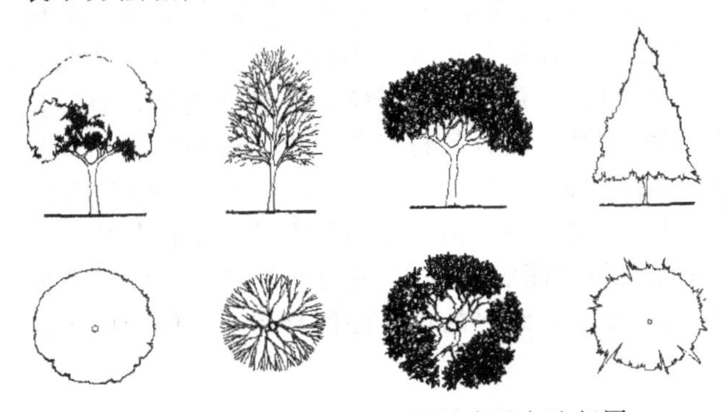

图 5-5-32　树木平、立面图的表示方法相同

图 5-5-33　树木平、立面表现手法的一致

5.6　空间

风景园林空间是指在人的视线范围内，由地形、植物、建筑、山石、水体、铺装道路、小品设施等构图单体所组成的景观区域。地形是形成空间最基本的构成要素，它可以是自然的地形，也可以是人工营造的地形。自然地形能带给人朴实的美感，人工地形则会根据不同的风格和理念自由调整以迎合不同的功能及心理感受。植物是演绎空间效果的多面手，它不仅可以营造出空间感，同时通过它的色彩、形态、类别、质感以及时间的变迁可以营造出不同的环境氛围。建筑在外环境中所围合成的空间形态，在风景园林空间限定方面发挥着举足轻重的作用，是空间围合最有效的元素。在风景园林中，建筑的围合形式是多样的，可概括地分为四面围合、三面围合、两面围合和一面围合。

5.6.1　空间的概念

从广义的角度，所谓空间是相对于实体而言的，实体之外（或内）的部分就是空间。一般意义上的几何空间（物理空间）定义：指由底界面、垂直面、顶界面单独或者共同组合成的具有实在的或暗示性的范围围合，其形态从开敞到封闭有无穷多。硬质底界面为土壤或铺装，软质底界面为植被和土壤构成，水体是一种极富活力的底界面，充当底界面；建筑、景墙、水幕、设施和植物构成垂直面，植物或建筑物可以充当顶界面。

如果可以把空间看作容纳人的活动的“容器”的话，那么空间就存在 3 个方面的要求（图 5-6-1）：“量”的要求——合适的尺度；“形”的要求——合适的形状；“质”的要求——合适的氛围。

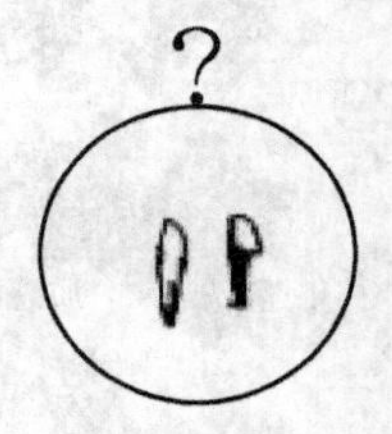

图 5-6-1　容器与空间

不同的活动需要不同性质（量、形、质）的空间；相反，不同性质的空间会产生不同的活动，空间的功能和空间的形式是相互影响的。

5.6.2　空间的特征

（1）空间的形态特征

空间的形态特征的产生在于差异化、个性化。形式要素与周边的反差是产生特征的前提。人们通常以形式新颖对形式的个性化加以描述，便是指形式或不同要素之间组成关联的异常变化或特殊的结合方式，前者是指景观空间单元，后者侧重于空间序列的组织。差异化越强，其景观特征也就越鲜明。在环境中既要强调某一部分的特异化，也应避免与大环境相脱节。“量”的把握就是对于形式强度要有恰当的把握。所谓特性化强度是一个相对的概念，在与周边环境要素的比较中产生，过度地强调特异化往往会构成空间的混乱，适得其反。

如一片纯粹的色叶园（图 5-6-2）和一片混交林（图 5-6-3）所呈现的景象也是完全不同的，混交林给人的印象就是模糊的、不单纯的；相反，纯粹的色叶园便具有非常鲜明的可识别性。

图 5-6-2　银杏林

图 5-6-3　针阔混交林

（2）空间的整体性特征

人们对于某一环境的整体概念来自于不同的典型的风景园林空间与节点，然而所生成的总体印象却不再是个体的、孤立的，而是整体的、综合的印象。如南京玄武湖公园（图 5-6-4），其个性化的空间特征在于五洲及其相连的堤岸、洲岛，东南两侧界面与山体有着紧密衔接的山水公园。由此，玄武湖给人的总体景象的基本特征是“山水与洲屿”，这其中特异化的景象要素决定景观环境的整体特性。

图 5-6-4 玄武湖公园

5.6.3 图与底理论

著名建筑学者程大锦曾指出：我们的视野通常是由形形色色的要素、不同形状、尺寸及色彩的题材组成的。为了更好地理解一个景观的结构，我们总要把要素组织在正、负两个对立的组别里：我们把图形当成正的要素，称之为“形”（figure），把图形的背底当成负的要素，称之为“底”（background）。当“图”和“底”在画面中所占比重差不多时，图和底的关系并非总是很清楚，某个形既可以成为图，也可以看成是底，这种现象我们称之为“图底反转”。鲁宾之壶就是一个著名的图底反转的例子（图5-6-5），当目光在光暗之间来回变换，一开始或许发现两颗黑色的头，然后就会注意到光亮背景里藏在一个像壶的容器，这幅图非常形象地说明了图形和背景的相互依存关系。

图 5-6-5 鲁宾之壶

图与底的理论在风景园林中的运用，主要体现以下两个方面。

(1) 强调主体与重点

在风景园林中，突出空间的特异性就离不开图与底的理论。特异化的前提在于有一个"均质"的背景环境，即"底"。在景观设计中，"底"不仅要占据大部分的空间，而且其需要加以特化处理，削弱其特异化程度，突出均质化，所谓"万绿丛中一点红"，这其间不仅有"量的比例"，更有形式特征上的强对比、反差，相对于背景而言，景观节点"体量"宜小，但形态要素如色彩、造型、构图等则均应与背景产生差异，从而拉开"图"与"底"的距离，进而使图形（图 figure）在背景（底 background）的衬托下更清晰地表现出来，强调主体与重点，凸显景观特征。

如镇江金山寺位于金山山阜上，周围是绵软的山体和平直的城墙共同构成的"均质"背景环境，而金山寺依山就势形成巨大的竖向高差变化，使其建筑天际线突出于均质的背景环境而成为"图"，以此形成强烈的图底关系。

在诸多历史片段保留的地段，由于其时间上的跨越和内容上的巨大差异，"图"与"底"的对比关系表现得尤为强烈。如中国台湾新竹东门广场展现了出土古桥墩、清朝、日据、民国三代合一的历史断面，所有这些都包含在一个椭圆的广场中，如同一个印章刻在新竹的城市中心区域（图 5-6-6）。

图 5-6-6　中国台湾新竹东门广场

(2) 分析外部空间

图与底理论主要研究的就是作为实体的"图"和作为空间的"底"之间的相互关系。在设计图中，一般颜色较深表示的是实体，可能是建筑或构筑物或植物，而外部空间往往就是"空空的部分"，这有利于我们对实体要素的把握，但却往往忽略了外部空间。如果我们将建筑等实体要素留白，而将外部空间填色，如将空间涂黑，作为图形看待，空间就成了积极的图形，就可以更好地进行空间把握及设计（图 5-6-7）。

5.6.4　空间的限定

5.6.4.1　空间限定要素

① 点限空间　任何事物的构成都是由点开始的，它作为空间形态的基础和中心，本身没有大小、方向、形状、色彩之分。在风景园林中，点可以理解为节点，是一种具有中心感的缩小的面，通常起到线之间或者面之间连接体的作用。"线"和"面"是点得以存在的环

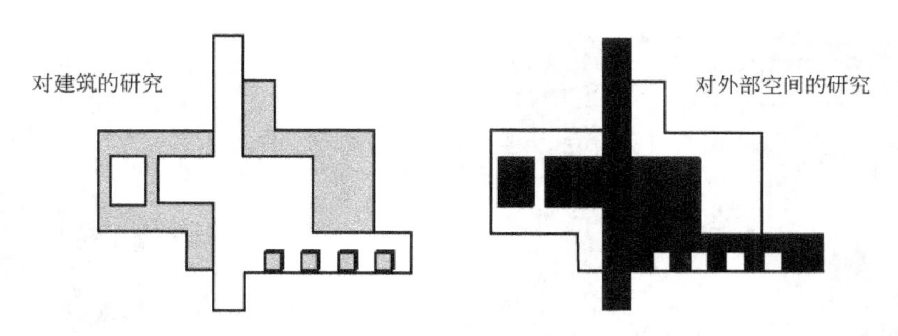

图 5-6-7　图形与背景关系的应用研究（郭丽娟 绘）

境，是点控制和影响的范围，同时也是点得以显示的必要条件。点只有在和空间环境的组合中才会显露它的个性。

② 线限空间　线通过架立、排列使空间增加了层次和深度，点明了标志，如旗杆、牌楼。线构成的室内雕塑或空间结构具有轻巧、剔透的轻盈感。

③ 面限空间　面的种类、位置不同，面的形状不同（如水平面、垂直面、斜面、曲面等），对空间的限定起着不同的影响与效果。

5.6.4.2　空间的限定方法

对于单一空间而言，空间限定的手段，最常见的是按照相位，从形成空间的底面、侧面和顶面的变化进行分类。从构成空间的最终物质形态来看，空间的限定类型大概有以下 7 种：围合、设立、覆盖、凸起、下沉、托起和变化质地（图 5-6-8）。

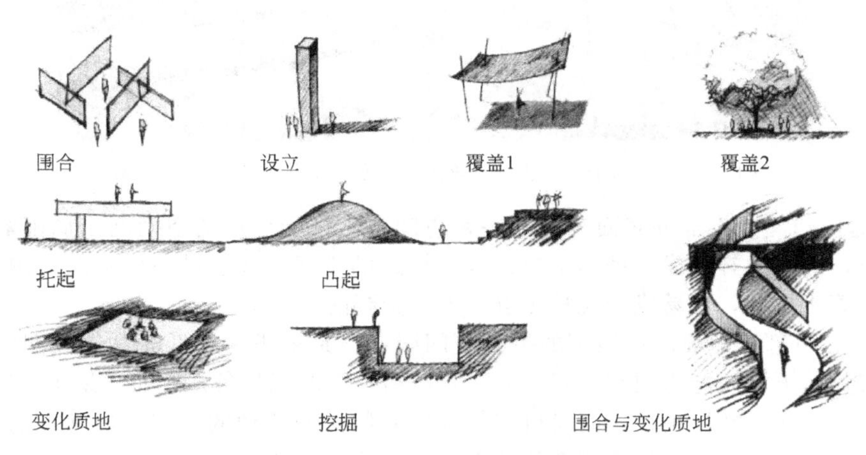

图 5-6-8　空间的 7 种限定类型图示

① 围合　最典型的空间限定方式，垂直界面的运用是形成空间最明显的手段。在风景园林设计中用于围合的限定元素很多，常用的有建筑、绿化、隔墙、小品等（图 5-6-9）。由于这些限定元素在质感、透明度、高低、疏密等方面的不同，其所形成的限定度也各有差异，相应的空间感觉亦不尽相同。

② 设立　以高度明显的柱状形体（标志物）所形成的空间，离形体越近，空间感越强；如果不加上其他限定手段，设立所限定的空间边界是模糊、不清楚的（图 5-6-10）。

③ 覆盖　是指空间的四周是开敞的，而顶部用构件限定。一般都采取在下面支撑或在上面悬吊限定要素来形成空间。上方的覆盖，是为了使下部空间具有明显的使用价值。风景园林环境中的覆盖空间通常由建筑屋顶或乔木树冠形成（图 5-6-11）。

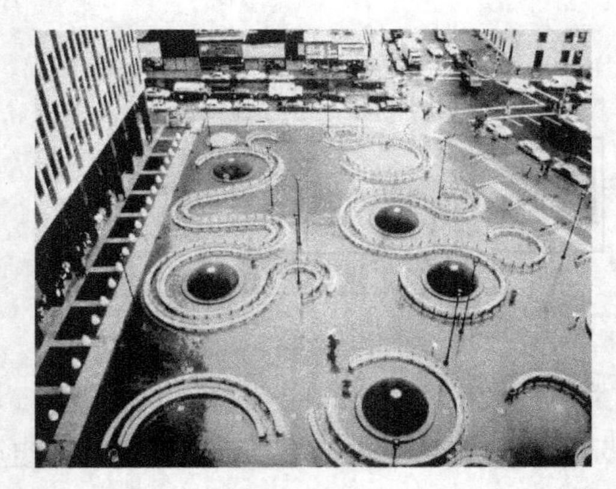

图 5-6-9 空间的围合——纽约亚科波·亚维茨广场

图 5-6-10 空间的设立——哈尔滨群力湿地公园

图 5-6-11 空间的覆盖——华盛顿国家住宅和城市发展部广场

④ 凸起 凸起是将部分底面升高的一种空间限定，所形成的空间高出周围的地面。在景观设计中，由于上升形成一种小土丘式或阶梯式的空间，故这种空间形式有展示、强调、突出、防御等优越性，容易成为视觉焦点，如颐和园的万寿山。

⑤ 下沉 将部分地面凹进周围的一种空间限定，是采用一种低洼盆地或倒阶梯形式的限定而形成的。下沉既能为周围空间提供一处居高临下的视觉条件，而且易于营造一种静谧的气氛，具有内向性和保护性，同时也有一定的限制人们活动的功能。如常见的下沉广场，它能形成一个和街道的喧闹相互隔离的独立空间（图 5-6-12）。

风景园林环境中的下沉空间通常有三种类型：一是水体下沉空间，也就是低于周边地面的水系；二是园中园下沉空间；三是表现特定形状的下沉空间。

⑥ 托起 将底面与地面分离，以某种方式架构起来呈悬浮状。吊架形成的空间“解放”了原来的基地，在它的正下方创造了从属的限定空间，从而创造了更为活跃的空间形式（图 5-6-13）。

⑦ 变化质地 在不改变标高的情况下，以材料、颜色、肌理等的改变区别不同的空间。采用一种限定方式形成的空间是一次限定空间，复杂的空间需要多次的限定。地被植物中的草坪、花卉、铺地灌木等也可在底面中起到划分空间的效果。覆盖于地面的硬质材料如石材、混凝土、砖、沥青、木材等材质以及铺装图案、质感、色彩的变化同样给空间限定提供了多样的表现手段。如长沙欧莱雅郡会所下沉庭院使用短叶麦冬与石材铺装这两种材料表现

图 5-6-12　空间的下沉——美国沃斯堡市水园

图 5-6-13　空间的托起——哈尔滨群力湿地公园

空间主体构成形态。软与硬，深绿与浅黄——两种截然不同的材质结合的一种尝试。四周及半圆的外侧黑白相间的卵石和短叶麦冬绿带中点缀的白色卵石，既满足了排水的功能需求，又起到了增加空间层次变化的作用（图 5-6-14）。

丰富多彩的空间环境的形成主要就是由上述限定类型单独或组合而形成的。风景园林设计师应合理地运用不同的限定类型，塑造出变化多样的空间，满足人们的各种需求。

5.6.5　空间的组合

风景园林空间不仅仅是要展示空间界面本身的装饰，更重要的是体现人在空间中流动的整体艺术感受。不同的空间组合形态会产生不同的空间感受。

(1) 空间的尺度感

空间尺度侧重于空间与风景园林构成要素的尺度匹配关系，以及与人的观赏等行为活动的生理适应关系。人们生活的外部环境可以划分为 3 个空间尺度层次：①宏观尺度：从城市规划角度来分析居住在城市里的人对城市总体空间大小的感受；②中观尺度：指

图 5-6-14　变化质地——长沙欧莱雅郡会所下沉庭院

城市中的行人通过视觉在舒适的步行范围内对城市公共空间大小的感受，主要类型包括广场、商业步行街、公园、居住区公共活动中心、滨河休闲步道等；③微观尺度（图 5-6-15）：指人们在休闲活动时对个人领域以及交往空间大小的感受。具体范围从人的触觉感受范围到普通人辨别人的面部表情的最远距离（25m），包括人与人、人与物的接触、视觉和谈话交流等。

图 5-6-15　微观尺度（郭丽娟 摄）

符合人的基本心理和生理需求是微观尺度研究的基本问题，中观和微观的空间尺度最需要风景园林设计师合理把握，也是空间组合最为丰富的领域。单一的大尺度景观给人们的只是一定的空间感受，视觉流程相对短暂。为在有限空间得到无限的感受，或是在一定空间中通过分隔、划分不同的尺度的手法处理，使景观获得更丰富的时空感与视觉信息量的增加。

中国古典园林中空间尺度的运用是非常成功的，尤其是江南私家园林在咫尺山林中，通过障景、漏景等造景手法营造空间的尺度的大小变换，创造出变化丰富的空间，给人以小中见大的空间感受。如苏州留园在入口景观处极其狭窄，进入主空间便豁然开朗，空间尺度的强烈反差给人以新奇感（图 5-6-16）。

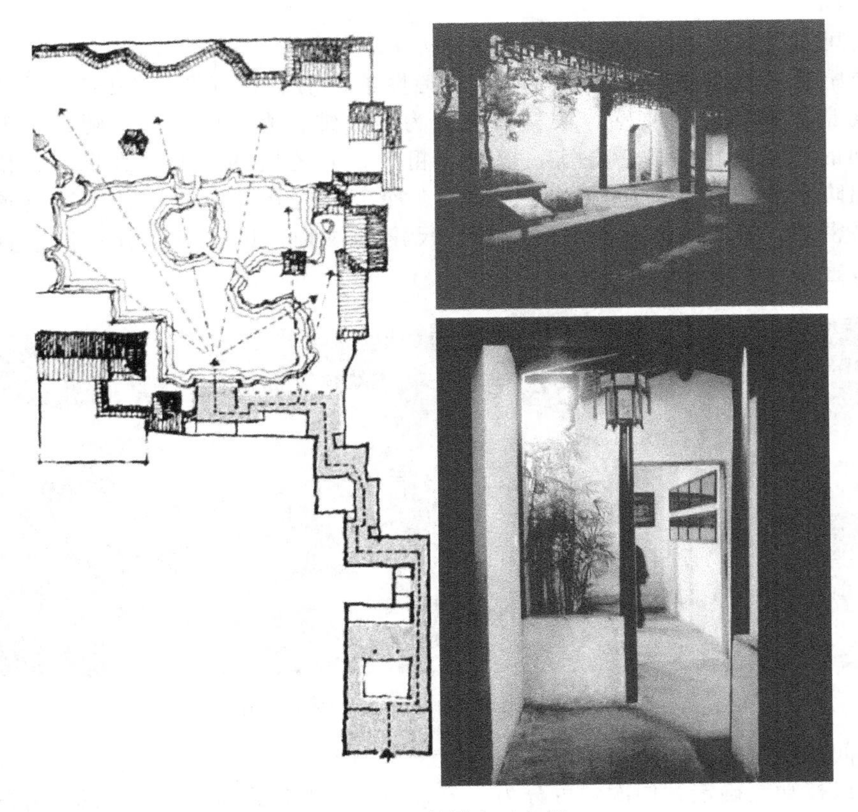

图 5-6-16　留园入口空间

(2) 空间的围合感

一般来说，户外空间有几个因素影响了人们的空间感受（图 5-6-17）：①空间的地面，指可以供人活动的地面，平坦、起伏平缓的地形能给人以美的享受和轻松感，陡峭、崎岖的地形极易在一个空间中给人造成兴奋的感受；②水平线和轮廓线，也就是人们常说的天际线，变化起伏的天际线会给人自然亲切感；③坡面的坡度，坡面的坡度大小影响了空间限定性的强弱。美国俄亥俄州立大学诺曼教授提出了视觉封闭性和视觉圆锥之间的关系。所谓视觉圆锥指的是人的视觉基本上是呈现一个圆锥的形态，当地面、轮廓线和周边坡度三个因素所占的面积在观察者 45°视觉圆锥以上，则产生完全封闭的空间。如果三者所占面积处于 30°视觉空间左右时，则产生了封闭空间。最微弱的封闭感是三者面积处于 18°视觉圆锥，低于 18°空间给人的封闭感微乎其微，就不能称之为封闭性空间了，

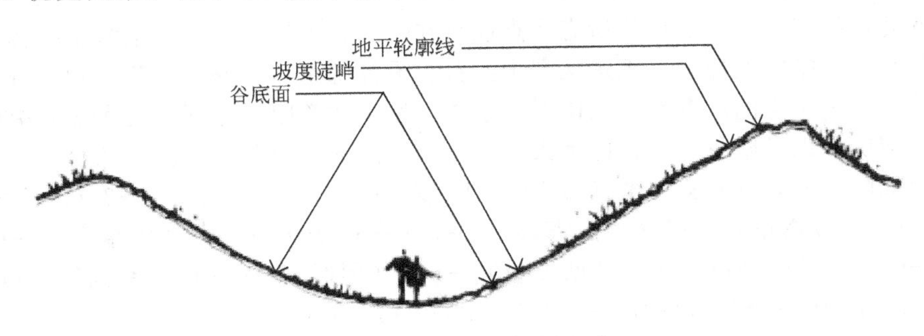

图 5-6-17　空间的围合感

而是开敞空间。

(3) 空间的质感

空间质感是指空间组成要素表面质地的特性给人的感受（图 5-6-18）。质感按人的感觉可分为视觉质感和触觉质感，按材料可分为粗、细、光、麻、软、硬等。不同的质感表现出不同的性格：粗的质感朴实、厚重、粗犷；光的质感华丽、高贵、轻快；软的质感柔和、温暖、舒适；硬的质感刚健、坚实、冷漠。在外部空间设计中，质感与人的观察距离关系密切，不同距离只能观察到相应尺度的纹理。设计时要分别按适宜视距有意识地进行布置。

图 5-6-18　空间的限定方法的综合运用

(4) 空间的层次感

空间可以按功能确定其层次，可分为：公共的——半公共的——私密的，外部的——半外部的——内部的，嘈杂的——中间性的——宁静的，动态的——中间性的——静态的。如居住小区内的住宅属私密空间，宅间庭院属半公共空间，商业服务与公共绿地、休闲广场则为公共空间。空间的不同层次对空间范围的大小、开闭程度、纹理粗细、小品选择与布置等都有不同的要求。处理好空间层次可以创造出从外部过渡到内部的空间秩序，同理也可以创造出其他的空间层次。

5.6.6　空间的序列

风景园林无论大小，都有若干空间。空间序列可以划分为起景——过渡——高潮——起伏——尾声几个阶段，通过处理好景的藏与露、显与隐等问题，运用步步深入、欲扬先抑、曲径通幽、高潮迭起等手法营造让人回味不尽的景观空间。如《桃花源记》中所描述的“林尽水源，便得一山。山有小口，仿佛若有光。便舍船，从口入。初极狭，才通人。复行数十步，豁然开朗”的空间动态形象。

合理的游览线路可以有机地将所有景点联系在一起，人性化、有序地游览园林全景。所谓有序，就是要以空间的序列关系进入园中游览。设计师可用小路、台阶、廊、弯墙、桥梁等手法，暗示下一个空间的存在。用山石、水体、墙、建筑阻隔空间，使人在园中依照设计的空间暗示与诱导以及阻隔游览，即为人设计出合理的最优游览路线。

如苏州拙政园的游览线路（图 5-6-19），1（入口）⟶2（石山）⟶3（远香堂）⟶4（绣漪亭）⟶5（玲珑馆）⟶6（半窗梅影）⟶7（梧竹幽居）⟶8（待霜亭）⟶9（雪香云蔚亭）⟶10（荷风四面）⟶11（见山楼）⟶12（倒影楼）⟶13（香洲）⟶14（玉兰堂）⟶15（小沧浪）⟶16（南轩）⟶2（石山）⟶1（入口）。

园中主轴（X 轴）入口、石山、远香堂、平台、雪香云蔚亭串在一起，其中起景是石山

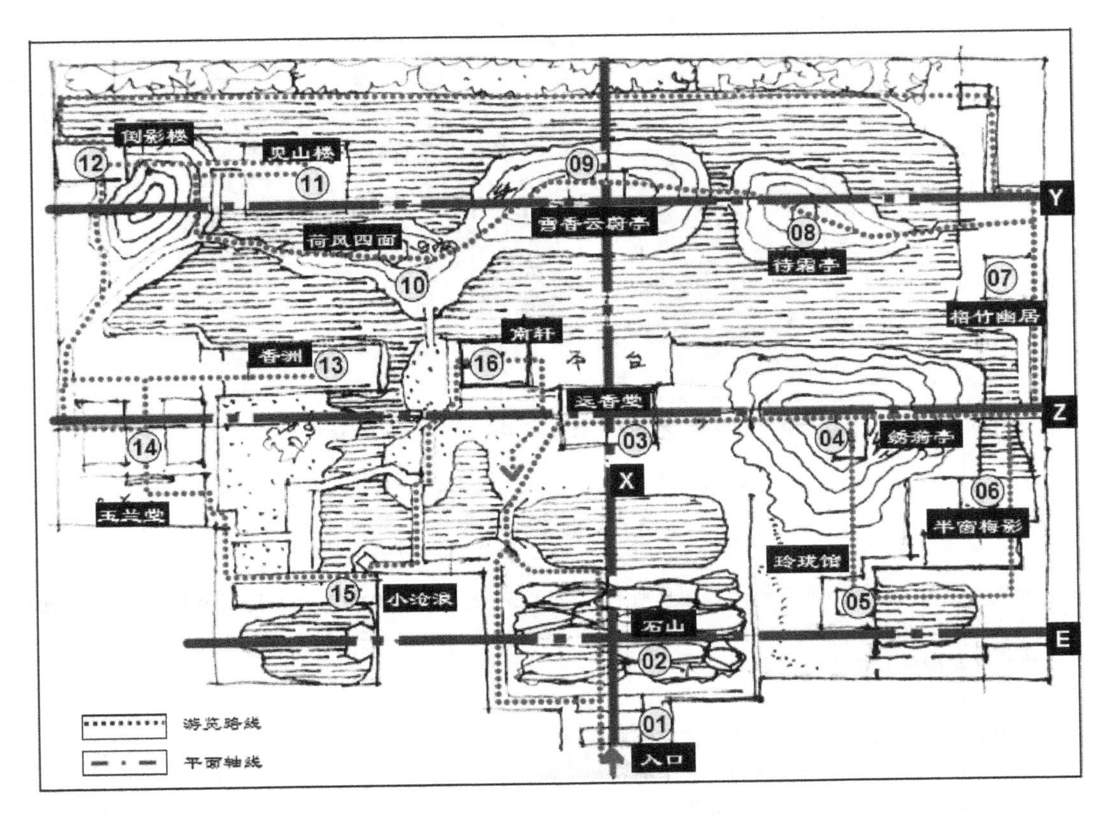

图 5-6-19　拙政园空间序列示意图

进洞，欲扬先抑，这是起景，远香堂是展开部，直望雪香云蔚亭，这是最关键的景点，又不能过去。第 4 景绣漪亭是第二高潮辅轴系，把 8～12 景串联在一起，形成一个序列。辅轴系把 3、4、6、13、14、16 景穿在一起形成第三个系列。

在这些轴上，每个景都是有景可对、有景可借，空间的开、合、收、放、明暗和光影的交替反复，山水和竹石小景藏露隐现，建筑空间和风景园林空间的流动渗透，交相辉映，景点的起承开合，犹如一首动人委婉的优美乐章。

再如美国罗斯福总统纪念园。设计师哈普林采用了一种叙事式、述说式、讲故事式的纪念空间表达手法，他用四个室外小空间来象征总统的四个任职时期和他宣扬的四种自由，这几个空间按照时间的先后顺序以及主要人流的游览顺序依次排序，记录着罗斯福总统在任职时期的重要历史事件和社会环境氛围。哈普林通过雕塑来记录当时发生的事件，通过水体的不同声音、混凝土墙体材质的不同质感以及不同的空间布局来表达不同的纪念氛围，综合多种形态的艺术处理手法营造了一个有开端、发展、高潮和尾声的这样一种故事式的空间情感序列。开端（空间一）：空间简洁，氛围轻松宁静；发展（空间二）：雕像述说故事，纪念性空间氛围逐渐浓郁；高潮（空间三）：散乱堆放的大石块和轰鸣的叠水瀑布预示着高潮的来临，“送葬者的队伍”浮雕墙将纪念性氛围推向最高潮；尾声（空间四）：欢快的叠水和开敞的空间环境预示着新的时代的到来，也成为整个纪念性空间序列的尾声（图 5-6-20）。

罗斯福总统纪念园设计在现代纪念性空间设计历史画册上无疑是浓墨重彩的一笔，也是众多设计师需要学习借鉴的经典案例。

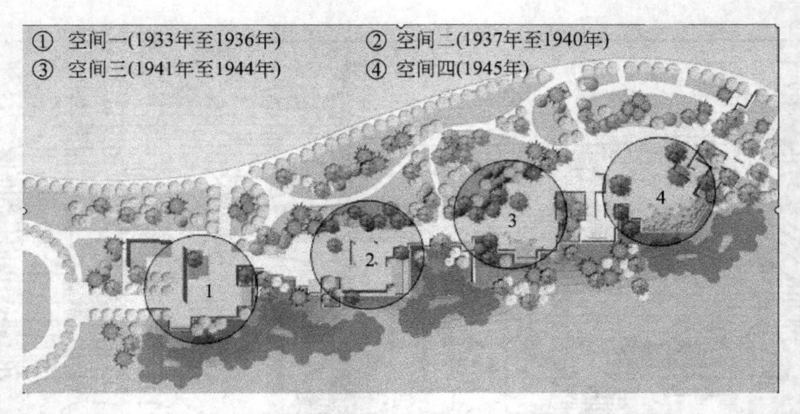

图 5-6-20 美国罗斯福总统纪念园空间序列图

【思考练习】

1. 分析某个熟悉的风景园林绿地的地形所起的作用，并分析该园林绿地是如何利用地形进行造景的。
2. 结合实例，试述如何做好自然地形的整理。
3. 堆山类型及设计要点有哪些？
4. 置石方法有哪些？
5. 用图示的方法说明地形的表现方式有哪些？
6. 查阅资料，分析苏州个园的四季假山的设计手法。
7. 水体的布局形式有哪些？举例分析。
8. 生态驳岸在设计时需要注意哪些问题？
9. 水体的基本设计形式有哪些？
10. 在风景园林设计中如何发挥水体的作用？
11. 设计一个人工自然式水池，要求结合水生植物、自然山石，完成平面图、立面图。
12. 查阅资料，分析苏州环秀山庄的水体设计手法。
13. 举例说明园路的作用。
14. 园路的类型有哪些？各起什么作用？
15. 如何进行园路设计？
16. 质感和肌理在风景园林铺装中的作用？
17. 风景园林铺装的设计要点有哪些？
18. 风景园林建筑的作用有哪些？
19. 如何处理风景园林建筑与各要素的关系？
20. 为什么说“无园不亭”？亭在设计上需要注意哪些问题？
21. 现代风景园林中建筑是如何体现的？
22. 坐椅设计要点有哪些？如何体现人性化设计？
23. 为你的校园绿地设计一个主题雕塑，突出本校校训。
24. 查阅资料，分析匾额、诗词与中国古典园林建筑的关系。
25. 园林植物观赏特性有哪些？在风景园林设计中如何恰当运用？
26. 设计一个适合当地公园应用的树群，选择出适宜的植物种类，如乔灌木、地被植物等。画出树群的平面图、立面图，并对景观效果进行分析。
27. 城市园林植物景观如何体现地方特色？结合当地实际分析。
28. 查阅资料，分析苏州拙政园、留园的植物配置手法。

29. 试述园林植物在现代风景园林中的重要性。
30. 环境因子对园林植物的作用至关重要，植物造景中如何做到“适地适树，因地制宜”？
31. 在园林植物配置的方法有哪些？如何做到科学性与艺术性的结合？
32. 花境设计方法有哪些？
33. 空间特征在风景园林中如何体现？
34. 结合实例分析图与底理论在风景园林中的应用。
35. 空间限定的方法有哪些？如何实现空间限定？
36. 举例说明空间组合的作用。
37. 举风景园林实例，分析它运用哪些手段组织空间序列。

第 6 章　风景园林设计编制内容与深度

6.1　风景园林工程设计文件编制总则

风景园林设计通常分为方案设计、初步设计和施工图设计三个阶段。参照建设部颁发实施的《建筑工程设计文件编制深度规定》，方案设计、初步设计以及施工图设计三个阶段设计文件编制内容的要求如下：

（1）方案设计文件

① 满足委托方提出的基本要求；

② 满足编制工程估算的要求；

③ 满足项目审批的需要；

④ 满足与相关专业之间的衔接。

（2）初步设计文件

① 满足编制施工图设计文件的需要；

② 满足各专业设计的平衡与协调；

③ 满足编制工程概算的要求；

④ 提供申报有关部门审批的必要文件。

（3）施工图设计文件

① 满足施工、安装及植物种植需要；

② 满足施工材料采购、非标准设备制作和施工的需要。

在设计文件的编制过程中，遵循因地制宜的原则，正确选用国家、行业和地方标准图集，并在图纸目录及施工图设计说明中注明被选用图集的名称。风景园林中建筑的设计应按建设部《建筑工程设计文件编制深度规定 2008》的要求执行。风景园林工程设计须因地制宜、节约资源、保护环境，做到经济、美观，符合节能、节水、节材、节地的要求，并积极提倡新技术、新工艺、新材料的应用。

6.2　方案设计文件编制深度规定

6.2.1　一般规定

① 目录

② 设计说明书——项目概况、设计依据、总体构思、功能布局、各专业设计说明及投资估算等内容。

③ 设计图纸——区位图、用地现状图、总平面图、功能分区图、景观分区图、园路设计与交通分析图、竖向设计图、绿化设计图、主要景点设计图及用于说明设计意图的其它图纸。

④ 设计文件的编排顺序：封面——设计资质——设计文件目录——设计说明——设计图纸。

注：根据项目类型和规模，内容可适当增减或合并，可按标书的要求适当增减或合并，投标项目可以按照标书要求制作。

6.2.2 设计说明

① 现状概述　对区域环境和设计场地的自然条件、交通条件以及市政公用设施等工程条件的简介；简述工程范围和工程规模、场地地形地貌、水体、道路、现有建筑物和构筑物及植物的分布状况等。

② 现状分析　对项目的区位条件、工程范围、自然环境条件、历史文化条件和交通条件进行分析。

③ 设计依据　列出与设计有关的依据性文件。

④ 设计指导思想和设计原则　概述设计指导思想和设计遵循的各项原则。

⑤ 总体构思和布局　说明设计理念、设计构思、功能分区和景观分区，概述空间组织和园林特色。

⑥ 专项设计说明　包括园路设计与交通分析、竖向设计、绿化设计、园林建筑与小品设计、结构设计、给水排水设计、电气设计。

⑦ 技术经济指标　计算各类用地的面积，列出用地平衡表和各项技术经济指标。

⑧ 投资估算　按工程内容进行分类，分别进行估算。

6.2.3 设计图纸

① 区位图　标明用地在城市的位置和周边地区的关系，图纸比例不限。

② 用地现状图　标明用地边界、周边道路、现状地形等高线、道路、有保留价值的植物、建筑物和构筑物、水体边缘线等。

③ 总图（总平面图）　标明用地边界、周边道路、出入口位置、设计地形等高线、设计植物、设计园路铺装场地；标明保留的原有园路、植物和各类水体的边缘线、各类建筑物和构筑物、停车场位置及范围。标明用地平衡表、比例尺、指北针、图例及注释。图纸比例同现状图。

④ 功能分区图或景观分区图　图纸比例不限。

⑤ 园路设计与交通分析图　标明各级道路、人流集散广场和停车场布局；分析道路功能与交通组织（图纸比例同总平面图）。交通分析图可与园路设计图分别绘制。

⑥ 竖向设计图　标明设计地形等高线与原地形等高线；标明主要控制点高程；标明水体的常水位、最高水位与最低水位、水底标高；绘制地形剖面图。

⑦ 绿化设计图　标明植物分区、各区的主要或特色植物（含乔木、灌木）；标明保留或利用的现状植物；标明乔木和灌木的平面布局。

⑧ 主要景点平面设计图、立面、效果图（1∶100～1∶300）。

⑨ 设备管网与场地外线衔接的必要文字说明或示意图。

6.3 风景园林工程设计——初步设计文件编制深度规定

6.3.1 设计文件内容

目录；设计说明书（设计总说明、各专业设计说明）；设计图纸（按设计专业汇编）；工程概算书（注：初步设计文件应包括主要设备或材料表、苗木表）。

6.3.2 设计总说明

① 设计依据　政府主管部门批准文件和技术要求；建设单位设计任务书和技术资料；其他相关资料。

② 遵循的主要国家现行规范、规程、规定和技术标准。

③ 工程规模和设计范围。

④ 工程概况和工程特征。

⑤ 阐述设计指导思想、设计原则和设计构思或特点。

⑥ 各专业设计说明，可单列专业篇。

⑦ 根据政府主管部门要求，设计说明可增加消防、环保、卫生、节能、安全防护和无障碍设计等技术专业篇。

⑧ 列出在初步设计文件审批时，需解决和确定的问题。

⑨ 经济技术指标　见表6-3-1。

表6-3-1　技术经济指标

序号	名称	面积/m^2	百分比	备注
1	基地总面积		100%	
2	道路广场用地			
3	绿化种植面积			
4	水体面积			
5	建筑用地面积			
6	其他用地面积			

注：表中所列项目随工程内容增减。

6.3.3 设计图总图

总图：总图设计文件应包括设计说明和总平面图。

(1) 设计说明

通常包括设计依据和场地概述，其中场地概述应对基地环境、地形状况、原有建筑物、构筑物以及植物、文物保留的情况进行描述。对总平面布置的功能分区原则、远近期结合意图、交通组织及环境绿化建筑小品的布置原则进行说明和阐述。可注于图上，或归入设计总说明，或单列技术专业篇章。

(2) 总平面图

① 比例一般采用1∶500、1∶1000、1∶2000；

② 指北针或风玫瑰图；

③ 基地周围环境情况；

④ 工程坐标网；

⑤ 基地红线、蓝线、绿线、黄线和用地范围线的位置；

⑥ 基地地形设计的大致状况和坡向；

⑦ 保留的建筑和地物、植被；

⑧ 新建建筑和小品的位置；

⑨ 道路、坡道、水体（包括河道及渠道）的位置、基本空间形式；

⑩ 绿化种植的区域；

⑪ 必要的控制尺寸和控制高程；

⑫ 技术经济指标。

6.3.4 竖向设计

竖向设计文件应包括设计说明和设计图纸。

6.3.4.1 设计说明

① 说明竖向设计的依据、设计意图、土石方平衡情况；

② 可注于图上或归入设计总说明；

③ 列出在初步设计文件审批时，需解决和确定的问题。

6.3.4.2 设计图纸

（1）平面图

① 比例一般采用1∶500、1∶1000；

② 标明道路和广场的标高；

③ 标明场地附近道路、河道的标高及水位；

④ 标明地形设计标高一般用等高线表示，各等高线高差应相同；

⑤ 标明基地内设计水系、水景的最高水位、常水位、最低水位（枯水位）及水底的标高；

⑥ 标明主要景点的控制标高。

（2）列出场地内土石方量的估算表，标明挖方量、填方量、需外运或进土量。

（3）必要时，作场地设计地形剖面图并标明剖线位置。

6.3.5 植物设计

种植设计文件应包括设计说明和设计图纸。

6.3.5.1 设计说明

① 概述设计任务书、批准文件和其他设计依据中与绿化种植有关的内容；

② 概要说明种植设计的设计原则；

③ 种植设计的分区、分类及景观和生态要求；

④ 对栽植土壤的规定；

⑤ 各类乔木、灌木、藤本、竹类、水生植物、地被植物、草坪配置的要求；

⑥ 列出在初步设计文件审批时，需解决和确定的问题。

6.3.5.2 设计图纸

（1）平面图

① 平面图比例一般采用1∶500、1∶1000；

② 画出指北针或风玫瑰图及与总图一致的坐标网；

③ 标出应保留的树木；

④ 应分别表示不同植物类别，如乔木、灌木、藤本、竹类、水生植物、地被植物、草坪、花境、绿篱、花坛等的位置和范围；

⑤ 标出主要植物的名称和数量；

⑥ 选用的树木图例应简明易懂。

（2）主要植物材料表

① 苗木表可以与种植平面图合一，也可单列；

② 分类列出主要植物的规格、数量，其深度需满足概算需要。

（3）其他图纸

① 根据设计需要可绘制整体或局部立面图、剖面图和效果图；

② 屋顶绿化设计应增加基本构造剖面图，标明种植土的厚度及标高，滤水层、排水层、防水层的材料等。

6.3.6 园路和景观小品设计

园路和景观小品设计文件应包括设计说明和设计文件。

（1）设计说明

① 应以园路和景观小品的各种不同类型，逐项分列进行设计说明并概述其主要特点和基本参数；

② 涉及市政需求的交通、防汛、消防等专业设计应明了清晰、数据确切；

③ 列出在初步设计文件审批时，需解决和确定的问题。

（2）设计图纸

① 设计图纸比例应按单项要求，一般采用 1∶50、1∶100、1∶500；

② 设计图纸应严格执行工程建设标准强制性条文；

③ 园路、广场应有总平面布置，图中应标注园路等级、排水坡度等要求；园路、广场主要铺面要求和广场、道路断面图、构造图。必要时，增加放大剖面和细节；

④ 园林建筑设计文件应按《建筑工程设计文件编制深度规定》执行；

⑤ 其他设计图纸；

⑥ 列出主要材料名称和工程量，其深度需满足概算需要。

6.3.7 结构

结构设计文件包括设计说明和设计图纸。

6.3.7.1 设计说明书

（1）设计依据

① 本工程结构设计所采用的主要规范（程）；

② 相应工程的技术资料；

③ 采用的设计荷载；

④ 建设方对结构提出的设计要求。

（2）内容

① 工程地质资料的描述；

② 上部主体结构选型和基础选型，结构的安全等级和设计使用年限，抗设防；

③ 景观水池、驳岸、挡土墙、桥梁、涵洞等特殊结构型式；

④ 山体的堆筑要求和人工河岸的稳定措施；

⑤ 为满足特殊使用要求所作的结构处理；

⑥ 主要结构构件材料的选用；

⑦ 新技术、新结构、新材料的采用。

6.3.7.2 设计图纸（简单的小型工程除外）

① 设计图纸比例应按单项要求，一般采用 1∶50、1∶100、1∶200。

② 结构平面布置图，注明主要构件尺寸，条件许可时提供基础布置图。

③ 园林建筑和小品结构专业设计文件应符合建设部颁布的《建筑工程设计文件编制深度规定》的规定。

6.3.8 给水排水

给水排水设计文件应包括设计说明、设计图纸、主要设备表。

6.3.8.1 设计说明

(1) 设计依据

批准文件、采用的主要法规和标准、其他专业提供的设计资料、工程可利用的市政条件等。

(2) 设计范围

(3) 给水设计

① 水源　说明各给水系统的水源条件。

② 用水量　列出各类用水标准和用水量、不可预计水量、总用水量(最高日用水量、最大时用水量)。

③ 给水系统　说明各类用水系统的划分及组合情况，分质分压供水的情况。

④ 说明浇灌系统的浇灌方式和控制方式。

(4) 排水设计

① 工程周边现有排水条件简介　当排入市政或小区排水系统时，应说明市政或小区排水系统管道的大小、坡度、排入点的标高、位置或检查井编号；当排入水体(江、河、湖、海等)时，还应说明对排放的要求。

② 说明设计采用的排水制度和排水出路。

③ 列出各排水系统的排水量。

④ 说明雨水排水采用的暴雨强度公式、重现期、汇水面积等。

⑤ 污水或雨水需要处理时，应分别说明所需处理的水质、处理量、处理方式、设备选型、构筑物概况及处理效果等。

(5) 说明各种管材、接口的选择及敷设方式。

6.3.8.2 设计图纸

给水排水总平面图包括：

① 图纸比例一般采用 1∶300、1∶500、1∶1000。

② 在总图上，绘出给水、排水管道的平面位置，标注出干管的管径、流水方向、洒水栓、消火栓井、水表井、检查井、化粪池等其他给排水构筑物等。

③ 指北针(或风玫瑰图)等。

④ 标出给水、排水管道与市政管道系统连接点的控制标高和位置。

6.3.9 电气

电气设计文件应包括设计说明书、设计图纸、主要电气设备表等。

6.3.9.1 设计说明书

① 设计依据　有关文件、其他专业提供的资料、建设单位的要求、供电的资料、采用的标准等。

② 设计范围。

③ 供配电系统　包括负荷计算、负荷等级、供电电源及电压等级。

④ 照明系统　光源及灯具的选择、照明灯具的控制方式、控制设备安装位置、照明线路的选择及敷设方式等。

⑤ 防雷及接地保护　防雷类别及防雷措施、接地电阻的要求、等电位设置要求等。

⑥ 弱电系统　系统的种类及系统组成、线路选择与敷设方式。

⑦ 需提请在设计审批时解决或确定的主要问题。

6.3.9.2 设计图纸

(1) 电气总平面图

① 图纸比例一般采用 1∶500、1∶1000。

② 变配电所、配电箱位置及干线走向。

③ 路灯、庭园灯、草坪灯、投光灯及其他灯具的位置。

(2) 配电系统图（限于大型园林景观工程）

标出电源进线总设备容量、计算电流；注明开关、熔断器、导线型号规格、保护管径和敷设方法。

6.3.10 概算

概算编制说明应包含如下内容。

① 工程概况　包括建设规模和建设范围。

② 编制依据　批准的建设项目可行性研究报告及其他有关文件；现行的各类国家有关工程建设和造价管理的法律法规和方针政策；能满足编制设计概算的各专业设计文件。

③ 使用的定额和各项费率、费用取定的依据，主要材料价格的依据。

④ 工程总投资及各部分费用的构成。

⑤ 工程建设其他费用及预备费取定的依据。

6.4 风景园林工程设计——施工图设计

6.4.1 一般规定

(1) 设计文件内容

① 目录　按设计专业排列。

② 设计说明　一般工程按设计专业编写施工图说明；大型工程可编写总说明。设计说明的内容以诠释设计意图、提出施工要求为主。

③ 设计图纸　按设计专业汇编。

④ 施工详图　按设计专业汇编，也可并入设计图纸。

⑤ 套用图纸和通用图　按设计专业汇编，也可并入设计图纸。

⑥ 必要时可编制工程预算书且单独成册。

(2) 只有经设计单位审核和加盖施工图出图章的设计文件才能作为正式设计文件交付使用。

6.4.2 总图（总平面图）

总图（总平面图）的比例一般采用 1∶500、1∶1000、1∶2000，设计应包括以下内容：

① 指北针或风玫瑰图；

② 设计坐标网及其与城市坐标网的换算关系；

③ 单项的名称、定位及设计标高；

④ 采用等高线和标高表示设计地形；

⑤ 保留的建筑、地物和植被的定位和区域；

⑥ 园路等级和主要控制标高；

⑦ 水体的定位和主要控制标高；

⑧ 绿化种植的基本设计区域；

⑨ 坡道、桥梁的定位；

⑩ 围墙、驳岸等硬质景观的定位。

总图应具备正确的定位尺寸、控制尺寸和控制标高。

6.4.3 竖向

竖向设计图应包括设计说明和设计图纸。

6.4.3.1 设计说明

① 竖向设计的依据、原则。

② 基地地形特点及土石方平衡。

③ 施工应注意的问题。

6.4.3.2 设计图纸

(1) 平面图

① 平面图比例一般采用 1∶200～1∶500。

② 标明基地内坐标网，坐标值应与总图的坐标网一致。

③ 标明人工地形（包括山体和水体）的等高线或等深线（或用标高点进行设计），设计等高线高差为 0.10～1.00m。

④ 标明基地内各项工程平面位置的详细标高，如建筑物、绿地、水体、园路、广场等标高，并要标明其排水方向。

(2) 土方工程施工图，要标明进行土方工程施工地段内的原标高，计算出挖方和填方的工程量与土石方平衡表。

(3) 假山造型设计

① 平面、立面（或展开立面）及剖面图。

② 说明材料、形式和艺术要求并标明主要控制尺寸和控制标高。

(4) 地形复杂的应绘制必要的地形竖向剖面（断面）图。

① 竖向剖面图应画出场地内地形变化最大部位处的剖面图。

② 标明建筑、山体、水体等的标高。

③ 标明设计地形与原有地形的高差关系，并在平面图上标明相应的剖线位置。

6.4.4 种植

种植设计图应包括设计说明和设计图纸。

6.4.4.1 设计说明

① 根据初步设计文件及批准文件简述工程的概况。

② 种植设计的原则、景观和生态要求。

③ 对栽植土壤的规定和建议。

④ 规定树木与建筑物、构筑物、管线之间的间距要求。

⑤ 对树穴、种植土、介质土、树木支撑等作必要的要求。

⑥ 应对植物材料提出设计的要求。

6.4.4.2 设计图纸

(1) 平面图

① 比例一般采用 1∶200、1∶300、1∶500；

② 指北针或风玫瑰图；

③ 设计坐标应与总图的坐标网一致；

④ 应标出场地范围内拟保留的植物，如属古树名木应单独标出；

⑤ 应分别标出不同植物类别、位置、范围；

⑥ 应标出图中每种植物的名称和数量，一般乔木用株数表示，灌木、竹类、地被、草坪用每平方米的数量（株）表示；

⑦ 种植设计图，根据设计需要宜分别绘制上木图和下木图；

⑧ 选用的树木图例应简明易懂，同一树种应采用相同的图例；

⑨ 同一植物规格不同时，应按比例绘制，并有相应表示；

⑩ 重点景区宜另出设计详图。

（2）植物材料表

① 植物材料表可与种植平面图合一，也可单列；

② 列出乔木的名称、规格（胸径、高度、冠径、地径），数量宜采用株数或种植密度；

③ 列出灌木、竹类、地被、草坪等的名称、规格（高度、蓬径），其深度需满足施工的需要；

④ 对有特殊要求的植物应在备注栏加以说明；

⑤ 必要时，标注植物拉丁文学名。

（3）屋顶绿化设计应配合工程条件增加构造剖面图，标明种植土的厚度及标高，滤水层、排水层、防水层的材料及树木固定装置，选用新材料应注明型号和规格。

6.4.5 园路、地坪和景观小品

（1）园路、地坪和景观小品设计应逐项分列，宜以单项为单位，分别组成设计文件。设计文件的内容应包括施工图设计说明和设计图纸。施工图设计说明可注于图上。

（2）施工图设计说明的内容包括设计依据、设计要求、引用通用图集及对施工的要求。

（3）单项施工图纸的比例要求不限，以表达清晰为主。施工详图的常用比例 1∶10、1∶20、1∶50、1∶100。

（4）单项施工图设计应包括平、立、剖面图等。标注尺寸和材料应满足施工选材和施工工艺要求。

（5）单项施工图详图设计应有放大平面、剖面图和节点大样图，标注的尺寸、材料应满足施工需求。

（6）园路、地坪和景观小品设计，应符合下列技术控制要求：

① 广场、平台设计应有场地排水、伸缩缝等节点的技术措施；

② 园路设计应有纵坡、横坡要求及排水方向，排水措施应表达清晰，路面标高应满足连贯性的施工要求；

③ 木栈道设计应有材料保护、防腐的技术要求；

④ 台阶、踏步和栏杆设计在临空、临水状态下应满足安全高度。

6.4.6 结构

结构专业设计文件应包含计算书（内部归档）、设计说明、设计图纸。

6.4.6.1 计算书（内部技术存档文件）

（1）采用计算机程序计算时，应在计算书中注明所采用的有效计算程序名称、代号、版本及编制单位，电算结果应经分析认可。

（2）采用手算的结构计算书，应绘出结构平面布置和计算简图，构件代号、尺寸、配筋与相应的图纸一致。

6.4.6.2 设计说明

① 主要标准和法规，相应的工程地质详细勘察报告及其主要内容；

② 图纸中标高、尺寸单位；设计±0.000 相当的绝对标高值；

③ 采用的设计荷载、结构抗震要求；

④ 不良地基的处理措施；

⑤ 说明所选用结构用材的品种、规格、型号、强度等级、钢筋种类与类别、钢筋保护层厚度、焊条规格型号等；

⑥ 有抗渗要求的建、构筑物的混凝土说明抗渗等级，在施工期间存有上浮可能时，应提出抗浮措施；

⑦ 地形的堆筑要求和人工河岸的稳定措施；

⑧ 采用的标准构件图集，如特殊构件需作结构性能检验，应说明检验的方法与要求；

⑨ 施工中应遵循的施工规范和注意事项。

6.4.6.3 设计图纸

（1）基础平面图

绘出定位轴线，基础构件的位置、尺寸、底标高、构件编号。

（2）结构平面图

绘出定位轴线，所有结构构件的定位尺寸和构件编号，并在平面图上注明详图索引号。

（3）构件详图

① 扩展基础应绘出剖面及配筋，并标注尺寸、标高、基础垫层等。

② 钢筋混凝土构件　梁、板、柱等详图应绘出标高及配筋情况、断面尺寸；预埋件应绘出平面、侧面，注明尺寸、钢材和锚筋的规格、型号、焊接要求。

③ 景观构筑物详图　如水池、挡土墙等应绘出平面、剖面及配筋，注明定位关系、尺寸、标高等。

④ 钢、木结构节点大样、连接方法、焊接要求和构件锚固。

园林建筑和小品结构专业设计文件应符合建设部颁布的《建筑工程设计文件编制深度规定》的规定。

6.4.7 给水排水

给水排水设计文件应包括设计说明、设计图纸、主要设备表。

6.4.7.1 设计说明

① 设计依据简述；

② 标高、尺寸的单位和对初步设计中某些具体内容的修改、补充情况和遗留问题的解决情况；

③ 给排水系统概况，主要的技术指标；

④ 各种管材的选择及其敷设方式；

⑤ 凡不能用图示表达的施工要求，均应以设计说明表述；

⑥ 图例；

⑦ 有特殊需要说明的可分别列在相关图纸上。

6.4.7.2 设计图纸

（1）给水排水总平面图

① 图纸比例一般采用1∶300、1∶500。

② 全部给水管网及附件的位置、型号和详图索引号，并注明管径、埋置深度或敷设方法。

③ 全部排水管网及构筑物的位置、型号及详图索引号，并标注检查井编号、水流坡向、井距、管径、坡度、管内底标高等；标注排水系统与市政管网的接口位置、标高、管径、水流坡向。

④ 对较复杂工程，应将给水、排水总平面图分列，简单工程可以绘在一张图上。

（2）水泵房平、剖面图或系统图

（3）水池配管及详图

（4）凡由供应商提供的设备如水景、水处理设备等应由供应商提供设备施工安装图，设计单位加以确定。

6.4.7.3　**主要设备表**

分别列出主要设备、器具、仪表及管道附件配件的名称、型号、规格（参数）、数量、材质等。

6.4.8　电气

施工图设计应根据已批准的初步设计进行编制，内容：设计说明、设计图纸、主要设备材料表。

6.4.8.1　**设计说明**

① 设计依据；

② 各系统的施工要求和注意事项（包括布线和设备安装等）；

③ 设备定货要求；

④ 本工程选用的标准图图集编号；

⑤ 图例。

6.4.8.2　**设计图纸**

（1）电气干线总平面图（仅大型工程出此图）。

① 图纸比例一般采用 1∶500、1∶1000；

② 子项名称或编号；

③ 变配电所、配电箱位置、编号，高低压干线走向，标出回路编号；

④ 说明电源电压、进线方向、线路结构和敷设方式。

（2）电气照明总平面图

① 图纸比例一般采用：1∶300、1∶500；

② 照明配电箱及路灯、庭园灯、草坪灯、投光灯及其他灯具的位置；

③ 说明路灯、庭园灯、草坪灯及其他灯的控制方式及地点；

④ 特殊灯具和配电（控制）箱的安装详图。

（3）配电系统图（用单线图绘制）

① 标出电源进线总设备容量、计算电流、配电箱编号、型号及容量；

② 注明开关、熔断器、导线型号规格、保护管管径和敷设方法；

③ 标明各回路用电设备名称、设备容量和相序等。

园林景观工程中的建筑物电气设计深度应符合建设部颁布的《建筑工程设计文件编制深度规定》的规定。

6.4.8.3　**主要设备材料表**

应包括高低压开关柜、配电箱、电缆及桥架、灯具、插座、开关等，应标明型号规格、数量，简单的材料如导线、保护管等可不列。

6.4.9　预算

预算文件组成内容应包含封面、扉页、预算编制说明、总预算书（或综合预算书）、单位工程预算书等。应单列成册。

6.4.9.1　**封面**

应有项目名称、编制单位、编制日期等内容。扉页有项目名称、编制单位、项目负责人和主要编制人及校对人员的署名，加盖编制人注册章。

6.4.9.2 预算编制说明

(1) 编制依据

① 现行的国家有关工程建设和造价管理的法律法规和方针政策。

② 能满足编制设计预算的各专业经过校审并签字的设计图纸、文字说明等资料。

③ 主管部门颁布的现行建筑、园林、安装、市政、水利、房修等工程的预算定额（包括补充定额)、费用定额和有关费用规定的文件。

④ 现行的主要建筑安装材料、植物材料、预制构配件等价格。

⑤ 建设场地的自然条件和施工条件。

(2) 编制说明

① 工程概况　明确项目范围、面积或长度等指标，明确预算费用中不包含的内容。

② 说明使用的预算定额、费用定额及材料价格的依据。

③ 其他必要说明的问题。

【思考练习】

1. 风景园林设计通常包括几个部分?
2. 风景园林方案阶段设计图纸包括哪些内容?
3. 风景园林初步设计阶段通常涉及哪些重要的经济指标?
4. 在基地内设计水系时，应标注哪些内容?
5. 风景园林初步设计总平面图通常包括哪些内容?
6. 简述植物种植初步设计的具体内容与要求。

下篇

风景园林设计

第7章　风景园林场地设计

7.1　场地设计概述

场地规划设计本身是一门相对独立的学科，联系着景观建筑、建筑、城市规划和工程，同时场地设计也是风景园林设计领域的一种传统实践形式。风景园林设计很大程度上是一种解决实际问题的行为，所面临的问题可能来自场地自身、场地上的建筑物及占有和使用这些土地的人群，诸如游园、校园、居住区、厂区等的土地利用与规划都属于场地规划的范畴（图7-1-1～图7-1-6）。

图7-1-1　场地设计类型——码头

图7-1-2　场地设计类型——居住区

图7-1-3　场地设计类型——城市公共空间

图7-1-4　场地设计类型——游园

与区域性的风景规划相比，场地规划与设计是在小尺度的、地方性尺度的场地上进行各种使用功能的布置，涉及多方面的内容（图7-1-7）：包括场地的自然环境（水、土地、气候、植物、地形、环境地理等）、人工环境（即通过人为改造后所形成的景观空间环境）和社会环境（历史环境、文化环境、社区环境等）。

图 7-1-5　场地设计类型——校园

图 7-1-6　场地设计类型——厂区

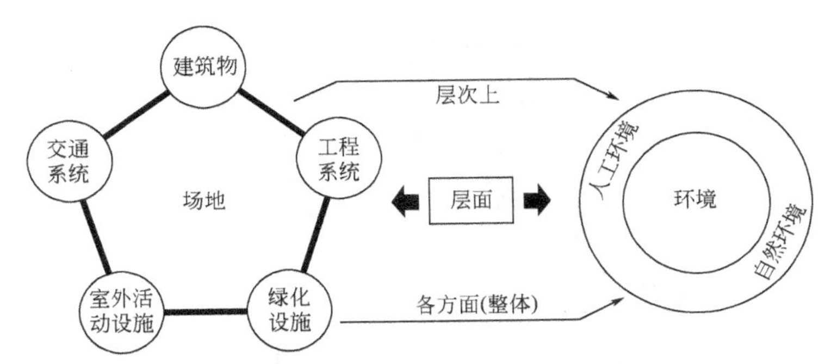

图 7-1-7　场地与自然环境、人工环境的联系

7.1.1　场地设计的概念与内容

7.1.1.1　基本概念

（美）凯文·林奇认为：（场地设计）是在基地上安排建筑，塑造建筑之间的空间的艺术，是一门联系着建筑、工程、景园建筑和城市规划的艺术。它的目标是道德和美学方面的：要造就场所以美化日常生活——使居民感到自由自在，赋予他们对身居其中天地的一种领域感。

雷特-爱克铸（Garrett Eckbo）认为：场地设计就是为满足一个建设项目的要求，在基地现状条件和相关的法规、规范的基础上，组织场地中各构成要素之间关系的设计活动。

（美）詹姆斯·安布罗斯认为：场地设计是在所关注的全部范围内为达到某个计划而对一块场地进行的开发或重新开发。

我国学者对场地设计的理解是："场地设计是为满足一个建设项目的要求，依据建设项目的使用功能要求和规划设计条件，在基地内外的现状条件和有关法规、规范的基础上，人为地组织与安排场地中各构成要素之间关系的活动，是针对基地内建设项目的总平面设计。"（图 7-1-8）。

由各方观点可见，场地设计是一个整合的概念，需要对场地内的各个设施进行主次分明、去留有度的统一筹划，从而在保证城市空间、建筑群体及园林景观的形式及功能完整、统一的同时，使建设项目充分发挥其经济效益、社会效益和环境效益（图 7-1-9）。

场地设计营造的是一种为社会服务的公用空间，它与整个社会的发展和人类的生活息息相关，是社会经济、科技、文化发展的见证。场地设计有着悠久的历史，从人类最早的为自己寻找和营造生存场所到聚居村落最初形成（图 7-1-10、图 7-1-11），再到今天场地设计成为一个专门的研究课题，场地设计一直是人类建造活动中相当重要的一个方面。场地设计的每一次进步和发展，都处处凝聚着人类的智慧，体现了人类对为创造良好生活所做的孜孜不倦的努力（图 7-1-12）。

图 7-1-8　大连星海广场场地设计

图 7-1-9　星海广场与其周边自然、人文环境的联系

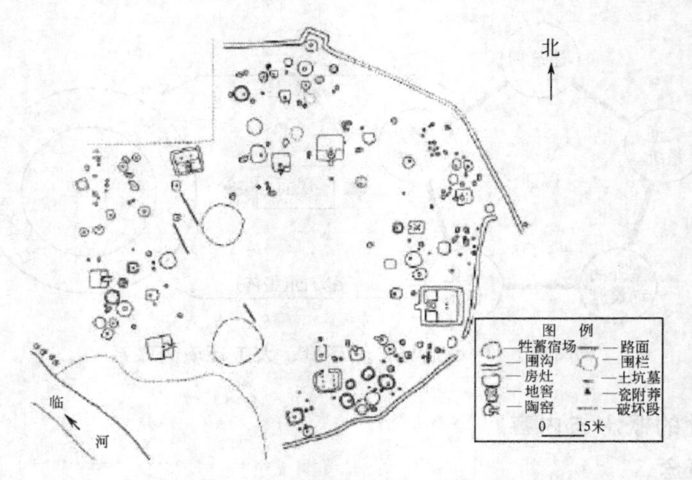

图 7-1-10　羌寨村落遗址平面

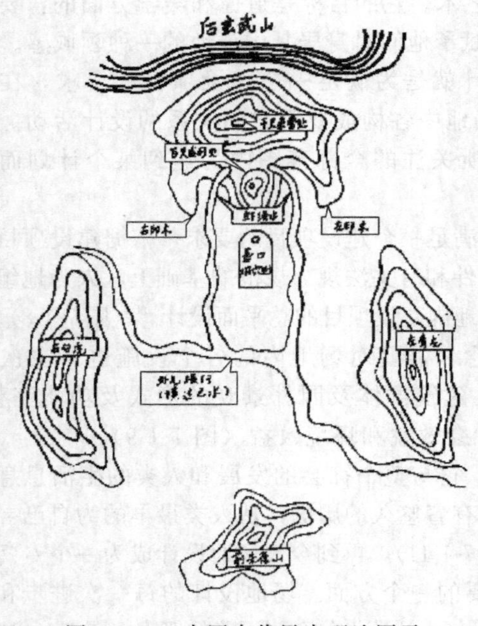

图 7-1-11　中国古代风水理论图示

图 7-1-12　场地设计实践

7.1.1.2 场地设计的内容

一般来讲场地设计包括以下 8 个方面的内容。

① 场地策划　场地的前期策划，分析场地及其周围的自然条件、建设条件和城市规划的要求等，明确影响场地设计的各种因素及问题，并提出初步解决方案。

② 场地选择　针对某一用途选择合适的场地。

③ 场地分析　分析所有影响场地建设的方方面面的因素。

④ 场地布局　结合场地的现状条件，分析研究建设项目的各种使用功能要求，明确功能分区，合理确定场地内建筑物、构筑物及其他工程设施相互间的空间关系，并具体地进行平面布置。

⑤ 交通组织　合理组织场地内的各种交通流线，避免各种人流、车流之间的相互交叉干扰，并进行道路、停车场地、出入口等交通设施的具体布置。

⑥ 竖向布置　结合地形，拟定场地的竖向布置方案，有效组织地面排水，核定土石方工程量，确定场地各部分的设计标高和建筑室内地坪的设计高程，合理进行场地的竖向设计。

⑦ 管线综合　协调各种室外管线的敷设，合理进行场地的管线综合布置，并具体确定各种管线在地上和地下的走向、平行敷设顺序、管线间距、架设高度或埋没深度等，避免其相互干扰。

⑧ 环境设计与保护　合理组织场地内的室外环境空间，综合布置各种环境设施、小品及绿化工程等，有效控制噪声等环境污染，创造优美宜人的室外环境。

由于场地的自然条件、建设条件的差异以及建设项目的不同，场地设计的工作内容应视具体情况而各有侧重：地形变化大的场地须重点处理好竖向设计；滨水场地要解决防洪问题；处在城市建成区以外的场地，应着重处理好与自然环境相协调、取得方便的对外交通联系、完善自身市政设施配套等问题；交通频繁且人流量大的场地，须妥善设置停车场、集散广场及交通流线。

可见，影响场地设计布局和建设发展的因素是多方面的，对其中的主导性、制约性因素应予以特别关注，每个场地因客观条件的不同而存在不同的制约因素，妥善解决其主要矛盾是场地设计的关键。正如大家所熟知的中山岐江公园，它的成功就在于准确地把握了场地特有的“城市的历史碎片”，这种把握实际上是通过理性的分析、准确的设计定位、巧妙的设计手法以及对于场地内容的合理配置而得来的（图 7-1-13）。

图 7-1-13　中山岐江公园营造了成功的“场所精神”

总之，场地设计工作涉及的内容较广，工作中必须从实际出发，既要完成场地设计的一般工作内容，又要针对每个场地的特定条件、特点和问题，突出设计的重点内容，明确处理方法，才能正确合理地进行场地设计。

7.1.2　场地设计的原则和依据

7.1.2.1　场地设计的原则

西方建筑界有这样一句格言：每个人都必须轻柔地触摸大地；美国的詹姆斯·卡特尔事务所对待场地的观点是：当一栋建筑从它所在场地中移开或拆除后，能留下建造之前的场地环境原样。其秉承的原则都是——“场地影响最小化”，场地影响最小化的目的是优化并做好重塑环境的活动，将其对场地影响降至最小，体现了场地设计中环境优先的原则。赖特的“流水别墅”地处熊溪河畔，背靠山崖，仿佛从崖壁中滋生出来一样，与自然融合在一起，充分尊重场地环境，堪称“场地影响最小化”原则的典范之作（图 7-1-14、图 7-1-15）。

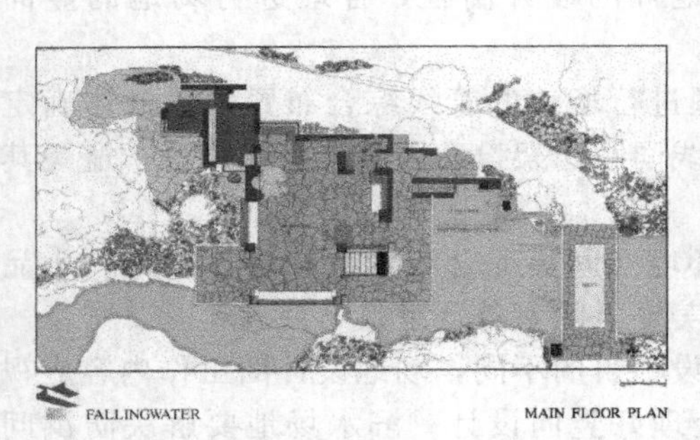

图 7-1-14　赖特“流水别墅”场地处理示意

图 7-1-15　赖特“流水别墅”与周边环境关系

除此之外，在进行场地设计时我们应遵循的基本原则如下。

① 集约利用土地、切实保护耕地　在场地选址中不占耕地或少占耕地，采用先进技术和有效措施，充分合理地利用土地与资源。坚持“适用、经济”的原则，正确处理各种关系，力求发挥投资的最大经济效益。

② 符合当地城市规划的要求　场地的总体布置，如出入口的位置、建筑红线、交通线路的走向、建筑高度或层数、朝向、布置、群体空间组合、绿化布置等，以及有关建筑间距、用地和环境控制指标，均应满足本地区控规层面要求，并与周围环境协调统一。

③ 满足工作、生活的使用功能要求　场地总体布局应按各建筑物、构筑物及设施相互之间的功能关系、性质特点进行布置，做到功能分区合理、建筑布置疏密有序、使用联系方便、交通流线清晰，并避免各部分之间的相互干扰，满足使用者的行为规律。

④ 技术经济合理　场地设计必须结合基地自然条件和建设条件，因地制宜地进行。特别是在确定工程项目规模、选定建设标准、拟定场地重大工程技术措施时，一定要从实际出发，深入进行调查研究和技术经济论证，在满足功能的前提下，努力降低造价，缩短施工周期；减少工程投资和运营成本，力求技术上经济合理。

⑤ 满足卫生、安全等技术规范和规定的要求　建、构筑物之间的间距，应按日照、通风、防火、防震等要求与节约用地的原则综合考虑。建筑物的朝向应合理选择，如寒冷地区应避免西北方向风雪和风沙的侵袭，炎热地区避免西晒，并有利于自然通风。散发烟尘和有害气体的建、构筑物，应位于场地主导风向的下风向，主导风向不明确时，在最小风频的上风向，并采取措施，避免污染场地环境。另外，近年来科学界研究发现氡（主要存在于土壤和石材中，是一种无色无味的致癌物）、电磁波等对人的健康也会产生危害。电视广播发射

塔、雷达站、通信发射台、变电站、高压线等均能制造出大量的电磁辐射污染。此外，如油库、煤气站、有毒物质车间等均有可能发生火灾、爆炸和毒气泄漏的可能。为此，在建筑选址阶段必须符合国家相关的安全规定。否则会影响人们的室内外工作、生活与身体健康，与绿色建筑理念相悖（图 7-1-16）。

图 7-1-16　高压线旁的住宅

图 7-1-17　某商业中心前场地混乱的交通流线

⑥ 满足交通组织要求　场地交通线路的布置要短捷、通畅，避免重复交叉，合理组织人流、车流，减少相互干扰与交通折返，内部交通组织与周围道路交通状况相适应，尽量减少场地人员、货物出入对城市道路交通的影响，避免与场地无关的交通流线在场地内穿行（图 7-1-17）。

⑦ 竖向布置合理　充分结合场地的地形、地质、水文等条件，进行建、构筑物及道路等的竖向布置，合理确定空间位置和设计标高，做好场地的整平工作，尽量减少土石方量，做到填、挖方基本平衡，有效组织场地地面排水，满足场地防、排洪要求。

⑧ 管线综合合理　合理配置场地内各种地上、地下管线，管线之间的间距应满足有关技术要求；便于施工和日常维护，解决好管线交叉的矛盾，力求布置紧凑，占地面积最少。

⑨ 合理进行绿化景观设施布置与环境保护　场地的景观环境要与建、构筑物及道路、管线的布置一起考虑，统筹安排，充分发挥植物绿化在改善小气候、净化空气、防灾、降尘、美化环境方面的作用。场地设计应本着环境的建设与保护相结合的原则，按照有关环境保护的规定，采取有效措施，防止环境污染，通过适当的设计手法和工程措施，把建设开发和保护环境有机结合起来，力求取得经济效益、社会效益和环境效益的统一，创造舒适、优美、洁净的工作和生活环境。

⑩ 考虑可持续发展的问题　考虑场地未来的建设与发展，合理安排近远期建设，做到近期紧凑，远期合理。在适当为远期发展留有余地的同时，避免过多、过早占用土地，并注意减少远期废弃工程。

7.1.2.2　场地设计的依据

（1）城市规划的要求

城市规划对场地设计的要求除体现在城市总体规划对于城市用地发展方向和布局结构的控制之上以外，主要体现于控制性详细规划之中。控制性详细规划的要求是具体性的，对场地设计有更直接的影响，场地设计对控制性详细规划之中的土地使用和建筑布置等各项细则规定必须做出恰当的切实反应。这些要求一般包括：对用地性质和用地范围的控制，对于容积率、建筑覆盖率、绿化覆盖率、建筑高度、建筑后退红线距离等方面指标的控制，以及对交通出入口的方位规定等。它们会对场地设计尤其是布局形态的确定构成决定性的影响。

① 对用地性质的控制　控制性详细规划中对规划区域中用地的用地性质有明确限定，规定了它的适用范围，决定了用地内适建、不适建、有条件可建的建筑类型。对于某一具体

建设项目来说，如果场地设计中需做基址选择的工作，那么控制性详细规划对用地性质的要求就十分关键了，它限定了这一项目只能在某一允许的区域内选择其基地地块。对于先取得了用地，再进行开发这一类的场地设计，用地性质的要求也是很关键的，它只限定了该地块只能做一定性质的使用，而不能随意开发建设，比如在居住用地之中则不能建设工业项目等（图 7-1-18）。

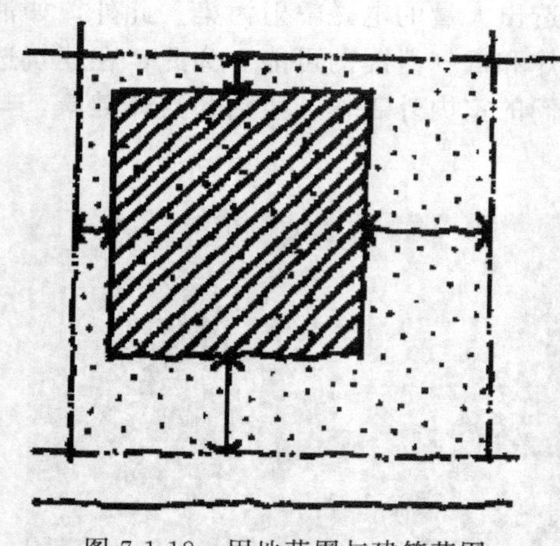

图 7-1-18　用地范围与建筑范围
（图片来源：张伶伶 场地设计）

② 对用地范围的控制　规划对用地范围的控制多是由建筑红线与道路红线共同来完成的。另外，限定河流等用地的蓝线以及限定城市公共绿地的绿线与上述两种红线的作用是相同的，都可限定用地的边界。红线所限定的用地范围也就是用地的权属范围，除了某些特殊内容，比如公益上有需要的建筑物，经规划主管部门批准可突入道路红线建造之外，场地内容不允许超越红线布置。

③ 对用地强度的控制　规划中对基地使用强度的控制是通过容积率、建筑覆盖率、绿化覆盖率等指标来实现的。通过对这些强度指标的最小值的限定，可将基地的使用强度控制在一个合适的范畴内，如对于容积率的限定，也就限定了基地内最多能建造多少建筑面积，从根本上控制了基地的使用强度。建筑覆盖率即建筑密度显示的是场地中建筑物占地面积与其他内容占地面积之间的比例关系，表明了用地的分配状态。在既定的容积率之下，对建筑密度的限定，就限定了建筑物的形态。绿化覆盖率最小值的限定，可使基地中能保证一定的绿化面积，降低基地的使用强度。

④ 对建筑范围的控制　基地中可建造建筑物的范围是由建筑范围控制线来限定的。建筑范围控制线所标定的是基地中允许建造建筑物的区域。在城市规划中一般都会要求建筑范围控制线要从红线后退一定距离，也就是所谓的建筑后退红线距离。建筑范围控制线与红线之间的用地仍归基地持有者所有，亦供其使用，可布置道路、绿化、停车场及某些非永久性的建筑物、构筑物等，并计入用地面积，参与其他指标的计算。

除了上述几方面的要求之外，规划中对建筑高度、交通出入口的方位、建筑主要朝向、主入口方位等方面的要求，在场地设计中也应同时予以满足。在一些具体情况下这些要求对场地设计的影响可能会更关键，比如当用地比较宽松而基地周围的交通条件比较特殊时，建筑物布置范围、容积率、密度等方面的要求都会很容易满足，规划中对交通出入口的方位要求则可能会成为影响场地布局形式的决定因素。

（2）相关规范的要求

与场地设计相关的各项设计规范对场地设计会有相当大的影响，且设计规范比较偏重于对一些具体的功能和技术问题提出明确要求。比如在《民用建筑设计通则》中对于场地内建筑物的布局、建筑物与相邻场地的边界线的关系、建筑突出物与红线的关系、基地内的道路设置、对外出入口的位置、绿化、管线的布置、场地竖向设计等方面都要具体、明确的规定；在《建筑设计防火规范》《高层民用建筑设计防火规范》《村镇建筑设计防火规范》中对于场地内的消防车道、建筑物的防火间距等消防问题有比较严格的要求。总的来说，各设计规范对场地内的建筑物布局和道路交通系统组织的要求较多，对规范中的规定和要求应在设计中予以遵守和满足。

有关设计规范主要包括：

①《总图制图标准》(GB/T 10103—2010)
②《民用建筑设计通则》(GB 10312—2001)
③《城市居住区规划设计规范》(GB 0180—1993)(2002 年版)
④《工业企业总平面设计规范》(GB 10187—2012)
⑤《城市土地分类与规划建设用地标准》(GB 10137—2011)
⑥《城市道路交叉口规划规范》(GB 10647—2011)
⑦《城市道路绿化规划与设计规范》(CJJ 71—1997)
⑧《城市道路和建筑物无障碍设计规范》(JGJ—2001 J114—2001)
⑨《城市公共交通站、场、厂设计规范 (CJJ/T 11—2001)》
⑩《建筑设计防火规范》(GB 10016—2006)
⑪《城市用地竖向规划规范》(CJJ 83—1999)
⑫《高层民用建筑设计防火规范》(GB 10041—1991)(2001 年版)
⑬《汽车库建筑设计规范》(JGJ 100—1998)
⑭《汽车库、修车库、停车场设计防火规范》(GB 10067—1997)
⑮《城市防洪工程设计规范》(CJJ 10—1992)
⑯《防洪标准》(GB 10201—1994)
⑰《地形图图式》(GB/T 20217.1—2007)
⑱《城市工程管线综合规划规范》(GB 10289—1998)
⑲《道路工程制图标准》(GB 10162—1992)。
⑳《风景名胜区规划规范》(GB 10298—1999)
㉑《人民防空工程设计防火规范》(GB 10098—2009)
㉒《厂矿道路设计规范》(GBJ 22—1987)。
㉓《城市规划制图标准》(CJJ/T 97—2003
㉔《城市公共设施规划规范》(GB 10442—2008)

这些规定虽然是硬性的和外在的，但却不能把它们理解成消极的框框，这将不利于正确设计思想的形成。如果只是把它们看成是外来的附加条件，在设计基本成型之后再去考虑与它们的吻合问题，那么这种削足适履的做法其结果是可想而知的。如果只把它们看成是一些抽象的、无意义的数字而去被动地适应，那么在设计中就会处处感到它们的限制，难以找到发挥的余地，只会造成捉襟见肘的局面，最后的结果也会很勉强。正确的态度应是在理解了这些规定的实质的基础上去主动积极地满足它们的要求，在设计之初就对它们所能允许的可能性做出分析，在这些可能之中选择设计的发展方向，将法规的规定与设计的构思结合在一起，这样设计的进行就会很顺利，往往是事半功倍，一举多得。各项规范和城市规划是根据大量实践中的成功经验和失败教训总结制定并逐步完善起来的，它们的背后有着理性和科学的依据，比如防火规范对于防火间距、消防车道的规定等。因而它们实际上就是设计的最基本的要求，如果理解了它们背后的理由，将设计建立在合理的基础上，那么自然就是符合法规要求的。

7.1.3 场地设计工作的特点

(1) 综合性

场地设计涉及社会、经济、环境心理学、环境美学、园林、生态学、城市规划、环境保护等学科内容，各方面的知识相互包容、相互联系，形成一个综合知识体系。场地设计工作与建设项目的性质、规模、使用功能、场地自然条件等多种因素相关，而道路设计、竖向设计、管线综合等又涉及许多工程技术内容，所以，场地设计是一项综合性的工作，要综合解决各种矛盾和问题，才能取得较好的场地设计成果。

(2) 政策性

场地设计是对场地内各种工程建设的综合布置，关系到建设项目的使用效果、建设费用和建设速度等，涉及政府的计划、土地与城市规划、市政工程等有关部门；建设项目的性质、规模、建设标准及建设用地指标等，都不单纯取决于技术和经济因素，其中一些原则问题的解决都必须以国家有关方针政策为依据。

(3) 地方性

每一块场地都具有特定的地理位置，场地设计除受场地特定的自然条件和建设条件制约外，与场地所处的纬度、地区、城市等密切联系，并应适应周围建筑环境特点、地方风俗等。设计上注意把握此特性，有助于形成有地方特色的场地设计。

(4) 预见性

与阶段性场地设计实施后，建筑实体一般具有相对的长期性，要求设计者必须充分估计社会经济发展、技术进步可能对场地未来使用的影响，保持一定的灵活性，要为场地的发展或使用功能的变化留有余地，设计者应具有可持续发展的思想。

(5) 全局性

场地设计是关于整体的设想，整体性的一个基本准则是整体利益大于局部利益。实际工作中，常有只重视建筑单体的倾向，其他构成要素后加到场地里，就不可能形成一个有机整体。场地设计重点是把握全局，整体利益大于局部利益。

(6) 技术性与艺术性

场地中的工程设施技术性强，设计中必须符合相应的设计规范，需要科学分析、推敲和计算；而场地总体布局形态、绿化景观设计，则要求有较高的艺术性，需要通过形象思维构思，用各种形式美的方式及美学观点表达所提方案。设计中要把握好这两种不同的特性。

7.2 场地设计工作阶段划分

场地规划设计（site planning and design）是营造良好城市空间环境的重要途径，如果将一座城市比作一幅书法作品，作为单字的建筑结构匀称、赏心悦目固然重要，但是如果字与字之间缺乏合理组织、缺乏章法秩序，那么这幅作品难称佳作。传统的分段式工作方式致使场地规划设计成为城市设计、建筑设计、景观设计中最为薄弱的一环（图 7-2-1）。因此需要改变以往割裂的工作模式，由景观设计师、建筑师以及相关领域的专家共同组成设计小

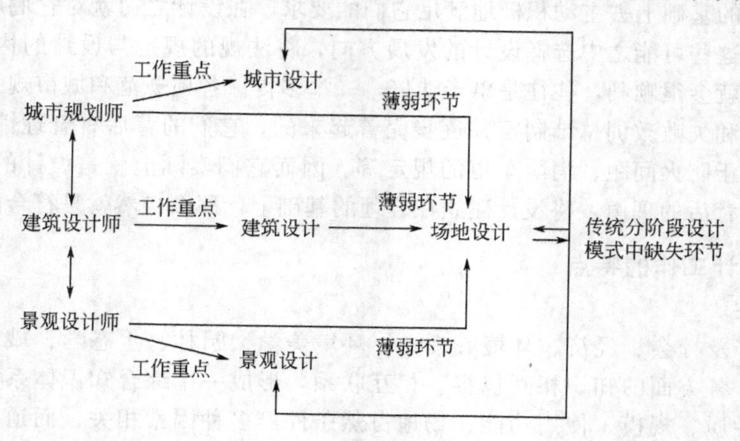

图 7-2-1 场地设计——传统分阶段式设计模式中的缺失环节

组，在景观规划师的统领下进行方案构思和深入，各方及时的沟通和商议能够尽可能地避免各自为政的局面，以确保方案的整体性。

7.2.1 阶段划分

（1）用地调研、分析阶段（analysis/site reconnaissance）

首先对用地现场的基本条件（包括建筑环境、基础设施、地区文化特征等）进行调研和分析，对获取的各方面基础资料进行深入分析、系统研究，获得下一步设计的依据、理念（图7-2-2）。对基础资料的分析要分清制约设计的主要因素和次要因素，要在互相矛盾的设计条件之间进行取舍、建立平衡，在此基础上与委托方一起确定该地段可能进行的建设（图7-2-3）。

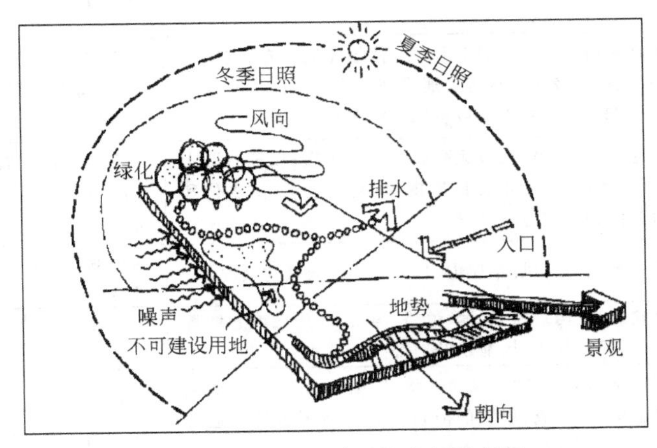

图 7-2-2 场地设计环境分析示意图

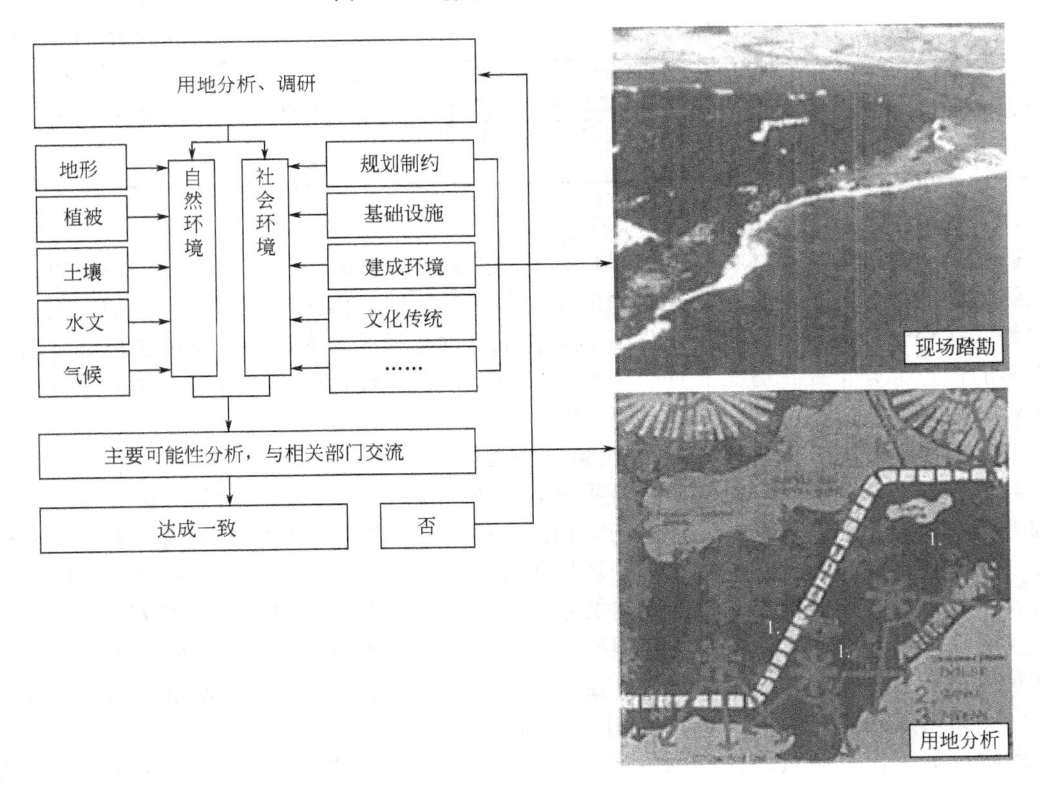

图 7-2-3 场地设计阶段一图示

设计人员在分析研究现有设计基础资料后，首先拟定现状基础调查的提纲，提纲内容的多少应视建设项目与场地的具体情况而定，表 7-2-1 列出了一般场地现状基础调查的项目与内容。

表 7-2-1 场地现状调查提纲

序号	调查项目	调查内容	调查方式
1	场地范围	场地方位、面积、朝向、道路红线与建筑控制线位置、有否发展余地等，以及与现状地形、地物关系	需现场实测并记录一些尺寸；注意地形图中表达不清或与实际有出入处
2	规划要求	当地城市规划的要求，如用地性质、容积率、建筑密度、绿地率、后退红线、高度限制、景观控制、停车位数量、出入口	结合控制性详细规划设计条件，须到当地城市规划主管部门走访
3	场地环境	场地在城市中的区位、附近公共服务设施分布、空间及绿化情况、道路及停车场等交通设施状况……附近有无水体、"三废"等污染源、军事或特殊目标等	应实地踏勘、访问、观察并记录、核对现状图，了解有无可利用或协作的设施与条件
4	场地地形及地质、水文等	场地地形坡向、坡度、有无高坡、洼地、沟渠；场地岩脉走向、承载力情况，有无不良地质现象；附近水源、洪水位和地下水状况；有无古迹古物等	实地踏勘、访问、观察并记录、核对地形图；进行地质初勘；走访当地地质、水文部门
5	当地气象	当地雷雨、气温、风向、风力、日照及小气候变化情况等	实地调查、访问，必要时走访当地气象台(站)
6	场地建设现状	原有建筑物、构筑物、绿地、道路、沟渠、高压线或管线等情况，可否保留利用，场地建设是否占用耕地	实地踏勘，核对建筑拆迁及青苗赔偿情况，记录绿化及其他可利用现状
7	场地内外交通运输	毗邻道路的等级、宽度及交通状况，场地对外交通、周围交通设施情况，人流、货流的流量、流向，有无过境交通穿越，有无铁路、水运设施及条件	现场调查、记录，必要时走访交通、公路、铁路、航运等部门
8	建筑材料及施工	有哪些建筑材料，距场地运距，施工技术力量情况……	实地调查、访问记录，查阅有关资料
9	市政公用设施	周围给水、排水、电力、电讯、燃气、供暖等设施的等级、容量及走向，场地接线方向、位置、高程、距离等情况	实地调查，走访有关部门，详细了解电源的电压、容量、水源的水量、水质……
10	人防、消防要求	当地人防、消防部门的有关规定与要求，现有设施是否可以利用……	实地调查，走访当地有关人防、消防部门等

(2) 规划草案阶段 (draft planning)

确立了项目性质和大体发展模式以后，景观规划设计师对地段进行初步的规划设计，包括大致的功能分区、道路选址、建筑物的朝向与布局模式、因经济因素而带来的空间布局的影响等，在综合考虑以上因素的条件下形成若干可供选择的方案，便于从中选出或者汲取不同方案的优点综合出最优方案。这个阶段可采取现场快速设计的工作方式，强调多方案草图的比较 (图 7-2-4)。

(3) 概念性规划方案阶段 (preliminary master plan)

经项目各方及政府管理机构的初步同意后，进一步发展草案，在功能分区、道路选线的基础上进一步细化道路的形式、理清场地功能之间的相互衔接、影响及制约关系，使场地各部分之间的功能有机结合在一起，对于场地布局、空间景观安排提出初步的建筑布局和场地空间安排的方案。初步确定场地的竖向关系、地形的大致起伏以及主要建筑的正负零标高；结合控制性详细规划确定地段中的容积率与密度以及建筑风格，结合规范的运用形成初步的总体布局。与上一阶段相比，此阶段更强调在单一方案基础上的深化和调整 (图 7-2-5)。

(4) 场地深入设计阶段 (site detail design)

此阶段的工作是对概念性规划方案的深化、落实具体的道路组织、建筑布局、建筑形态、市政设施、景观意向等，形成完整的方案说明，以备管理机构审查 (图 7-2-6)。

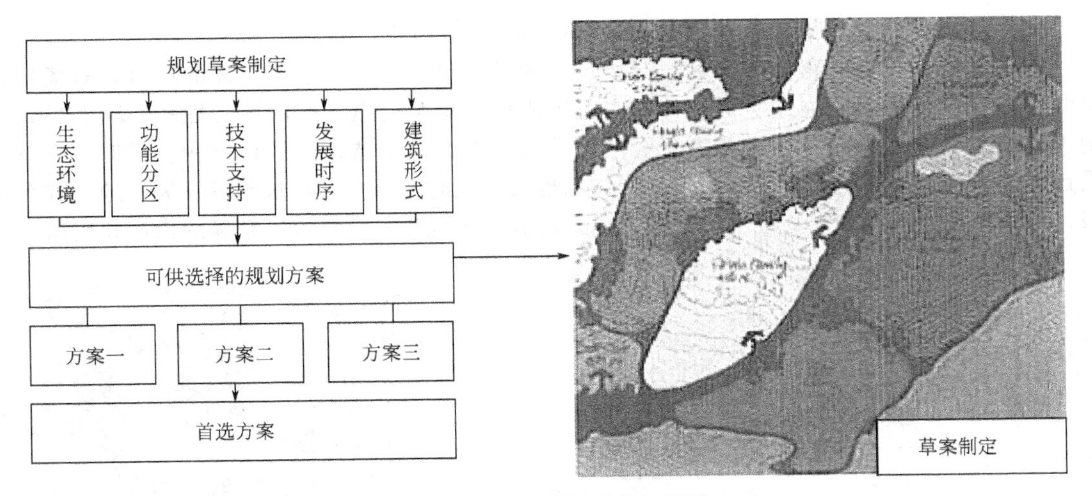

图 7-2-4 场地设计阶段二图示

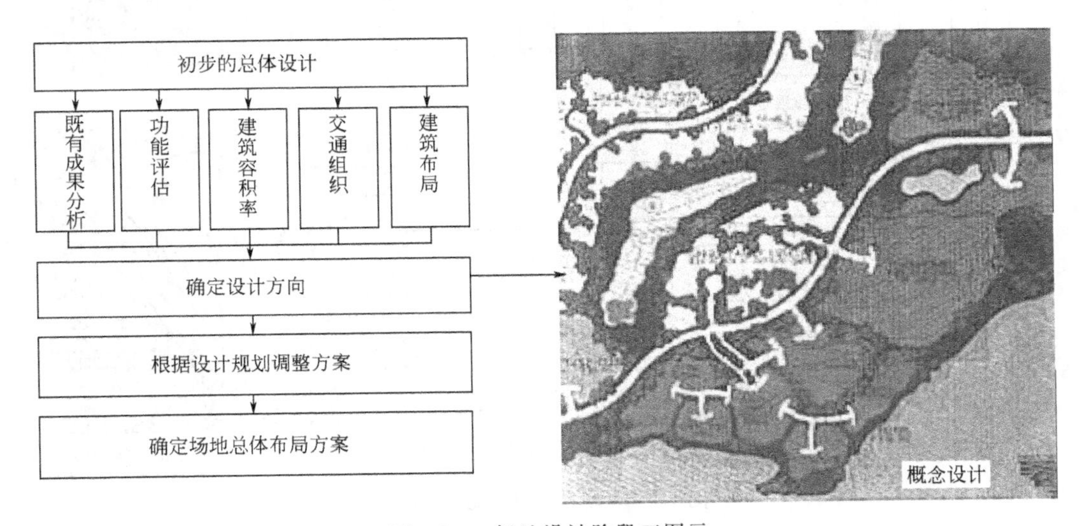

图 7-2-5 场地设计阶段三图示

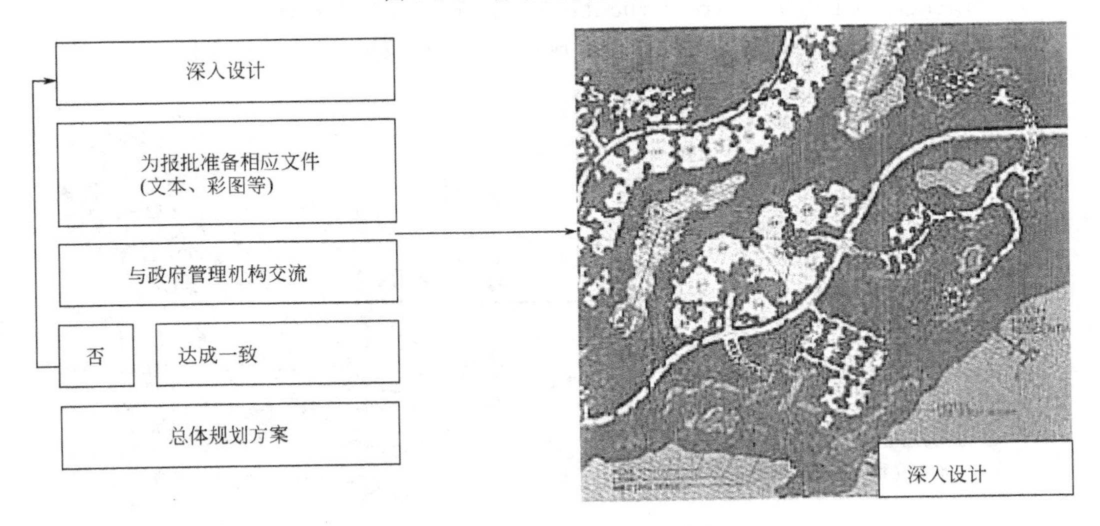

图 7-2-6 场地设计阶段四图示

（5）场地设计方案落实阶段（design development）（图 7-2-7）

在总体规划方案获得批准之后，开始场地的具体设计，包括落实具体的项目，对场地功能和形态进一步推敲，通过竖向设计检查总体规划中景观构思方案的可行性和实际效果，对地形较复杂的重点景观区段需要进行竖向设计与景观设计相结合的设计过程。同时，在景观设计师的协调下，建筑师开始敲定建筑形体和规模，同时为潜在的需求预留发展用地。在此阶段，各个相关专业（如水、电等）开始介入，协调方案优化，最终落实精确的指标和数据。

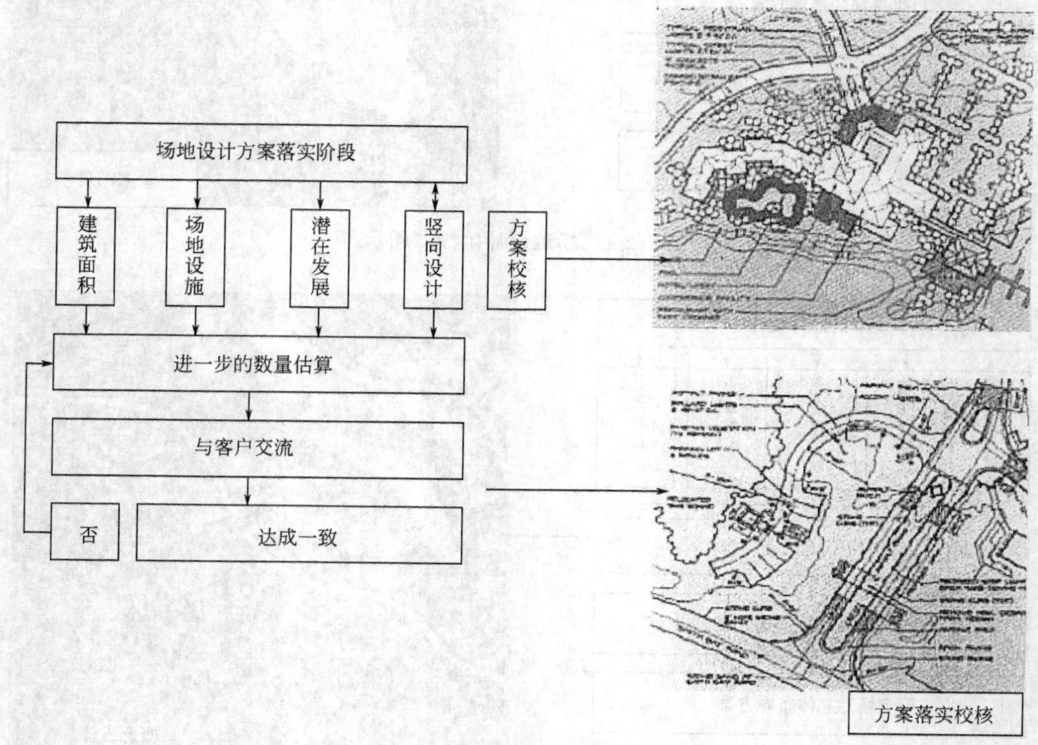

图 7-2-7　场地设计阶段五图示

（6）场地设计施工图阶段（construction documents）（图 7-2-8）

配合各个专业进行全面施工图设计，形成可以施工的最终图纸和说明书。

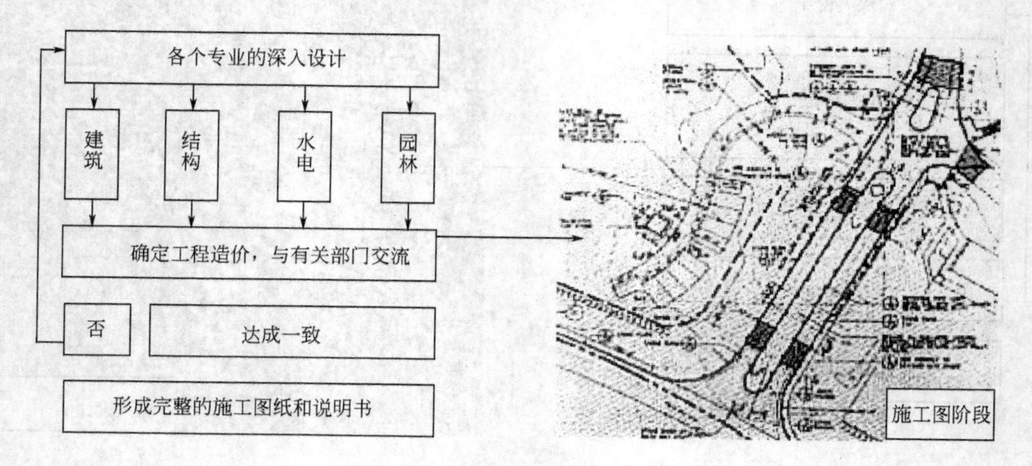

图 7-2-8　场地设计阶段六图示

7.2.2 划分意义

场地设计包容复杂，问题多种多样，因此在设计中应分清主次，遵循一定的步骤，有计划地逐步进行，先整体后局部，先主要后次要，这样工作才能有效地展开。在此过程中虽然也不可避免会出现反复和调整的情况，但这只是局部可控的，不会造成全盘推倒重来。按照场地设计的步骤有层次地展开设计，也能使得设计进行得更加深入、更加全面，最终的设计成果也能够比较完善，这也就是进行场地设计阶段划分的意义所在。

场地设计的六个阶段中前三个阶段：用地调研、分析阶段，规划草案阶段，概念性规划方案阶段，可以看作是对于场地进行的基本的组织和大体的安排。这一过程是场地设计的起始阶段，决定着整个设计的理念及设计的方向和目标，前三阶段实施的成功与否关系到整个设计的成败。一般而言，最终能否有一个适合的设计，在很大程度上依赖于设计前期阶段工作的质量。如果一开始就选错了方向，那么发展下去也不会产生良好的结果。这三个阶段的工作是为后续的深入设计提供基本框架，只是为项目提供宏观的、粗线条的指导，而不能过多地深入细节，相对而言强调考虑问题的广度。

而场地设计的六个阶段中后三个阶段：场地深入设计阶段、方案落实阶段、施工图阶段，主要是落实各项场地内容的具体设计要求，使它们能够得以成立，完成各自在场地中所担负的任务。这一过程是设计的发展和完善阶段。相对于前三阶段的工作而言，后三个阶段的场地设计工作是具体的、复杂的、琐碎的，从具体的功能组织到形式细节的推敲，任何设计构想都要落到实处才能检验成败，显示价值。其工作的重点为发展、完善和丰富前期设计，深入分析和解决各方面问题，做到全面、具体、切实可行。相对而言，这一过程更加强调考虑问题的深度和精度。

场地设计各个阶段都担负着不同的任务，各有侧重点，因而将它们较明确地分开来是很必要的。这使得每一阶段的任务和目标更加明确化，利于它们各有分工各司其职，使得设计更具条理性，更加系统化，增加设计进程的有序性，便于对设计进程的控制和掌握。这样对于设计问题也能够做到有阶段、有步骤、有重点地逐一解决，可保证对设计成果在宏观和微观层次上都能有所控制，使得设计成果更加全面、完善，避免主次不分而造成各部分轻重不一。

7.3 案例研究

本部分结合都江堰水文化广场的设计案例详细说明场地设计从调研、分析、设计构思到方案最终形成的过程，并强调在设计中要将地域文化与场地有机融合。

7.3.1 用地调研

（1）基地概况

都江堰水文化广场位于四川省成都都江堰市（原灌县），都江堰是我国现存的最古老而且依旧在灌溉田地的世界级文化遗产。广场所在地位于城市中心，占地 11hm^2，柏条河、走马河、江安河三条灌渠穿流城区，同时城市主干道横穿东西，由此场地被分为四块。原为大量危旧平房，1998 年市政府在旧城改造时，拆出广场用地，旨在亮出灌渠和鱼嘴。对于场地的其他要求可以概括为：城市中心地带景观的提升；供当地居民使用的公共空间；与世界文化遗产都江古堰建立有机联系；成为旅游景点。

（2）现状问题

① 城市主干道横穿广场，将广场一分为二，人车混杂，如图 7-3-1 所示。

图 7-3-1　都江堰广场场地分析一

图 7-3-2　都江堰广场场地分析二

② 用于分水的三个鱼嘴没有充分显现，本应是最精彩的景观，却被脏乱所埋没，如图 7-3-2、图 7-3-3 所示。

图 7-3-3　都江堰广场场地分析三

图 7-3-4　都江堰广场场地分析四

③ 渠道水深流急，难以亲近，其中一段已被覆盖，如图 7-3-4 所示。

④ 广场被水渠分割得四分五裂，不利于形成整体空间，如图 7-3-5 所示。

图 7-3-5　都江堰广场场地分析五

⑤ 局部人满为患，大部分地带无人光顾，如图 7-3-6 所示。

⑥ 多处水利设施造型简陋，破败不堪，如图 7-3-7 所示。

⑦ 大部分地区为水泥铺地，缺乏景观特色与生机，如图 7-3-8 所示。

⑧ 周围建筑既无时代气息也无地方特色，如图 7-3-9 所示。

图 7-3-6　都江堰广场场地分析六（1）

图 7-3-7　都江堰广场场地分析六（2）

图 7-3-8　都江堰广场场地分析六（3）

图 7-3-9　都江堰广场场地分析六（4）

7.3.2　场地分析

结合广场现使用情况和未来发展前景，设计者赋予这块场地的主要功能如下。

① 文化功能　主要体现当地的水文化和种植文化（图 7-3-10）。

图 7-3-10　场地水体分析

② 休闲功能　对市民休闲行为特点进行分析（图 7-3-11）。

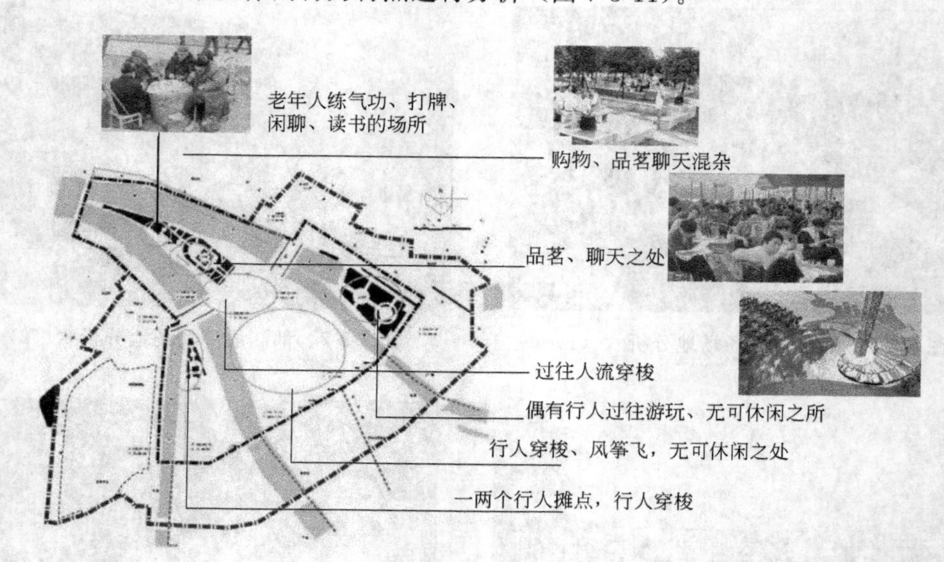

图 7-3-11　市民休闲行为分析

③ 旅游功能　场地分析过程中，得出结论：此广场是都江堰整体之中重要的一部分；是体验市井文化的场所；是城市的核心所在。

基于以上考虑，此场地应最大限度发挥旅游功能，从而带动周边区域更快发展（图 7-3-12）。

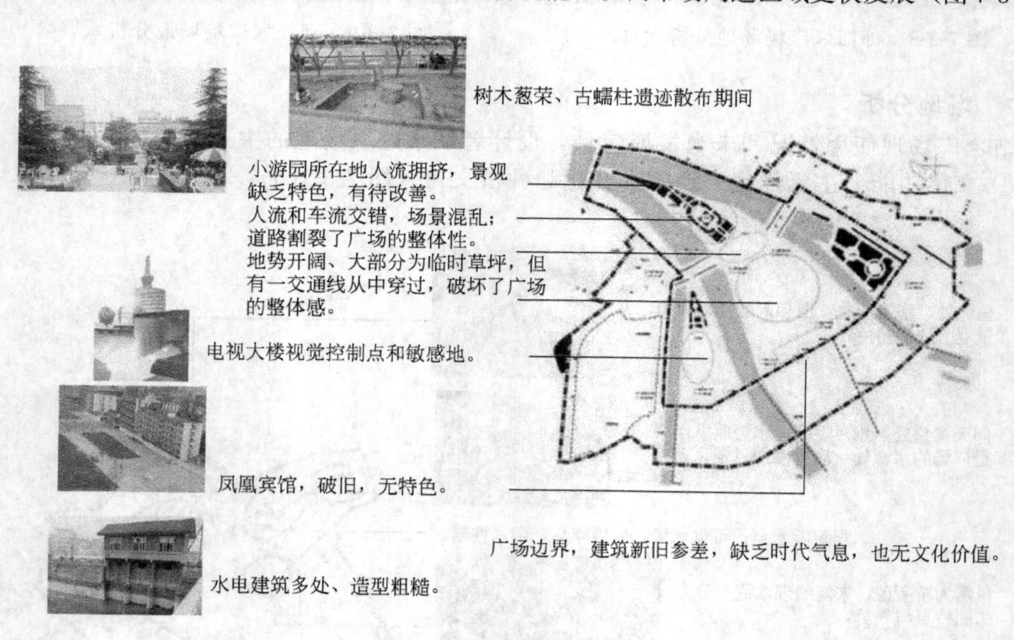

图 7-3-12　旅游地潜力分析

7.3.3　设计构思

（1）针对现状问题的解决对策

① 整合场地　针对水渠将广场分割的现状，以向心轴线整合场地（图 7-3-13）。

② 人车分流　干道处为避免人车混杂，以下沉广场和地道疏导人流（图 7-3-14）。

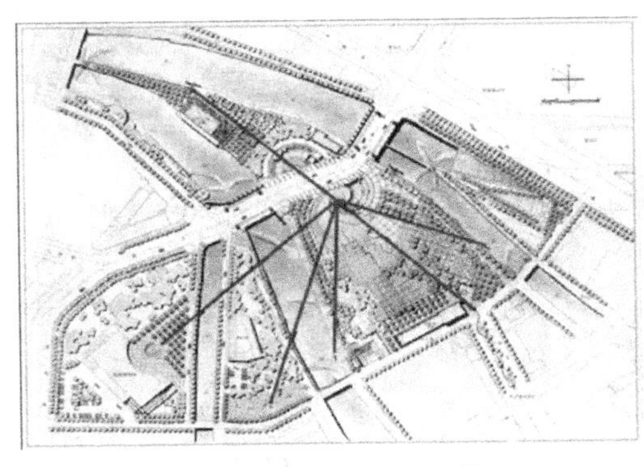

图 7-3-13 场地向心轴

图 7-3-14 人车分流示意

③ 强化鱼嘴 四射的喷泉展现了分水的气势，突出了鱼嘴处水流的喧哗（图 7-3-15）。

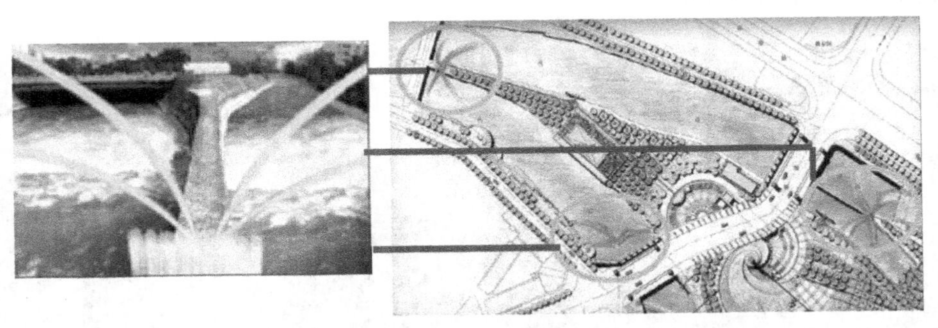

图 7-3-15 四射的喷泉

④ 分散人流 广场四处皆提供小憩、游玩之地，市民的活动范围将不会再局限于现有的小游园处（图 7-3-16）。

图 7-3-16 市民活动范围示意

图 7-3-17 亲水性

⑤ 增强亲水性 广场处处有水（图 7-3-17）。

⑥ 重塑水闸 利用当地的石材——红砂岩，将闸房建筑进行改造。罩以红砂岩框，上悬垂藤植物，周围以白卵石铺装，兼悬水帘，将水闸以一种独具特色的建筑融入广场的环境与氛围（图 7-3-18）。

⑦ 创建生态环境 广场上水流穿插、稻香荷肥、绿草如茵、树影婆娑，一改以往水泥铺地的呆板，营造出一片绿意与生机，成为都江堰市一处难得的生态绿地、市民身心再生的极佳空间（图 7-3-19）。

图 7-3-18　重塑水闸

图 7-3-19　生态环境塑造

⑧ 营造生活情趣　因袭当地的市民文化和村落街坊共赏院落格局，注重意境的创造，强调精制的细节（图 7-3-20）。

图 7-3-20　营造生活情趣

⑨ 交通体系　将城市交通干线移出广场区域，限制穿越广场的车流。未来的停车场最好位于拟建博物馆一带，这样既便于参观博物馆和通达广场，又可减少车流对广场的干扰（图 7-3-21）。

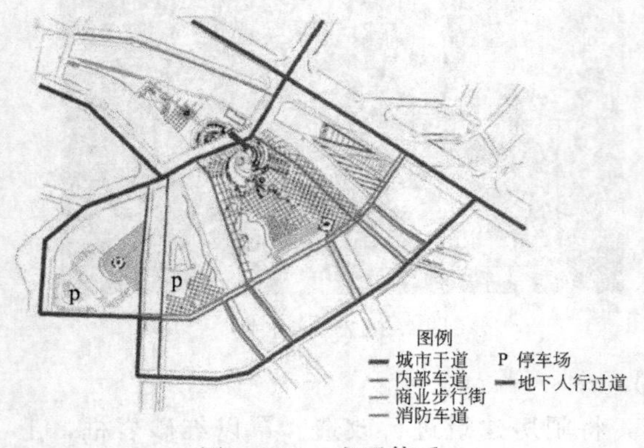

图 7-3-21　交通体系

图 7-3-22　凤凰宾馆改造示意

⑩ 周边建筑　注重风格的统一，并强化地方特色和时代感。剔除杂乱建筑，有重点有目的地进行建设，同时要强化建筑周围环境绿化的效果。以凤凰宾馆为例，采用具地方特色的红砂岩框将其进行改造处理，古中有新，又很有时代感（图 7-3-22）。

⑪ 河畔处理　广场临水段预留不少于 8m 的步行道和草地用作防洪抢险通道。同时加强

沿河两侧的整体绿化工程，并延伸至下游，重建扇形绿色通道，以充分发挥水的生态作用，将其创建为成都都江堰市集休闲、娱乐、生态功能为一体的绿色生态走廊（图 7-3-23）。

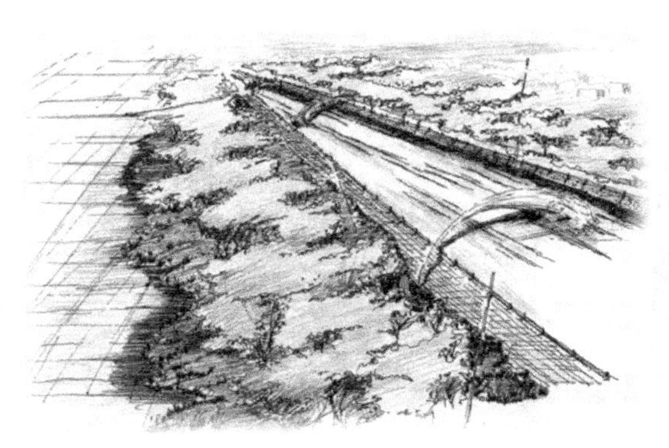

图 7-3-23　河畔处理

图 7-3-24　广场灯光示意

⑫ 灯光及广告　灯光是为夜晚增添情趣和闪光点的关键。都江堰市气候较好，夜间活动可持续很晚，因此可将广场设计为不夜之地，除一般照明外，要以艺术照明的手段点缀其间（图 7-3-24）。

（2）广场主体构思

设计理念：天府之源，投玉入波；鱼嘴竹笼，编织稻香荷肥。

① 广场总平面（图 7-3-25）　在“视觉焦点”处设计了规则的几何式景观，设计作品的中心是一座 30m 高的石雕水塔，其意义是唤起当地民间传说和神话中对岷江水神的记忆，并因此形成视觉地标（图 7-3-26）。同时，借用几何型广场的设计让人回忆起“竹笼”和“毛石”在都江古堰中的应用。一条竖向轴线从中心雕塑一直延伸到广场的南边界，它由 30m 的主雕、3 个较矮的塔和一条线性石廊（导水渡槽）组成。引入了一条蜿蜒的小溪，缠

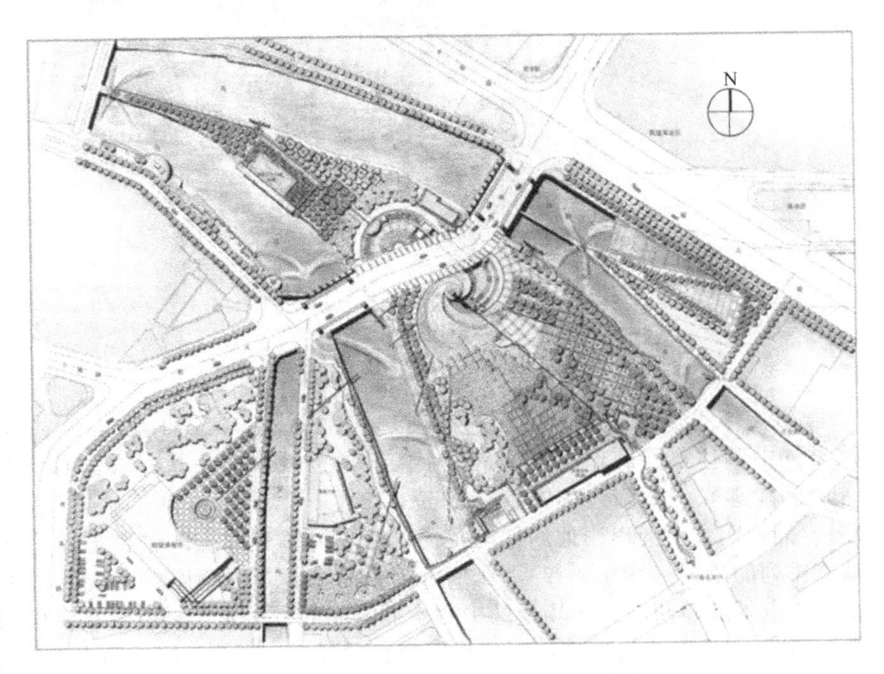

图 7-3-25　都江堰水文化广场效果图

绕在艺术化的导水渡槽的脚下，参观者可以与水亲近互动。这一中心和轴线更多的是起到空间组织联系和视觉参照的作用，并没有损害广场空间的多元化，形象地说，主题雕塑在这里是个“协调者”而非“统治者”（图 7-3-25）。

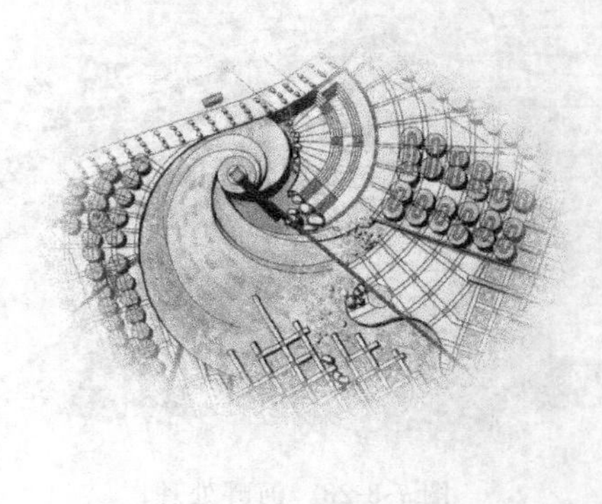

图 7-3-26　主体雕塑效果图

② 广场分区　利用场地被河流和城市主干道切割后形成的四个区块，形成五个功能相对有别，但又互为融合交叉的区域，动中有静，静处有动，大小空间相套（图 7-3-27）。

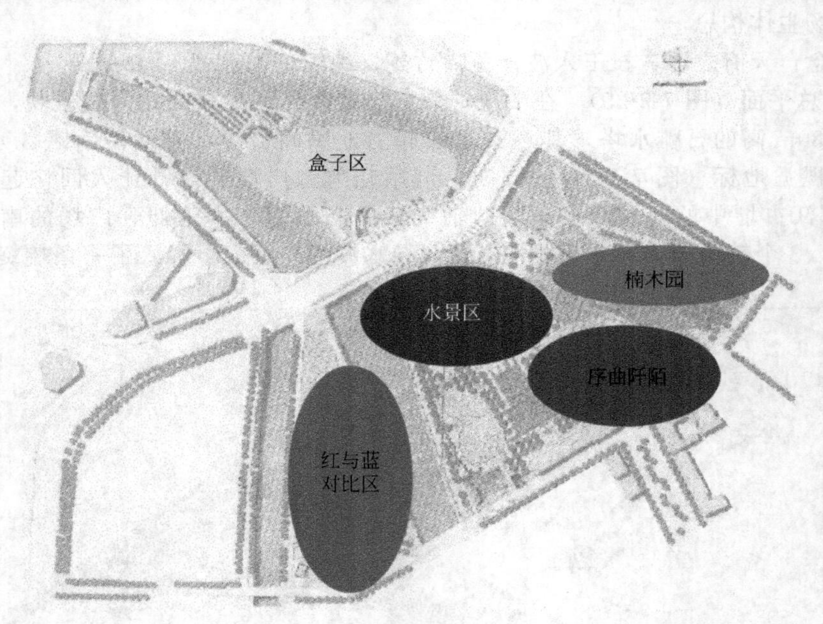

图 7-3-27　广场分区示意

a. 序曲：阡陌　作为从市内进入广场的南门户和主要入口之一，这个公共入口空间起到了引导整体设计中其他空间的作用。这是一个安静的前院，由一些方块状的令人心旷神怡的绿地构成，由此能够联想到附近的农田（图 7-3-28）。

b. 楠木园　楠木园主要突出当地的种植文化，楠木树整齐排列的种植方式，使人联想到附近农田中整齐排列的果树（图 7-3-29）。在楠木园中有多种观看河水的角度，沿着楠木园的一侧望去，视觉焦点处的雕塑凸显于场地的中心。楠木园的“边界”是由导水渡槽的石质漏墙定义的（图 7-3-30）。漏墙是步行者在不同地块间穿行的屏风，也是不同空间之间的过渡。楠木园靠近城市一侧则是城市的肌理，北部边缘的一侧就是与主雕塑和水景相结合的下沉式广场。

图 7-3-28　序曲：阡陌

图 7-3-29　楠木园

图 7-3-30　楠木园边界“漏墙”

图 7-3-31　“盒子区”示意图

c. 水景区　都江堰广场的高潮景观是坐落在中央位置的水塔，它是一座 30m 高的规则式雕塑。漏刻的斜向网格肌理象征都江堰水利工程中用来装卵石的竹笼，或许可以说它好像在回应着从都江古堰传来的水声。

d. 盒子区　广场东北部桂花林和林下的多个围合空间是整个广场的另一个兴趣点，它为人们观赏水景、集会活动或即兴表演提供了场所。那些方形的围合空间为人们游憩休闲提供了理想之地（图 7-3-31）。

绿与蓝的对比区：绿与蓝的对比区域位于广场的西南部，这一区域的立意是强调农业和都市生活之间的对比，大面积的绿地被视做农业的象征符号时，它与附近包括露天舞台、金色天幔和更多城市化硬质景观形成强烈对比（图 7-3-32）。

图 7-3-32　蓝与绿对比区的金色天幔

场地中的每一个区域都有多样化的空间，有充足的面积供人们散步和聚会。在设计的尺度方面，人本身是参照体，对软景观和硬景观的区域进行系统设计，合理分布。水元素被进行多样化地运用，丰富多彩的水景观设计贯穿其中，包括几何水池、流线形的小溪和各种喷泉。附近河流中的水浪声在各种不同地块之间形成了有趣的听觉联系和背景。

7.3.4 最终方案形成

在场地调研、各项分析和评价后，结合当地文化特质，根据分区构成及各部分空间特点、空间组合、建筑景观形式，在特定基地条件上布置相应的内容。在此基础上进一步深化，确定平面形式、各分区之间的连带关系，制定场地规划设计最终方案（图 7-3-33）。

图 7-3-33 都江堰水文化广场效果图

【思考练习】

1. 如何理解场地设计的综合性？
2. 场地设计中怎样将技术与艺术融合起来？举例说明。
3. 为什么要进行场地设计工作阶段的划分？意义何在？
4. 结合场地设计基本理论，学习本章 7.3 小节的案例，以此为基础分析一个场地设计案例，详细阐述调研、分析、设计构思到方案形成的过程。
5. 场地设计应遵循的基本原则有哪些？
6. 以“流水别墅”为例，阐述“场地影响最小化”原则。
7. 试回答城市规划对于场地设计的制约和影响。
8. 如何理解场地设计的综合性？
9. 一般来讲场地设计分为几个阶段？各阶段的工作重点是什么？
10. 场地现状基础调查的项目与内容有哪些？

第 8 章　庭院、雨水花园设计与道路绿化

重点：掌握传统园林规划与设计方法。

难点：独立完成一个小型传统园林设计项目。

8.1　庭院设计

庭院设计，主要指建筑群、建筑单体或者建筑内部的室外空间设计。现代城市充满了钢筋和混凝土，带有绿化庭院的居住、生活、工作环境成为现代生活的一种趋势。因此，庭院设计逐渐成为风景园林设计的重点。

8.1.1　庭院设计的风格

现代庭院设计的风格主要有中国古典园林风格、日本风格、欧洲风格、现代主义简洁风格等。

中国的古典园林有着浓厚的文化底蕴和独特的审美情趣，虽然现代的庭院设计在表现手法和工艺方面与中国的古典园林有着很大的差别，但同样可以通过现代设计的手段体现出古典园林的艺术美。中国庭院古典风格的设计应该注意：体现中国古典园林筑山、理水、植物、建筑设计的特征；体现诗画的情趣；体现中国古典园林的空间及审美特征；体现意境的蕴涵。

具有东方禅意特征的日本庭院风格受中国唐宋文化的影响，在模仿中国山水庭院的过程中，逐步摆脱了诗情画意，而走向枯寂境界，形成了被人们所熟知的“枯山水”庭院。另外，日式庭院还有几种类型，包括耙有细沙纹的禅宗庭院，融湖泊、小桥和自然景观于一体的古典步行式庭院，以及四周围绕竹篱笆的僻静茶庭。无论何种形式，都处处体现着人与自然的和谐，从立意构思上都反映着东方人独特的山水意识，追求自然纯真，向往超凡脱俗的境界。

日本庭院的整体风格宁静（图 8-1-1），石佛或石龛是庭院中必不可少的，配上富有特色

图 8-1-1　日式庭院

图 8-1-2　英式庭院

的净水钵，声色并茂，划分内外世界的洁净之所。现代的日式庭院风格能够把日本传统的艺术同现代的工艺、创作手法相结合，以满足现代生活对庭院的功能要求。现代日本庭院风格细腻、设计精致，注重造园素材的微妙变化，以及对传统造园符号、特征、元素的灵活运用，体现深厚的文化底蕴，是现代日本庭院的一个显著特点。

欧洲风格有五个分支，即意大利式台地园、法式水景园、荷兰式规则园、英式自然园（图 8-1-2）、英式主题园。对比中国或者东方的园林特征，欧洲风格更注重平面的布局和植物的造景，平面布局非常灵活，倾向于采用简洁、流畅的线条。

8.1.2 庭院设计的基本原则

（1）统一原则

庭院设计的个性化要求很高，在设计中，既要考虑委托方对庭院功能、风格、材质等方面的某些要求，还要很好地把握设计的整体感。庭院设计的整体性包括三个方面：①庭院应与周边环境色彩和形式协调一致，因地制宜地利用借景、对景等方式；②充分地利用庭院与建筑的灰色空间，让庭院与建筑浑然一体；③园内各组成部分有机相连，过渡自然。

（2）简单原则

由于庭院面积较小，所以应以简单原则为主，切忌多而杂乱，保持庭院构成要素简单，互相联系起来成为统一而简洁的整体，组织好庭院的构思和要素，设计清晰、主题明确、色彩平和、材料简洁、铺装统一。

（3）功能原则

形式要服从功能对庭院设计而言是至关重要的，一个不能满足园主使用需要的庭院，肯定是不理想的庭院。园主对庭院的要求不同，功能也不同，如有儿童的家庭要求把庭院作为儿童的活动场地时，在庭院的设计中要首先考虑满足儿童娱乐的空间和特色（图 8-1-3）。再如玛莎施瓦茨设计的面包圈花园，花园内用面包作为景观材料，使得整个景观充满趣味性（图 8-1-4）。

图 8-1-3　童趣的小庭院

图 8-1-4　面包圈花园

（4）视觉平衡原则

庭院相对于城市公园、风景区来讲，面积小很多，因此，庭院中各构成要素的位置、形状、比例和质感在视觉上要适宜，以取得“平衡”，有时可以适当缩小，如苏州的网狮园为了达到水波浩渺的扩大感，而把水域周边景观按比例缩小。具体来说，庭院中的花架、亭子等构筑物的大小要与庭院的面积相协调，道路的宽度也要考虑庭院的大小，铺装面积和块材要与庭院尺度匹配，植物设计要注意各种植物的深浅、鲜灰，在色调上可以通过对比、衬托等方式协调植物的色彩，把握好庭院色彩的整体关系。

(5) 经济的原则

设计的过程中应考虑投资，要想到现阶段设计的目标和长期的发展空间，要减少施工过程中不必要的浪费和减少长期使用的维护费用，尽可能减少业主的经济支出。设计时要考虑增加一些低养护成本的植物，如宿根花卉、地被植物、乔灌木植物都是低养护植物，此外适当增加一些硬质铺装，也会降低长期维护费用。

8.1.3 庭院设计要点

庭院建筑个性多样、分布零散独立、对环境要求高等特点，与其他类型的住宅相比，其最大的优点是具有较大的绿化空间，景观布局较灵活。风景园林设计强调理解场地、尊重场地，当一块普通的土地经过一系列的过程变成私家花园后，赋予这块土地的则是新的文化和意义，庭院设计需重点考虑以下几个要点。

(1) 重视园主的需求

园主是庭院景观的直接使用者。首先确定庭院的主人的职业和业余爱好、对庭院风格的要求和期望。如澳大利亚昆士兰布里斯班的艺术家花园，其园主是一位对设计有着浓厚兴趣的抽象艺术家，对新意念和新方法持开放态度，因此庭院主景是一个抽象艺术雕塑，这个庭院的特点主要是从视觉艺术出发进行设计，而没有较多的实用性，这种设计的特点是与园主的职业和爱好紧密相关的。

(2) 竖向设计

根据庭院场地分析中的地形信息，来确定哪些地方需要实施土方调整以达到预想的地形。通过经济合理的挖填方设计可以创造有效的利用空间，并使场地具有合理的地表排水。如将坡度很陡的草地修建成逐级的平台以增大室外活动空间。挡土墙的设置、园路的形成等等都需要通过土方调整来完成，所以选择经济合理的土方调整方案很重要。

(3) 建筑小品

在庭院景观中的建筑小品是指亭、廊、花架、雕塑、桌凳等各种在庭院中可摆设的物品。一般这些小品体量都很小，但在庭院中能起到画龙点睛的效果。木材在庭院中可以说是也起着重要的作用，如制作户外家具、花台、花架、秋千椅、围栏等，无论用在庭院中的任何角落，它都会创造出一种温馨、舒适、自然、和谐的氛围，满足人们回归自然的迫切渴望(图 8-1-5)。

图 8-1-5 庭院内的建筑小品与植物和谐统一

图 8-1-6 庭院内的小水池

(4) 植物配置

庭园绿化的主要功能是提供自然、舒适、优美的生活环境。对于庭院配置植物，重点是使建筑能与周围环境融合的相得益彰。建筑中不理想或难以处理的边边角角，可以用高大的乔木遮挡。建筑四角处灌木丛的高度应控制在地面到屋檐之间距离的2/3之内。在入口处可以利用色彩、质地不同的植物构筑视觉中心。在建筑或其他景观构筑物中，装饰结构越复杂，植物配置应越简洁，反之亦然。

(5) 水体

水体在庭院中的点景作用很大。不仅可以为庭院增加视觉和听觉上的感受，还可以改善周围的小气候环境及抑制噪声传播。水体的构造涉及驳岸、池底、池深、水质、排水等一系列问题，在设计和建造时需要注意以下几个技术要点：要明确水景的功能，且是否配置水生植物，水的深度要适宜，如果是为水生植物和动物提供生存环境，则需安装过滤装置来保证水质。水的pH值要控制在8.0。pH值低于1.5或高于8.5时，鱼类将无法生存。如没有养殖，在种植水生植物的水体中，应该按照水生植物的要求和景观的要求来控制(图8-1-6)。

8.2 雨水花园

雨水花园的概念，始于19世纪80年代末的美国马里兰。这一概念已如雨后春笋般地发展于庭院景观盛行的地区。不像其他环境理念，它挑战于改善我们的生活方式，我们个人的消费，以及集中于我们所要做的科学和环境利益方面。雨水花园有助于提高我们的环境质量和其他方面。

雨水花园已意味着特殊的含义，利用种植洼地，采取一切尽可能的办法使从房屋屋面或者其他建筑上溜走的多余的水分组合成我们的景观的一部分，为我们的景观所用。雨水花园一个更为广泛的定义是：它包括所有的可能因素，可以被收集获取，通过渠道、分流等方式使大部分的天然降雨雪都转化为财产所有，使所有的花园都转化为雨水花园，所有的经过细节处理的单个元素都转化为雨水花园的任意一部分，雨水花园因此是关于水的运动形式的，或者是在地面的上部或者是在地面的下部，而丰富的种植和有经验的实践都会使水不断地产生和利用。

8.2.1 雨水花园的作用

8.2.1.1 可持续景观

水这个景观要素从多方面给我们的景观设计带来生气，包括不同层次和含义。无论是在小庭院景观中还是大尺度的商业景观，水的贡献是使我们的景观更加向可持续的方向发展；水的贡献还在于使我们的环境既有利于人又有利于野生生物的生存发展。真正的可持续景观是指未来的可持续性而无需高投入的资源和精力来维护，它们还必须满足人们日常的使用要求，换句话说就是，可持续性的花园景观会对环境做出非常好的贡献，但是如果认为它不是美观实用的，甚至还涉及安全的问题，那么它的使用就不是可持续的景观，关键是我们始终要看待我们的生态的景观是多功能的，给我们带来多种多样的好处，而不是解决和关注单独的问题。

8.2.1.2 生物多样性景观

雨水花园对推广种植的多样性提供可行的生长环境，单一的种植草皮无益于处理一些水中的污染物质。所以，雨水花园的设计理论对于种植者来说是一个非常好的方式。

在多样铺装或是大型的草坪区域，自然混合种植不仅可以减少维护，而且可以减少我们的施肥量、水的用量和其他的一些能量补给，而且还可以最大限度地提高生物的和庭院的人居价值。

雨水花园的提倡者多数坚持本土种植，并不是出于某种功能性的原因，而是无论对于道德和生态等原因，乡土种植都是首选，雨水花园的设计中乡土种植优于外来引入的植被。雨水花园相对通常的庭院设计中单一的植物栽植方法和现代的植物配置都提高了人居的价值，雨水花园大量地组织种植了一些多年生的花卉植物和草坪，并配置以一些灌木，这是一个很理想的多样性种植。

我们在描绘美好花园景象时，常想象花园中有喜欢的鸟类、蝴蝶等吸引我们的其他生物。但是在真实的花园当中，我们是看不到多样生物的，或者是很少可以看到，昆虫和一些其他的无脊椎动物都躲得远远的，或者是隐藏在植物的下面或者是藏在土壤中。雨水花园对于生物的多样性是非常有效的，死去的植物和冬季的一些禾本科植物都可以为生物提供冬眠之处。同时植物的种子又可以提供给鸟类食物，特别是在晚夏和晚秋的时候多种多样的花卉也是花蜜的来源（图8-2-1）。

图 8-2-1　荷兰阿姆斯特丹的雨水花园的生态做法，（湿地）不同范围的开发为野生生物提供非常大的潜在生存环境

8.2.1.3　优化景观视觉环境

有一个理论认为，人与水的魅力是我们作为一个物种的进化历史的结果。在遥远的过去，人类从类人猿发展而来，在湖泊或者是海边经历了半水生的生活状态，依靠捕鱼、狩猎和采集果实为生。我们对水的喜好可以说是从本能上的，无论其形式是如何的。这就是为什么我们会对花园或是公园的湖泊、池塘、河流或者是其他形式的水无缘由地感兴趣。

8.2.1.4　雨水花园对游戏活动的作用

对于水的设计最值得考虑的方面就是它有巨大的潜力激发和带给生活更多的景观。在美国，一项关于新英格兰小城镇的儿童对自然环境的态度的研究发现："对于孩子，最重要的设计特征是砂石、小型浅水池或小河……"（哈特，1979），而雨水花园为设计师们提供了新的机会去解决如何收集、运输、储存和排放雨水，这不仅可以实现更环保的设计，同时也为各个年龄段的儿童创造出更多令之喜爱和激动的游戏环境（图8-2-2）。

图 8-2-2　这些形式的水对孩子有着巨大的吸引力

水的潜力能够丰富参与者的体验，在一些城市更新计划中增加水的特征是最好的诠释。在过去十年中，英国经历了一次前工业与后工业城市之间的公共区域的设计与再生的复兴运动，在这些再生系统水中，喷泉和喷气的形式通常被作为重要的设计部件用来创造主要的视觉中心点和情景。水可以用作各种形式，包括瀑布、跌水、河沟以及喷泉。水是用来创造连贯性的设计连接不同的元素，同时也为有意识或无意识的市民的交往与活动创造了机会。

8.2.1.5 雨水花园对庭院微气候的益处

雨水花园对于改进庭院或景观的微气候也是有效的。任何代替坚硬铺地的种植和植被都可以在夏天使环境降温。铺地表面储存白天吸收的太阳热能并在晚上释放出来，使周围空气升温，并且浅色的铺面反射白天的热辐射。树木或灌木丛可提供荫凉，也可通过叶子与茎表面的蒸发冷却空气——热能从周围大气中消除，需要将水分由液体变为气体。

达到这种微气候的调节可以通过绿色屋顶的设计来实现，水通过从屋顶表面以及生长在屋顶的植物表面蒸发，屋顶热量便被提取出去，从而对室内的降温起到作用。

8.2.2 雨水花园的原理

8.2.2.1 水循环

在传统庭院及设计的景观中，常常将水的使用方式倾向于一种独立元素，然而实际上所有的水是一个更大系统的一部分。我们在儿时的课程中都熟知水的循环周期这一概念——无止境的循环，水分子从海洋蒸发，凝聚入云彩，沉积后随着大气潮流被运输到高地变成雨、冰雹或者雪（图 8-2-3）。一部分降水以它们自己的方式通过河流，流入海岸，回到海洋，还有一部分蒸发回到大气层。剩下的则通过地表渗入地下。当这些水到达非渗透性的土层如黏土时，它们便在饱和的区域积累。这个区域包含相当数量的水，一个地下蓄水层由此形成。这个大规模的组合过程通常被认为是无人干预的，并且被生动描述为完善平衡的系统。

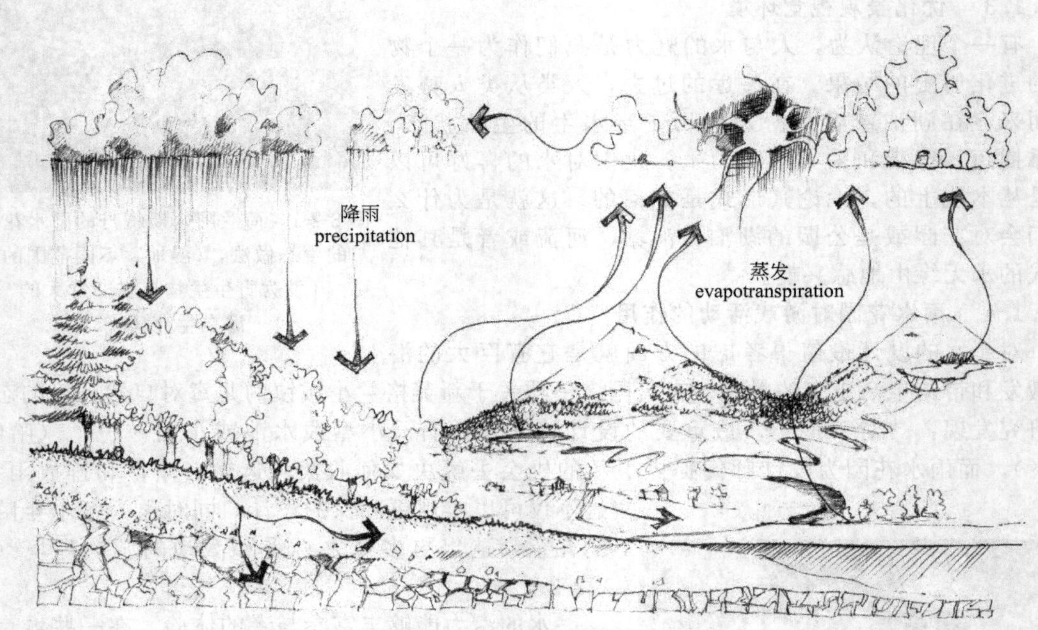

图 8-2-3 标准的水循环周期

实际上，水的循环周期可以运转在许多区域或是每个场所上，例如是一个独立的庭院、一条街道、全市或整个国家，都可以被描绘为水进入和流出的区域。每个区域也可看作为一个整体单位，在这个区域内随着水通过各种各样的来源输入、各种各样的路线输出以及各种各样的干预事情的发生。当我们比较了水用在一个“自然”区域的表现，如森林或草地，与水用在兴建地区的表现，例如镇或市中心，明显发现人类的发展活动极大地改变了水的运动样式。

人为干预下建立的水循环周期十分短暂，落到建筑或地表面的雨水迅速排入排水沟或进入水处理中心，使其尽快流进小溪或河流。减少或除去水渗入地下及蒸发回大气这样的自然过程后，导致了暴雨过后经常有非自然的过量的水，这便是引发常见城市内涝问题的缘由。

8.2.2.2 生物滞留地

生物滞留地理念是洼地设计的依据。生物滞留地是一个基于土地的实践，即在景观中利用植物、微生物以及土壤的化学、生物及物理属性，来控制水的质量和数量（Coffma 和 Winogradoff，2002）。生物滞留地应用已被开发，主要贯穿在庭院中。尽管主要的设计是水的管理设计，但利用生物滞留地贯穿在景观中，可以带来所有关于环境友好的设计原理的优势。引入植物、水和土壤进入，建立的发展还有许多其他好处。

生物滞留地使用一个简单的模具为水流的渗入、过滤、存储提供机会并由植物吸收（图 8-2-4）。它们都是依靠同一个机制——过量的雨水被收集并通过土壤过虑，或者设计一个生长媒介“基体”。一旦土壤变得饱和，水开始在表面集中，并慢慢渗入到在设备下面及周围的自然土壤中，或被排出沟外。

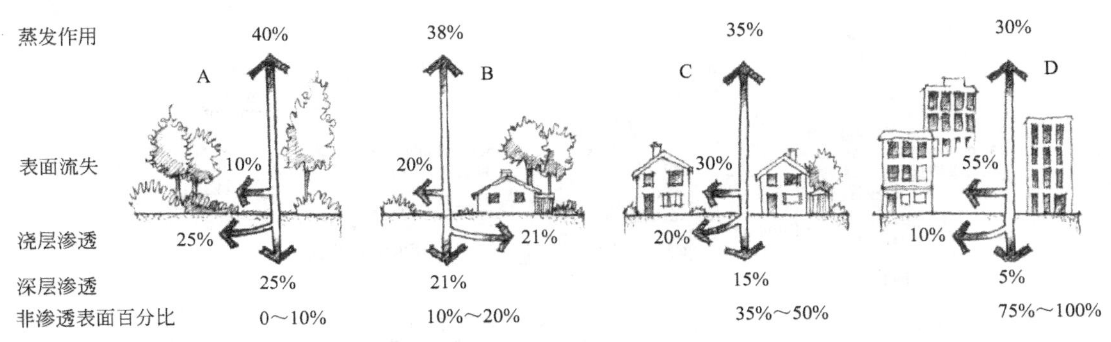

图 8-2-4 随着发展相当数量非渗透性的表面的增加，出现了一定数量的渗透减少和地表水流失量的增加。本图显示水通过不同途径在不同数量的非渗透性表面留下的百分比（适应于 FISRWG 1998 年）

8.2.2.3 雨水链

生态滞留方法的目的是两方面的：减少不透水的表面以减少雨水的流失，以及利用景观和土壤在雨水流失之前引导、储存和过滤雨水。生物滞留有很多方法，但关键是，要使其充分有效，一个综合的方法要求考虑到所有在任何一个地方雨水降落、流经和流走的方式（图 8-2-5）。这种综合的办法常常被人们以“雨水链”所熟知，包括四个主要的技术范畴：

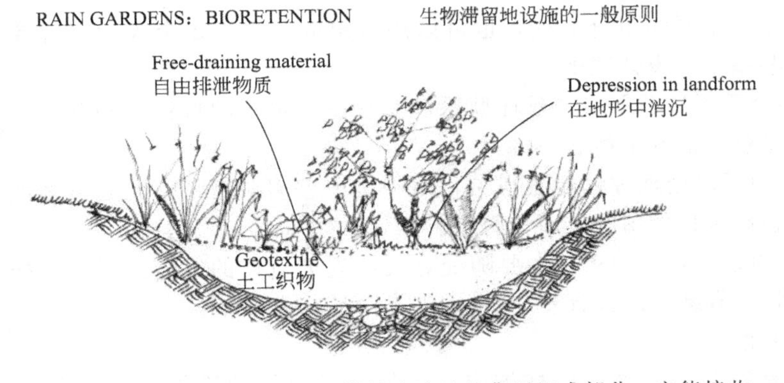

图 8-2-5 这是不同形状和规模的浅洼地的典型组成部分，它能接收地表径流并将之渗透进入土壤。如果自然土壤不能渗透，则可用砂砾土壤代替

① 阻挡雨水降落到表面的方法；

② 储存用于渗透和挥发的保持性方法；

③ 暂时储存降雨并能以一个预定的速率释放的滞留性方法；

④ 把雨水从它降落的地方输送到能保存它的地方的运输条件。

所以这是一个利用生物滞留技术的空间要素，也是一个让我们兴奋的概念。“链”的理念意味着“连接”，一环套一环，环节越多，链条越强大。但是关键的、更显而易见的是，一个链条有它的起始和结束，甚至可以首尾相连，形成环状。所以这个理念以一个设计和管理花园的理想基础展示出来。链条的起始往往是一座建筑物——可以是主要的房屋，也可以是小花园里的建筑和小屋；结尾可以是花园的最低点，要么是自然形成的低地，或是自己建造的洼地；中间环节则是由大量的花园植物和小品——每个在景园里的元素都可以联系到这个概念上，链条也不一定是直线的，相同的和小一些的链可以一种类似小溪汇进大河的方式和主要链连接起来，图 8-2-6 显示了连续的次序是如何收集雨水并释放到住区（上图）和商业（下图）景观中的。

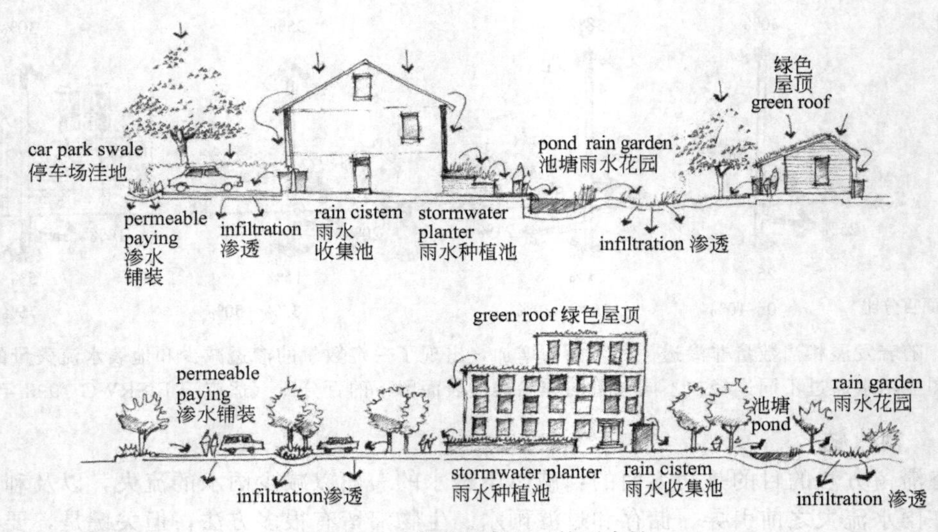

图 8-2-6 住宅和商业区的雨水链

8.2.3 雨水花园设计重点——雨水链

雨水链可以有不同的组合方式，也可以用特定的适合于每个人的庭院或景观的方法组合。但是有一些基本的设计原则：

① 保证各个要素按照严格的顺序联系起来——从建筑的特定结构开始，然后考虑到地形和给定的或是创造的水平线。

② 让雨水和雨水处理过程能看得见，而不是把它们藏起来。比起清理埋在地下的管道来说，清扫堵在雨水口的落叶要廉价得多。

③ 最重要的是，要有创意，也要随处寻找体现创造性的机会。用什么样的材料？如何创造出一个独特的有新意的设计？

（1）绿色屋顶

绿色屋顶是安置在屋顶上的植被层，是加上了植被的简易屋顶。它们更为人所知道的是应用到大尺度：学校、办公楼、广场和其他大型建筑。绿色屋顶减少了小到中雨的雨水流量，并减低了雨水的流速。绿色屋顶可以在冬季保暖、在夏季隔热以及隔音

（图 8-2-7）。

图 8-2-7　绿色屋顶可以放置在即使是最小的构筑物上：喂鸟台、狗窝、环保箱。一个有着绿色屋顶的花园小屋成了小花园中的视觉焦点

绿色屋顶这一创造性的运用将随机的构筑物组成了庭院中的中心视点。许多居住在城镇里的人都注意到自己或是别人的灰色、单调的屋顶。对这些表层进行绿化不仅仅是提高了可实行，同时还是这些有实际利益和功能的建筑或构筑物成为了有吸引力的焦点。当庭院或户外空间很小时，绿色屋顶的确可以成为吸引野生动植物来到环境里的唯一机会。

绿色屋顶并不是一个新的理念，斯堪的纳维亚木屋（图 8-2-8）的草皮或纸草屋顶已经被使用了几个世纪，屋顶利用了当地土壤和植被（通常从建筑建造的小块土地上）以及简便的草料来构筑，在严格密封的厚模板表层上，桦木皮层进一步防水，熟枝层帮助排水，草根层直接置于这两层上，土壤和制备层就是木质进而短棍的构架中。绿色屋顶建造的两个重要事项：结构负荷和防水，当这两个条件满足时，就能建造自己的绿色屋顶。现代轻质材料的研究，使得创造一个可行的庭院木屋和户外绿色屋顶相对更容易了。

图 8-2-8　传统的斯堪的纳维亚木屋采用了简单的技术来建造能保证冬暖夏凉的绿色屋顶。在斯德哥尔摩的 Skansen 民俗博物馆中的这个木屋展示了典型的旧村舍。屋顶是用当地材料如桦树皮构造的。土壤和植物安置在木板上，屋顶的植物也是本土的

所有屋顶都包括一系列层的基本构成，主要区别在于生长媒介的厚度和它们支持的植被。典型的商业化的绿色屋顶由以下几个部分组成。

① 防水层　任何一个绿色屋顶的基本层就是屋顶防水层。这不仅仅是防水，而且还是屋顶的保护层。知名的公司会保证 25 年内不漏水。

② 排水层　排水层一般在防水层上面，将多余的水从屋顶排走。大多数绿色屋顶都是坚韧而耐干旱的，市面上的排水层多采用预制的多孔硬泡板，并且与特质的排水口相结合，简单的轻质材料的组合也能达到相同的目的。

③ 过滤层　土工布通常在这两层之间，用于保护排水层不被堵塞。

④ 生长层和培养基层　生长层维持植物的生长。经常提及的生长基层（即培养基层），是人造的轻质“土壤”，市面上典型的培养基是有集合材料，如回收的压碎砖或瓷砖、轻度膨胀的黏土、小型颗粒、珍珠岩或蛭石混合着小比例（大概是 10%～20%体积比）的物质，

如绿色废弃混合化肥。

图 8-2-9 显示了典型的绿色屋顶的结构原理。土工布过滤垫上是一层生长媒介，上面是一张塑料的泡沫状排水层。

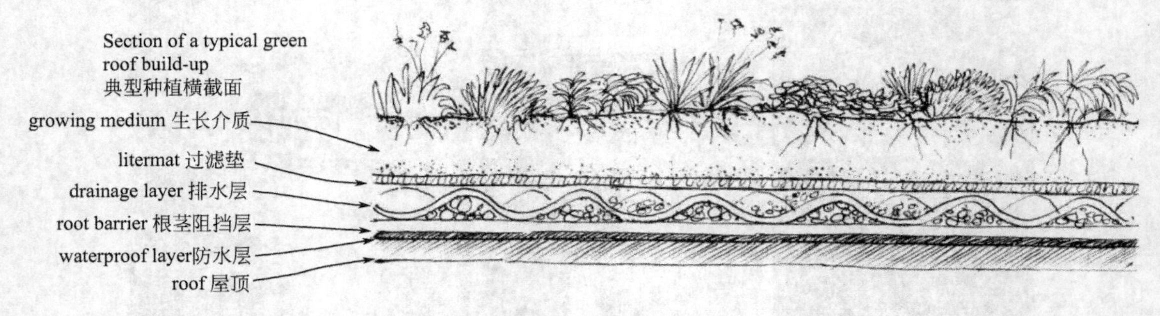

图 8-2-9 标准两层屋顶

案例（图 8-2-10）：英国 Rotherham 的 Moorgate 宿舍，它屋顶的阳台是专为办公室的工作人员提供的，它是一个半广泛型绿色屋顶的范例。这些植物要一直全年看护，它们只在严重的干旱季节才需要最低限度的维护和灌溉。这里用两种不同的植物混合种植：10cm（4cm 根深）的土壤深度的高山景天植物和一个 20cm（8cm 根深）常绿的干旱型草垫。用不同颜色的石头沿着纵横方向排布覆以护根，使冬天的园子里也充满色彩和趣味。

图 8-2-10 英国 Rotherham 的 Moorgate 宿舍

（2）雨水收集装置

无论有没有屋顶绿化，屋顶上都会有多余的水流流下而需要加以处理和管制。在大多情况下，这些水资源都被浪费了，它们直接从屋顶上流入落水管，然后直接进入排水渠和污水渠。多余的水流有效利用方法：

① 将流出的水经过草坪或其他植物，例如一些过滤带；

② 将流出的水定向流到湿地和其他景观区，以维护和保持池塘或雨水花园的水量；

③ 将流出的水暂时储存在雨桶或水箱里；

④ 落水管如何断开必须仔细地考虑，并且必须有充足的室外空间和植物来利用雨水。我们将首先在意的是最后的方法，其主要目的是蓄水。

蓄水：以前人们从泉、井和河水里取水运送到房子里或者庭院时，其实并没有消耗和流失多少水量，如今人们已经研制发明出收集和循环再利用水的技术，但我们对百年前的旧技术又有了新的兴趣，这主要是因为雨水收集有利于节省潜在的成本，以及使用雨水对植物有利的影响。对植物来说，利用雨水和经处理的自来水比较，雨水对植物的生长更有益处（雨水没有氯化物，零硬度，并且比自来水中的盐分更少）。

庭院中容易实现且信手拈来的便是雨桶和水桶，雨水桶和大水桶曾常被用来接取雨水用于庭院灌溉。水桶能吊起来，为公园里的植物提供免费的水分，用水桶浇灌的水生植物比水管浇灌的植物更加经济和高效；小的空间更有用，将平的大桶连接到房子或大厦的墙壁处，而不是将落水管里的水直接地倒入桶中；接雨水的桶活塞可随时使用，当桶是满的时候，这个落水管的水龙头是可以自由开关的。要注意的是需要制作一个符合雨水桶尺寸的盖子或紧身的盒盖，以防止蚊虫滋生（图 8-2-11～图 8-2-13）。

在庭院设计时，还可以增加多样的小型蓄水池，连接落水管，这种蓄水池的变化多样，丰富景观环境，但是必须注意安全设计。

（3）溢流和水渠

溢流是指雨水脱离了雨链或溅出，溢流可以减慢水流速度并且在水要改道之前将其纳回本来的方向；水渠是一条在路面或天井内设置的浅水渠，水渠在形成暴风雨链之前将雨水引入一个平铺的路面上来。

落水管、雨链和地面之间的联系是非常重要的一环，正是此时，雨链就有了一个能让水力产生吸引人的效果的机会，创造出水流声和戏剧性的效果，以各种方式制造和发现的事物，都可以用来体现这个细节的个性化（图 8-2-14）。

图 8-2-11　雨水链

图 8-2-12　雨桶和水桶

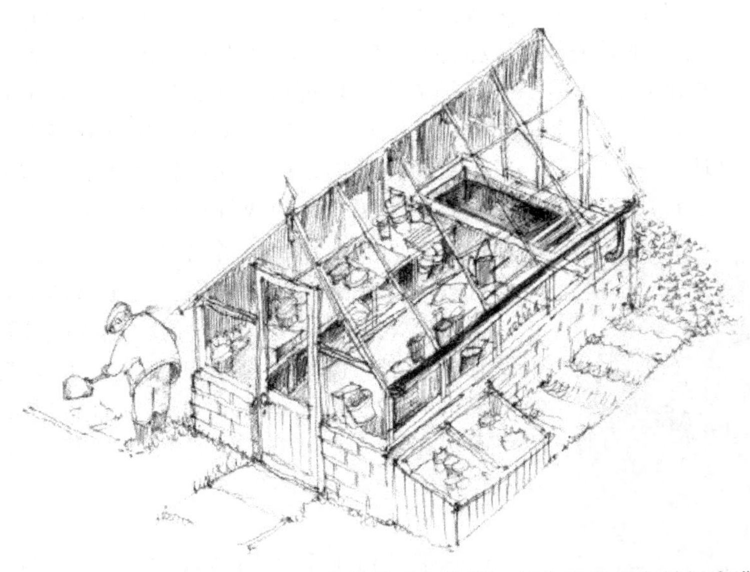

图 8-2-13　水桶也可以悬在高处来给花园里的植物进行浇灌。用金属桶或者吊桶浇灌比毫无差别的使用水管来的经济和有效多了。

由图 8-2-13 可知温室中设置了一个偌大的水箱，里面盛满了从屋顶上流下的水。在植物生长的季节，这些水能够帮助温室降低热量，夜间释放热量，白天增加湿度。溢出来的水就直接流向一些特别喜水的藤本植物或渗透掉。冬天，地下管道将水改向，使雨水都流到花园中。

图 8-2-14　多样的溢流方式

(4) 水的渗透

在水循环的过程中，在人为干预下，阻挡了雨水渗透到土地的回路，进而直接排入管道，这其中人为干扰就包括我们大量使用非透水材料。多孔可渗透的铺地对于提高景园的可蓄水性是一种重要的工具，而且多孔可渗透的铺地也能增加种植的机会。多孔的铺地或者固化的表面都只是让一部分水渗透到土壤或者地下水，而不是让水直接全部排入排水系统。

① 用多孔的可渗水的块石　当表面需要承受较大的载重或者必须坚固而不是松散，标准的铺地块料和栅格就可以使用了。沙子或土壤就可以填充结构的缝隙和开口了。通常在这种铺地中种草，就可以产生一个坚固的绿色表面。塑料的格子系统在被踩踏严重的或者需要偶然有车通过的草地中特别有效。格子对防止草的根部毁灭和连根拔起可以起到作用，也帮助避免土壤压实，这种压实会阻止雨水渗入土壤。可吸收性的沥青和混凝土也可以利用。在铺设单元之间不封缝。一个主要方法，是水从铺设单元间的没有缝隙或接缝的铺地表面上流走（图 8-2-15）。

图 8-2-15　渗水铺装

② 铺地的透水层　对于一般的园路不需承重很多的话，则没有必要把园路设在坚硬的石块上并用泥灰填实。如果使用较重的铺地单元的话，则可以直接铺设在土壤或者沙砾表面。在这种情况下，铺地可以为其周围的植物提供凉爽而潮湿的空气（图 8-2-16）。

(5) 过滤带

过滤带是植被覆盖的缓坡地区。从邻近的不透水表面汇集雨水，减缓水流的速度，同时，截留沉淀物和污染物，从而减小小型暴雨径流量。过滤带可以减少不连续的下水管道中的雨水量。尽管混合种植在促进渗透和截流污染物方面会更有效，但是一般的草坪可以很好地完成这一功能。

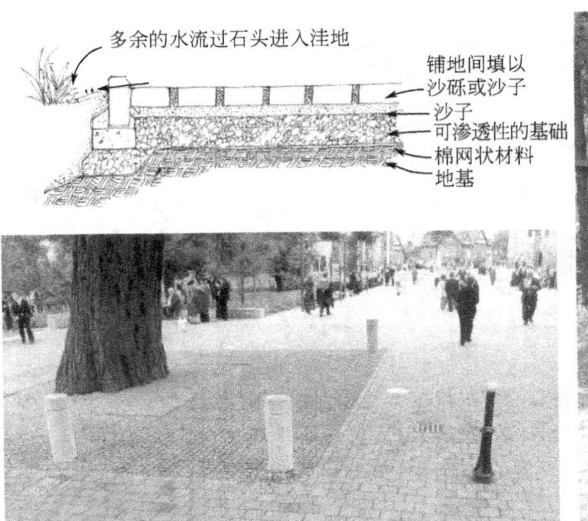

图 8-2-16 （左）这种标准的混凝土铺地使得表面耐用，但是缝隙能种上草或者其他的植物，而且也可以使铺地本身变得好看。这是爱尔兰科克大学校园的铺地中的树。在这棵成熟的树周围已经被放置在碎石之上的格子保护起来，这减少行人对其的土壤压实的冲击而且促进根部水和氧吸收。放置在边缘的护栏可以避免车辆进入。（右）在柏林的一个“绿色”的停车场内，高密度的种植树意味着从外面几乎看不见汽车。由于车辆交通不是太多，而且对野草生长的管理较松，所以多孔的铺设使植物能够生长。

所以说过滤带越宽越好。因为过滤带是作用于流过它之上的雨水的，所以它将对防止雨水的汇聚起到必不可少的作用。过滤带和湿地之间最主要的区别是过滤带是有坡度的，并且最终的目的是为了分散径流而不是汇聚径流。正因为如此，过滤带可以引导径流进入湿地。在地表径流可能被重金属污染的商业场所里，例如高速公路加油站的停车场和汽油站，那里的过滤带可被碎石灰石铺满。这些石灰石用来吸收油类物质，如石油和重金属（图8-2-17、图8-2-18）。

图 8-2-17 石块和草坪组成的过滤带

（6）蓄水池

蓄水池是无渗透性的可永久保存水的水池。蓄水池的水也可以通过溢流进湿地或是蒸发作用而损失。池塘是暴雨链中最后的组成部分之一，为流出的水提供了一个最后的停留场所，它的一个重要的功能是沉淀污染物，蓄水池和一般的池塘之间有根本的不同，但是因为二者都是被设计用来接收雨水径流，任何增加的雨水都会置换掉原来在池塘中的水，这就意味着池塘中的水将规则地涨落。如果池塘容积已经满了，任何雨水流入都会使水流出池塘，

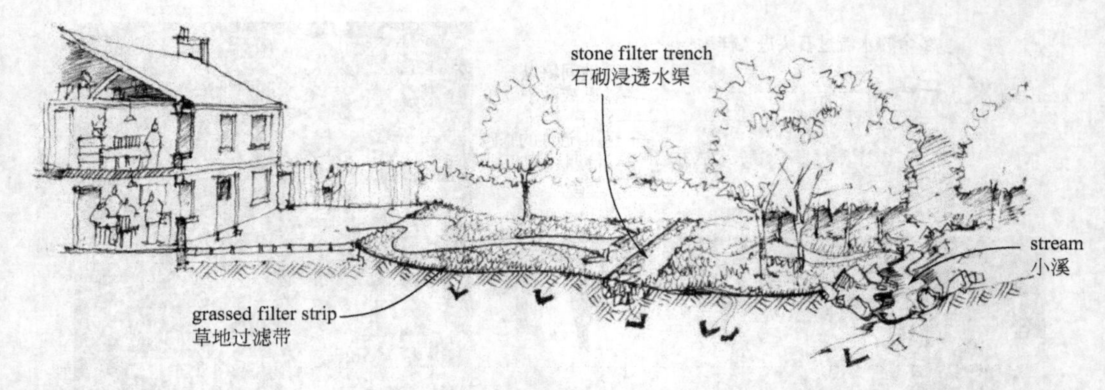

图 8-2-18 邻近的块石路表面的雨水漫出草坪，通过石砌水渠或是越过草坪过滤带和林地植被均匀地被分散开来

这时溢流是必需的。

因为蓄水池里是恒定的水，对儿童而言有潜在危险，因而设计中必须考虑安全的因素。下面的设计导则计划要把任何潜在的危险减到最小。

① 限制通往水体的路径。达到这一目的有很多方法，设计一个花园使池塘通过一段矮墙或栅栏自然地，而不是明显地与花园的其他部分分开的方法是可行的。在图 8-2-18 中的草图中，一段低矮的起限制作用的墙把池塘和沼泽围起来，只能通过一扇门到达。然而，这种途径仅仅是一种安全的选择，前提是如果门是关着的。

另一个更为安全的方法就是通过把池塘覆盖起来而永久性地避免儿童掉进去。但是这样可能会减损池塘的美学质量，尽管有一种经济上可行的系统，它是安装在水面下的，并且可以支撑一个儿童和成年人的重量（图 8-2-19、图 8-2-20）。

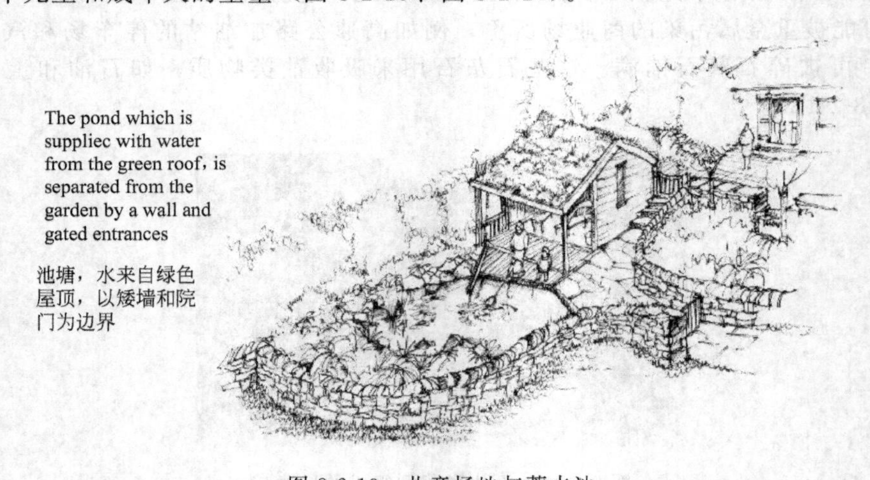

图 8-2-19 儿童场地与蓄水池

② 设计一个有渐变缓坡剖面的池塘，这样如果儿童掉进去，他们也能轻松地走到甚至爬到岸边。这种浅滩式的纵断面对野生动植物也是非常好的，并且有助于固定水面的植物。池塘附近的甲板和平台保证了孩子们有充足的空间在池塘岸边轻松地玩耍，并且，所有的沿岸铺砌材料是十分恰当的。

③ 最终，最安全的方法是保证儿童随时能被监护着，除非他们是花园的参观者，没有意识到潜在的危险。为了使监护更容易一些，应该把池塘设置在花园的某一区域，这一区域

图 8-2-20　网格可以支撑一个成人的重量

有良好的视线通透性，并且接近那些成年人很自然地聚在一起喝咖啡和聊天的地方。缓坡池岸使得它比突然落入水中的池岸要安全。这里，有渗透性的块石路面通过在水边提供一个坚硬的地面而给予了人们更多的保证。固定在池塘边的塑料方格系统可以安置在水平面的上面和下面。这些浅滩水和深水的混合物、裸露的泥土和植被地域最大化了野生动植物的生存潜能（图 8-2-21）。

图 8-2-21　蓄水池的处理

8.2.4　雨水花园设计案例

8.2.4.1　校园雨水利用案例

这里我们选取了波塔尔山中学案例进行研究，它为我们提供了在小尺度的校园停车场场地，如何设计一个雨水花园，并使其具有教育意义的方法。

案例：波塔尔山中学雨水花园

（1）基地概况

波尔塔中学在美国西北部的波特兰市，场地原来是学校校舍前的一块沥青停车场，无绿化，因其产生的热量，学生将其描述为“沥青烤箱”（图 8-2-22）。

图 8-2-22　波尔塔中学基地情况

（2）雨水利用设计

2006 年夏，经过 59 天的改造设计，停车场庭院空间从“灰色空间”完全地变换成了进行暴雨管理，帮助学校减温，并且为学生、教师和社区居民提供环境教育的“绿色空间”（图 8-2-23、图 8-2-24）。在该庭院的中间设置了一个雨水花池，设计的深度为 8 英寸（1 英寸＝0.0254 米），在雨季，周围教室屋顶上的雨水和地面上的雨水通过混凝土的水渠导入花池内，当雨水到达设计深度时，雨水将通过花池内的溢流设施排入城市管网。雨水一方面在雨水花池内临时储存，另一方面也在不断地渗透，渗透率在降雨的时间内不停地发生变化。塔波尔的雨水花园从完成之日起，汇入雨水花池的径流完全实现了渗透，没有溢流入城市管网，因此这样一个小小的由停车场改造的花园实现了 5000 加仑（1 加仑＝0.00378 立方米）雨水的渗透，节约了 10 万美元的下水道建设维护费用。

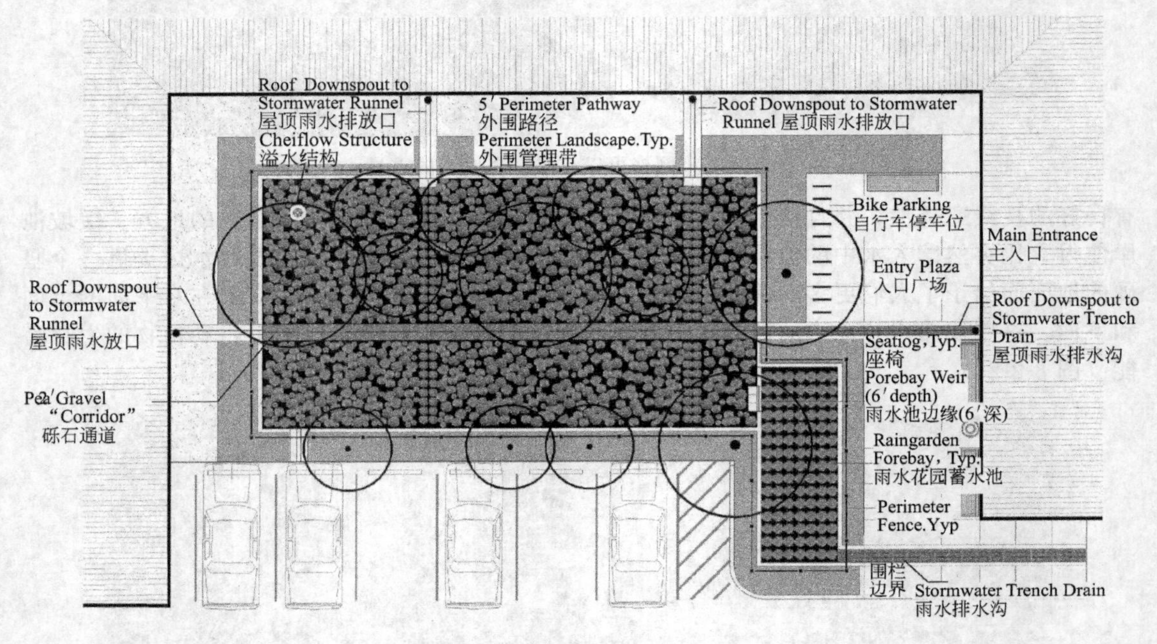

图 8-2-23　波尔塔中学设计平面图

8.2.4.2　居住区雨水利用案例

本书以美国芝加哥 Prairie Crossing 案例分析进行研究，因其提供了在住区，如何设计一个雨水收集和净化系统的方法。

案例：美国芝加哥 Prairie Crossing 案例分析（图 8-2-25）

Prairie Crossing 是一个坐落在伊利诺斯州的芝加哥城西北部 65km 处的“生态社区”。基于建筑节能、创造一个良好的环境以及通过火车交通而不是汽车来促进交流的原则，这一社区在保存自然景观和提供具有本土风格的住宅建筑之间达到了一个平衡。这里包含有 359 栋家庭住宅和 36 栋公寓。这种低密度的建设与正常的情况形成了对比，正常情况下成百上千的房屋建造在同样规模的土地上。Prairie Crossing 包括一个有机农场、学校、社区会议厅以及一个购物中心。

这一开发涵盖了 $280hm^2$（700 英亩）的土地，其中 70％的地域被保护为空地——最初购买这里是为了防止对环境敏感的土地的无控制的开发。这里的空地经过设计来提供暴雨管理并且沿等高线修整来恰当地管理暴雨，而不是通过混凝土管道或者其他的人工暴雨排水系统。在 Prairie Crossing 的中心是 $9hm^2$（22 英亩）的奥莱波尔德湖（以传说中的资源保护者的名字来命名）和一系列的相邻的湿地。暴雨链使得雨水缓慢地排除而不是沿着管道迅速地移动。村庄中心外围住宅区的雨水流入种有当地的草种和沼泽植物的湿地中。这些湿地是暴雨链的最初部分，使得马路上和住宅区的雨水流入广阔的大草原，同时起到渗透和沉淀固体物的作用。

图 8-2-24　波塔尔山中学雨水花园建成后实景图

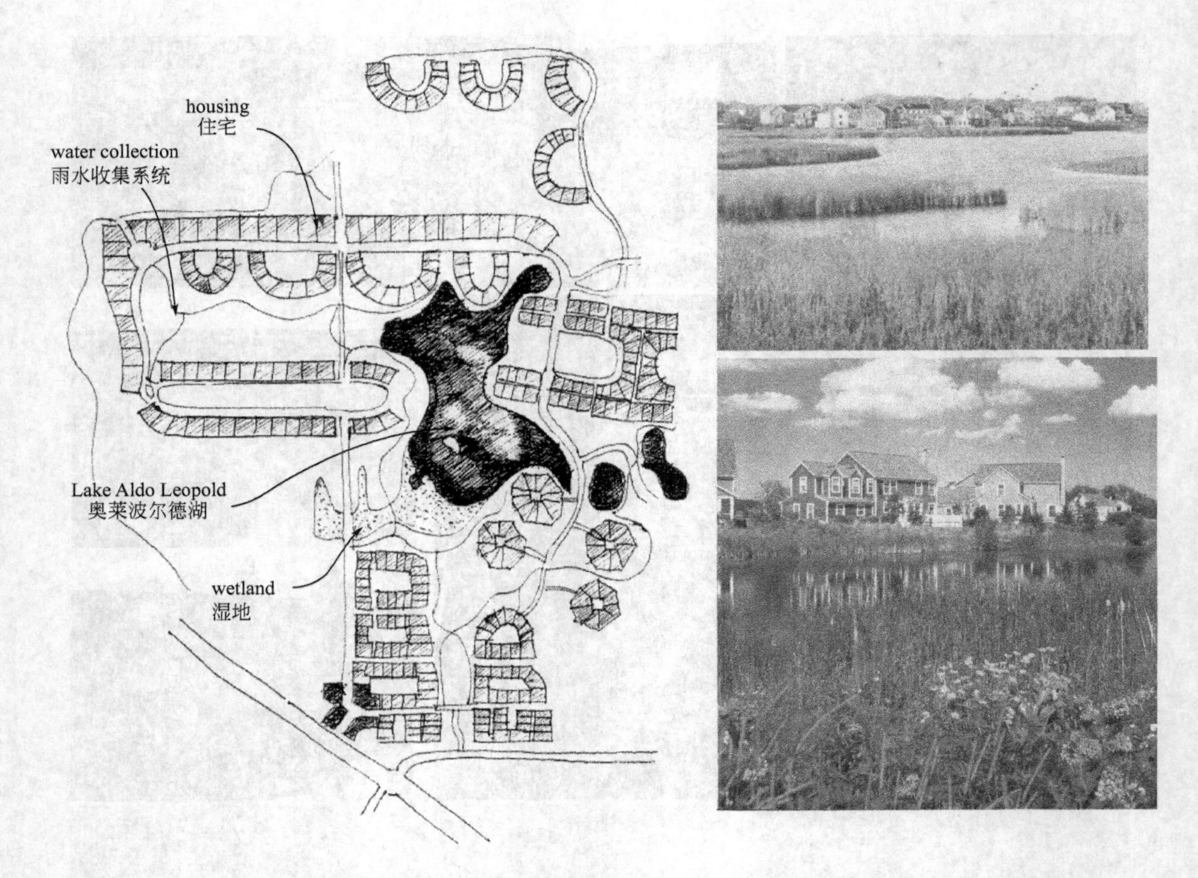

图 8-2-25 美国芝加哥 Prairie Crossing 案例分析

8.3 道路绿化设计

城市道路绿化是城市道路的重要组成部分，包括行道树绿带、分车绿带、路侧绿带、交通绿岛、广场绿地、停车场绿地等，在城市绿化覆盖率中占较大比例（图 8-3-1）。道路绿化有助于改善城市环境、净化空气，能够消减噪声、调节气候，对遮阳、降温也有显著的效果。绿化带还可用来分隔与组织交通，诱导视线并增加行车安全。优美道路景观更成为城市一道亮丽的风景线，增添城市的魅力，给人们留下深刻的印象，是城市景观风貌的重要体现。

8.3.1 道路绿化设计原则

（1）体现城市文化及地方特色

城市道路绿化应注重体现城市文化和当地独有的特色，切实发挥城市文明窗口的作用。一些好的绿化往往能成为道路的地方特色，如南京的街道以梧桐、雪松等作为行道树，武汉以香樟等作为道路绿化的主要树种。哈尔滨市素有东方小巴黎、东方莫斯科之称，中央大街作为百年老街是体现城市特色的主要街道，中央大街以当地引进的外来树种糖槭为行道树，完美配合街道两侧的各式西方建筑形式，达到了绿化景观、人文景观和建筑景观的协调统一，体现了哈尔滨的城市文化及地方特色。

（2）与城市道路的性质和功能相适应

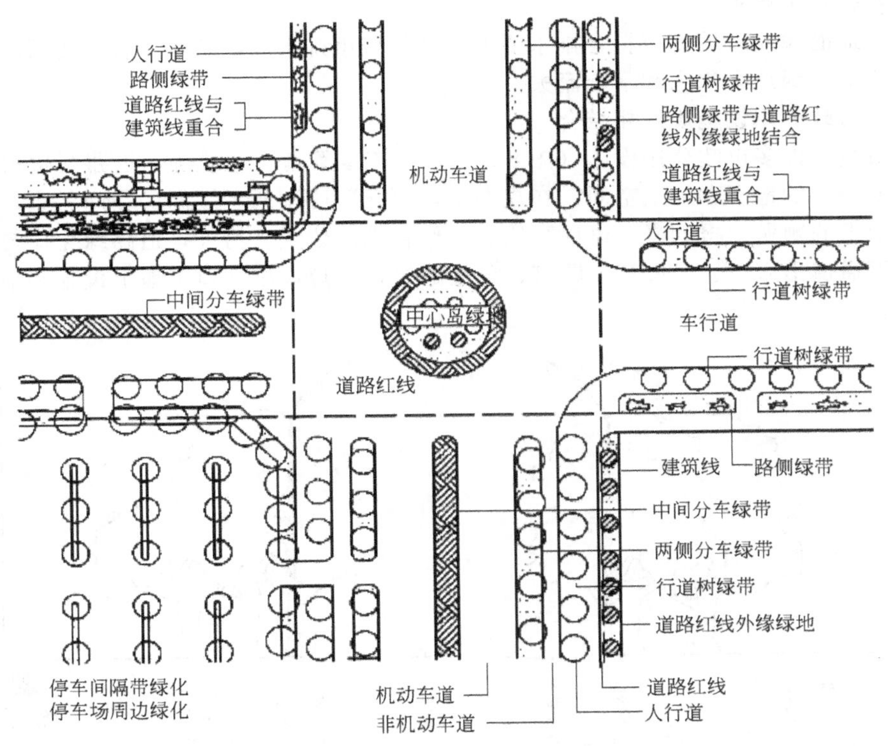

图 8-3-1　道路绿化类型示意图

现代化的城市道路交通是一个复杂的系统。在城市总体规划中，确定了道路的性质；在专项的城市绿地系统规划中，确定了道路的景观特征。每条道路都有其不同的特性，因此，道路绿地景观元素要求也不同，街旁建筑、绿地、小品以及道路自身设计都必须符合不同道路的特性。

市区交通干道的绿化，应以提高车速、保证行车安全为主。重要的风景园林景观道路绿化应该集中体现城市绿化的特点，体现城市的风貌与特色。商业街、步行街的绿化，应该突出商业街繁华的特点，在道路绿地中选择合适的位置为人们提供休息和活动的场所。

(3) 植物选择要适地适树

城市道路绿化植物选择要适应道路基址的土壤、地下水位、气温和光照等生境指标，因地制宜地选择树种，以保证适地适树。尤其是行道树的生长环境恶劣，一定要选择抗性、耐性较强的树种，形成持续景观。

(4) 重视绿化对视线的诱导作用

城市交通干道的行车速度较高，特别是城市快速路与市郊的高速路或高等级公路，从行车安全与驾驶员的心理状态来看，均需要视线诱导。在弯道及凸形竖曲线道路上种植高大乔木可以提示路线的变化，有很好的视线诱导作用。这种视线诱导，可以使用路者在视觉上产生线形的连续性从而提高了行车的安全性。

(5) 满足交通安全的要求

道路的绿化应符合安全行车视距。根据道路设计速度，在道路交叉口视距三角形范围内和弯道内侧规定范围内种植的树木应采用通透性配置，以不遮挡驾驶员安全视线为主。绿化树木还要符合安全净空要求，保证各种车辆在道路中的运行中，有一定水平和垂直方向的运行空间，树木不得进入该空间。

(6) 符合排水要求

道路绿地的坡向、坡度应符合排水要求，并与城市排水系统结合，合理进行绿地的竖向规划，防止道路绿地内积水和水土流失。

(7) 与市政公用设施规划相结合

道路沿线有许多市政公用设施（图 8-3-2），如市政管道、电缆等，道路绿化树种的正常生长也需要一定的地下和地上空间。在规划中，要合理协调两者之间的空间关系，避免相互干扰。对沿街的厕所、报刊亭、电话亭给予方便合理的位置。另外，道路绿化应与人行过街天桥、地下通道出入口、电线杆、路灯、各类通风口、垃圾出入口等地上设施和地下构筑物等相互结合。

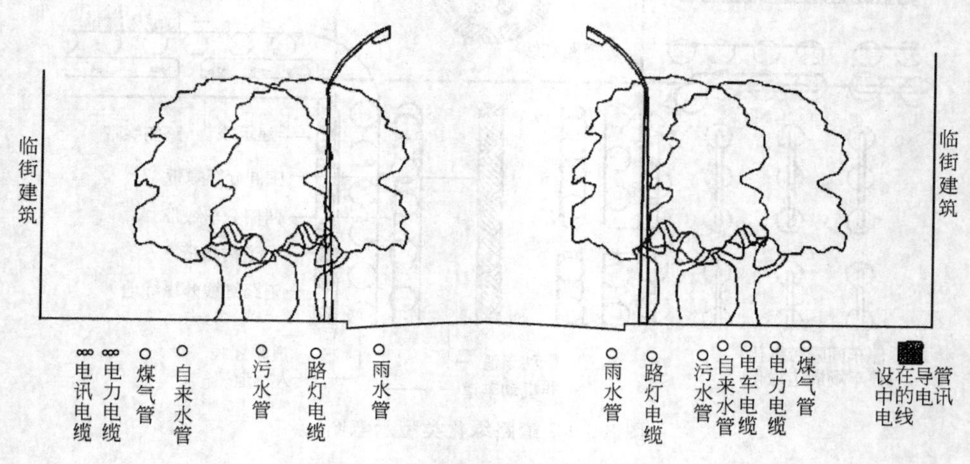

图 8-3-2　道路管线布置示意图

8.3.2　道路绿化断面布置形式

城市道路绿地断面布置按车行道与绿化种植带的布置关系，分为一板二带式、二板三带式、三板四带式、四板五带式和其他形式。

(1) 一板二带式

属于单幅路断面形式。各种车辆都混合在中央车行道上行驶，机动车道和两侧非机动车道可划线分隔，也可使用栏杆或分隔墩来分隔。行道树绿带分隔人行道和车行道。优点是简单整齐，用地经济。缺点是单调，车行道较宽，行道树遮阳效果差。常用在车流量不大的街区，中小城镇因其占地面积小、造价低而大量采用（图 8-3-3）。

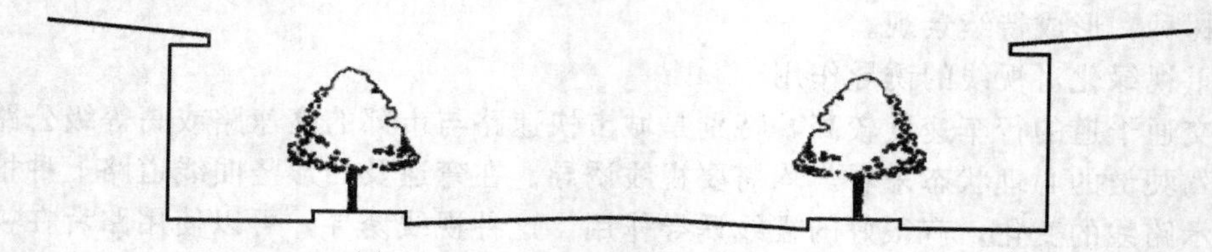

图 8-3-3　一板二带式绿带断面示意图

(2) 二板三带式

属于双幅路断面形式。中央车行道采用分车绿带分隔对向行驶的机动车，道路两侧布置行道树绿带。优点是中间绿化带可以减少车流之间干扰，防止司机夜间开车时产生眩光，保证安全，有利于照明和管线敷设。缺点是不能避免机动车与非机动车之间的事故发生。这种形式由于具有中央分车绿带的良好绿化景观，许多大中城市的主要道路常采用这种形式。在中小城镇，这种形式常作为城市主要入口道路的主选形式（图 8-3-4）。在高速公路中，这种形式应用也较多。

图 8-3-4　二板三带式绿带断面示意图

（3）三板四带式

属于三幅路断面形式。两侧分车绿带将机动车道与非机动车道分隔开来，道路两侧布置行道树绿带。优点是两侧分车绿带和行道树绿带相对集中形成较好的路边绿色屏障，易形成林荫道效果，为非机动车和人行道的人们提供较好的遮阳景观，具有较好的卫生防护效果、便于组织交通。缺点是用地面积大，不经济。这种形式常用于城市中非机动车较多和行人流量大的地方，也是城市中常用的一种形式（图 8-3-5）。

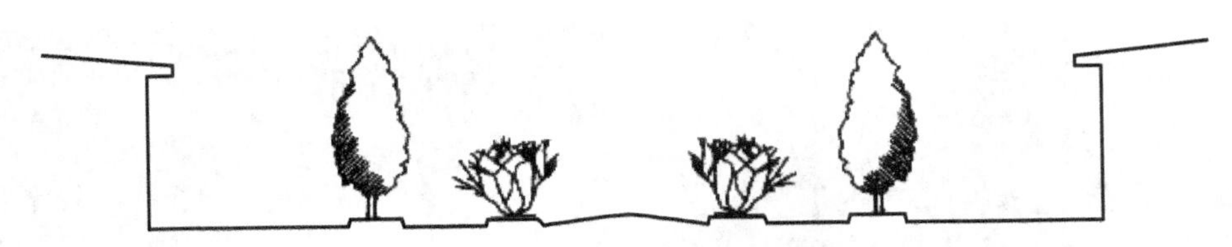
图 8-3-5　三板四带式绿带断面示意图

（4）四板五带式

属于四幅路断面形式。其是在三板四带的基础上增设一条中央分车带，使道路景观分布均匀。优点是方便各种车辆上行、下行互不干扰，有利于限定车速和交通安全；绿化量大，街道美观，生态效益显著。缺点是占地面积大，不经济。这种形式主要用于大中城市的城市入口道路及人车流量较大的新建城区的主要街道（图 8-3-6）。如果道路面积不宜布置五带，则可用栏杆分隔，以节约用地。

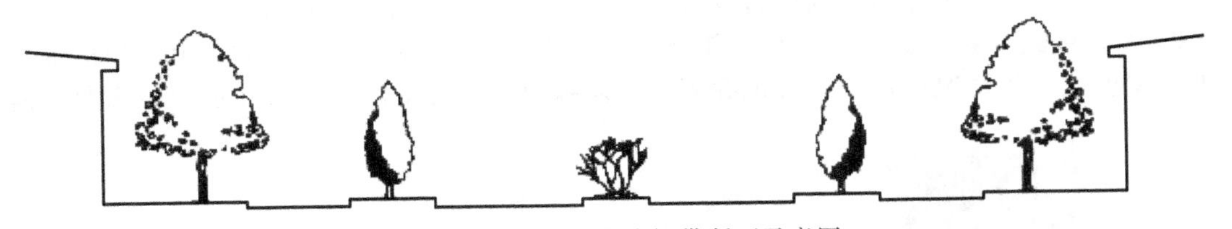
图 8-3-6　四板五带式绿带断面示意图

（5）其他形式

按道路所处地理位置、环境条件特点，受现状和地形的限制，因地制宜地设置绿带，形成不规则不对称的断面形式。如山坡旁道路、水边道路的绿化等。

道路的绿化断面形式虽多，但在设计中，应从实际出发，因地制宜地选择合适的道路断面形式。

8.3.3　行道树绿带绿化设计

行道树绿带又称人行道绿化带，是设在人行道与车行道之间的绿化带，以种植行道树为主的绿带。其主要功能是夏季为行人和非机动车遮阳、美化街景、装饰建筑立面，也是城市道路绿化的主要形式之一。

(1) 行道树树种的选择

行道树是指按一定方式种植在道路的两侧，形成浓荫的乔木，称为行道树。其生长环境除了具备一般的自然条件外，它还受其城市的特殊环境，如建筑物、地上地下管线、人流、交通等因素的影响，因此行道树生长环境条件是非常复杂的，选择行道树的树种时应综合考虑这些因素，按照上述原则，行道树应选择深根性、分枝点高、冠大荫浓、生长健壮、抗性强、无飞絮、适应道路环境条件，且落果不会对行人造成危害的树种。

(2) 行道树种植方式

行道树种植方式有多种，常用的有树池式、种植带式两种。

① 树池式（图 8-3-7） 通常用在交通量大、行人多而人行道又窄的路段。树池的形状有正方形（边长不小于 1.5m）、长方形（短边长不小于 1.5m）或圆形（直径不小于 1.5m），行道树的栽植点为其几何中心。一般池边缘高出人行道 8～10cm，避免行人践踏。如果树池略低于路面，为了减少土壤裸露，通常采取在树池内种植草坪、地被等植物，或者加盖镂空的格栅、放置鹅卵石等方式。

图 8-3-7 树池式行道树

在路面较宽的商业性道路或休闲性道路规划时，可以在树池边缘修建砖砌体，内植行道树的方法，甚至将砖砌体演变成四边围合的条凳，供行人乘凉休息使用。

② 种植带式（图 8-3-8） 在人行道和车行道之间留出一条宽度 1.5m 以上的种植带，种植带的宽度视具体情况而定，可种植乔灌木，同绿篱、草坪搭配，同时在适当距离留出铺装

图 8-3-8 种植带式行道树

过道，以便人流通行或汽车停站。

(3) 行道树的株距和定干高度要求

行道树定植株距，应以其树种壮年期冠幅为准，最小株距以不小于4m为宜，树干中心至路缘石外侧距离不小于0.75m，保证行道树树冠有一定的分布空间，能正常生长，同时也是便于消防、急救、抢险等车辆在必要时穿行。

行道树定干高度应根据其功能要求、交通状况、道路性质、宽度，以及行道树与车行道的距离、树木分枝角度而定。苗木胸径在12～15cm为宜，分枝角度大者，杆高就不得小于3.5m，分枝角度较小者，也不能小于2m，否则会影响交通。

8.3.4 分车绿带绿化设计

分车绿带即是车行道之间可以用于绿化的分隔带。它主要起着组织交通、阻挡夜间行车眩光、分隔、维护交通安全的作用（图8-3-9）。

图8-3-9 分车绿带（郭丽娟 摄）

图8-3-10 两侧分车带设计

分车带的宽度，依行车道的性质和街道的宽度而定，高速公路的分车带的宽度可达5～20m，一般也要4～5m，最低宽度也不能小于1.5m。如果道路过长，分车绿带一般应适当开口，留出过街横道，开口距离一般为70～100m；分车绿带端部应采取通透式栽植，在路口及转角地应留出一定范围不种遮挡视线的植物，使司机和行人能有较好的视线，保证交通安全。

根据分隔的对象和在道路中所处的位置的差异，分车绿带包括中间分车带和两侧分车带两种形式。

(1) 中间分车带

位于道路中心，用于分隔对向行驶机动车辆而布置的绿带，常存在于两板三带式和四板五带式的道路绿带类型中。

如宽度较窄时，低于2m时，一方面可采用草坪或低矮的地被植物为基础绿化，中间按一定距离有节奏地栽植相对低矮的灌木或宿根花卉，此方法对行人的阻断性较弱，观赏性稍差，但建设投资和后期修剪维护成本相对较低，在城市的一般地段被大量采用；另一方面可采用绿篱的形式，该方法能有效阻断行人横穿道路，综合效益较高，但后期的修剪维护成本相对较高。

如宽度中等，在接近3m时，要求居中种植一排乔木，地面常使用草坪或低矮地被植物为基础种植，中间有节奏变化地布置灌木造型或多年生宿根花卉；接近 5m 时，应配置两排乔木。

如宽度大于 5m 时，一般常采用自然式营造植物群落式景观，但要注意路面高度的 0.9～3m 之间的范围内，其树冠不能长时间遮挡驾驶员视线。也可自然和规则式交替布置，乔木和花灌木分段配置，形成整条路既生态又美观的效果。

中心分车绿带的灌木一般选择低矮紧凑、耐修剪的植物，高度一般不超过路面高度 0.9m；乔木多选用枝下高度较合适、冠形规则的树种。为突出城市道路的特色性和文化性，也可在重点地段点缀雕塑和小品，或将灌木种植成特定图案。

(2) 两侧分车带

位于道路两侧，用于分隔同向行驶快、慢机动车及机动车与非机动车而布置的绿带。常存在于三板四带式和四板五带式的道路绿带类型中。两侧分车绿带一般不宜设计太宽，通常是 1.5m，多采用草坪或地被植物作基础种植，株距大于 4m 居中种植乔木，也可间植灌木或满植灌木（图 8-3-10）。

8.3.5 道路绿化与工程管线的关系

随着城市现代化，空架线路和地下管网各种管线不断增多，大多沿着道路走向而设置，与城市道路绿化产生许多矛盾，需要在种植设计时合理安排，为树木生长创造有利条件，见表 8-3-1～表 8-3-3。

表 8-3-1 树木与架空电力线路导线的最小垂直距离

电压/kV	1～10	35～110	154～220	330
最小垂直距离/m	1.5	3.0	3.5	4.5

表 8-3-2 树木与地下管线外缘的最小水平距离

管线名称	距乔木中心距离/m	距灌木中心距离/m
电力电缆	1.0	1.0
电信电缆(直埋)	1.0	1.0
电信电缆(管道)	1.5	1.0
给水管道	1.5	—
雨水管道	1.5	—
污水管道	1.5	—
燃气管道	1.2	1.2
热力管道	1.5	1.5
排水盲沟	1.0	—

表 8-3-3 树木根颈中心至地下管线外缘的最小距离

管线名称	距乔木根颈中心距离/m	距灌木根颈中心距离/m
电力电缆	1.0	1.0
电信电缆(直埋)	1.0	1.0
电信电缆(管道)	1.5	1.0
给水管道	1.5	1.0
雨水管道	1.5	1.0
污水管道	1.5	1.0

8.3.6 路侧绿带绿化设计

路侧绿带是布置在人行道边缘至道路红线之间的绿带，是道路绿化的重要组成部分（图8-3-11），设计要点如下。

图 8-3-11 上海世纪大道的路侧绿带

① 路侧绿带应根据相邻用地性质、防护和景观要求进行设计，并应保持在路段内的连续与完整的景观效果。

② 当路侧绿带宽度在 8m 以上时，内部铺设游步道后，仍能留有一定宽度的绿化用地，而不影响绿带的绿化效果。因此，可以设计成开放式绿地，方便行人进入游览休息，提高绿地的功能作用。

③ 路侧绿带与沿路的用地性质或建筑物关系密切，有些建筑要求绿化衬托；有些建筑要求绿化防护；有些建筑需要在绿化带中留出入口。因此，路侧绿带设计要兼顾街景与沿街建筑需要，应在整体上保持绿带连续、完整、景观统一。

④ 濒临江、河、湖、海等水体的路侧绿地，应结合水面与岸线地形设计成滨水绿带。如上海外滩设计的滨江景观让中外游人赞叹不已，临江的一边有 32 个半圆形花饰铁栏的观景阳台，64 盏庭柱式方灯。观光台上还有 21 个碗形花坛、柱形方亭和六角亭，以及供游人休息的造型各异的人造大理石椅子。观光台西侧，有四季常青的绿化带，成了观光台绿色的栏墙，既保证了游人的安全，又使游人赏心悦目（图 8-3-12）。

⑤ 道路护坡绿化应结合工程措施栽植地被植物或攀缘植物，形成垂直绿化效果。

8.3.7 交通岛绿化设计

交通岛绿化主要有交叉路口、中心岛绿化和立体交叉绿化。合理的交通岛设计能够起到引导行车方向、渠化交通的作用，特别在雪天、雾天、雨天可弥补交通标线、标志的不足，保证行车安全。

8.3.7.1 交叉路口

主要指几条道路平交的路口处，为了保证行车安全，在进入道路的交叉口时，必须在路转角空出一定的距离，使司机在这段距离内能看到对面开来的车辆，并有充分的刹车和停车的时间而不致发生撞车。

从发觉对方来车，并立即刹车而刚够停车的距离，就称为“安全视距”。视距的大小，随着道路允许的行驶速度、道路的坡度、路面质量情况而定，一般采用 30～35m。根据两相

图 8-3-12　上海外滩滨水景观

交道路所选用的停车视距，可在交叉口平面图上绘出一个三角形，称为“视距三角形”（图 8-3-13）。在此三角形内不能有建筑物、构筑物、树木等遮挡司机视线的地面物。布置植物时其高度不得超过 0.70m，宜选用低矮灌木、花草种植。

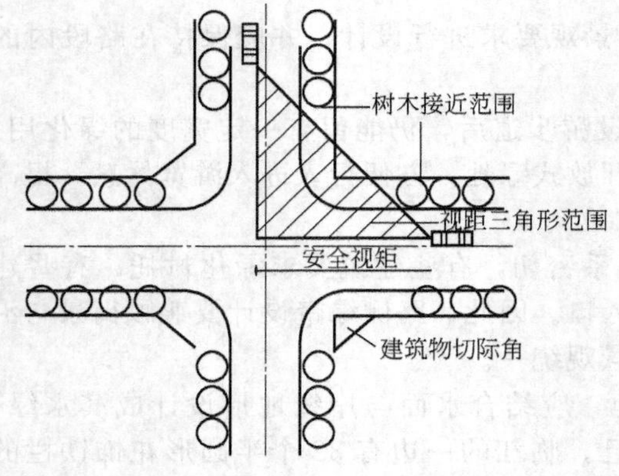

图 8-3-13　视距三角形

图 8-3-14　福建省莆田市中心岛

8.3.7.2　中心岛绿化

中心岛位于交叉路口的中心位置，多呈圆形，主要是组织环形交通，凡驶入交叉口的车辆，一律绕岛作逆时针单向行驶。中心岛的半径，必须保证车辆能按一定速度以交织方式行驶。

目前我国大中城市所采用的圆形交通岛一般直径为 40～60m。很多城市把中心岛设在交通量较大的主干道上，随着机动车的迅速增加，这些环岛成了城市的“堵点”。国内的中心岛绿化基本只具有观赏作用，不许游人进入。为了便于绕行车辆的驾驶员准确快速识别各路口，中心岛内不宜过密种植乔木，应多选用地被植物栽植，保证各路口之间行车视线通透。绿化常常以草坪、花卉、低矮的花灌木组成图案，同时，考虑到中心岛中心是视线的焦点，可在其中放置雕塑、标志性小品、灯柱、大乔木、花坛等成为构图中心，但要协调好其体量与中心岛的尺度关系，如福建省莆田市中心岛绿化（图 8-3-14）。

国外的中心岛，绝大多数都是建在车流量较少的地方，设计形式也十分多样，有的简单到极致，有的给人们提供休闲空间。如英国海德公园里环岛的设置就十分精妙，所谓的环岛并不是教条的花坛，而只是地面上一圈环形指示标，在车流量少的时候，汽车按环岛行驶，减少事故。在车流量大的时候，由于环岛本身并没有占据物理空间，环岛上也可以直接通行（图 8-3-15）。

图 8-3-15 英国海德公园里的环岛

图 8-3-16 美国纽约哥伦布交通环岛

再如美国纽约的哥伦布环岛设计成纪念性广场。广场内的纪念碑位于环岛中心，由一系列同心环形车道形成环岛的交通缓冲区。地势略高的区域则成为设置植物种植区、喷泉、地面铺装、座椅和灯具的地段。外环上，一个环形卵石墙围建起一个退让区，街道照明设施、标识、信号灯等都设置在该区域。这样，环岛内部的行人可安全地躲避川流不息的车流。此外，这个位于种植床和邻近环岛的交通路线之间的屏障，也能防止因交通产生的碎片和污染物对种植床内的植物造成侵害（图 8-3-16）。美国某城市的一个圆形环岛，无论是草坪、树木、水体、道路，都按照圆形设计，整体协调一致。尤其是里面的水景，满足孩子们的亲水性，成为当地居民休闲的好去处（图 8-3-17、图 8-3-18）。

图 8-3-17 圆形环岛成为人们的休闲空间

图 8-3-18 让人们参与其中的浅水溪

8.3.7.3 立体交叉绿化

中心岛在国内的很多城市已沦为交通“绊脚石”，目前多以立交桥代替。立体交叉绿化设计要保证司机有足够的安全视距，在立交进出道口、准备会车地段、立交匝道内侧有平曲线的地段不宜种植遮挡视线的树木。如种植绿篱和灌木时，其高度不能超过司机视高，以使其能通视前方的车辆。在弯道外侧，最好种植成行的乔木，视线要封闭，并预示道路方向和曲率，以便诱导司机行车方向，有利于行车安全。绿岛是立体交叉中面积比较大的绿化地段。

绿岛上常有一定的坡度，可自然式配置树丛、花灌木等，形成疏朗开阔的效果。也可用

图 8-3-19　立体交叉绿岛

宿根花卉、地被植物等组成模纹图样。考虑到视觉观赏速度较快，构图宜简洁大方。如北京莱户营立交桥设计时把中心绿地作整体图案处理，以突出观赏效果。图案为旋转的凤尾造型，凤头由油松树丛组成，形成视觉的中心。凤尾由浅绿色的黄扬、浅黄色的金叶女贞及红色的小檗组成，从中心向四周旋转，给人一种圆满、回旋、流畅的视觉。图案饱满，线条清晰，突出民族特性（图 8-3-19）。如果绿岛面积较大，在不影响交通安全的前提下，可按街心花园的形式进行布置，设置园路、亭、水池、雕塑、花坛、座椅等。

立体交叉外围绿化树种的选择和种植方式，要和道路伸展方向、周围的建筑物、道路、路灯、地下设施及地下各种管线密切配合，才能取得较好的绿化效果。

另外，还应重视立体交叉道桥形成的阴影部分的处理，种植耐阴的植物。根据实际情况，也可处理成硬质铺装，作为停车场和小型服务设施。

8.3.8　道路绿化的生态设计

道路绿化的生态设计，一方面要充分利用原有地形、山水条件进行建设；另一方面就是在植物利用上，采用自然生态群落式种植手法，以植物造景为主，合理搭配，突出绿量，形成具有自然生态群落特点的绿化空间结构，以体现植物多样性和景观多样性，充分发挥道路两侧植物的生态功能、景观功能和防护功能。

近些年，结合城市道路收集利用雨水设计雨水花园逐步成为风景园林设计的新趋势。在道路绿化雨水收集设计中，基本雨水景观设施有雨水种植沟、雨水种植池、雨水渗透园和透水性铺装几个组成部分。其中，雨水种植沟、雨水种植池、雨水渗透园是将绿地的地面降低，做出下沉式绿地，承接回渗雨水；透水性铺装是能使雨水直接渗入路基或地下土层的人工铺筑的铺装材料，并且在透水砖下面铺设碎石、沙砾、沙子组成反滤层，让雨水渗入到地下。如美国波特兰的唐纳德溪水公园相当于城市道路的雨水渗透园，充分利用了公园地形从南到北逐渐降低的特点，收集来自周边街道和地面铺装的雨水，实现了城市道路雨水收集和道绿化生态设计的双赢（图 8-3-20）。

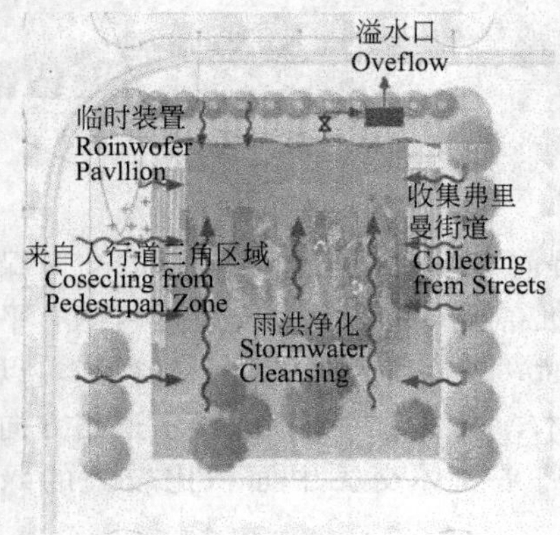

图 8-3-20　美国唐纳德溪水公园

下面选取美国波特兰市“绿色街道”改造案例进行分析研究，目的在于借鉴其在带型场地环境下如何进行雨水利用，同时如何选取植物进行生境营造的方法（图 8-3-21～图 8-3-24）。

图 8-3-21　美国波特兰市“绿色街道”改造设计

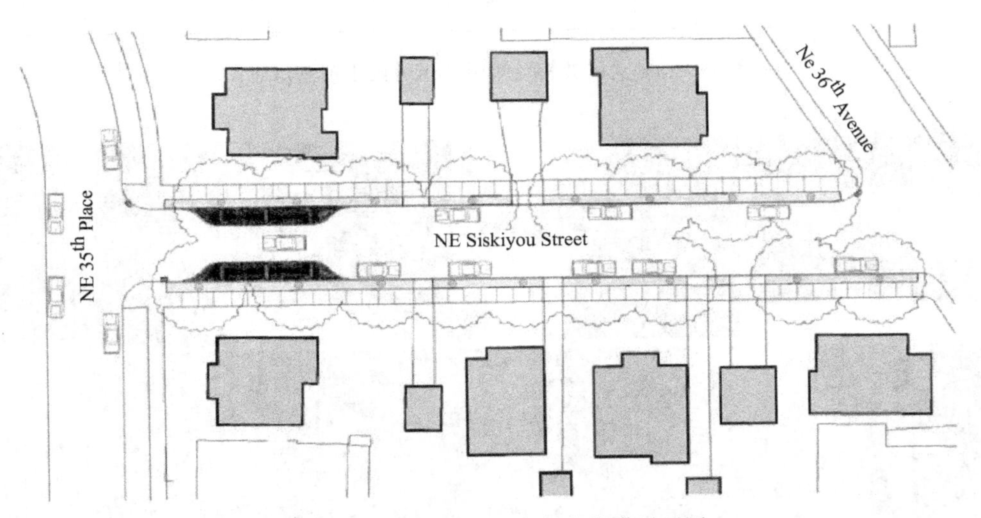

图 8-3-22　美国波特兰市绿色街道平面图

案例：美国波特兰市“绿色街道”改造设计

（1）基地概况

波特兰市位于美国西北部俄勒冈州，太平洋东岸。受海洋性季风的影响，波特兰的气候季节分明，冬天温暖潮湿，夏天炎热干燥。波特兰年降雨量 1029.5mm，其中 11 月至次年 4 月是雨季，降水量占全年的 80%。

（2）雨水利用设计

在这样的气候背景下，波特兰市进行了“绿色街道”改造设计，其核心在于一系列 2m 宽、15m 长的下凹式植物种植池。降雨时，雨水径流通过种植池一侧的 45cm 宽的入口流入其中，当池内的植物和土壤对水分的吸收达到极限后，多余的雨水流入下一个单元种植池，最后多余的雨水流入城市雨水排放系统，由此实现了雨水的生态管理，形成一个集雨水收集、滞留、净化、渗透等功能于一体的生态处理系统。

另外，植物也是整个系统的重要组成部分，“绿色街道”在植物种类的选择上，优先考虑了乡土品种和经济品种，如产自当地的灯芯草，可以起到大量吸收水分、减缓雨水流速、吸附污染物质的作用。同时，在选取植物的同时，注意了植物的色彩和质感的搭配，以便形成良好的景观。

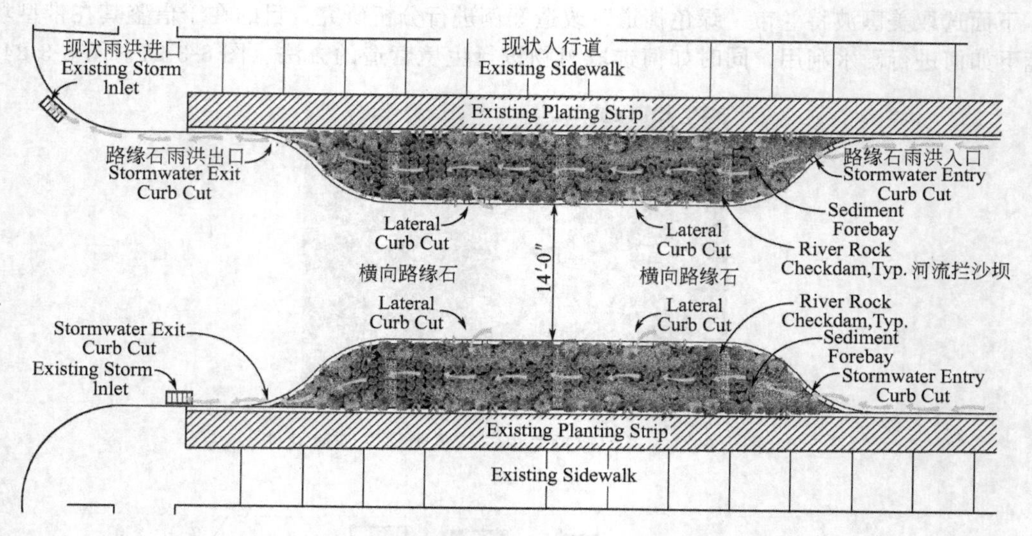

图 8-3-23 美国波特兰市绿色街道雨水利用示意图

图 8-3-24 美国波特兰市绿色街道实景图

【思考练习】

1. 庭院设计要点有哪些？
2. 道路绿化断面布置形式有哪些？优缺点有哪些？适用哪些地方？
3. 简述行道树绿带绿化设计要点。
4. 结合实例分析国内外中心岛绿化特点。
5. 为你的家乡设计一个直径100m的中心岛，完成平、立、剖面图及效果图。
6. 道路绿化的生态设计要点有哪些？
7. 结合实例说明街头绿地设计要点。

第9章　居住区环境景观设计

9.1　居住区基本概念

居住区按规模大小和等级的不同，可以分为：居住区、居住小区、居住组团。

9.1.1　居住区

居住区是居民生活在城市中以群集聚居、形成规模不等的居住地段。居民的日常生活包含着居住、休憩、教育、养育、交往、健身、甚至工作等各种活动，因此也需要有与生活服务相配套的设施支持。居住区是具有一定的人口和用地规模，并集中布置居住建筑、公共建筑、绿地、道路以及其他各种工程设施，被城市街道或自然界限所包围的相对独立地区。因受公用设施合理服务半径、城市街道间距以及居民行政管理体制等因素的影响，居住区的合理规模一般为：人口5万～6万（不少于3万）人，用地50～100hm^2左右。

9.1.2　居住小区（housing estate）

居住小区是以住宅楼房为主体并配有商业网点、文化教育、娱乐、绿化、公用和公共设施等而形成的居民生活区。

居住小区一般称小区，是被居住区级道路或自然分界线所围合，并与居住人口规模7000～15000人相对应，配建有一套能满足该区居民基本的物质与文化生活所需的公共服务设施的居住生活聚居地。

居住小区在城市规划中的概念是指由城市道路或城市道路和自然界线划分的，具有一定规模的，并不为城市交通干道所穿越的完整地段，区内设有一整套满足居民日常生活需要的基层公共服务设施和机构。

9.1.3　居住组团

居住组团一般称组团，指一般被小区道路分隔，并与居住人口规模1000～3000人相对应，配建有居民所需的基层公共服务设施的居住生活聚居地。

一般的，居住组团占地面积小于10万平方米，居住300～800户，若干个居住组团构成居住小区。

9.2　居住区用地构成及结构

9.2.1　居住区规划结构概念

居住区规划结构，是根据居住区的功能要求综合地解决住宅与公共服务设施、道路、公共绿地等相互关系而采取的组织形式。

9.2.2 居住区规划结构形式

① 以居住小区为规划基本单位来组织居住区，由几个小区组成居住区。

居住小区是由城市道路或自然界线（如河流）划分的、具有一定规模的、并不为城市交通干道所穿越的完整地段，区内设有一整套满足居民日常生活需要的基层公共服务设施和机构。以居住小区为规划基本单位组织居住区，不仅能保证居民生活的方便、安全和区内的安静，而且还有利于城市道路的分工和交通的组织，并减少城市道路密度。

居住小区的规模一般以一个小学的最小规模为其人口规模的下限，而小区公共服务设施的最大服务半径为其用地规模的上限。根据我国各地的调查，通常，居住小区的人口规模为10000～15000人，用地为15～30hm^2。

② 以居住组团为基本单位组织居住区，即由若干个组团形成居住区。

这种组织方式不划分明确的小区用地范围，居住区直接由若干住宅组团组成。住宅组团相当于一个居民小组的规模，一般为300～800户，1000～3000人。住宅组团内一般应设有居民小组办公室、卫生站、青少年和老年活动室、服务站、小商店（或代销店）、托儿所、儿童或成年人活动休息场地、小块公共绿地、停车场库等，这些项目和内容基本为本组团居民服务。

③ 以住宅组团和居住小区为基本单位来组织居住区，即居住区由若干个组团形成的若干个小区组成。

9.3 居住区环境景观设计

随着国民经济的发展，我国居住区的建设水平得到了大幅度的提高，居住环境建设从单一的以绿化为主，逐渐提高到对环境景观质量要求的层面，植物不单纯是绿化的需求，更多是通过多层次的植物配置来实现空间的构建，生态的理念已经被多数设计人员接受，并有意识地应用在设计之中，更为可贵的是比以往更加注重对场地的理解和认知，通过"场地＋场所＋功能＋景观"，把人放在环境之中进行景观空间的营造与设计，充分考虑了人的需求。同时，新材料和新技术的广泛普及与应用，也为当地居住区景观带来了各种可能性，也让设计师有了更广阔的创作空间。当代设计，不再是一个独立的、封闭的系统，各学科的相互交融、支撑是保障规划建设一个好的住区景观的基础和前提。

一个居住区的建设设计工作，大体分为3个部分：即规划设计、建筑设计和环境景观设计。居住区的规划设计强调对土地的合理利用，注重经济性，同时还要兼顾居住的环境质量。对居住的住宅而言，一般的居民都希望住宅是南北通透的朝向，如果单纯满足这一要求，居住的空间结构就形成行列式，布局空间缺乏变化。居住的环境景观设计方面，面对同样的植物、道路、建筑附属设施（变电所、调压站等），如何能创造出一个与建成环境相协调的、有自身特色的居住区环境景观，那就需要我们对居住区规划相关的知识有全面的了解和认识。

9.3.1 与居住区景观设计相关的规划

通常城市规划分三个层面，城市总体规划、控制性详细规划与修建性详细规划。其中，控制性详细规划与修建性详细规划对景观设计的关系最为密切，充分了解相关层面规划的指标和内容有助于在居住区景观设计中更全面地处理场地及开发建设中的各类问题和矛盾。

（1）控制性详细规划的解读——以居住用地为例

目前我国在城乡建设中，采用的是政府宏观调控、规划指导建设，各类住宅建设项目实行三证、[1] 两书、[2] 一表[3]的审批制度，一经法定程序批准的项目就必须执行。城市中居住区的建设多采用的是房地产开发的模式得以实现，因此，控规中对每块地段的强制性指标实际都会对场地的开发强度和空间构成产业影响，对居住区景观的营造产生有利或不利的因素，因此我们有必要深刻地去理解控规的真正的意图。强制性指标包括：

① 用地性质　规划用地的使用功能。

② 用地面积　规划地块划定的面积。

③ 建筑密度　是反映建筑用地经济性，即规划地块内各类建筑基底占地面积与地块面积之比。

④ 建筑控制高度　即由室外明沟面或散水坡面量至建筑物主体最高点的垂直距离。

⑤ 建筑红线后退距离　即建筑最外边线后退道路红线的距离。

⑥ 容积率　衡量建筑用地使用强度的一项重要指标，即规划地块内各类建筑总面积。

⑦ 绿地率　是反映城市绿化水平的基本指标，即规划地块内各类绿地面积的总和占规划地块面积的比率。

⑧ 交通出入口方位　规划地块内允许设置机动车和行人出入口的方向和位置。

⑨ 停车泊位及其他需要配置的公共设施　停车泊位指地块内应配置的停车车位数。其他需要配置的公共设施包括：居住区服务设施（中小学、托幼、居住区级公建），环卫设施（垃圾转运站、公共厕所），电力设施（配电站、所），电信设施（电话局、邮政局），燃气设施（煤气调压站）等。

上述这些规定就是一个建设项目的纲领性文件，策划与测算早已在控制之中，因此，不论是规划师、建筑师、景观师都应该去熟悉、理解、掌握、执行，使其体现出更多的价值。

（2）修建性详细规划的解读——以居住用地为例

修建性详细规划是以城市总体规划、分区规划或控制性详细规划为依据，制订用以指导各项建筑和工程设施的设计和施工的规划设计，也可以简称六图二书，六图：规划地段区置图与现状分析图、规划总平面图、道路交通规划图、绿化系统规划图、竖向规划图、管线综合规划；二书：规划设计说明书和环境保护评估书。因此，规划师、建筑师、风景园林师的共同的参与合作，是实现一个品质设计的关键。相互的脱离与排斥，对项目会带来很多的弊端。求同存异，寻求三者最佳的结合点，打造完美的人居居住产品和环境。

景观设计师对修建性详细规划涉及的主要内容，应深入地思考，明确规划设计可能对景观带来的潜在影响，或者应说积极地参与修详规划的过程。

9.3.2 居住区景观设计基本原则

（1）坚持社会性原则——社区文化，人际交往，公共参与设计、建设和管理

通过美化居住区环境景观的营造，体现社区文化，促进人际交往和精神文明建设，为构建和谐住区创造条件。要遵循以人为本的原则，提倡公共参与，调动社会资源，取得良好的环境、经济和社会效益。

（2）坚持经济性原则——以建设节约型社会为目标

注重节能、节材，合理使用土地资源，采用新技术、新材料、新设备，达到优良的性价比。

（3）坚持生态原则——可持续发展

---

[1] 三证：用地规划许可证；建筑规划许可证；建筑施工许可证。

[2] 两书：《住宅使用说明书》；《住宅质量保证书》。

[3] 一表：《建设工程竣工验收备案表》。

应尽量保持现存的良好生态环境，改善原有的不良生态环境。提倡将先进的生态技术运用到环境景观的塑造中。

(4) 坚持地域性原则——地域的自然环境特征，因地制宜

应体现所在地域的自然环境特征，因地制宜地创造出具有时代特点和地域特征的空间环境，避免盲目移植。

9.3.3 居住区总体景观环境的营造

(1) 总体景观营造的法则

① 必须符合城市总体规划、分区规划及详细规划的要求。要从场地的基本条件、地形地貌、土质水文、气候条件、动植物生长状况和市政配套设施等方面分析设计的可行性和经济性。

② 依据住区的规模和建筑形态，从平面和空间两个方面入手，通过合理的用地配置，适宜的景观层次安排，必备的设施配套，达到公共空间与私密空间的优化，达到住区整体意境及风格塑造的和谐。

③ 通过借景、组景、分景、添景多种手法，使住区内外环境协调。

④ 住区环境景观结构布局 见表 9-3-1。

表 9-3-1 住区环境景观结构布局

住区分类	景观空间密度	景观布局	地形及竖向处理
高层住区	高	宜提倡立体化景观和集中的景布局形式;高层住区的景观总体布局可适当图案化,既要满足居民在近处观赏的审美要求,又需注重居民在居室中向下俯瞰时的景观艺术效果	宜通过多层次的地形塑造来增强绿视率
多层住区	中	宜采用相对集中的景观布局	因地制宜,适度地形处理
低层住区	低	宜采用较分散的景观布局,使住区景观尽可能接近每户居民,景观的散点布局可借鉴传统园林的组织手法	但地形塑造的规模不宜过大,以不影响低层住户的景观视野又可满足其私密度要求为宜
综合住区	不确定	宜根据住区总体规划及建筑形式选用合理的布局形式	因地制宜,适度地形处理

(2) 光环境

光环境是影响景观规划的重要要素，在居住区规划过程中，要注重对场地光照状况进行分析，确定不同区域光照的范围、光照时间和光照强度，从而为场地功能确定、选择植物种植等提供依据。

① 活动空间 良好的采光，其朝向需考虑减少眩光；利用光线的光影变化来形成外部空间的独特景观。

② 气候炎热区 足够的庇荫构筑物。

③ 景观材料 考虑对光的反射程度，减少光污染。

④ 室外灯光设计 舒适、温和、安静，不宜盲目强调光亮度。

(3) 风环境

① 规划布局 充分分析城市风玫瑰，有利于通风。

② 户外活动场 根据当地不同季节的主导风向，并有意识地通过建筑、植物、景观设计来迎/挡风。

(4) 其他

① 温度环境 住区外环境的场地设计，应通过建筑、植物、水体等来促成北方寒冷地

区的冬季保暖和南方炎热地区的夏季降温。

② 湿度环境　利用植物和水体，住区的相对湿度宜调节在30%～60%。

③ 声环境　城市住区的白天噪声允许值宜≤45dB，夜间噪声允许值宜≤40dB。

④ 嗅觉环境　植物的选择和应用要避免散发异味、臭味和引起过敏，在住区内设置垃圾收集装置，推广垃圾无毒处理方式，防止垃圾及卫生设备气味的排放。

（5）建筑环境

① 建筑设计应考虑建筑空间组合、建筑造型等与整体景观环境的整合。

② 考虑建筑外立面处理、形体、材质、保持、色彩等方面，保持住区景观的整体效果。

9.3.4　居住区绿化种植景观

（1）植物配置的原则

① 植物配置要根据各种不同的植物形态、生态习性特点，满足不同绿化用地要求。其中包括：形态与空间组合的配置，季相色彩的配置，光照与耐阴植物的配置，建筑物、地下管线与植物的配置，种植设计程序从总体构思到具体配置，都要以植物的空间组织与观赏功能为出发点，考虑多种植物相互间的重叠交错，以增加布局的整体性和群体性。

② 适应绿化的功能要求，适应所在地区的气候、土壤条件和自然植被分布特点，选择抗病虫害强、易养护管理的植物，体现良好的生态环境和地域特点。乔木与灌木、常绿植物与落叶植物的配置，要考虑植物生长特性和观赏价值。木本植物和草本花卉的配置，要考虑景观效果和四季的变化。

③ 充分发挥植物的各种功能和观赏特点，合理配置，常绿与落叶、速生与慢生相结合，构成多层次的复合生态结构，达到人工配置的植物群落自然和谐。

④ 植物是居住区园林景观中最重要的元素，是以植物自然美、形体美、色彩美构筑环境美。植物品种的选择要在统一的基调上力求丰富多样。色彩组合应考虑季节特征和人的观赏心理。

⑤ 要注重种植位置的选择，以免影响室内的采光通风和其他设施的管理维护。

（2）居住区绿地相关要求与指标

① 居住区公共绿地至少有一边与相应级别的道路相邻。

② 应满足有不少于1/3的绿地面积在标准日照阴影范围之外。

③ 块状、带状公共绿地同时应满足宽度不小于8m，面积不少于400m^2的要求。

④ 绿地率：新区建设应≥30%；旧区改造宜≥25%；生态小区的绿地率≥35%。

⑤ 绿地本身绿化率≥70%；种植保存率（成活率）≥98%，优良率≥90%。

⑥ 住区中的硬质铺装场地及道路所占比率宜在15%～30%，硬质景观中自然材料宜为工程量的20%。

9.3.5　居住区景观环境设计内容

① 现状调查与分析，包括对自然生态景观的保护和改善。

② 总平面规划。

③ 道路景观设计。

④ 水景景观设计。

⑤ 景观建筑（构筑）设计。

⑥ 植物种植景观设计。

⑦ 灯光照明景观设计。

⑧ 竖向设计。

⑨ 技术经济指标及概预算。

【思考练习】

1. 简述居住区、居住区小区、组团三者之间的关系。
2. 什么是居住区的规划结构？
3. 如何理解控制性详细规划及修建性详细规划对居住区景观的影响？
4. 景观区景观设计的基本原则包括哪些？
5. 简述不同类型住区景观环境布局的一般原则。
6. 居住区绿地相关指标包括哪些？
7. 居住区环境景观设计主要包括哪些内容？

第10章　城市绿地系统规划

重点：熟悉并掌握城市绿地系统的相关概念及分类。
难点：理解城市各类绿地的区别及各自包含的范围。

10.1　城市绿地的基本概念

① 城市绿地（urban green space）　以植被为主要存在形态，用于改善城市生态，保护环境，为居民提供游憩场地和美化城市的一种城市用地。

② 绿化覆盖面积（green coverage）　城市中所有植物的垂直投影面积。

③ 绿化覆盖率（percentage of greenery coverage）　在城市建成区内，绿地中植物的垂直投影面积占该用地总面积的百分比。

④ 绿地率（greening rate，ratio of green space）　在城市建成区内，各类绿化用地总面积占该城市用地面积的百分比。

⑤ 系统（system）　系统泛指由一群有关联的个体组成，根据预先编排好的规则工作，能完成个别元件不能单独完成的工作的群体。

⑥ 绿带（green belt）　在城市组团之间、城市周围或相邻城市之间设置的用以控制城市扩展的绿色开敞空间。

⑦ 楔形绿地（green wedge）　从城市外围嵌入城市内部的绿地，因反映在城市总平面图上呈楔形而得名。

⑧ 城市绿线（boundary line of urban green space）　在城市规划建设中确定的各种城市绿地的边界线。

⑨ 城市绿地系统（urban green space system）　是指城市建成区或规划区范围内，以各种类型的绿地为组分而构成的系统。城市绿地系统的职能有：改善城市生态环境，满足居民休闲娱乐要求，组织城市景观，美化环境和防灾避灾等。

⑩ 城市绿地系统规划（urban green space system planning）　对各种城市绿地进行定性、定位、定量的统筹安排，形成具有合理结构的绿色空间系统，以实现绿地所具有的生态保护、游憩休闲和社会文化等功能的活动。

10.2　城市绿地系统规划

10.2.1　城市绿地系统的组成

城市绿地（urban green space）作为一种景观类型，伴随着城市的发展而发展，从城市的附属物到重要组成部分，再到决定性因素，城市绿地在城市发展过程中发挥着越来越重要的作用，并日益收到人们的关注。从传统到现代，尽管城市绿地的形态发生了许多变化，但始终是景观规划设计的重要对象，从整体上把握城市绿地发展方向和途径的城市绿地系统规划也毫无疑问是景观规划设计的一种重要类型。

城市绿地系统是城市生态系统的子系统，是由城市中不同类型、性质和规模的各种绿地共同构成的一个稳定持久的城市绿色环境体系。其功能表现在可以改善城市生态环境，并可为市民提供游憩场所（图 10-2-1）。

图 10-2-1　城市绿地系统示意图

城市绿地系统规划是城市总体规划阶段的一项专项规划，是在总体规划的指导下进行的。主要对城市各类绿地进行定位、定性、定量规划，形成结构合理的空间系统，以发挥绿地生态、休闲和社会文化等功能（图 10-2-2）。

图 10-2-2　韩国首尔龙山国际商务区绿地系统规划图

10.2.2　城市绿地系统分类

建设部《园林基本术语标准》对于城市绿地系统（urban green space system）的定义为：城市绿地系统是由城市中各种类型和规模的绿化用地组成的整体。对于城市绿地系统规划（urban green space system planning）的定义为：对各种城市绿地进行定性、定位、定量的统筹安排，形成具有合理结构的绿色空间系统，以实现绿地所具有的生态保护、游憩休闲和社会文化等功能的活动。

2012 年开始施行的《城市用地分类与规划建设用地标准》（GB 50133—2011）其中涉及城市绿地的类型见表 10-2-1，需要说明的是表 10-2-1 所列有关绿地的分类既包括城市建设用地 H 大类中的绿地，也包括城市非建设用地 E 大类中的绿地，本书所界定的研究对象仅为城市建设用地 H 中所包含的绿地。

为了便于绿化行政主管部门、科研单位、规划设计单位等对绿地的建设管理、科学研究、规划设计和统计分析，2002 年经建设部批准，《城市绿地分类标准》（CJJ/T 85－2002）正式公布实施，新的绿地分类标准从我国具体实际出发，综合考虑全国不同地区主要城市的绿地现状和特点，以及城市建设发展和地方经济发展的需要，参考国外有关资料，以绿地的功能和用途作为分类的依据。由于同一块绿地可以同时具备游憩、生态、景观、防灾等多种功能，因此，在分类时以其主要功能为依据，将我国的城市绿地分为 5 大类，即：公园绿地（G1）、生产绿地（G2）、防护绿地（G3）、附属绿地（G4）、其他绿地（G5），同时在此基础上还将绿地进一步划分为 13 中类、11 小类（表 10-2-1），以便更好地反映绿地的实际情况及其他各类城市建设用地之间的相互关系，满足不同工作领域的使用要求。

表 10-2-1 《城市用地分类与规划建设用地标准》中有关绿地的分类

类别代码				类别名称	范围
大类		中类	小类		
城市建设用地 H	R	R1	R11	住宅用地	住宅建筑用地、住区内城市支路以下的道路、停车场及其社区附属绿地
		R2	R20	保障性住宅用地	住宅建筑用地、住区内城市支路以下的道路、停车场及其社区附属绿地
			R21	住宅用地	
		R3	R31	住宅用地	住宅建筑用地、住区内城市支路以下的道路、停车场及其社区附属绿地
	G			绿地	公园绿地、防护绿地等开放空间用地，不包括住区、单位内部配建的绿地
		G1		公园绿地	向公众开放，以游憩为主要功能，兼具生态、美化、防灾等作用的绿地
		G2		防护绿地	城市中具有卫生、隔离和安全防护功能的绿地，包括卫生隔离带、道路防护绿地、城市高压走廊绿地等
		G3		广场绿地	以硬质铺装为主的城市公共活动场地
城市非建设用地 E		E2		农林用地	耕地、园地、林地、牧草地、设施农用地、田坎、农村道路等用地
		E3	E32	其他未利用地	盐碱地、沼泽地、沙地、裸地、不用于畜牧业的草地等用地

(1) 城市公园绿地（public park）

公园绿地 G1 为向公众开放，以游憩为主要功能，兼具生态、美化、防灾等作用的城市绿地（图 10-2-3）。其中又包括综合公园（G11）、社区公园（G12）、专类公园（G13）、带状公园（G14）和街旁绿地（G15）。各类公园绿地均含其范围内的水域，但如果水域面积特别大，也可以进行折算后计入绿地面积。

图 10-2-3　墨西哥市 Xochimilco 生态公园

城市公园的具体分类以及规划设计手法将在下节详细介绍。

(2) 城市生产绿地（productive plantation area）

生产绿地（G2）是为城市绿化提供苗木、花草、种子的苗圃、花圃、草圃等圃地，作为城市绿化的生产基地，要求土壤及灌溉条件较好，以利于培育及节约投资费用（图10-2-4）。不管是否为园林部门所属，只要是被划定为城市建设用地，为城市绿化服务，能为城市提供苗木、草坪、花卉和种子的各类圃地或科研实验基地，均应作为生产绿地。临时性的苗圃和花卉、苗木市场用地不属于生产绿地。

图 10-2-4 城市生产绿地示意图

生产绿地不仅担负着为城市各项绿化工程提供苗木的任务，而且也承担着园林植物的引种、育种工作，应培育适应当地条件的、观赏价值较高或抗性优良的植物品种，提高城市生物多样性，满足城市绿化建设需要。

（3）城市防护绿地（green buffer，green area for environmental protection）

《园林基本术语标准》（CJJ/T 91—2002）和《城市绿地分类标准》（CJJ/T 85—2002）中对“城市防护绿地”定义为：城市中（建成区范围内的）具有卫生、隔离和安全防护功能的绿地，包括卫生隔离带、道路防护绿地、城市高压走廊绿带、防风林、城市组团隔离带等。城市防护绿地是为了满足城市对卫生、隔离、安全的要求而设置的，其功能是对自然灾害和城市公害起到一定的防护或减弱作用，不宜兼做公园绿地使用（图 10-2-5、图 10-2-6）。

图 10-2-5 城市防护绿地——三北防护林

图 10-2-6 河道两侧的卫生隔离带

（4）附属绿地（attached green space）

附属绿地是指城市建设用地中，除绿地之外各类用地中的附属绿化用地，包括居住用地、公共设施用地、工业用地、仓储用地、对外交通用地、道路广场用地、市政设施用地和特殊用地中的绿地。

在实际规划工作中，根据我国《城市用地分类与规划建设用地标准》（GB 50133—2011），附属绿地不列入城市用地分类中的“绿地”范围，它从属于其所属的用地类型，例如政府机关办公用地内的绿地从属于行政办公用地范围，工业厂房内的绿地从属于工业用地范围，因此“附属绿地”不单独参与城市建设用地平衡，否则将会导致用地统计的重复计算。

① 居住绿地（G41） 是城市居住用地内除社区公园以外的绿地，包括组团绿地、宅旁绿地、配套公建绿地、小区道路绿地等。居住区绿地具有改善居住区生态环境、提供居民游憩活动场所、美化居住区景观、防灾避灾等功能（图 10-2-7）。

图 10-2-7 居住绿地示意图

② 公共设施绿地（G42） 指公共设施用地内的绿地，如行政办公、商业金融、文化娱乐、体育、医疗卫生、教育科研设计等用地内的绿地。

《城市绿化规划建设指标的规定》（城建［1993］784 号文件）明确规定：单位附属绿地面积占单位总用地面积比率不低于 30%，其中商业中心绿地率不低于 20%；学校、医院、休疗养院所、机关团体、公共文化设施、部队等单位的绿地率不低于 35%（图 10-2-8）。

图 10-2-8 公共服务设施绿地示意——中国美术学院绿地

③ 工业绿地（G43） 指工业用地内的绿地。工业用地占建设用地比例一般为 15%～25%，设有大中型工业项目的中小工矿城市，其工业用地占建设用地的比例可以达到 30%，因此工业绿地也是一类重要的城市绿地。工业绿地应注意发挥绿化的生态效益，如吸收 CO_2、SO_2 等有害气体、放射性物质，吸滞粉尘和烟尘，降低噪声，调节和改善工厂生态环境等。同时，工业绿地也要考虑满足工人游憩活动需求，改善工人的工作环境，从而提高工作效率（图 10-2-9）。

图 10-2-9 工业绿地示意图——苏州工业园绿地

图 10-2-10 仓储绿地示意图

④ 仓储绿地仓储绿地（G44） 指仓储用地内的绿地，按照《城市绿化规划建设指标的规定》，仓储用地内的绿地率不低于20%，若仓储用地位于旧城改造区，则绿地率可以降低5个百分点（图10-2-10）。

⑤ 对外交通绿地（G45）指对外交通用地内的绿地，包括铁路、公路、管道运输、港口和机场等城市对外交通运输及其附属设施等用地内的绿地，含火车站、长途客运站和客运码头等，是城市的门户，人流、车流和物流的集散中心。对外交通绿地除了要考虑景观形象和生态功能外，应重点考虑多重流线的分隔与疏导、停车遮阳、人流集散等候、机场驱鸟等特殊要求（图10-2-11）。

图10-2-11 对外交通绿地示意图——上海虹桥机场绿地

⑥ 道路绿地（G46） 指道路广场用地内的绿地，包括道路绿带、交通岛绿地、交通广场和停车场绿地，铁路和高速公路在城市部分的绿化隔离带等，不包括居住区级道路以下的道路绿地。道路绿带指道路红线范围内的带状绿地，如行道树绿带、分车绿带；交通岛绿地指可绿化的交通岛绿地，如中心岛绿地、导向岛绿地、立体交叉绿岛；交通广场绿地和停车场绿地指交通广场、游憩集会广场和社会停车场库用地范围内的绿化用地。道路绿地位于规划的道路广场用地之内，属于附属绿地性质，不单独参与城市用地平衡（图10-2-12、图10-2-13）。

图10-2-12 城市道路绿地示意图——厦门环岛路

图10-2-13 城市道路绿地示意图——大连海湾广场

公共活动广场周边宜种植高大乔木，集中成片绿地不应小于广场总面积的25%。车站、码头、机场的集散广场绿化应选择具有地方特色的树种，集中成片绿地不应小于广场总面积的10%。

⑦ 市政设施绿地（G47） 指市政公用设施用地内的绿地，包括供应设施、交通设施、

邮电设施、环境卫生设施、施工与维修设施、殡葬设施、消防、防洪等设施用地内的绿地，对于改善城市生态环境、减弱视觉污染等具有重要的作用（图 10-2-14、图 10-2-15）。

图 10-2-14　城市市政设施绿地示意图——句容电厂

图 10-2-15　城市市政设施绿地示意图——丽水防洪堤

⑧ 特殊绿地（G48）　指特殊用地内的绿地，包括军事用地、外事用地、保安用地范围内的绿地（图 10-2-16）。

图 10-2-16　特殊绿地示意图——中国驻美使馆

（5）其他绿地（other green space）

其他绿地（G5）指对城市生态环境质量、居民休闲生活、城市景观和生物多样性保护有直接影响的绿地，包括风景名胜区、水源保护区、郊野公园、森林公园、自然保护区、风景林地、城市绿化隔离带、野生动植物园、湿地、垃圾填埋场恢复绿地等。这些绿地均位于城市建成区之外，不参与城市绿地指标的计算。

《城市绿地分类标准》在“条文说明”中进一步指出，其他绿地“位于城市建设用地以外、城市规划区范围以内”，“它与城市建设用地内的绿地共同构成完整的绿地系统”。可见，“其他绿地”是城市规划区范围内、“城区绿地”外的绿地，它是连接“城区绿地”与“市域绿地”的桥梁，是以“城区绿地”为核心向“市域绿地”辐射拓展的纽带，起到“牵一发而动全身”的重要作用。图 10-2-17 所示即为 4 种绿地关系图。

其他绿地作为城市建设用地内部绿地的延伸和重要补充，作为市域绿化建设的基础，因

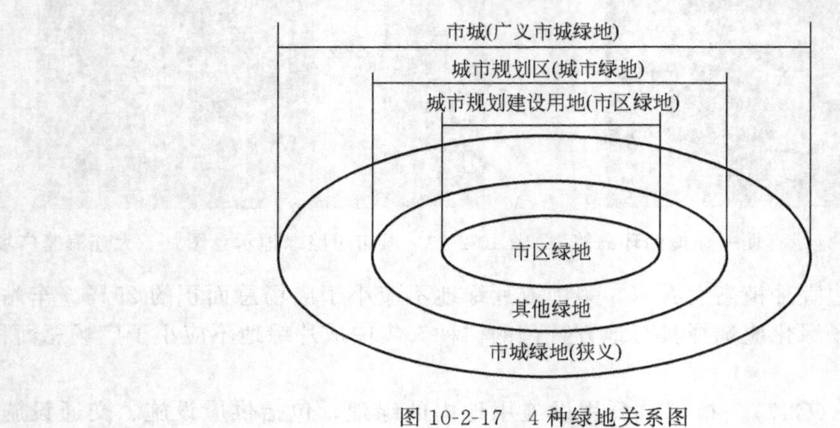

图 10-2-17　4 种绿地关系图

其规模宏大、类型多样和极具发展性的特点，功能必然也呈多元化。规划要充分发挥这些功能，形成城乡生态安全格局，为城乡可持续发展和环境优化服务。

① 风景名胜区　也称风景区，指风景资源集中、环境优美、具有一定规模和游览条件，可供人们游览欣赏、休憩娱乐或进行科学文化活动的地域。1982 年，以国务院公布的第一批 24 个国家级重点风景名胜区为标志，我国正式建立了风景名胜区管理体系。2006 年由国务院颁布实施的《风景名胜区条例》规定我国的风景名胜区划分为国家级风景名胜区和省级风景名胜区，自然景观和人文景观能够反映重要自然变化过程和重大历史文化发展过程，基本处于自然状态或者保持历史原貌，具有国家代表性的，可以申请设立国家级风景名胜区；具有区域代表性的，可以申请设立省级风景名胜区。《风景名胜区规划规范》GB 50298—1999 已经颁布实施，城市绿地系统规划涉及风景名胜区规划时，需要符合规范要求。

② 水源保护区　是国家为保护水源洁净而划定的加以特殊保护、防止污染和破坏的一定区域。饮用水水源保护区可分为地表水源保护区和地下水源保护区。按照不同的水质标准和防护要求，饮用水水源保护区可分为一级保护区和二级保护区，必要时也可在二级保护区范围外设置准保护区。

③ 郊野公园　是在城市的郊区，城市建设用地以外划定的、有良好的绿化及一定的服务设施并向公众开放的区域，以防止城市建成区无序蔓延为主要目的，兼具有保护城市生态平衡、提供城市居民游憩环境、开展户外科普活动场所等多种功能的绿化用地。

郊野公园的用地以山林地最好，宜选择地形比较复杂多样、景观层次多和绿化基础好的地方。在设施方面，可以设置各种郊游路径、游客中心、露营地与烧烤区等。郊游路径可以分为健身类、休闲类和科教类三种类型，每一种类型又可以进一步细分。

④ 森林公园　是指森林景观优美、自然景观和人文景物集中，具有一定规模，可供人们游览、休息或进行科学、文化、教育活动的场所。

按照《森林公园管理办法》(林业部 1994 年发布)，森林公园分为三级：国家级森林公园，省级森林公园，市、县级森林公园。森林公园体系的发展在加强中国自然文化遗产资源的保护中发挥了非常重要的作用，同时也大大推动了森林旅游产业的发展，在很大程度上满足了国民日益增长的户外游憩需求。

《森林公园总体设计规范》LY/T 5132—1995 由原林业部颁布实施，按照规范，根据森林公园综合发展需要，结合地域特点，应因地制宜设置不同功能区，如游览区、游乐区、狩猎区、野营区、休养区、疗养区、接待服务区、生态保护区、生产经营区、行政管理区、居民生活区等。

⑤ 自然保护区　是指对有代表性的自然生态系统、珍稀濒危野生动植物物种的天然集中分布区、有特殊意义的自然遗迹等保护对象所在的陆地、陆地水体或者海域，依法划出一定面积予以特殊保护和管理的区域。

按照《中华人民共和国自然保护区条例》(国务院 1994 年颁发)，国家对自然保护区实行综合管理与分部门管理相结合的管理体制，国务院环境保护行政主管部门负责全国自然保护区的综合管理，国务院林业、农业、地质矿产、水利、海洋等有关行政主管部门在各自的职责范围内，主管有关的自然保护区。在级别上，分为国家级自然保护区和地方级自然保护区。

⑥ 城市绿化隔离带　是为了防止城市蔓延，或为了保障城市生态安全而在建成区外围设置的绿化带。根据建成区的空间布局，城市绿化隔离带可以采取不同的形态，如环形、楔形、带形等。在世界各大城市广泛出现的环城绿带就是一种较为典型的城市绿化隔离带。

⑦ 野生动植物园　多建于野外，根据当地的自然环境，创造出适合动物生活的环境，

采取自由放养的方式，让动物回归自然。参观多以游客乘坐游览车的形式或采取限制性的参观路线的方式，尽量减少对动物的干扰。野生动物园一般环境优美，适合动物生活，但运营成本较高。

野生植物园是利用现状自然条件和植物资源，设置活植物收集区，并对收集区的植物进行记录管理，使之可用于科学研究、种植保护、展示和科普教育。野生植物园可以和野生动物园合并建设，成为综合性的生态环境展示地。

⑧ 湿地　按照1971年在伊朗的拉姆萨通过的国际《湿地公约》的定义“不论其为天然或人工、长久或暂时性的沼泽地、泥炭地或水域地带，静止或流动、淡的、半咸的或咸的水体，包括低潮时水深不超过6m的水域”，可见湿地所含的范围极广。

湿地生态系统是人类赖以生存发展的支撑系统之一，能够为人类提供动植物产品与水资源，提供调蓄洪水、净化水质、缓减面源污染、调节气候、维持生物多样性等生态服务功能，也承担了满足人类游憩活动的社会功能。

根据中国的实际情况以及《湿地公约》分类系统，《全国湿地资源调查与监测技术规程》将全国湿地划分为5大类28种类型，其中5大类分别是近海及海岸湿地、河流湿地、湖泊湿地、沼泽和沼泽化草甸湿地、库塘。

城市湿地公约一般应包括重点保护区、湿地展示区、游览活动区和管理服务区等区域，具体可参考建设部2005年颁布实施的《城市湿地公园规划设计导则（试行）》。

10.2.3　城市绿地系统规划的主要内容

（1）城市概况及现状分析

城市概况包括自然条件、社会条件、环境状况和城市基本状况等；绿地现状与分析包括各类绿地现状统计分析、城市绿地发展优势与动力、存在的主要问题与制约因素等。

（2）规划总则与目标

包括规划编制的意义、依据、期限、范围与规模、规划的指导思想与原则、规划目标与规划指标。

（3）市域绿地系统规划

主要阐明市域绿地系统规划结构与布局和分类绿地发展规划，构筑以中心城区为核心，覆盖整个市域、城乡一体化的绿地系统。

（4）城市绿地系统规划布局结构与分区规划

城市绿地系统规划应与城市总体规划用地布局相协调，应从改善城市生态环境、构筑城市特色风貌、促进城市可持续发展的高度进行规划，并努力从城市特征中寻找规划布局特点，在自然环境特征与城市建设之中发挥绿地的协调作用。一般城市绿地系统规划布局从三个层次进行考虑，一是从市域范围的整体空间环境进行绿地系统规划的布局，提出整体布局结构；二是从城市规划建成区范围来考虑绿地布局；三是从城市发展的风貌特色和个性形成来考虑，发挥绿地系统的积极作用，创造富有个性的城市肌理。

对于大城市和特色城市，一般需要按市属行政区或城市规划用地管理分区编制城市绿地系统的分区规划，重点对各区绿地规划的原则、目标、绿地类型、指标与分区布局结构、各区绿地之间的系统联系做出进一步的安排，便于城市绿地规划建设的分区管理。该层次绿地规划应与城市分区规划相协调，并提出相应的调整建议。

（5）城市绿地分类规划

城市绿地分类应该按国家《城市绿地分类标准》CJJ/T 85—2002执行，包括公园绿地（G1）规划、生产绿地（G2）规划、防护绿地（G3）规划、附属绿地（G4）规划、其他绿地（G5）规划。分述各类绿地的规划原则、规划内容、规划指标和空间布局，并确定相应的基调树种、骨干树种和一般树种的种类。

（6）树种规划

建立树种规划的基本原则：确定城市所处的植物地理位置（包括植被气候区域与地带、地带性植被类型、建群种、地带性土壤与非地带性土壤类型）；确定相关技术经济指标包括确定裸子植物与被子植物比例、常绿树种与落叶树种比例、乔木与灌木比例、木本植物与草本植物比例、乡土树种与外来树种比例（并进行生态安全性分析）、速生与中生和慢生树种比例，确定绿化植物名录（科、属、种及种以下单位）；基调树种、骨干树种和一般树种的选定；市花、市树的选择与建议等。

（7）生物多样性保护与建设规划

生物多样性是指在一定空间范围内活的有机体（包括植物、动物、微生物）的种类、变异性及其生态系统的复杂程度，它通常分为三个不同的层次，即生态系统多样性、物种多样性、遗传（基因）多样性。它是人类赖以生存和发展的基础，保护生物多样性是当今世界环境保护的重要组成部分，它对改善城市自然生态和城市居民的生存环境具有重要作用，是实现城市可持续发展的必要保障。

生物多样性规划首先需要加强本地调研，确定当地所属的气候带和主导生态因子，确定当地所属的植被区域、植被地带、地带性植被类型和建群种、优势种以及城市绿化中的乡土树种，编织出绿地的立地条件类型和城市绿化适地适树表，建立城市绿化植物资源信息系统，对城市鸟类和昆虫类等动物进行调查，并列出名录。

（8）古树名木保护规划

古树名木保护规划，属于城市地区生物多样性保护的重要内容。由于在我国城市绿化管理的实际工作中，古树名木保护从法规到经费都是一个专项内容，因此在规划上也可以相对独立形成并实施。规划编制要充分体现现存古树名木的历史价值、文化价值、科学价值和生态价值；结合城市实际，通过加强宣传教育，提高全社会保护古树名木的群体意识。要通过规划，完善相关的法规条例，促进形成依法保护的工作局面；同时，指导有关部门开展古树名木保护基础工作与养护管理技术等方面的研究，制定技术规程规范，建立科学、系统的古树名木保护管理体系，使之与城市的生态建设目标相适应。

（9）分期建设规划

城市绿地系统规划分期建设可分为近、中、远三期。应根据城市绿地自身发展规律与特点来安排各期规划目标和重点项目。近期规划应提出规划目标与重点，具体建设项目、规模和投资估算；中、远期建设规划的主要内容应包括建设项目、规划和投资估算等。

编制城市绿地系统分期建设规划的原则为：

① 与城市总体规划和土地利用规划相协调，合理确定规划的实施期限。

② 与城市总体规划提出的各阶段建设目标相配套，使城市绿地建设在城市发展的各阶段都具有相对的合理性，满足市民尤其生活方面的需要。

③ 结合城市现状、经济水平、开发顺序和发展目标，切合实际地确定近期绿地建设项目。

④ 根据城市远景发展要求，合理安排绿地的建设时序，注重近、中、远期项目的有机结合，促进城市环境的可持续发展。

（10）规划实施的措施

城市绿地建设和绿化养护管理，是城市绿地系统规划工作的后续环节，需要制定得力有效的措施以保证规划目标的实现。为保障城市绿地系统规划有序地实施，一般应提出法规性措施、政策性措施、行政性措施、技术性措施、经济性措施等方面的建议。

10.2.4 城市绿地系统规划基本原则

10.2.4.1 整体优化原则

城市绿地系统规划要符合整体的原则——系统、综合、前瞻地考虑问题，否则的话就难以做好一系列整合工作，出现诸如具体建设与规划目标分离、微观局部与宏观整体的冲突、近期建设与远期发展失衡、绿地景观形象建设与城市建设管理脱节以及新的空间秩序与传统文化的丧失等状况。

城市是一个整体，城市绿地系统中包括一个个视觉吸引物，但城市视觉景观形象从根本上来说还是城市整体组织结构的一种视觉体现。凯文·林奇在《城市意象》一文中，将城市意象物质形态划分为道路、边界、区域、节点和地标五大元素，但他同时强调，在现实中这几大元素类型均不会孤立存在，区域由节点组成，由边界限定范围，通过道路在其间贯穿，并四处散布一些标志物，元素之间有规律地互相重叠穿插。他还说：如果我们的分析是从对基础材料分门别类开始的话，那么它最终必将重新统一成一个整体形象。整体环境具有的并不是一个简单综合的意象，而是或多或少相互重叠、相互关联的一组意象。因此，应当将城市绿地系统形象因素作为一个系统来建设，也就是说，城市绿地系统形象建设的核心仍然是城市整体结构，是围绕城市功能的组织。

对于一个城市而言，仅仅有一个、两个令人满意或令人兴奋的城市焦点是远远不够的，城市绿地系统形象建设绝不是为几个城市“风景照片”而进行的设计。城市景观与空间形态的组织设计，应根据城市景观的价值、知名度和公共性，以恰当的方式建设不同等级、不同层次但相互联结的城市景观体系，为城市生活提供丰富多彩而又协调和谐的总体环境。

10.2.4.2 景观个性原则

城市绿地系统组织的核心，是突出和创造城市绿地的个性与特色，目前我国城市的快速发展造成了各城市历史环境的消失。相同的园林施工方法和同样的园林建筑材料造成了技术趋同，城市固有的个性与特色在趋同的发展中逐步消失。突出和创造城市的绿地景观形象的个性与特色，就是把城市本身所拥有的独特自然景观因素和具有历史文化价值的人文景观因素，组织到不断变化、发展的城市绿地系统中去，是重现独特的地理、地域环境、特有的历史文化景观和生活方式，张扬城市的“地方性”。一个地域的地方性，往往通过可见的山、水、建筑等表层物质元素和不可见的“地方精神”、“地方意识”、“地方认同感和归后感”等深层文化因素体现，是空间尺度（有明确边界的地理区域）、社会尺度（该区域内生活的居民在一定程度上进行互动）和心理尺度（这些居民有共存感、认同感）三者的统一，也就是所谓地理文脉和历史文脉的结合。城市绿地景观系统体系的建设，必须认真研究城市有价值的景观资源，找到其地理文脉和历史文脉，并将其合理地组织到变化发展的城市绿地系统中去。

10.2.4.3 景观连续原则

城市绿地往往处在城市建筑环境的重要包围之中，绿地景观系统（包括自然景观）被分割得四分五裂，绿地景观在城市中成为一个个彼此隔离的孤岛，使绿地的生态水平和游憩、观赏功能都大大降低，难以形成较为完整的城市自然生态系统，同时城市绿地的公共性随着距城市中心区距离的增大而递减，为了保持城市绿地系统体系的均衡分布，必须加强城市边缘地带自然景观的建设，以自然景观因素的优势弥补城市边缘区公共性的衰减，建立起边缘区自然景观与中心区人文景观的双向可逆空间，从而获得绿地景观体系的均衡发展。

10.2.4.4 多样统一原则

多样性导致稳定性。在城市绿地系统景观规划中，多样性表现在两大方面：生物多样性和景观多样性。城市中的绿地多为人工设计而成，通过合理规划设计植物品种，可以在城市绿地系统中创造丰富多彩的遗传多样性，从而达到丰富植物景观和增加生物多样性的目的；景观多样性表现在绿地景观类型的多样性、绿地景观结构的多样性和绿地景观布局的多样性。类型多样性指为满足不同类型游憩需求和生态功能而规划设立的绿地，如在城市中，绿地按其规模和服务功能分为市级公园、区级公园、小游园、街头绿地等，按生态功能分为防护绿地、生活绿地、游憩绿地等。另外，城市绿地还可按照其形状分为带状廊道绿地、块状绿地等；绿地景观布局上有大小绿地镶嵌结合、宽窄廊道相结合、绿地集中和分散相结合等。总之，遵循多样化的规划原则，对于增进城市生态平衡、维持城市景观的异质性、创造丰富的城市绿地系统具有重要的意义。

10.2.4.5 有机生长原则

有机生长原则是从城市动态发展的角度提出的，城市绿地系统应该以城市绿地的扩展为依据，并随城市的发展有序而合理地生长。城市发展以人工环境的更新改造和自然环境的开发利用为主要发展方式，这使城市绿地体系总是处于变化之中。短时间内高层建筑的高度不断被刷新，建筑造型的标新立异，同一种建筑材料的流行，使城市旧区特色消失殆尽，城市绿地系统在城市更新过程中失去了应有的连续性，城市随之而失去了个性和特色。

有机生长原则要求城市更新应在城市景观体系及重要标志物的控制下谨慎进行，表现出城市发展连续性的特征，保留城市在各个发展阶段有价值的景观，作为城市发展的标识和真实记录。对于有价值的人文景观，城市发展应表现出应有的尊重，更新项目的尺度、体量、色彩和材料都应与之相适应，保持应有的一致性，使新旧环境建立起“对话”的关系。对于活跃异常的城市中心区，应有意识地控制更新速度，高层建筑具有定位和标识意义，作为视觉标志的高层建筑更替频繁，会失去其标志的意义和价值，缓慢更替有利于市民调节“心理认知感”，适应和认同城市标识的变化；对于一般区域的大规模更新，必须认真寻找、利用有意义的景观因素如建筑物、小品、构筑物，特别是一条旧巷和多年生长的古树，建立起今天与昨天的联系。城市外围扩展必须通过城市总体规划，把城市外围有价值的自然景观有机地组织到城市景观体系中去，在充分尊重原有生态模式的前提下，把人工开发所带来的影响约束在生态环境可承受的范围内。

10.2.4.6 生态性原则

生态性原则是绿地景观系统规划的最重要的原则，首先，通过制定合理有效的城市绿地系统规划可以促进城市整体生态平衡，保持城市清洁卫生，降低城市各种环境污染，因此，城市绿地系统规划一定要从改善城市环境质量的角度出发。无论在发达地区还是在落后地区的城市，由于城市人口密集，各种污染源较为集中，城市环境质量一直是影响城市健康发展的制约因素。其次，生态原则，还表现在城市绿地系统本身要结构合理，生态稳定，使系统中的能流、物流畅通，达到结构合理、关系和谐、功能高效目的。第三，在我国由于城市发展中的各种历史问题，导致城市绿地在数量和质量上较为欠缺，在绿地景观系统规划中必须研究城市发展特点，使绿地的投入表现出较好经济生态性。

10.2.5 城市绿地系统布局的基本模式

通常情况下绿地布局有以下几种基本布局形式：点状、环状、放射状、放射环状、网状、楔状、带状、指状（图 10-2-18）。但是，不同城市由于其自然条件、社会条件的不同，可能采取其中两种或两种以上基本布局形式组合出新的布局形式，可以称为组合布局形式，如：星座放射状、点网状、环网状、复环状等多种组合布局形式。

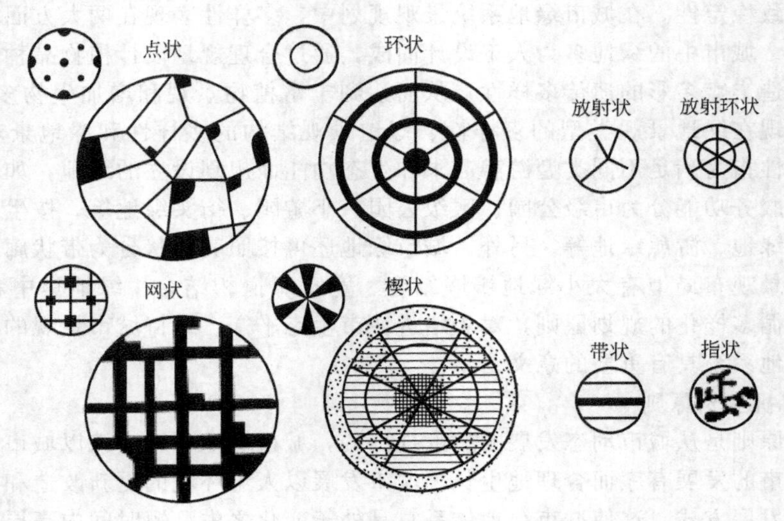

图 10-2-18　绿地系统布局基本模式

① 点状绿地布局　此类绿地布局方式，将绿地成点状均匀分布在城市中，方便居民使用，但由于点状绿地规模不可能太大，位置分散，难以充分发挥绿地调节城市小气候、改善城市生态环境和艺术面貌的功能。这类布局多应用于旧城改建中，如上海、天津、武汉、青岛等。

② 环状绿地布局　该模式在外形上呈现出环形状态。一般出现在城市较为外围的地区，多与城市交通（如城市环线、环城快速路等）同时布置。绝大部分以防护绿带、郊区森林和风景游览绿地等形式出现。在改善城市生态和体现城市风貌等方面均有一定的作用。

③ 放射状绿地布局　从城市中心区向周边放射方向建设绿地，并沿放射路两侧的绿化带形成绿色通道。与楔形绿地相似，放射状绿地布局有利于将新鲜空气引入城区，较好地改善城市的通风条件。

④ 放射环状绿地布局　该模式是放射状与环状布局的有机结合，将城市分散的绿地有机联系，组成较完整的体系。可以使生活居住区获得最大的绿地接触面，方便居民游憩，有利于小区城市环境卫生条件的改善，有利于丰富城市总体的艺术面貌。

⑤ 网状绿地布局　该模式布局是通过点、线、面、片、环、楔、廊等相结合，将城市的公园、街头绿地、庭园、苗圃、自然保护地、农地、河流、滨水绿带和山地等纳入绿色网络，构成一个自然、多样、高效、有一定自我维持能力的动态绿色网络结构体系。

⑥ 带状绿地布局　利用河湖水系、城市道路、旧城墙、高压走廊等要素，形成纵横向绿带、放射状绿带与环状绿带交织的绿地网。在城市周围及功能分区的交界处也需要布置一定规模的带状绿地，起防护隔离作用。不仅可以联系城市中其他绿地使之形成网络，还可以创建生态廊道，为野生动物提供安全的迁移路线，从而保护城市中生物的多样性。带状绿地布局有利于表现和改善城市风貌，如南京、西安、苏州、哈尔滨等城市多采用带状绿地布局形态。

⑦ 楔状绿地布局　从城市外围嵌入城市内部的绿地，因反映在城市总平面图上呈楔形而得名。这种绿地布局对改善城市小气候的作用尤其显著，它可以将城市环境与郊区的自然环境有机地组合在一起，有利于将新鲜空气源源不断地引入城区，能较好地改善城市的通风条件。

10.2.6 城市绿地系统的布局形态

10.2.6.1 城市绿地系统典型布局形态

城市绿地系统在数量、结构、布局上均受多种因素的严格制约，甚至功能作用也难以求全；在不同的规划目标和时空条件下，绿地系统布局可以呈现出多种截然不同的组合变化。表10-2-2为国内外33个具有代表性的城市的绿地系统布局图，在此基础上归纳总结城市绿地系统的典型布局形态。

表 10-2-2 国内外 33 个具有代表性的城市的绿地系统布局图

布局形态	城市	绿地系统布局	布局图
环楔状	莫斯科	结合莫斯科河及其稠密的支流网所分割的多丘陵地形，在城市外围建立了10～15km宽的森林公园带，并采用环状、楔状相结合的绿地系统布局形式，将城市分割为多中心结构，使城市在总体上呈现出扇形与环形相间的空间结构形式	
	上海	根据绿地生态效益应最优以及与城市主导风向频率的关系，结合农业生产结构调整，以公共绿地为核心，大型生态林地为主体，以沿"江、河、湖、海、路、岛、城"地区的绿地为网络和连接，提出了"一心两翼、三环十坪、五楔九组、星罗棋布"的布局结构模式，形成"水中城、城中水、多绿环、多绿心"的生态城市格局	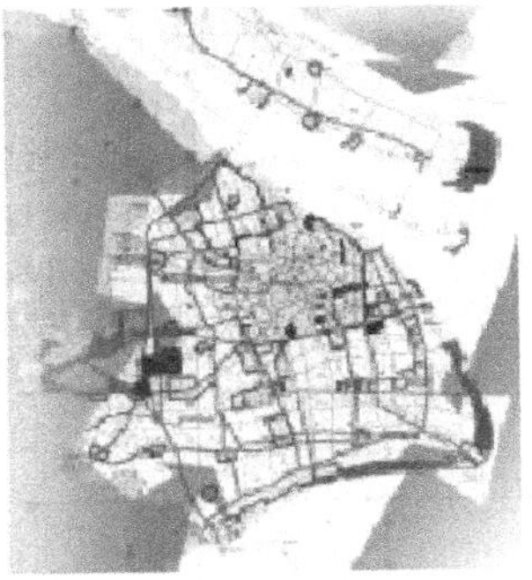
	合肥	合肥市利用自然条件和城市历史发展过程形成的环和楔形结合的绿地系统模式，组成由"两环"、"四线"、"三带"、"八片"构成的点、线、面结合的网络系统	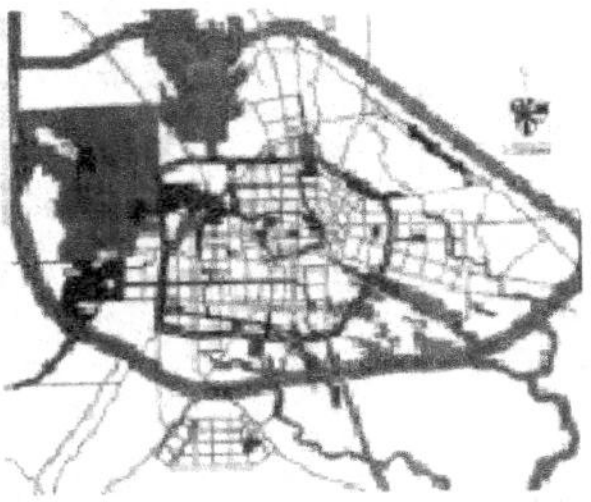
	无锡	根据生态学的"斑块-廊道-基底"的格局，结合无锡市城市总体规划和城市用地现状，将无锡市建成区的绿地系统规划结构定位"环、楔、廊、园"的布局结构模式，概括为"一心中踞、十字双环、二楔深入、绿廊联网、公园匀布"	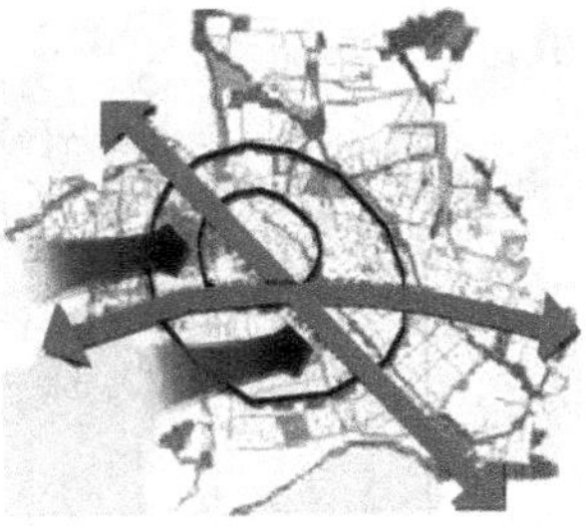

续表

布局形态	城市	绿地系统布局	布局图
环楔状	扬州	以城市现有的条件为基础，以城市建成区规划发展的方向为依据，形成“一弧、二带、三环、四网、五楔、八点、九片”的绿色景观视廊结构。同时，根据城区布局特点和现有绿地分布状况，主城区绿地系统布局按“环、网、楔、园”四个空间层次进行	
指状	哥本哈根	丹麦哥本哈根（Copenhagen），星状（五手指状），城市发展模式，绿地系统规划注重在“手指”与“手指”间楔入绿地及农田，形成指状布局形态	
星状	慕尼黑	由于慕尼黑市南为大片自然保护区，受自然保护区的影响，城市开发方向只能向东北、北、西北发展，形成具有明显的“头重脚轻”感的星状城市发展模式。城市绿地穿插于星状轴线之间，与城市布局形态融为一体，彼此呼应	
楔形网状	哈罗新城	英国哈罗新城，巧妙地保留和利用原有地形和植被条件：如利用外围的河谷和丘陵布置环状绿地；利用冲沟和低地辟为主要道路和宽阔绿带，形成从东、西、南三个方向伸入城市的楔状绿地；经过后期建设的补充完善，造就了绿地与城市交织的宜人环境	
	墨尔本	澳大利亚墨尔本市的绿地系统，依托优越的土地资源条件建成了自然中的城市。城市绿地系统的规划以五条河流和湿地为骨架组成楔状绿地系统，其头部为大规模的公园，连接城市内部的林荫道及公园，楔状绿地系统的外侧为计划的永久性农业地带，总体上形成了“楔形网状”的布局结构	

续表

布局形态	城市	绿地系统布局	布局图
环状	科思	利用森林和水边地形成环状绿地系统布局	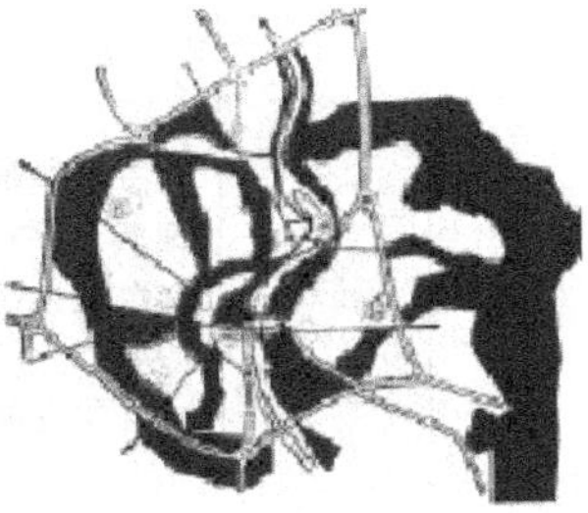
	杭州	通过建立“山、湖、城、江、田、海”的都市区生态基础网架及构筑“两环一轴生态主廊”的结构，同时配以多条次生态廊道和斑块生态绿地，形成环绕中心城区的环状绿地系统、共同构筑了多层次、多功能、复合型、网络状生态结构体系，强调“四面荷花三面柳，一城山色半城湖”的独具魅力的山水城市格局	
环射状	伦敦	绿地系统形成的绿色网络，环城绿带呈楔入式分布，通过绿楔、绿廊和河道等，将城市各级绿地连成网络	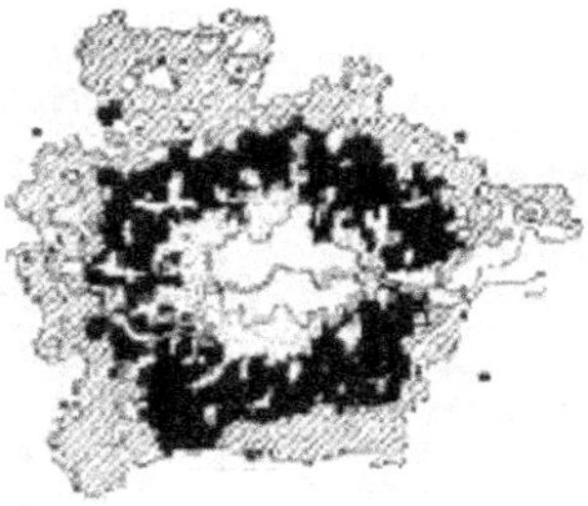
环射楔形（主城块状）	北京	与北京市的分散组团式城市结构布局相呼应，绿地系统采用放射状的楔形布局形式，将田园的优点引进城市，为城市发展提供秩序和弹性，形成“三环环绕、十字绿轴、七楔插入，及由绿色通道串联公园绿地成点、线、面、相结合”的绿地系统。旧城则在现有绿地的基础上，结合历史遗迹采用块状的布局形式	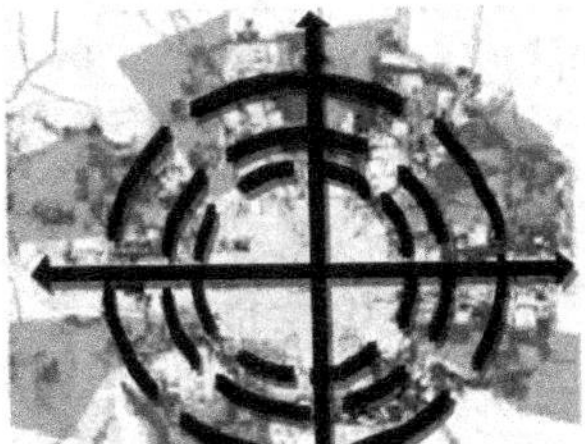
环楔放射状	临沂	依据城市发展和自然景观特色，有机组织城市绿色体系，布局上按“环、楔、廊、网、园”五个空间层次进行。以水系和路网为基本骨架，突出沂河的地位和作用，形成：“一核主导、绿屏围绕、四楔深入、五轴贯穿、绿网密织、星罗棋布”的混合式绿地布局结构模式	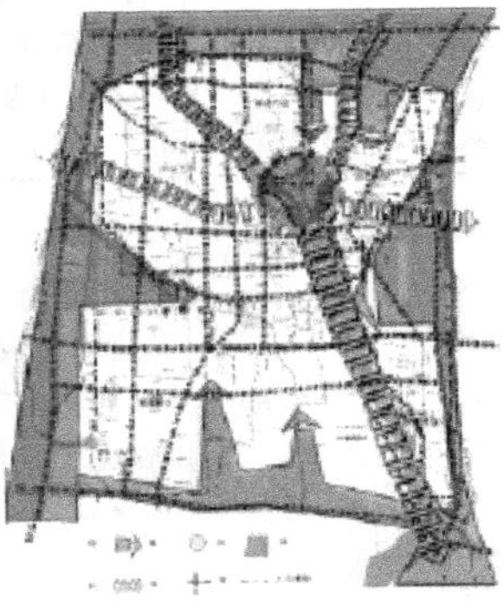

续表

布局形态	城市	绿地系统布局	布局图
放射环楔形	桂林	主城绿地系统规划强调保护"千峰环野立，一水抱城流"的山水城市传统格局，构筑"一带、两江、三楔"放射状楔形的城市绿地空间形态；形成"山水旅游城市"——"国家园林城市"——"生态城市地区"的圈层发展模式	
	常熟	常熟城以琴川河为骨架，腾虞山而起，与尚湖相绮，形成"七溪流水皆通海，十里青山半入城"的格局，市内水网格局由几条主要放射状水道构成，绿地系统布局结合放射状水道布置各类绿地，突出城市放射水网结构的特色，形成楔形放射状的布局形态	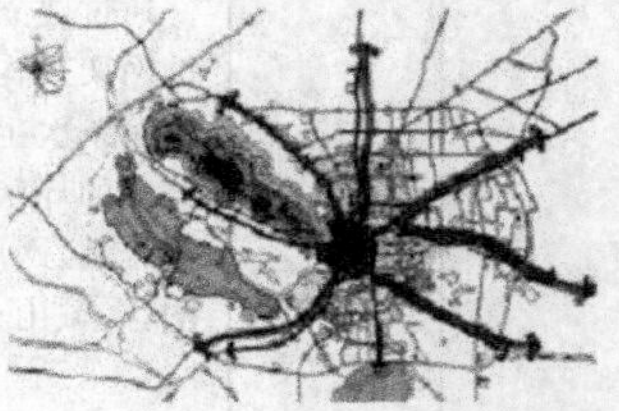
带楔状	秦皇岛	参照城市山水形势及组团式的城市发展结构，构筑城市绿地主要系统是由城区组团绿地和深入城区内的山体、河流绿地组成；呈楔块状及网带状渗入；形成"一带二片五楔"的绿地布局形态。其中北戴河区绿地呈斑块楔星网状渗入；海港区呈环网状；山海关城区绿地系统布局呈南北带状楔入	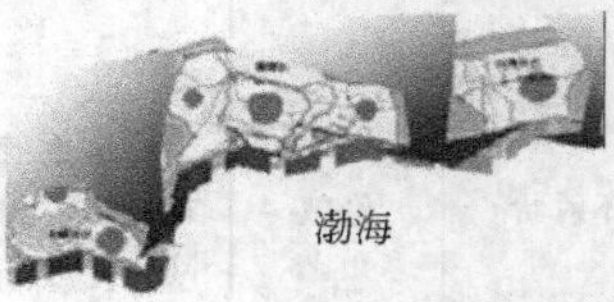 渤海
带状	兰州	城市受地形限制沿河谷呈带状布局，盆地型地形结构决定了绿地系统的空间结构以改善生态环境、缓解城市污染为出发点和立足点，城市绿地系统布局形成带状骨架、环状围合、楔形与点状补充的格局	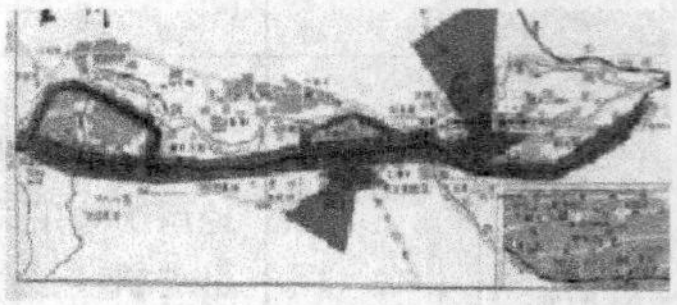
带楔状（主城网状）	大庆	大庆是根据油田分布的特点建设起来的矿区，因布油井把城市拉长，形成带状组团式的城市规划结构模式。针对大庆的自然特征及存在问题，绿地系统布局形态呈现带楔状，并结合居住区分散的特点集中布置公园绿地，主城区形成"一区、二轴、三环、三带、五纵、八横"网状结构的绿地系统布局	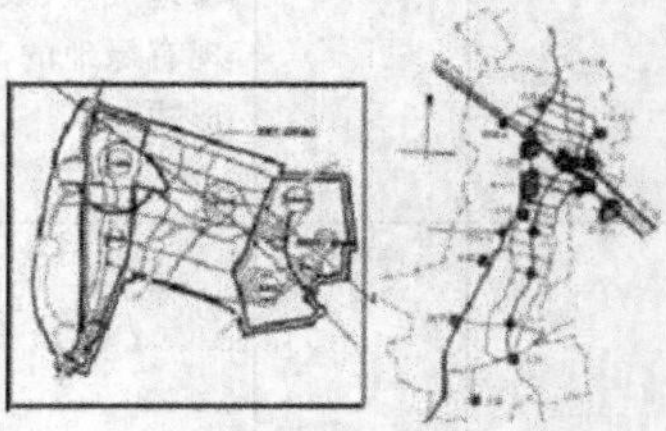
带楔状	泰安	根据泰安市城市发展的历史与格局，将泰安城绿地系统布局结构确定为"一轴、一线、西楔、七带"组成的复合网络结构	

续表

布局形态	城市	绿地系统布局	布局图
带楔状	珠海	珠海市利用带状绿地将城市各功能区进行分隔和连接，形成环状的组团式布局形式。绿地布局依托自然山水，营造大环境绿色生态基质；在中心城区内建立绿色廊道网络，建立公园游憩绿地网络，基本上形成中心城区内山水相通的网络化的生态绿地系统	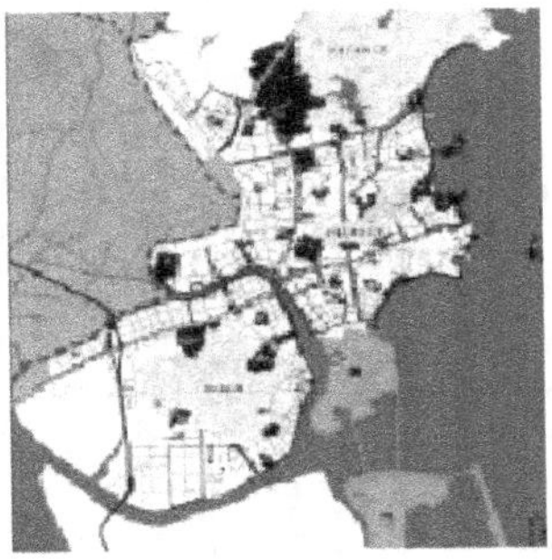
带网状	宿迁	以城市现有的条件为基础，以城市建成区规划发展的方向为依据，形成“一环、两带、四纵四横、六轴、十园、百苑”的布局结构，实现“湖光水色、楚风汉韵、酒都花乡、生态名城”的目标	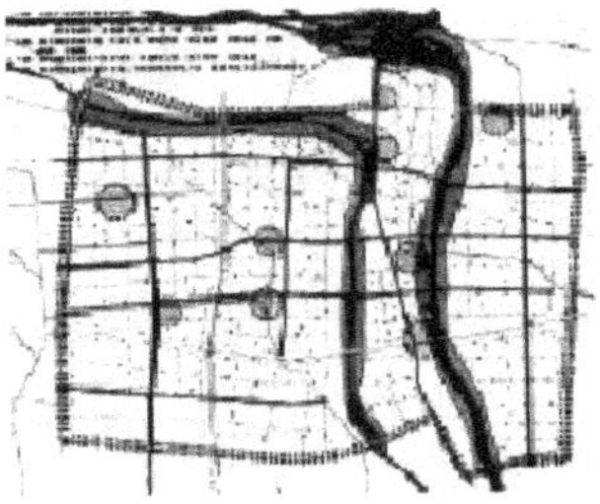
绿心楔网状	广州	带状组团式城市空间结构，结合山、城、田、海等独特生态景观，形成了典型的“青山半入城，六脉皆通海”的山水城市风貌。规划为“一带、两轴、三块、四环”的布局结构，构成开放式环状空间结构，以白云山、万亩果园为绿心，溪河与珠江及其沿河绿带贯穿三大组团，形成绿心加绿楔的生态系统	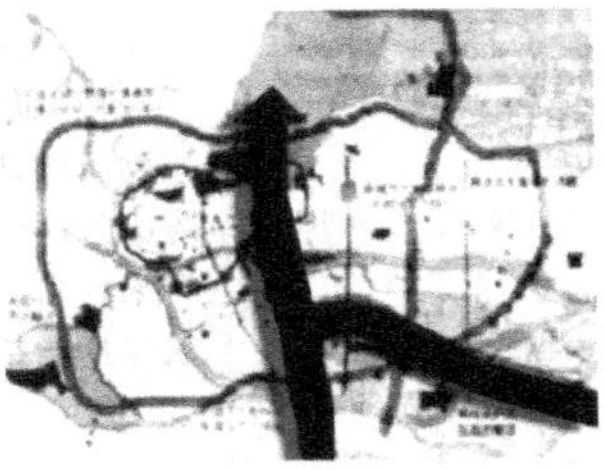
绿心环状	乐山	结合自然、生态环境条件，中心城区采取了“绿心环形生态型城市”的布局结构，形成“山水中的城市、城市中的山林”大环境圈的总体构思；绿地系统布局同样形成了绿心式绿地系统格局	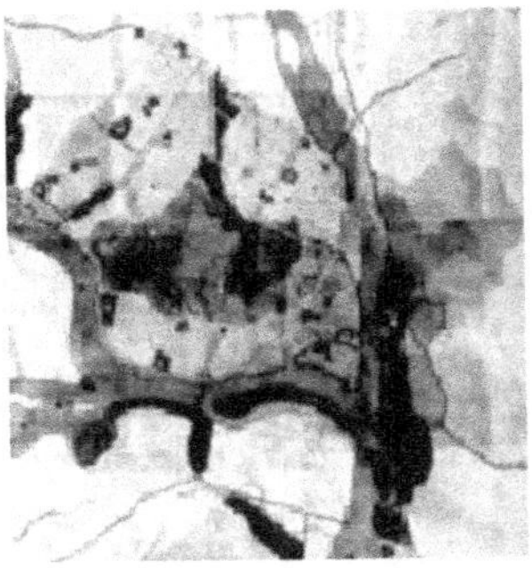
点网状	佛山	根据佛山市的现状条件及本次城市绿地系统总体布局原则，可形成环、块、点、网状绿地相结合的结构模式，总结为“一环、两带、三块、四横、五纵、六园”的布局结构	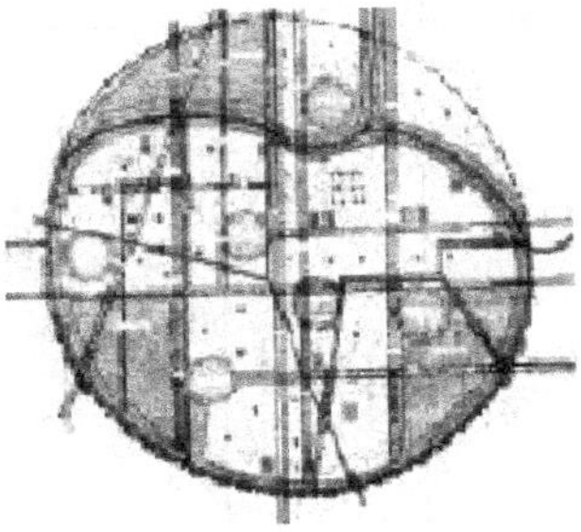

续表

布局形态	城市	绿地系统布局	布局图
网络星座状	中山	中山市以水系网络结构为联系，将城中孤立山体、公园等绿色斑块连为一体，形成山水相依的串珠式(网络星座状)结构	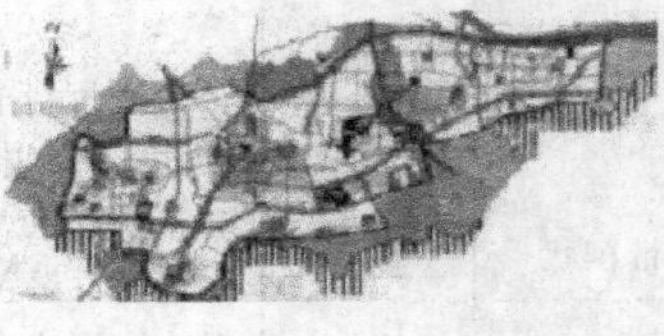
节点——星座——网络	南京	绿地系统主体结构是以“山水相依，城林交融，环圈围绕，点面结合，大小配置，绿廊联系”等方法，构成“节点——星座——网络”状布局结构。主城区绿地系统规划布局归纳为：景区为主、游园呼应；两带贯穿、路江环绕，街景为骨，绿廊为络，点在网中，片在城内	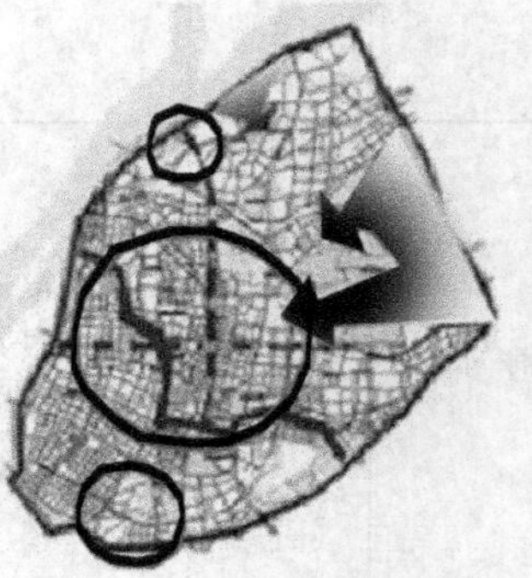
平行楔状	深圳	利用绿地现状，确定以自然生态绿地为主脉，利用楔状绿地将自然生态“引入”城市并将城市隔成若干组团，各组团再配以均衡分布的公园和绿带的布局方式。从楔状绿地、点状绿地、线状绿地和面状绿地四个层次进行布局，形成平行楔状绿地系统	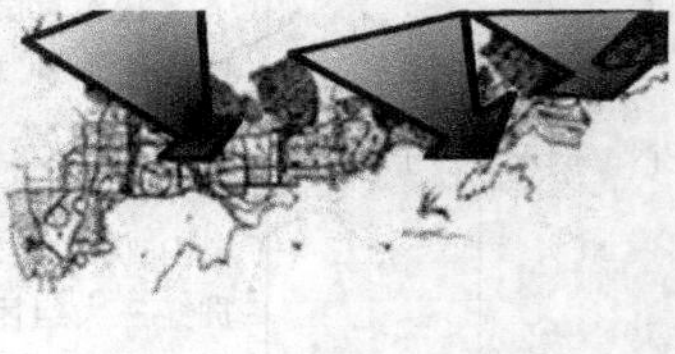
复环楔状	马鞍山	马鞍山自然环境优美，人文景观独特。规划按照“江南一枝花”的布局模式，以市中心近 $1km^2$ 的雨山湖及其园林绿化景观为“花蕊”，以周围的道路绿化为“花瓣”，以环城山林为“绿叶”，着力营造出一个具有自然山水特色的园林城总体格局	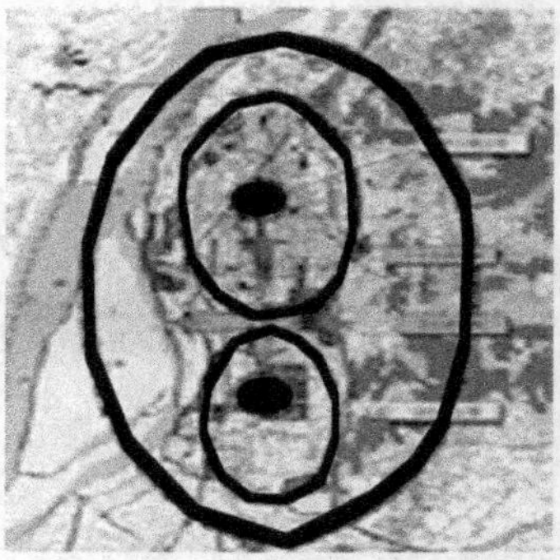
	嘉兴	依托自然水网骨架，建立绿色生态空间，以“一心、三环、三楔、三园、七带和多点”共同构成嘉兴独特的生态绿地网络结构，形成城、水、绿相互交融的园林景观	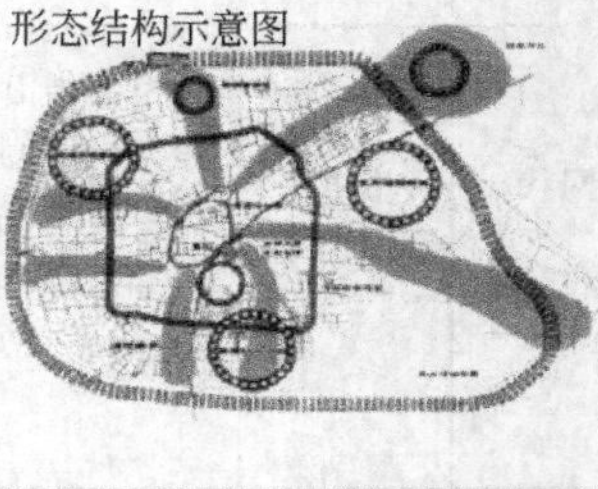 形态结构示意图

续表

布局形态	城市	绿地系统布局	布局图
环带楔形（主城网状）	苏州	根据城市布局，充分利用自然条件及人文景观，形成“五片八园、四楔三带、一环九溪”的布局结构体系，构成环形带状加楔形绿地的布局形态。利用水系网络形成网格式布局，在古城内保持“假山假山水城中园”和路河平行的“双棋盘”格局，在古城外创造“真山真水园中城”和“路河相错套棋盘”的格局，建成特色鲜明的“自然山水园中城，人工山水城中园”的绿地系统	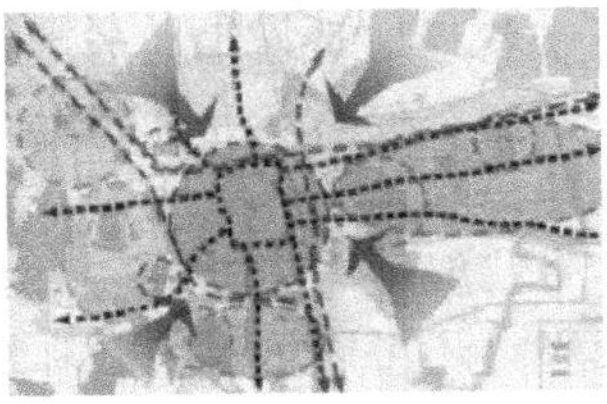
绿色网络	厦门	根据总体规划及绿地现状，基于“环、轴、廊、园”的绿地系统模式，确定绿地系统布局结构为：以东西海域为生态核心，形成五个绿楔，六个绿色片区，各片区绿地网络交织的绿地系统格局。中心城区绿地系统布局结构为：“一环、一区；二片、一轴”绿色网络交织的绿地系统布局结构	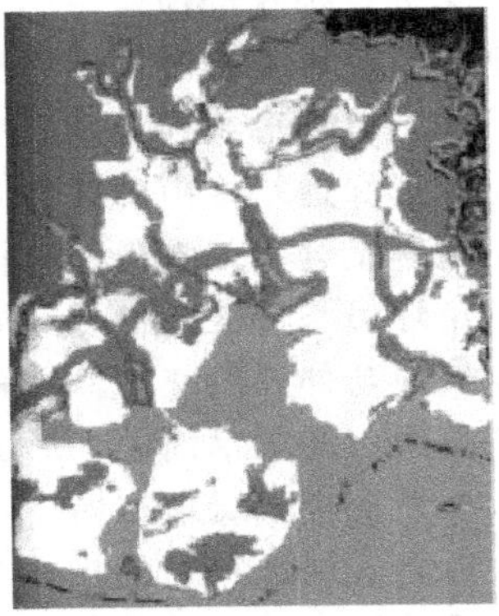
绿色网络	常州	规划充分利用山水相依，河湖纵横的自然条件，以大型生态林地为主体、大型公园绿地为核心，以沿“江、河、湖、路”绿地为网络，连接“主体”与“核心”，形成“环、廊、楔、林、园、点”相互联系，共同作用的“三环四楔十廊、四林九点多园”的绿地系统规划布局体系	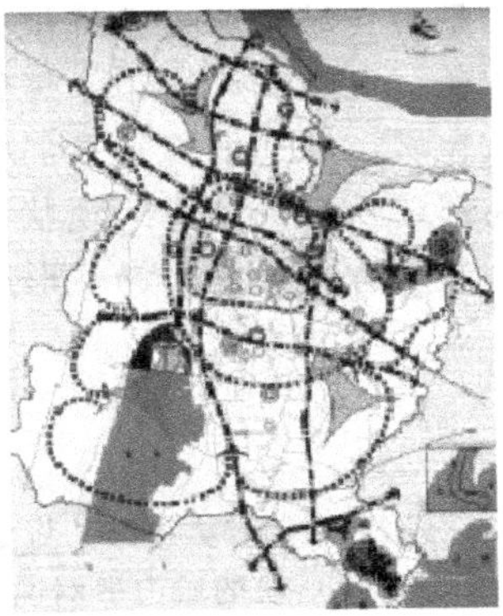

通常情况下城市绿地系统布局呈现出以下几种布局形态：集中型（块状）、线型（带状）、组团型（集团状）、链珠型（串珠状）、放射型（枝状）、嵌合型（楔形）、星座型（散点状）、网状等，实际采用更多的是混合式（网络化）布局模式。

10.2.6.2 典型布局形态分析

尽管布局形态多种多样，但是归根结底不外乎四种最基本的布局形式，即块状、带状、楔形和混合式布局。

（1）以块状绿地为主的布局

块状绿地是指绿地以大小不等的地块形式，分布于城市之中。这种以块状绿地为主的布局形式在较早的城市绿地建设中出现较多，如上海、天津、武汉、大连、青岛等老城区。块状绿地的布局方式，可以做到均匀分布，接近居民，便于居民日常休闲使用。但由于块状绿地规模不可能太大，加之位置分散，难以充分发挥绿地调节城市小气候，改善城市环境的生态效益和改善城市艺术面貌的功能。因此在旧城改造中，应将单纯的块状绿地与其他形式相结合，形成一个完善的绿地系统。

(2) 以带状绿地为主的布局

带状绿地是指绿地与城市中的河湖水系、山脊、谷地、道路、旧城墙等组合，形成的纵向、横向、放射状、环状等绿带，如哈尔滨、苏州、西安、南京等地；另外在城市周围及城市功能分区的交界处也需要布置一定规模的带状绿地，起防护隔离的作用。

带状绿地的布局对一个城市来讲非常重要，因为它不仅可以联系城市中其他绿地使之形成网络，还可以创建生态廊道，为野生动物提供安全的迁移路线，从而保护了城市中生物的多样性。

另外，带状绿地对于外界新鲜空气、缓解热岛效应、改善城市气候以及提升整个城市的景观效果也有重要的作用。

(3) 以楔形绿地为主的布局

楔形绿地是指由郊区伸入市中心的由宽到窄的绿地，一般都是利用河流、起伏地形、放射干道等结合市郊农田、防护林布置。这种绿地对于改善城市小气候效果尤其显著，它可以将城市环境与郊区的自然环境有机地组合在一起，可以将郊区的新鲜空气送入市区，促进城镇空气库与外界的交流，缓解城市中的热岛效应，维持城市的生态平衡。另外，楔形绿地对于改善城市的艺术面貌，形成一个人工和自然有机结合的现代化都市也有不可忽视的作用。

(4) 混合式绿地布局

混合式绿地布局是指将各种绿地布局形式有机地结合在一起，在绿地布局中做到点、线、面的结合，形成一个较为完整的绿化体系。混合式绿地布局结合了前三种绿地布局的优点，是现代城市绿地系统规划及建设常用的一种布局形式。它既可以均匀分布，方便居民休闲游憩，又有利于城市小气候的改善及良好人居环境的形成；另外，还能丰富城市的艺术面貌。在城市绿地的规划布局中，没有一个固定的模式可以套用或推广，任何一个城市的绿地布局都要从自身的绿地现状及自然条件出发结合城市的总体规划，遵循城市绿地的布局原则，最终达到合理布局，形成均衡、完整的城市绿地系统。

【思考练习】

1. 《城市绿地分类标准》将城市绿地分为几大类？几中类？多少小类？分别是什么？
2. 结合你所在的城市举例说明城市绿地系统中的各类绿地。
3. 简述其他绿地在城市绿地系统中的作用。
4. 城市绿地系统规划主要内容包括哪些？
5. 怎样进行城市的生物多样性保护与建设规划？
6. 城市绿地系统规划应遵循哪些基本原则？
7. 试述在保证城市绿地系统整体优化的前提下怎样突出城市的景观个性？
8. 如何理解城市绿地系统的有机生长？
9. 解释城市绿地系统布局的几种基本模式，用图示加以说明。
10. 城市绿地系统布局的基本形态有几种？试举例说明。
11. 比较城市绿地系统布局的几种基本形态，分别说出其优缺点。

第11章 绿 道

11.1 绿道（greenway）的概念

20世纪90年代以来，对绿道（greenway）的研究成为保护生物学、景观生态学、城市规划和景观设计等多个学科交叉的研究热点和前言，学术界将这种研究热潮称之“绿道运动”(greenways movement)。

11.1.1 Green与Way的理解

Green的解释：在简明牛津字典中，green指与环境有关或支持环境保护。

Way：指一个地区的通道、到达一个地区的线路或路径。

因此，从词源上来看，greenway是人们接近自然的通道，并具有连接城市和乡村景观的功能。

11.1.2 关于“绿道”理解的不同阐述

绿道一词首次出现于1959年，1987年美国户外游憩总统委员会（President. S Commission on Americans Outdoor）将绿道定义为“提供人们接近居住地的开放空间，连接乡村和城市空间并将其串联成一个巨大的循环系统。”

但对绿道的理解有不同的观点：

(1) 查理斯·里特尔（Charles Little）的绿道概念

包括转变为游憩用途的铁路沿线、运河、风景道；任何为步行或自行车设立的自然或景观道；一个连接公园、自然保护区、文化景观或历史遗迹之间及其聚落的开放空间；一些局部的公园道或绿带。

Little在他著名的《美国绿道》（Greenway for American）中的这样定义：绿道是一种自然廊道或者是一种线性的开放空间，如河滨、溪谷、山脊线等自然走廊，或是沿着已利用为游憩活动的废弃铁路线、沟渠、风景道路或是可供行人和骑车者进入的自然景观线路和人工景观线路。它是连接公园、自然保护地、名胜区、历史古迹，及其他与高密度聚居区之间进行连接的开敞空间纽带。从中观层面上可以认为它是城市中的条状或线型的公园路(parkway）或绿带（greenbelt)。

(2) Jack Ahern（杰克·艾亨）绿道的多种用途性

Ahern认为绿道具有生态、休闲、文化、美学等多重用途，是由那些为了与可持续土地利用相一致而规划、设计和管理的由线性要素组成的土地网络。绿道具有五个特点：

① 绿道的空间结构是线性的；

② 连接是绿道的最主要特征；

③ 绿道是多功能的包括生态、文化、社会和审美功能；

④ 绿道是可持续的，是自然保护和经济发展的平衡；

⑤ 绿道是一个完整线性系统的特定空间战略。

(3) Julius. Gy. Fabos（尤里乌斯·法勃斯）绿道类型

Fabos 认为绿道是具有休闲、历史或文化价值的生态意义廊道。根据现状建设需求，绿道可分为三种类型，即生态型绿道、文化历史保护型绿道、游憩型绿道。

广义“绿道”的概念：是指用来连接的各种线型开敞空间的总称，包括从社区自行车道到引导野生动物进行季节性迁移的栖息地走廊；从城市滨水带到远离城市的溪岸、树荫及游览步道等。

11.2 绿道的发展历程

绿道的发展经历了五个阶段，从波士顿公园系统规划开始（最早的绿道规划），到 20 世纪 90 年代的绿道运动，经历约一百五十年的历程。今天绿道的规划与建设已经成为区域和城市可持续发展的一种新的策略和模式，正引导人工建设环境与自然环境朝着可持续发展的方向前进。

(1) 第 1 阶段（1867—1900 年）：绿道的起源

关于绿道的起源，多数文献认为其起源于波士顿公园系统规划（Boston Park System），该项目由 Frederick Law Olmsted（奥姆施特德）于 1867 年完成的。该规划通过阿诺德公园（Arnold Park）、牙买加公园（Jamaica Park）和波士顿公园（Boston Garden）将富兰克林公园（Franklin Park）以及其它的绿地系统联系起来，也将波士顿、布鲁克林和坎布里奇三座城市连接起来，并与查尔斯河相连。该公园绿色系统长达 25km。其后，Charles Eliot 扩展其范围，将绿色体系延伸到整个波士顿大都市区，范围扩大到 600km，并与 5 条沿海河流紧密地连接。

(2) 第 2 阶段（1900—1945 年）：绿道规划实践的开始

这一阶段主要的代表人物有 Olmsted Brothers、Eliot 与 Henry Wright。

Olmsted Brothers：波特兰的纪念 Lewis 和 Clark 的广场规划完成了 64km 的环状绿道，后来被规划师扩展到 225km。

Eliot：马萨诸塞（Massachusetts）的开放空间规划。

Henry Wright：新泽西州兰德堡镇（Radburn Town）的绿色空间和绿道规划。与此同时，国家公园管理署（NPs）进行了大量的公园道（Parkway）的规划实践，如蓝脊公园道（Blue Ridge Parkway）。

(3) 第 3 阶段（20 世纪 60～70 年代）：环保运动影响下的绿道规划

20 世纪 60～70 年代美国蓬勃开展的环保运动，促进了绿道研究的迅速发展。

Philip（University of Wisconsin）：在威星康斯州完成了威星康斯州遗产道规划（Wisconsin Heritage Trail Proposal）。

麦克哈格：Iran McHarg 在其著作《设计结合自然》讨论了河流廊道的规划。

ErvinZube：通过定量化的研究大城市区域风景规划模型（METLAND）。

(4) 第 4 阶段（20 世纪 80～90 年代）：绿道运动的命名

在 20 世纪 80 年代，美国户外游憩总统委员会的报告强调了绿道给居民带来的接近自然的机会。1990 年，Little 首次定义了绿道，但未能得到深入的研究。

(5) 第 5 阶段（20 世纪 90 年代至今）：全球性的绿道运动

绿道的建设与研究在全球范围内得到迅速的展开，世界各国广泛开展各类层次的绿道项目，与此同时，相关的研究专著及国际会议广泛召开，并出现了有关绿道方面的博士论文。

11.3 绿道的功能

绿道具有典型的景观生态廊道的特征，其生态性不容置疑，同时还具有休闲游憩、经济及社会文化和美学等方面的功能。

（1）生态功能

绿道，一是绿道维护了自然界物质与能量的生态过程，同时具有所有绿地普遍性的生态功能，如有涵养水源、防风固沙、净化水体与空气；二是绿道具有屏障作用，使其内部的生境不受外界的干扰或影响，成为珍惜物种重要的保护栖息地；三是根据集合种群[1]和岛屿生物地理学[2]理论，绿道可以减轻景观的破碎化；四是绿道是一种廊道空间，为生物运动提供迁移的通道，使物种在不同栖息地之间自由地交流，增加物种基因交流，同时也增强物种对全球气候变化的适应度。

绿道也具有某些负面的生态影响。廊道可能加速外来物种和病原的入侵；绿道的建立可以减少景观的破碎化与保护大的景观斑块之间存在的争议（即 SLOSS：single large or several small principle 的争论）；景观中的廊道可导致同质性，从而丧失文化景观的特色。很少有证据证明目标物种沿着预定的廊道进行扩散。

（2）休闲游憩功能

随着休闲社会的到来，现代休闲功能已经成为绿道的重要功能。Shafer 的野外调查证实了绿道使用者，有 75%的在使用其休闲功能，游憩和通勤的功能占 20%，而仅有少于 7%的属于通勤功能。在绿道的休闲功能中，主要有自行车、步行和跑步，而绝大多数三者兼有。绿道在改善生活质量方面主要体现在健康与舒适、接近自然区域、可进入的休闲机会以及社区自豪感。

（3）经济功能

绿道作为一种公共环境资源其建设从根本上改善了区域生态环境质量，能促进旅游休闲产业的发展，提高土地的开发使用价值，特别是房地产的增值，从而带动区域经济及商业的发展。美国俄亥俄州沃伦县（Warren County）通过对迈阿密风景小道（Little Miami Scenic Trail）的规划实施，使得区域游客人数大规模增长，为当地带来了超过 200 万美元以上的旅游收入，还间接为当地带来了年均 277 万美元的商业收入；研究还指出，绿道的使用可以降低癌症、糖尿病、心脏病的发病率，减少了医疗费用的支出。

（4）社会文化和美学功能

绿道的社会文化功能主要体现在其具有比其他任何形式的开放空间更适合的、促进社会和个人的交流功能。Lewis 是较早关注这一功能的学者。同时，在自然廊道的两侧，集中分布了约 90%的历史文化遗迹，因此绿道更能激发人们对自然、对国家、对民族的热爱。绿道将破碎化的景观通过线性自然要素连接起来，降低了由景观破碎化对景观美学价值的威胁，维系和增强了景观的美学价值。其典型例子就是风景道（scenic routes），它是指道路两旁拥有自然和历史文化价值，使旅行者能够欣赏到自然、历史、地质、景观和文化活动（它是绿道中的一种），它具有十分重要的美学价值。

---

[1] 集合种群：局域种群通过某种程度的个体迁移而连接在一起的区域种群。

[2] 岛屿生物地理学：理论最初用来解释决定岛屿物种丰富程度的因素，后来也被用来研究戈壁湖泊、沙漠山地、孤立雨林甚至人类社会包围下的小块自然栖息地的物种数量状况。

11.4 绿道的类型

根据形成条件与功能的不同，绿道可以分为下列5种类型：城市河流型、游憩型、自然生态型、风景名胜型、综合型。

① 城市河流型（包括其他水体） 是最常见的绿道类型，如哈尔滨松花江沿线生态绿廊。在美国通常是作为城市衰败滨水区复兴开发项目中的一部分而建立起来。

② 游憩型 是一种以休闲游憩为主的绿道类型，通常是在自然走廊的基础上进行规划建设，是具有一定长度的特色游步道（如城市内河、河渠、废弃铁路沿线及景观通道等人工走廊）。

③ 自然生态型 通常以沿自然区域内河流、小溪及山脊线建立的生态廊道。这类走廊为野生动物的迁移和物种的交流、自然科考及野外徒步旅行提供了良好的条件。

④ 风景名胜型 通常沿着道路、水路等路径而建，是各大风景名胜区之间的纽带，起着相互联系的作用，为徒步的游览者及自驾者提供了沿着通道便捷进入风景名胜地的途径或场所。

⑤ 综合型 主要是建立在诸如河谷、山脊类的自然地形中，可以看作是上述4种类型的随机组合。它创造了一种有选择性的都市和地区的绿色框架，其功能具有综合性。

11.5 国内外著名绿道

（1）美国东海岸绿道

全长约4500km，途经15个州、23个大城市和122个城镇，连接了重要的州府、大学校园、国家公园、历史文化遗迹，是全美首条集休闲娱乐、户外活动和文化遗产旅游于一体的绿道，该绿道总造价约3亿美元，全部建成后可为沿途各州带来约166亿美元的旅游收入，为超过3800万居民带来了巨大的社会、经济和生态效益。

（2）德国鲁尔区绿道

与工业区改造相结合，通过7个绿道计划将百年来原本脏乱不堪、破败低效的工业区，变成了一个生态安全、景色优美的宜居城区。在改善人民生活质量的同时，也提升了周边土地的价值。鲁尔区成功整合了区域内17个县市的绿道，并在2005年对该绿道系统进行了立法，确保了跨区域绿道的建设实施。

（3）新加坡全国的绿地和水体的绿地网络

1991年开始建设全国性的绿色网络，连接山体、森林、主要的公园、体育休闲场所、隔离绿带、滨海地区等。通畅的、无缝连接的绿道为生活在高密度建成区的人们，提供了足够的户外休闲娱乐和交往空间，为多民族社会的和谐融合创造了物质基础，使新加坡成为一个“城市在花园”的充满情趣、激动人心的城市。

（4）我国珠三角区域绿道

我国珠三角一些城市已经在小范围的局部地区开展了有关绿道的探索，为绿道网建设提供了丰富的实践经验。如深圳市规划在盐田区打造一条连接沙头角、盐田港到大梅沙滨水海岸线、长达19.5km的步行廊道和自行车道，将山景、海景、港口、生态岛、海鲜街等主要景点元素有机串联，沿路设计了自行车驿站和租赁点，提供停放、零售和简易餐饮服务等，沿途的房地产商业项目也因此得到价值提升。

根据广东省住房和城乡建设厅出台的《珠江三角洲绿道网总体规划纲要》，珠三角2010

年将全面启动绿道主线建设。根据规划，广东从2010年起，用3年左右时间，在珠三角率先建成总长约1678km的6条区域绿道。同时，各市将规划建设城市绿道与社区绿道，与6条区域绿道相联通，形成贯通珠三角城市和乡村的多层级绿道网络系统。2012年后引导珠三角绿道网向省内东西北地区延伸。珠三角区域绿道主线串联200多处主要森林公园、自然保护区、风景名胜区、郊野公园、滨水公园和历史文化遗迹等发展节点，连接广佛肇、深莞惠、珠中江三大都市区，服务人口约2565万人。

11.6 绿道的规划

11.6.1 绿道的规划方法

绿道的规划实践已经有一百多年的历史，但最初绿道规划更多是关注在大片景观基质中如何构建线性网络空间，而非综合性的景观规划。到了20世纪90年代，绿道作为系统的规划被纳入到景观保护和规划中。绿道规划一般应基于土地适应性分析的基础之上，从而确定绿道的潜在位置。适宜性分析一般采用叠加分析的方法并运用GIS等现代分析技术将生物保护、休闲和廊道作为主要要素进行考虑，其中生物保护的权重值最高。

(1) Linehan等人基于野生动物保护的基础的绿道规划

① 土地覆被（landcover）评估，包括植被、水文等资料；

② 野生动物评估，包括物种清单、种群、指示物种等；

③ 生境评估和适宜性分析，主要评估物种所在的栖息地的斑块大小、形状、植被覆盖、质量等特性；

④ 节点分析，运用图形理论分析系统中的所有节点；

⑤ 连接度分析，运用引力模型等分析节点之间的连接程度；

⑥ 网络分析；

⑦ 评估。

(2) Conine等人则从需求的角度进行的多种选择比较的绿道规划

① 确定目标，主要是通过调查分析确定当地社区对绿道需求；

② 对需求地区进行评估，包括该地区的主要居住地、游憩设施、工作场所、商业设施；

③ 确定潜在的连接通道，例如河流、交通廊道、市政管线设施等；

④ 适应性分析，通过确定影响因子并确定权重值分析最适宜建设的绿道；

⑤ 可达性评估，绿道的适宜性与其可达性要匹配，否则不适于绿道建设；

⑥ 划定廊道，在需求和连接度分析的基础上确定若干条可能建设的绿道；

⑦ 评估，对几种可能的绿道在充分征求相关利益主体意见的基础上进行可辩护的规划决策。

11.6.2 绿道规划的战略决策

绿道规划的最终目的是逐步建立一个具有完成生态功能、保护重要的自然和文化资源、不损害景观的可持续土地利用方式，以改变目前土地利用中，景观破碎化、土地退化、城市无序扩展的发展趋势。

实现绿道规划的PDOO策略：即保护（protective）、保卫（defensive）、进攻（offensive）与机会（opportunistic）的战略决策。保护（protective）：保护当下对生态环境起到可持续发展过程和格局演替的景观类型。通过规划政策和土地利用控制保护景观网络和线性要素。保卫（defensive）：当现有景观呈现破碎化趋势或者核心区已经孤立，应当采用保卫战略。通过建立缓冲区等形式保护网络中的核心区。进攻（offensive）：当已有明确的目标需要建立一种更优的景观格局时，应该采用进攻战略。主要目标是在非友好的景观基质中将孤立的核心区和缓冲区通过廊道或绿道联系起来。机会（opportunistic）：当规划区域中包含有特定的要素或格局，并有机会成为绿道规划中的一部分，应该采用机会战略。例如美国铁路绿道系统（rail-to-trail），就是通过机会战略将废弃的铁路转变为绿道。

11.6.3 绿道的设计内容

绿道最常见的表现形式是游径（trails），合理规划设计的游径设施能激发游人游憩的动机，游径可以是在陆上，也可在水中，要能为游客提供多样化的服务，同时，还应具备最基本、最核心的维护和保养功能。游径的类型是多样的，但游客的类型则更为复杂，因此，在绿道游径的规划设计中，要认真仔细地考虑以下因素，才能成功地规划设计一个好的绿道游径。

① 绿道游客使用者类型　散步者、远足者、自行车骑行者、骑马爱好者、皮划艇及雪橇爱好者；

② 游径的类型　基于陆地的、基于水面的、单人游憩和以多人游憩；

③ 游径和自然景观的关系，怎么相互的融合　游径选择布局的结构，通常包括线性布局、环形布局、组团式布局、卫星式环形布局、车轮式环形布局和迷宫式布局；

④ 踩踏出的游径类型与宽带；

⑤ 游径路面的类型；

⑥ 游径使用者的安全性。

11.7 绿道规划建设对我国的启示

（1）对自然保护的启示

现阶段我国生态环境系统的保护主要是通过建立自然保护区、风景名胜区、地质公园和森林公园来得以实现，绝大多数的自然保护地是属于“散点状”的，各保护地之间相对独立地进行保护，缺乏一整套系统的国家级生态保护网络。这种“岛屿式”的保护只适合于那些以美学价值为主的地质地貌保护区，或者只适合面积巨大的保护区。

随着人类活动的扩大及干扰，一些自然保护区和栖息地呈现出破碎化和生物数量的剧减的现象，生物多样性的保护面临巨大的挑战。在我国台湾地区已经开始尝试建立西海岸的湿地绿道系统，以保护其脆弱的生态系统。绿道的规划与建设对于建构我国的自然保护网络具有重要的生态学意义，也提供了一种全新的途径。对于快速城市化的东部地区，构建绿道网络更具有迫切的现实意义。

（2）城市绿地空间规划启示

我国的城市绿地系统的规划与实施往往脱节，实施过程大都专注于防护绿地和公园的建设，近年，随着城镇化的步伐，中心城市呈现出一种无序蔓延的状态，人工防护绿地、绿化隔离带对城市的生态作用呈现出减弱的趋势。

绿道建设可以将单个公园的建设依托一些线性要素（如城市河流、文化线路、道路系统等）纳入到绿道系统当中，使各个公园的生态效益、游憩效益和历史文化效益得以更好的发挥。在南京都市圈绿色空间规划中，在城市尺度范围内，规划了 3 条绿道并且交叉成网络，包括沿城墙环形绿道、林荫道绿道、内秦淮河绿道。在社区尺度上，则主要是将绿道通过多种手段延伸至社区尺度。

(3) 对文化遗产保护的启示

我国的历史文化遗产保护，经历了从点到面的过程，即从单个历史建筑、构筑到历史街区、历史城镇的保护。在文化遗产的保护中，可以借鉴绿道规划的一些思想，形成遗产廊道、文化线路、遗产运河等线性的概念，这将对我国文化遗产的保护具有重要的意义。中国虽在第一批国家重点风景名胜区中就评定了"剑门蜀道"这种线性文化遗产，但至今，仍未出台相关的法律法规、规范对历史文化遗产等线性文化的保护进行规范与指导。

美国国家公园系统中与绿道相关的线性遗产有：遗产廊道（heritage corridors）（4 项）、国家历史道（nationalhistoric trail）（14 项）、国家风景道（national scenic trail）（5 项）、公园道（parkway）（6 项）、河流区（river area）（14 项）、海岸线/湖岸线（seashore/lakeshore）（14 项），占美国国家公园系统遗产总数的 14%。可见，我国在线性遗产文化的保护还有着巨大的差距。

(4) 对旅游休闲规划的启示

借鉴绿道规划思路与思想，在区域旅游规划或景区、景点的规划当中，依托一些线性廊道将主要的景区、景点形成一条让游客身心愉悦的风景道，对增强游览体验和改善整个旅游区的品质，提高旅游开发的经济效益都是有益的尝试。

【思考练习】

1. 什么是绿道？对比不同学者间有关绿道定义的差异。
2. 简述绿道发展的历史进程。
3. 简述绿道的功能和常见的类型。
4. 比较 Linehan 与 Conine 绿道规划的异同。
5. 简述绿道规划中 PDOO 策略。
6. 绿道游径的规划设计哪些方面的内容值得我们深入思考？
7. 发展城市绿道，对我国城市生态建设有哪些意义？

第12章 城市公园绿地设计

城市公园是城市建设用地、城市绿地系统和城市市政用地设施的重要组成部分。同时，也是城市生态建设的主要内容，是城市生态系统、城市景观的重要组成环节，是城市生态环境水平和居民生活质量的重要指标。能满足城市居民的休闲需要，提供休息、游览、锻炼、交往以及举办各种集体文化活动的场所。

12.1 城市公园绿地概况

12.1.1 公园的起源

世界造园的历史，可追溯到3000年以前。从模仿天国乐土之“波斯的四分园，伊甸园”到中国古典园林的“一池三山”；从再现柏拉图理式的法国规则园林到模拟自然景致的英国风景园林；从气势恢宏的中国皇家园林到曲径通幽的江南私家园林，园林都是统治阶级享有的特权，但这并未阻碍大众对园林的向往与追求。早在古希腊、古罗马城市中，公众的户外观赏游乐常常利用集市、墓园等城市开放空间：古希腊人在体育场周围设置了带有绿化的区域，并向公众开放；古罗马帝国的一些城市中的广场或墓园允许平民公众进行游憩活动。可以说早期的集市、广场、墓园和体育场已经具备了现代公园的雏形和某些特征。在古代中国也有可供普通百姓游览的公共性园林空间，我国第一个真正意义上的城市公共性园林空间是唐代杭州的西湖。白居易在任杭州刺史期间，主持筑堤保湖、蓄水灌溉，同时还大量植树造林，修造亭、阁，逐渐形成了具有公共性质的城市空间。今天杭州也因此而成为“绕郭荷花二十里，拂城松树一千株”的著名旅游城市。追本溯源，古代的这些城市公共空间是城市公园产生的基础，城市公园由此逐步演进。

12.1.1.1 公园的起源

（1）西方公园的起源

在中世纪及其之前的城市都是以防御为主，城市花园并不是城市的一个部分。直到文艺复兴时期，意大利人著名的建筑师和理论家阿尔伯蒂（L. B. Leon Battista Alberti）首次提出应该在建造城市公共空间的同时，应考虑创建城市花园为市民提供休息娱乐及聚会的场所，此后城市花园在城市中的积极作用开始被人们所认识。直到工业革命开始后，作为工业时代产物的城市公园开始进入人们的生活，其产生可追溯到两个重要的源头：

一是贵族私园的公众化，即所谓的公共花园。

17世纪中叶，英国爆发了资产阶级革命，对整个欧洲乃至美洲的封建主义带来了巨大的冲击，资产阶级的时代悄然开始。在“自由、平等、博爱”的口号下，新兴的资产阶级没收了封建领主及皇室的财产，把大大小小的宫苑和私园都向公众开放，并统称为公园(Public Park)。1843年，英国利物浦市动用税收建造了公众可免费使用的伯肯海德公园(Birkinhead Park)，标志着第一个城市公园正式诞生。

二是教堂前的开放草地及社区或村镇的公共场地。

(2) 中国城市公园起源

1868年，中国第一个城市公园在上海黄浦江畔建成——"pubilc park"（现在的黄浦公园），位于今天上海的黄浦江与苏州河交界处。公园在规划设计上体现了英国自然风景园林及法国规则式园林的特点，有大片草坪、树林和花坛，建筑点缀其中。在功能布局上主要规划安排了运动活动场地（网球、棒球、高尔夫球等）、游乐场地、休闲休憩空间等。公园在功能、布局和风格上基本沿用当时的欧洲公园形式，但对以后我国城市公园的发展具有一定的影响。

① 新中国成立前城市公园的发展　20世纪20～30年代，受辛亥革命民主思想（平等、博爱、天下为公）和西方"田园城市"思想的影响，我国城市公园有了一定的发展，先后兴建了广州越秀公园、汉口市府公园（现中山公园）、北京中央公园（现中山公园）、南京玄武湖公园、杭州中山公园、汕头中山公园等。这些公园大多数都是纪念孙中山先生伟大功绩和发扬其"天下为公"精神的载体。中山公园的建设主要是利用原有风景名胜、古典园林进行整理改建，或参照欧洲公园风格扩建新辟。直到1949年新中国成立前，我国的城市公园总体来说数量少、园容差、设施不完善，主要包括动植物展览、儿童公园、展览厅、茶馆、棋室、照相馆、小卖部、音乐台、运动场等设施。

② 新中国成立后我国城市公园的发展　1949年新中国成立后不久，随着第一个五年计划经济建设和城市建设的开展，我国城市园林绿化建设也逐步获得相应的发展。20世纪50年代后期，我国开始学习前苏联城市绿化建设的理论和经验，强调园林绿化在改善城市小气候、净化空气、防尘、防烟、防风和防灾等方面的功能作用，按城市规模确定公共绿地面积，设置公园、林荫道、滨河路，在一些大城市还建造了植物园、动物园、儿童公园等。

③ 改革开放后城市公园的发展　自1978年改革开放以来，随着社会经济的快速发展，我国的城市园林绿化建设也取得了巨大成就。据统计，1981年我国城市人均绿化面积为1.5m^2，到2006年年底已增长到7.9m^2。近年来，一些获得"园林城市"称号的地区又对绿化提出了更高的要求，开展了建设"生态园林城市"的活动，深圳成为获此称号的首个城市。一些城市的绿化成绩也得到了国际组织的认可，扬州、南宁等城市获得了联合国最佳人居奖。

12.1.1.2　城市公园的产生的内因

(1) 生产力发展

18世纪中期，随着英国产业革命的开始，大机器生产促进了工业的迅猛发展，工业化一夜间席卷了整个欧洲大陆，工业无节制的发展和城市人口的暴增，生态环境受到了严重破坏，翻天覆地的变化造成城市中原来的基础设施严重不足，城市空间结构不合理，导致了住宅不足、居住区人口密度过大、交通拥挤混乱、城市卫生条件和精神环境日趋恶化等一系列问题的产生。

(2) 民主思想的影响

资产阶级革命的胜利，产生了"自由、平等、博爱"的民主思想，以工人阶级为主的大众需求开始得到重视。基于对民主目标的追求，政府开始把公园建设作为实现政治目的的重要途径。一些重要的社会力量参与到体现公众利益的公共项目建设中，园艺师把社会改良思想和景观设计实践结合起来，不再囿于只为少数上流社会和富裕阶层设计花园，而开始越来越多地面向了为普通大众服务的公园设计。

(3) 功利主义的兴起

杰里米·本瑟姆（Jeremy Bentham，1748—1832年）和詹姆斯·米尔（James Mill，1773—1836年）提倡功利主义，该主义是一种道德理论，它认为功利是衡量经济和社会价值的尺度，提倡所有的行动都应该以使最多数人获得最大的幸福为目标。受到民主原则和社会正义的功利理论影响，民主政治领袖们为了进行社会革新和给大部分人提供娱乐设施，创建了城市公园。

（4）早期城市公园实例介绍

① 英国摄政公园和伯肯海德公园

a. 伦敦摄政公园（The Regent Park，1812—1827）（图 12-1-1、图 12-1-2），位于伦敦中心的西北端，是伦敦最大的可供户外运动的公园，占地 166hm^2（410 英亩），公园基本按照园艺师亨弗里·雷普顿（Humphrey Repton）和建筑师约翰·纳什（John Nash）于 1811 年设计的方案建设。公园由向公众开放的花园和运动设施、伦敦动物园以及不开放的别墅和其它住宅区组成。摄政公园的建造首次考虑到了周边和伦敦市区的环境改造，是唯一曾经作为综合房地产开发项目设计的园林，通过连带的住宅开发获取公园建设资金。它的成功使人们认识到将公园和居住区联合开发不仅可以提高环境质量和居住品质，还会取得经济效益，为真正意义上的城市公园的产生带来了积极的因素。

图 12-1-1　英国摄政公园

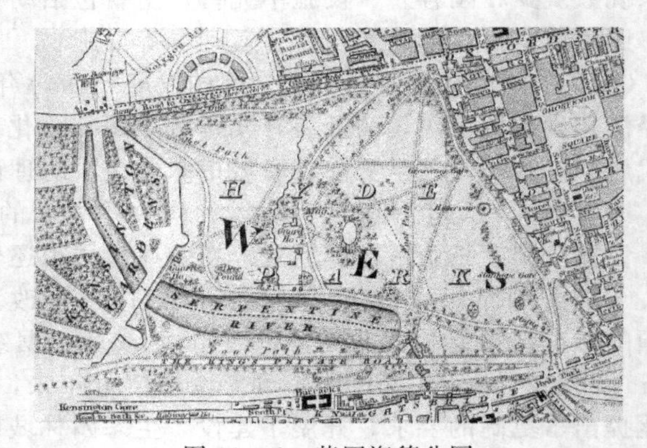

图 12-1-2　英国海德公园

公园大致呈圆形，其基本结构由两条环路组成：靠近公园外围的外圆环（outer circle）和中心部分的内圆环（inner circle），两个圆环和两条连接道路是公园里唯一可通车的道路。摄政运河（Regent's Canal）流经公园的北缘，而东、西、南三面的外圆环两边则排列着约翰·纳什设计的精致的白色排屋。

外圆环和内圆环之间主要是开阔的绿地，各种景观设施包括有花园、湖泊、水鸟、划船区、球场和儿童乐园。公园的北部是伦敦动物园和伦敦动物学会的总部。内圆环四周是按照纳什规划建造的几栋别墅，都是私产，多数为相关机构使用。另外在公园的西端还有美国驻英大使的府邸。内圆环内是公园的核心，是最精心打理的花园——玛丽女王花园。东南角则有正式意大利风格的花园。伦敦中央清真寺也在摄政公园的西端。

b. 伯肯海德公园（Birkenhead Park），位于英国伦敦中心的西敏寺地区，面积为 1.4km^2，是伦敦最大的皇家庭园。该公园的建成标志着第一个城市公园的正式诞生，也是第一个使用公共资金收购公园用地进行开发并由政府财政承担维护的公共项目，开创了利用出售放牧权和拍卖的收入来进行公园维护的先例（摄政公园是由私人建和维护的，开始由英国摄政王建立，后来归国王乔治四世所有）。与摄政公园相同，伯肯海德公园通过销售周围住宅的收入来偿还开发成本，设计者约瑟夫·帕克斯顿（Paxton）创新性地设计了和马车道相分离的独立步行道。查德威克评价伯肯海德公园“是这个国家最重要的公园”，它的建成推动了英国早期公园运动，影响了美国景观建筑师奥姆斯特德，进而对美国的城市公园运动产生深远影响。

② 美国纽约中央公园

中央公园（Central Park）位于纽约市曼哈顿中心。公园北面为中央公园北街（公园以西称大教堂大道，以东称 110 街），东面为第五大道，南面是哥伦布圆环及中央公园南街（第五大街道以东称 59 街），西面为中央公园西街（哥伦布圆环以南称第八大道）。公园最早是在 1857 年开放，当时的面积为 778 英亩（$315hm^2$）。1858 年，费德列·洛·奥姆斯特德和卡弗特·沃克斯以“草坪计划”（Greensward Plan）赢得了扩展公园的设计竞赛。这项计划在同年开始施工，经过了南北战争后在 1873 年完工。看似天然的公园，其景观实际上经过精心营造。整座公园占地 $340hm^2$，水道长 58 英里（1 英里＝1.609km）。园内包含树林、湖泊、牧场、动物园、花园、溜冰场、游泳池、运动场、剧院、广场、草坪以及一个野生动物保护区。每天，数以千计的市民与游客在此从事各项文体活动，其中最常见到的就是在慢跑道上跑步的人们。

12.1.2 城市公园概念的由来

蒙·劳里（M. Laurie）在其著作《19 世纪自然与城市规划》一书里首次对现代城市公园的概念展开研究，即城市公园可以看做是工业城市中的一种自然回归。蒙·劳里对城市公园研究的意义在于他从城市公园产生动因的角度研究了城市公园的概念。瑞典景观建筑师布劳姆（Holger Blom）则认为：“公园是在现有自然的基础上重新创造的自然与文化的综合体。”他强调了公园的基本属性：①公园具有自然的属性；②公园拥有大量的植被；③公园是民主的。布劳姆从新的视角界定了公园，体现了人与自然之间的共生关系。同时，布劳姆还从功用的角度界定了城市公园，认为“公园能打破大量冰冷的城市构筑物，作为一个系统，形成在城市结构中的网络，为市民提供必要的空气和阳光，为每一个社区提供独特的识别特征；公园为各年龄段的市民提供游憩空间；公园是一个聚会的场所，可以举行会议、游行，甚至宗教活动。”美国景观建筑学之父弗雷德里克·劳·奥姆斯特德（Frederick·Law·Olmsted）把城市公园定义为：“城区非灰色地带的功能性的公共绿色空间。”灰色地带是指城市中以人造物（包括建筑、道路广场、各种设施等）为主的区域。

我国台湾学者林乐建在《造园》中对公园的定义为：“提供大众享受、休养、游憩之用，能保持都市居民之健康，增进身心之调节，提高国民教养，并自由自在地享受园中设施；兼有防火、避难及防止灾害之绿化地”。陈肇琦将公园定义为：“依法定程序所指定的公共设施公园用地，经由县（市）政府兴建完成，以供民众修养、游憩、观赏、运动之绿化园地，有其特定的范围、面积与出入口，服务对象主要以该都市之居民为主，并具备特定的设施，包含游憩、游乐、运动等设施。”以上是不同时期的国内外专家学者对城市公园概念的一些看法。

公园一词在《现代汉语词典》中的释义是：“城市中供公众游览休息的园林。”《中国大百科全书》对城市公园的定义是：“城市公共绿地的一种类型，由政府或公共团体建设经营，供公众游憩、观赏娱乐等的园林。”国家行业标准《园林基本术语标准》（CJJ/T 91—2002 J 217—2002）的定义：“公园是供公众游览、观赏、休憩、开展户外科普、文体及健身等活动，向全社会开放，有较完善的设施及良好生态环境的城市绿地。”

12.1.3 城市公园分类系统

（1）美国

儿童游戏场、社区公园、寓教于乐场地、运动公园、风景眺望园、滨水公园、综合公园、遗址公园等。

(2) 中国

① 综合公园（全市性公园、区域性公园）；

② 社区公园（居住区公园、小区游园）；

③ 专类公园（儿童公园、动物园、植物园、历史名园、风景名胜公园、游乐公园、社区性公园，其他专类公园）；

④ 带状公园和街旁绿地。

12.2 奥姆斯特德公园设计原则

美国19世纪下半叶最著名的规划师和景观设计师，是美国景观设计学的奠基人，是美国最重要的公园设计者。他的景观设计理念受英国田园与乡村风景的影响甚深，英国风景式花园的两大要素——田园牧歌风格和优美如画风格——都为他所用，前者成为他公园设计的基本模式，后者他用来增强大自然的神秘与丰裕。奥姆斯特德提炼升华了英国早期自然主义景观理论家的分析以及他们对风景的“田园式”、“如画般”品质的强调。

奥姆斯特德原则：

① 保护自然景观，恢复或进一步强调自然景观；

② 在有限的范围内，避免使用规则式；

③ 公园的道路应该设计成流畅的曲线，并形成循环系统；

④ 主要园路基本上穿过整个公园，并将全园划分成不同区域；

⑤ 开阔的草坪要设在公园的中心地带；

⑥ 选用当地的乔木和灌木来营造特别浓郁的边界栽植。

12.3 城市公园规划设计

公园设计应在批准的城市总体规划和绿地系统规划的基础上进行，应正确处理公园与城市建设之间，公园的社会效益、环境效益与经济效益之间以及近期建设与远期建设之间的关系，全面地发挥公园的游憩功能和改善环境的作用。

12.3.1 与城市规划的关系

① 公园的用地范围和性质，应以批准的城市总体规划和绿地系统规划为依据。

② 市、区级公园的范围线应与城市道路红线重合，条件不允许时，必须设通道使主要出入口与城市道路衔接。

③ 公园沿城市道路部分的地面标高应与该道路路面标高相适应。

④ 沿城市主、次干道的市、区级公园主要出入口的位置，必须与城市交通和游人走向、流量相适应，根据规划和交通的需要设置游人集散广场。

⑤ 公园沿城市道路、水系部分的景观，应与该地段城市风貌相协调。

12.3.2 公园的类型与规模

公园设计必须以创造优美的绿色自然环境为基本任务，并根据公园类型确定其特有的内容。城市中公园的类型有以下几种：综合性公园、儿童公园、动物园、植物园、风景名胜公园、历史名园、带状公园、街旁游园。

公园内部用地比例应根据公园类型和陆地面积确定，如其绿化、建筑、园路及铺装场地等用地的比例的规定。表 12-3-1 中Ⅰ、Ⅱ、Ⅲ三项上限与Ⅳ下限之和不足 100%，剩余用地应供以下情况使用：

① 一般情况增加绿化用地的面积或设置各种活动用的铺装场地、院落、棚架、花架、假山等构筑物；

② 公园陆地形状或地貌出现特殊情况时园路及铺装场地的增值。

公园内园路及铺装场地用地，可在符合下列条件之一时按表 12-3-1 规定值适当增大，但增值不得超过公园总面积的 5%：

① 公园平面长宽比值大于 3；

② 公园面积一半以上的地形坡度超过 50%；

③ 水体岸线总长度大于公园周边长度。

表 12-3-1　公园内部用地比例

陆地面积/hm²	用地类型	公园类型/%												
		综合性公园	儿童公园	动物园	专类动物园	植物园	专类植物园	盆景园	风景名胜公园	其他专类公园	居住区公园	居住小区游园	带状公园	街旁游园
<2	Ⅰ	—	15～25	—	—	—	15～25	15～25	—	—	—	10～20	15～30	15～30
	Ⅱ	—	<1.0	—	—	—	<1.0	<1.0	—	—	—	<0.5	<0.5	—
	Ⅲ	—	<4.0	—	—	—	<7.0	<8.0	—	—	—	<2.5	<2.5	<1.0
	Ⅳ	—	>65	—	—	—	>65	>65	—	—	—	>75	>65	>65
2～5	Ⅰ	—	10～20	—	10～20	—	10～20	10～20	—	10～20	10～20	—	15～30	15～30
	Ⅱ	—	<1.0	—	<2.0	—	<1.0	<1.0	—	<1.0	<0.5	—	<0.5	—
	Ⅲ	—	<4.0	—	<12	—	<7.0	<8.0	—	<5.0	<2.5	—	<2.0	<1.0
	Ⅳ	—	>65	—	>65	—	>70	>65	—	>70	>75	—	>65	>65
5～10	Ⅰ	8～18	8～18	—	8～18	—	8～18	8～18	—	8～18	8～18	—	10～25	10～25
	Ⅱ	<1.5	<2.0	—	<1.0	—	<1.0	<2.0	—	<1.0	<0.5	—	<0.5	<0.2
	Ⅲ	<5.5	<4.5	—	<14	—	<5.0	<8.0	—	<4.0	<2.0	—	<1.5	<1.3
	Ⅳ	>70	>65	—	>65	—	>70	>70	—	>75	>75	—	>70	>70
10～20	Ⅰ	5～15	5～15	—	5～15	—	5～15	—	—	5～15	—	—	10～25	—
	Ⅱ	<1.5	<2.0	—	<1.0	—	<1.0	—	—	<0.5	—	—	<0.5	—
	Ⅲ	<4.5	<4.5	—	<14	—	<4.0	—	—	<3.5	—	—	<1.5	—
	Ⅳ	>75	>70	—	>65	—	>75	—	—	>80	—	—	>70	—
20～50	Ⅰ	5～15	—	5～15	—	5～10	—	—	—	5～15	—	—	10～25	—
	Ⅱ	<1.0	—	<1.5	—	<0.5	—	—	—	<0.5	—	—	<0.5	—
	Ⅲ	<4.0	—	<12.5	—	<3.5	—	—	—	<2.5	—	—	<1.5	—
	Ⅳ	>75	—	>70	—	>85	—	—	—	>80	—	—	>70	—
≥50	Ⅰ	5～10	—	5～10	—	3～8	—	—	3～8	5～10	—	—	—	—
	Ⅱ	<1.0	—	<1.5	—	<0.5	—	—	<0.5	<0.5	—	—	—	—
	Ⅲ	<3.0	—	<11.5	—	<2.5	—	—	<2.5	<1.5	—	—	—	—
	Ⅳ	>80	—	>75	—	>85	—	—	>85	>85	—	—	—	—

注：Ⅰ—园路及铺装场地；Ⅱ—管理建筑；Ⅲ—游览、休憩、服务、公用建筑；Ⅳ—绿化园地。

12.3.3　公园的规模与设施设置

公园常规设施项目的设置应根据公园陆地面积的大小合理地设置，通常应满足表 12-3-2 的要求。

表 12-3-2　公园常规设施项目的设置

设施类型	设施项目	陆地规模/hm^2					
		＜2	2～5	5～10	10～20	20～50	≥50
游憩设施	亭或廊	○	○	●	●	●	●
	厅、榭、码头	—	○	○	○	○	○
	棚架	○	○	○	○	○	○
	园椅、园凳	●	●	●	●	●	●
	成人活动场	○	●	●	●	●	●
服务设施	小卖店	○	○	●	●	●	●
	茶座、咖啡厅	—	○	○	○	●	●
	餐厅	—	—	○	○	●	●
	摄影部	—	—	○	○	○	○
	售票房	○	○	○	○	●	●
公用设施	厕所	○	●	●	●	●	●
	园灯	○	●	●	●	●	●
	公用电话	—	○	○	●	●	●
	果皮箱	●	●	●	●	●	●
	饮水站	○	○	○	○	○	○
	路标、导游牌	○	○	●	●	●	●
	停车场	—	○	○	○	○	●
	自行车存车处	○	○	●	●	●	●
管理设施	管理办公室	○	●	●	●	●	●
	治安机构	—	—	○	●	●	●
	垃圾站	—	—	○	●	●	●
	变电室、泵房	—	—	○	○	●	●
	生产温室荫棚	—	—	○	○	●	●
	电话交换站	—	—	—	○	○	●
	广播室	—	—	○	●	●	●
	仓库	—	○	●	●	●	●
	修理车间	—	—	—	○	●	●
	管理班(组)	—	○	○	○	●	●
	职工食堂	—	—	○	○	○	●
	淋浴室	—	—	—	○	○	●
	车库	—	—	—	○	○	●

12.3.4　城市公园绿地指标和游人容量

(1) 人均公园绿地指标

$$F=Pf/e$$

式中　F——人均指标，平方米/人；

P——旅游季节双休日居民的出游率，%（12%～20%）；

f——每个游人占有公园面积，平方米/人（60～100）；

e——公园游人周转系数（1.5～3）。

(2) 城市公园总用地（hm^2）

城市公园总用地＝居民人数（万人）×F（平方米/人）

(3) 公园绿地游人容量

游人容量是指正常可以容纳的游客人数，公园设计必须确定公园的游人容量，作为计算各种设施的容量、个数、用地面积以及进行公园管理的依据。

影响因素：季节、节假日、日变化。

计算公式：

$$C=A/A_m$$

式中 C——公园游人容量，人；

A——公园总面积，hm^2；

A_m——公园游人人均占地面积，平方米/人。

市、区级公园游人人均占有公园面积以 $60m^2$ 为宜，居住区公园、带状公园和居住小区游园以 $30m^2$ 为宜；近期公共绿地人均指标低的城市，游人人均占有公园面积可酌情降低，但最低游人人均占有公园的陆地面积不得低于 $15m^2$。风景名胜公园游人人均占有公园面积宜大于 $100m^2$。

12.3.5 城市公园规划设计程序与内容

（1）规划设计程序

必须以已经批准的城市规划或绿地系统规划为依据，确定用地范围：即不能超出规划范围线，更不得被任何非公园设施占用或变相占用，缩小用地范围。明确设计任务书内容（审批文件、征收用地及投资额度，用地建设施工条件）。

（2）拟定工作计划

收集现状资料（基础资料、公园历史、现状及与其他用地的关系、公园基地概况、图纸资料、社会调查与公众参与、现场勘察），编制总体规划设计任务书及总体设计，经审批同意后，详细设计，施工图设计，编制预算及设计说明。

12.3.6 城市公园布局要点

公园的总体设计是全部设计工作中一个重要环节，是决定一个公园的实用价值（游憩和环境效益）和艺术效果的关键所在。公园的总体设计应根据批准的设计任务书，结合现状条件对功能或景区划分、景观构想、景点设置、出入口位置、竖向及地貌、园路系统、河湖水系、植物布局以及建筑物和构筑物的位置、规模、造型及各专业工程管线系统等做出综合设计。

出入口设计，应根据城市规划和公园内部布局要求，确定游人主、次和专用出入口的位置；需要设置出入口内外集散广场、停车场、自行车存车处等，应确定其规模要求。

园路分类是指游览路或是生产管理用路，园路系统设计，应根据公园的规模、各分区的活动内容、游人容量和管理需要，确定园路的路线、分类分级和园桥、铺装场地的位置和特色要求。主要园路应具有引导游览的作用，易于识别方向。游人大量集中地区的园路要做到明显、通畅、便于集散。通行养护管理机械的园路宽度应与机具、车辆相适应；通向建筑集中地区的园路应有环行路或回车场地；生产管理专用路不宜与主要游览路交叉；通向建筑集中地区的园路有环行路或设回车场地是为了满足消防交通的要求。

园路路网密度是单位公园陆地面积上园路的路长。其值的大小影响园路的交通功能、游览效果、景点分布和道路及铺装场地的用地率。路网密度过高，会使公园分割过于细碎，影响总体布局的效果，并使园路用地率升高，减少绿化用地；路网密度的重点分析，园路路网密度集中在 $200\sim300m/hm^2$，平均 $285m/hm^2$。由于各个公园的内容、地形条件不同，园路路网密度的限制只给出一个范围。

公园中的水系设计，首先要掌握水源条件，可能提供的水量，然后作系统布局。划船水面的水深限制应对桥下、码头和最深处等给出不同深度的限制。游泳区要分出深水区和浅水区，观赏水面中水生植物区应分出深水、浅水和浮生等习性植物的种植范围，并提供相应的水深。河湖水系设计，应根据水源和现状地形等条件，确定园中河湖水系的水量、水位、流向，水闸或水井、泵房的位置；各类水体的形状和使用要求。游船水面应按船的类型提出水深要求和码头位置；游泳水面应划定不同水深的范围；观赏水面应确定各种水生植物的种植范围和不同的水深要求。

全园的植物组群类型及分布，应根据当地的气候状况、园外的环境特征、园内的立地条件，结合景观构想、防护功能要求和当地居民游赏习惯确定，应做到充分绿化和满足多种游憩及审美的要求。

建筑布局，应根据功能和景观要求及市政设施条件等，确定各类建筑物的位置、高度和空间关系，并提出平面形式和出入口位置。设置大型游乐设施、电子游戏室、餐厅等能耗多的建筑时，必须查清是否具备链接城市供电、供水、供气和排水等管线的可能性。

【思考练习】

1. 简述中西方公园的起源与发展。
2. 早起城市公园的代表有哪些？它们在公园发展史上具有哪些重要的意义？
3. 简述城市公园概念的产生。
4. 简述美国和中国城市公园分类系统。
5. 奥姆施特德公园设计原则对当代公园设计的启示有哪些？
6. 简述城乡规划对城市公园规划设计的影响。
7. 试述公园人均绿地面积概念。
8. 什么是公园绿地游人容量？影响它的因素有哪些？
9. 城市公园规划设计程序与内容包括哪些内容？
10. 简述城市公园的布局要点。

第13章　风景名胜区规划设计

风景名胜区是国土景观的精粹、壮丽河山的缩影，是历史人文的瑰宝。我国从1978年开始进行全国性风景名胜区规划工作，至2012年底全国国家级风景名胜区已达到225个，逐步形成了由国家级、省级风景名胜区构成的风景区保护体系。其中泰山、黄山（图13-0-1）等16处国家级风景名胜区（图13-0-2）被联合国教科文组织列为世界自然遗产或世界自然与文化双遗产。此外，建设部还公布了五大连池风景名胜区等30个单位为首批中国国家自然遗产、自然与文化双遗产的预备名录。

图13-0-1　泰山、黄山国家级风景名胜区

图13-0-2　中国国家级风景名胜区徽志

13.1 风景名胜区相关概念、功能及类型

13.1.1 基本概念

（1）风景名胜区（landscape and famous scenery）

根据中华人民共和国国家标准（GB 50298—1999）《风景名胜区规划规范》，“风景名胜区，也称风景区，海外的国家公园相当于国家级风景区（图 13-1-1、图 13-1-2）。指风景资源集中、环境优美、具有一定规模和游览条件，可供人们游览欣赏、休憩娱乐或进行科学文化活动的地域。”

图 13-1-1 美国黄石国家公园

图 13-1-2 加拿大落基山国家公园

（2）风景区规划（landscape and famous scenery planning）

也称风景名胜区规划，风景区规划是指保护培育、开发利用和经营管理风景区，并发挥其多种功能作用的统筹部署和具体安排。经相应的人民政府审查批准后的风景区规划，具有法律权威，必须严格执行。

全国各级风景名胜区都要编制包括下列内容的规划：确定风景名胜区性质，划定风景名胜区范围及其外围保护地带，确定风景名胜区发展目标，划分景区和其他功能区，确定保护措施和开发利用强度，确定游览接待容量和游览组织管理措施，统筹安排基础设施、公共服务设施及其他必要设施、估算投资和效益、其他需要规划的事项。

（3）风景资源（scenery resource）

也称景源、景观资源、风景名胜资源、风景旅游资源，是指能引起审美与欣赏活动，可以作为风景游览对象和风景开发利用的事物与因素的总称，是构成风景环境的基本要素，是风景区产生环境效益、社会效益、经济效益的物质基础。

（4）景点（scenic spot）

由若干相互关联的景物所构成、具有相对独立性和完整性、并具有审美特征的基本境域单位。

（5）景群（scenic group）

由若干相关景点所构成的景点群落或群体。

（6）景区（scenic area）

在风景区规划中，根据景源类型、景观特征或游赏需求而划分的一定用地范围，包含有较多的景物和景点或若干景群，形成相对独立的分区特征。

（7）风景线（scenery route）

也称景线，是由一连串相关景点所构成的线性风景形态或系列。

（8）功能区（function area）

在风景区规划中，根据主要功能发展需求而划分的一定用地范围，形成相对独立的功能分区特征。

（9）景观、风景、风景名胜概念区分

一般而言，风景（Landscape）的含义与“景致”、“景色”基本一致，至今没有统一公认的定义。就字面意义来说，风，指空气流动可被人感知者；景，指阳光和阴影。大致来讲，风景是指景色质量较高、有观赏价值的客观自然景物，是一个视觉美学意义上的概念。从这方面来讲，风景与景观的原意相同。目前，大多数风景园林学者所理解的景观，也主要是视觉美学意义上的景观，也即风景。从20世纪60年代中期开始，以美国为中心开展的“景观评价”（landscape assessment，landscape evaluation）研究，也是主要就景观的视觉美学意义而言的（表13-1-1）。

表13-1-1　与风景名胜区相似概念的区别

类型	定　义	特　点
风景名胜区	指风景资源集中、环境优美、具有一定规模和游览条件，可供人们游览欣赏、休憩娱乐或进行科学文化活动的地域	既有自然之美，又有人文之胜，保护的同时提供游览
国家公园	国家公园是指国家为了保护一个或多个典型生态系统的完整性，为生态旅游、科学研究和环境教育提供场所，而划定的需要特殊保护、管理和利用的自然区域。它既不同于严格的自然保护区，也不同于一般的旅游景区	国家级风景名胜区相当于海外国家公园
自然保护区	对有代表性的自然生态系统、珍稀濒危野生动植物物种的天然集中分布区、有特殊意义的自然遗迹等保护对象所在的陆地、陆地水体或者海域，依法划出一定面积予以特殊保护和管理的区域	侧重于对自然生态系统及珍稀濒危物种的保护
世界遗产	被联合国教科文组织和世界遗产委员会确认的人类罕见的、目前无法替代的财富，是全人类公认的具有突出意义和普遍价值的文物古迹及自然景观	具有特殊价值的风景名胜区可申请为世界遗产
森林公园	具有一定规模和质量的森林风景资源与环境条件，可以开展森林旅游与喜悦休闲，并按法定程序申报批准的森林地域	以森林资源为依托开展旅游

《风景名胜区管理暂行条例》中将风景名胜概括为“指具有较高美学艺术、科学技术或历史价值，可供人们参观旅游、科学研究的一定社会物和自然物”。认为它与其所处的环境条件有着极为密切的联系，是一个地域概念，风景名胜区就是这种地区、地域。

从定义来看，风景名胜的内涵要比风景的内涵广。它将风景的概念拓宽了，除了风景本身的内容外，还包括了具有较高科学技术价值及历史价值的社会物。风景名胜与其所处的环境条件有着极为密切的联系，是一个地域概念，而景观可以理解为地表某一空间的综合特征，从这方面来讲，风景名胜的含义与景观的含义有相似之处，但景观的内涵要丰富些。

13.1.2　风景名胜区的功能

我国风景名胜区主要是为保护自然资源和人文资源而建立的，1994年建设部发布的《中国风景名胜区形势和展望》一书中，讲到风景名胜区的功能和作用：

① 保护生态、生物多样性与环境；

② 发展旅游事业，丰富文化生活；

③ 开展科研和文化教育，促进社会进步；

④ 通过合理开发，发挥经济效益和社会效益。

根据当代社会需求以及定位特征，我们可以把风景名胜区功能概况归纳为五个方面：

一是生态类功能。风景名胜区有保护自然资源、改善生态环境、防灾减灾、造福社会的生态防护功能。

二是游憩类功能。风景名胜区有培育山水景胜、提供游憩胜地、陶冶身心、促进人与自然协调发展的游憩健身功能。

三是景观类功能。风景名胜区有树立国家和地区形象、美化大地景观、创造健康优美的生存空间的景观形象功能。

四是科教类功能。风景名胜区有展现历代科技文化、纪念先人先事先物、增强德智育人的寓教于游功能。

五是经济类功能。风景名胜区有发展一、二、三产业的潜能，有推动旅游经济、脱贫增收、调节城乡结构、带动地区全面发展的经济催化功能。

13.1.3 风景名胜区的类型

风景区的分类方法有很多，主要有按照等级、规模、景观、结构、布局、设施和管理等特征划分，实际应用比较多的是依据景观特征划分类型。

(1) 按景观特征分类

按风景区的典型景观的属性特征划分为以下十大类：

① 山岳型风景区，以高、中、低山和各种山景为主体景观特点的风景区。如五岳和各种名山风景区。

② 峡谷型风景区，以各种峡谷风光为主体景观特点的风景区。如长江三峡、马岭河峡谷等风景区。

③ 岩洞型风景区，以各种岩溶洞穴或熔岩洞景为主体景观特点的风景区。如龙宫、织金洞、本溪水洞等风景区。

④ 江河型风景区，以各种江河溪瀑等动态水体水景为主体景观特点的风景区。如楠溪江、黄果树、黄河壶口瀑布等风景区。

⑤ 湖泊型风景区，以各种湖泊水库等水体水景为主体景观特点的风景区。如杭州西湖、武汉东湖、贵州红枫湖、青海湖等风景区。

⑥ 海滨型风景区，以各种海滨海岛等海景为主体景观特点的风景区。如兴城海滨、嵊泗列岛、福建海潭、三亚海滨等风景区。

⑦ 森林型风景区，以各种森林及其生物景观为主体景观特点的风景区。如西双版纳、蜀南竹海、百里杜鹃等风景区。

⑧ 草原型风景区，以各种草原草地沙漠风光及其生物景观为主体景观特点的风景区。如太阳岛、扎兰屯等风景区。

⑨ 史迹型风景区，以历代园景、建筑和史迹景观为主体特点的风景区。如避暑山庄外八庙、八达岭十三陵、中山陵等风景区。

⑩ 综合型景观风景区，以各种自然和人文景源融合成综合性景观为其特点的风景区。如漓江、太湖、大理、两江一湖、三江并流等风景区。

(2) 根据景观系统的价值分

① 国家级风景名胜区，即具有重要的观赏、科学及文化价值，景观独特，规模较大的风景名胜区；

② 省级风景名胜区，即具有较重要的观赏、科学或文化价值，景观具有地方代表性，有一定规模和设施条件，在省内外有影响的风景名胜区；

③ 市（县）级风景名胜区，具有一定观赏、科学或文化价值，环境优美，规模较小，

设施简单，以接待本地区游人为主的风景名胜区。

(3) 按风景区与城市位置关系角度分

主要分为城市型、城郊型、独立型等几类风景区。

① 城市型风景区一般是指同城镇毗邻，或接近城镇建设区并与其有着便捷的交通联系，可供游览观赏的地区；

② 城郊型风景区是指与城镇相邻，但其边界距离城市建成区还有一段距离的风景区；

③ 独立型风景区则是完全远离城镇建设区，位于郊区的风景名胜区（图 13-1-3）。

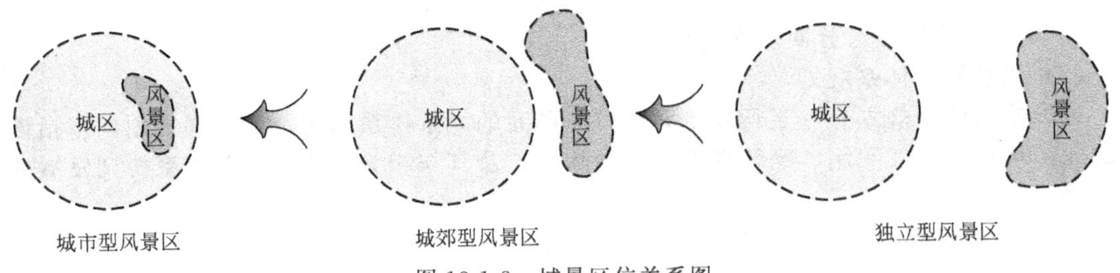

图 13-1-3 城景区位关系图

(4) 按用地规模分

风景区按用地规模可分为小型风景区（$20km^2$ 以下）、中型风景区（$21\sim100km^2$）、大型风景区（$101\sim500km^2$）、特大型风景区（$500km^2$ 以上）。

13.2 风景名胜区规划类型

风景名胜区相关的规划类型如果按规划阶段划分，从宏观到微观可以分为 8 种规划类型（图 13-2-1）。其中，风景区规划纲要、风景区总体规划、风景区详细规划三类规划被明文列入 2001 年 4 月 30 日发布的《国家重点风景名胜区规划编制审批管理办法》。其他规划类型虽未列入上述“审批管理办法”，但在社会实践中也常遇到，这八种规划类型分别为：

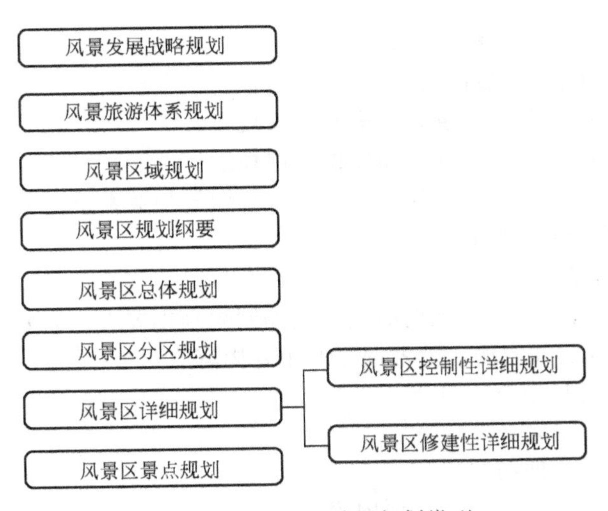

图 13-2-1 风景名胜区规划类型

(1) 风景发展战略规划

风景发展战略规划核心是解决一定时期的基本发展目标及其途径，其焦点和难点在于战略构思与抉择。其内容包括：

① 风景旅游资源的综合调查、分析、评价；

② 社会需求和发展动因和综合调查、分析、论证；

③ 体系的构成、分区、结构、布局、保护培育；

④ 体系的发展方向、目标、特色定位与开发利用；

⑤ 体系的游人容量、旅游潜力、发展规模、生态原则；

⑥ 体系的典型景观、游览欣赏、旅游设施、基础工程、重点开发项目等系统规划；

⑦ 体系与产业的经营管理，及其与相关行业体系的协调发展；

⑧ 规划实施措施与分期发展规划。

（2）风景旅游体系规划

风景旅游体系规划是一定行政单元或自然单元的风景体系构建及其发展规划，包括该体系的保护培育、开发利用、经营管理、发展战略，及其与相关行业和相关体系协调发展的统筹部署。主要内容包括：

① 风景旅游资源的综合调查、分析、评价；

② 社会需求和发展动因和综合调查、分析、论证；

③ 体系的构成、分区、结构、布局、保护培育；

④ 体系的发展方向、目标、特色定位与开发利用；

⑤ 体系的有人容量、旅游潜力、发展规模、生态原则；

⑥ 体系的典型景观、游览欣赏、旅游设施、基础工程、重点开发项目等系统规划；

⑦ 体系与产业的经营管理，及其与相关行业体系的协调发展；

⑧ 规划实施措施与分期发展规划。

（3）风景区域规划

风景区域是可以用于风景保育、开发利用、经营管理的地区统一体或地域构成形态，其内部有着高度相关性与结构特点的区域整体，具有大范围、富景观、高容量、多功能、非连片的风景特点，并经常穿插有较多的社会、经济及其他因素，也是风景区的一种类型。其规划的主要内容有：

① 景源综合评价、规划依据与内外条件分析；

② 确定范围、性质、发展目标；

③ 确定分区、结构、布局、游人容量与人口规模；

④ 确定严格保护区、建设控制区和保护利用规划；

⑤ 制定风景游览活动、公用服务设施、土地利用与相关系统协调规划；

⑥ 提出经营管理和规划实施措施。

（4）风景区规划纲要

“在编制国家重点风景区总体规划前应当先编制规划纲要”。其他较重要或较复杂的风景区总体规划，也宜参考这种做法。规划纲要的主要内容有：

① 景源综合评价与规划条件分析；

② 规划焦点与难点论证；

③ 确定总体规划的方向与目标；

④ 确定总体规划的基本框架和主要内容；

⑤ 其他需要论证的重要或特殊问题。

（5）风景区总体规划

风景区总体规划包括下列内容：

① 分析风景区的基本特征，提出景源评价报告；

② 确定规划依据、指导原则、规划原则、风景区性质与发展目标，划定风景区范围及其外围保护地带；

③ 确定风景区的分区、结构、布局等基本构架，分析生态调控要点，提出游人容量、人口规模及其分区控制；

④ 制定风景区的保护、保存或培育规划；

⑤ 制定风景游览欣赏和典型景观规划；

⑥ 制定旅游服务设施和基础工程规划；

⑦ 制定居民社会管理和经济发展引导规划；

⑧ 制定土地利用协调规划；

⑨ 提出分期发展规划和实施规划的配套措施。

(6) 风景区分区规划

风景区分区规划包括下列主要内容：

① 确定各功能区、景区、保护区等各种分区的性质、范围、具体界线及其相互关系；

② 规定各用地范围的保育措施和开发强度控制标准；

③ 确定各景区、景群、景点等各级风景结构单元的数量、分布和用地；

④ 确定道路交通、邮电通讯、给水排水、供电能源等基础工程的分布和用地；

⑤ 确定旅行游览、食宿接待服务等设施的分布和用地；

⑥ 确定居民人口、社会管理、经济发展等项管理设施的分布和用地；

⑦ 确定主要发展项目的规模、等级和用地；

⑧ 对近期建设项目提出用地布局、开发序列和控制要求。

(7) 风景区详细规划

风景区详细规划可分为控制性详细规划和修建性详细规划，其规划成果包括规划文件和规划图纸，具体内容见表 13-2-1。

表 13-2-1　风景区详细规划的主要内容及成果

项目	主要内容
控制性详细规划	①确定规划用地范围、性质、界线及周围关系； ②分析规划用地的现状特点和发展矛盾，确定规划原则和布局； ③确定规划用地的细化分区或地块划分、地块性质与面积及其发展要求； ④规定各地块的控制点坐标与标高、风景要素与环境要素、建筑高度与容积率、建筑功能与色彩及风格、绿地率、植被覆盖率、乔灌草比例、主要树种等控制指标； ⑤确定规划区的道路交通与设施布局、道路红线和断面、出入口与停车泊位； ⑥确定各项工程管线的走向、管径及其设施用地的控制指标； ⑦制定相应的土地使用与建设管理规定
修建性详细规划	①分析规划区的建设条件及技术经济论证，提出可持续发展的相应措施； ②确定山水与地形、植物与动物、景观与景点、建筑与各工程要素的具体项目配置及其总平面布置； ③以组织健康优美的风景环境为重点，制定竖向、道路、绿地、工程管线等相关专业的规划或初步设计； ④列出主要经济技术指标，并估算工程量、拆迁量、总造价及投资效益分析。
详细规划成果	包括规划文件和规划图纸。图纸包括：规划地区综合现状图、规划总平面图、相关专项规划图、反映规划意识的直观图。图纸比例为 1/500～1/2000

(8) 风景区景点规划

风景区景点规划内容及成果见表 13-2-2。

表 13-2-2　风景区景点规划的主要内容及成果

项目	内　　容
景点规划	分析现状条件和规划要求，正确处理景点与景区、景点与功能区或风景区之间的关系； 确定经典的构成要素、范围、性质、意境特征、出入口、结构与布局； 确定山水骨架控制、地形与水体处理、景物与景观组织、游路与游线布局、游人容量及其时空分布、植物与人工设施配备等项目的具体安排和总体设计； 确定配套的水、电、气、热等专业工程规划或单项工程初步设计； 提出必要的经济技术指标、估算工程量与造价及效益分析
景点规划成果	包括规划文件和规划图纸。图纸包括：景点综合现状图，规划总平面图，相关设施和相关专业规划图，反映规划意图的分析图、剖面图、方案图及其他直观图。图纸比例为 1/200～1/1000

13.3　风景名胜区规划程序与内容

风景名胜区规划是针对资源、社会、经济等各系统进行的宏观调控，整个风景名胜区规划编制大致可以分为 5 个阶段：调查研究阶段、制定目标阶段、规划部署阶段、规划优化与决策阶段以及规划实施监管与修编阶段。

13.3.1　调查研究阶段

调查研究阶段包括前期准备、调查工作、现状评价和分析建议等内容，生态完整性评价属于此阶段内。在规划中，对风景名胜区基础状况的调研是最为重要的阶段。对风景区基础状况的调查深度与否直接影响了之后规划过程中的切实性。风景名胜区具有复杂的生态系统，其自然资源和人文资源丰富，通过物质循环和能量流动，相互作用，相互依存，形成一个有机整体的动态景观人文生态系统系统。风景名胜区的基础调研主要包括：地形地貌、气候、水文、土壤、植被、土地利用以及人类活动要素等。针对生态完整性评价所需资料要求，在风景名胜区规划中需重点对以下内容进行调查。

① 资源系统调查　在风景名胜区规划中，涉及规划区域的水文、地质、气候等都是调查对象。在基于生态完整性风景名胜区规划中主要包括植物种类、数量、分布等；动物的种类、分布、食性、习性等；水体位置、面积、水质等；地质地貌条件等。

② 服务设施调查　服务设施调查主要是对风景名胜区内公路、铁路、水路等交通状况、长度、面积等；饭店、餐饮等建筑数量、规模等。

③ 居民社会经济条件调查　由于我国大部分风景名胜区内都有常住人口居住，对风景名胜资源的保护和利用有着很大的关系，对景区生态系统完整性有一定的干扰作用，因此要对景区居民人数、居住区用地面积等进行调查。

基础调研主要可以通过调查咨询（包括现场勘察、访问座谈、问卷调查等方式）、专家评判、现场监测、遥感技术采集等措施来获取相关资料。

13.3.2　制定目标阶段

制定目标阶段主要包括确定性质、确定指导思想、确定规划目标、制定发展指标、架构宏观发展战略等内容。此阶段主要是在前期的分析调查的基础上，提出大的方向与方针。

（1）规划范围的界定

规划范围是风景名胜区资源保护与利用、建设与管理的范围，对维护风景区生态系统完整性有着重要的作用。在规划时，应遵循以下几点原则：景源特征及其生态环境的完整性；历史文化与社会的连续性；地域单元的相对独立性；保护、利用、管理的必要性与可行性。

对风景区范围的确定，可在生态完整性的评价基础上，运用生态学相关知识来划分景区规划界限。可通过以下几种方式确定。

① 根据地形地貌特征　风景名胜区都有着优美独特的景观，大部分是因为有着特殊的地形地貌，高山峻岭或蜿蜒河流。景区范围可根据这些具有明显特征的地域来划分，以保证区域的完整性和连续性。

② 根据干扰强度　在生态系统完整性调查研究过程中，需对干扰因素调查。如果干扰斑块或廊道对景区的功能作用不大，可使其不纳入到景区范围中，如对生态系统完整性有较强破坏的城市高速公路；如果对景区有比较大的作用，在划入景区范围后就需对其制定措施以控制干扰程度。

③ 根据主要种群分布范围　在风景区中都有着较为完整的物种或种群，其生存也有一定的范围。在调查主要种群的数量、分布范围的基础上，来确定景区范围。

（2）规划目标的确定

风景名胜区规划目标的确定要把握好保护与利用的问题，在对景区资源深入调查的基础上提出相应的目标。

13.3.3　规划部署阶段

规划部署阶段主要是对旅游服务配套系统、风景游赏主体系统等子系统进行系统地构建。着重探讨分区规划、保护培育规划、典型景观规划、风景游赏规划、游览设施规划、道路交通规划等。

13.3.4　规划优化与决策阶段

在规划方案完成以后，可根据生态完整性的评判标准进行合理评价，以验证规划的可实施性，以及是否达到了提高景区生态完整性的要求，并征询相关部门意见对规划成果进行修改与完善。

13.3.5　规划实施监管与修编阶段

风景名胜区规划得到审批之后便可指导风景区事业各项工作，并逐步完善与修编。

13.4　风景名胜区规划的成果

风景名胜区规划的成果包括规划文件和规划图纸两个部分。规划文件包括规划文本和附件。

13.4.1　规划文本

① 风景区发展概况与现状，区域发展条件分析；

② 规划编制依据和规划指导思想，规划原则与发展方向；

③ 划定风景区规划范围及外围保护地带，确定风景区性质和发展目标；

④ 划定风景区景区和其他功能分区；

⑤ 确定合理游人容量、人口规模；

⑥ 保护培育规划；

⑦ 风景游赏规划；

⑧ 游览设施规划；

⑨ 交通道路、邮电通信、给水排水、供电能源等规划；

⑩ 确定经济社会发展及居民点发展调控要求；

⑪ 确定土地利用协调规划；

⑫ 确定近期发展目标及主要建设项目；

⑬ 提出实施总体规划的管理措施；

⑭ 其他内容：提出经济社会发展及居民点发展调控建议。

13.4.2 规划附件

（1）规划说明书

① 现状概况　包括风景区的地理位置、自然条件、历史沿革、旅游状况、社会经济、居民生产等内容。

② 现状综合分析　包括自然和历史人文特点，各种资源的类型、特征、分布及其多重性分析；资源开发利用的方向、潜力、条件与利弊；土地利用结构、布局和矛盾的分析；风景区的生态、环境、社会区域因素五个方面。

③ 风景资源特色与评价　包括景源调查、景源筛选与分类、景源评分与分级、评价结果分析。

④ 范围、性质和发展目标　确定风景区规划范围及其外围保护地带。风景区的性质应明确表述风景区特征、主要功能、风景区级别三方面内容，并提出资源保护和综合利用、功能安排和项目配置、人口规模和建设标准等各项主要发展目标。

⑤ 容量、人口　包括游人容量测算和人口规模预测。

⑥ 保护培育规划　包括查清保育资源，明确保育的具体对象，确定风景的分类或分级保护，划定保育范围，确定保育原则和措施。

⑦ 风景游赏规划　包括景观特征分析与景象展示构思，游赏项目组织，风景单元组织，划定保育范围，确定保育原则和措施。

⑧ 典型景观规划　风景区应依据其主体特征景观或有特殊价值的景观进行典型景观规划。应包括典型景观的特征与作用分析；规划原则与目标；规划内容、项目、设施与组织；典型景观与风景区整体的关系等内容。

⑨ 游览设施规划　旅行游览接待服务设施规划应包括游人与游览设施现状分析；客源分析预测与游人发展规模的选择；游览设施配备与直接服务人口估算；旅游基地组织与相关基础工程；游览设施系统及其环境分析五部分。

⑩ 基础工程规划　风景区基础工程规划，应包括交通道路、邮电通讯、给水排水和供电能源等内容，根据实际需要，还可进行防洪、防火、抗灾、环保、环卫等工程规划。

⑪ 土地利用协调规划　土地利用协调规划应包括土地资源分析评估；土地利用现状分析及其平衡表；土地利用规划及其平衡表等内容。

⑫ 分期发展规划　提出近期远期发展目标、重点、主要内容，并应提出具体建设项目、规模、布局、投资估算和实施措施等。

⑬ 其他内容　提出经济社会发展及居民点发展调控建议。

（2）基础资料汇编

包括资源与资源条件、人文与经济条件、旅游设施与工程条件、土地利用状况以及建设与环境等方面的历史和现状基础资料。

13.4.3 规划图纸

规划图纸应清晰准确，图文相符，图例一致（一般采用 1/5000～1/25000），并应在图纸的明显处标明图名、图例、风玫瑰、规划期限、规划日期、规划单位及其资质图签编号等内容。规划设计的主要图纸有：

① 区域位置关系图；

② 现状图（包括综合现状图）；
③ 景源评价图；
④ 规划设计总图。

【思考练习】

1. 简述风景名胜区概念。
2. 比较国家公园、自然保护区、世界遗产及森林公园之间的差异。
3. 风景区规划编制的内容包括哪些？
4. 阐述风景名胜区的功能和作用。
5. 以风景区的典型景观的属性特征为划分依据，可将风景区划分为哪些类型？
6. 按规划阶段划分，风景名胜区规划类型可分为几类？
7. 风景名胜区详细规划的主要内容及成果包括哪些？
8. 风景名胜区景点规划的主要内容及成果包括哪些？
9. 风景名胜区规划编制可划分为几个阶段？每个阶段的主要工作内容是什么？
10. 风景名胜区规划的成果包括几个部分？各部分的主要内容是什么？

参考文献

[1] 周维权．中国古典园林．北京：清华大学出版社，1999.

[2] 刘滨谊．现代景观规划设计．南京：东南大学出版社，2010.

[3] 王向荣，林箐．西方现代景观设计的理论与实践．北京：中国建筑工业出版社，2002.

[4] 张德炎，吴明．园林规划设计．北京：化学工业出版社，2007.

[5] 李铮生．城市园林绿地规划与设计．北京：中国建筑工业出版社，2006.

[6] 同济大学．城市园林绿地规划．北京：中国建筑工业出版社，1982.

[7] 任有华，李竹英．园林规划设计．北京：中国电力出版社，2009.

[8] 刁俊明．园林绿地规划设计．北京：中国林业出版社，2007.

[9] 付美云．园林艺术．北京：化学工业出版社，2009.

[10] 薛健．园林道路设计与铺装．北京：知识产权出版社，2008.

[11] 王烨，王卓，董静．环境艺术设计概论．北京：中国电力出版社，2008.

[12] 刘福智，佟裕哲．风景园林建筑设计指导．北京：机械工业出版社，2007.

[13] 卢新海．园林规划设计．北京：化学工业出版社，2005

[14] 丁圆．景观设计概论．北京：高等教育出版社，2008.

[15] 杨赉丽．城市园林绿地规划．第二版．北京：中国林业出版社，2006.

[16] 黄东兵．园林绿地规划设计．北京：高等教育出版社，2005.

[17] 黄东兵．园林规划设计．北京：中国科学技术出版社，2003.

[18] 丁绍刚．风景园林概论．北京：中国建筑工业出版社，2008.

[19] 张纵．园林与庭院设计．北京：机械工业出版社，2004.

[20] 王晓俊．风景园林设计．南京：江苏科学技术出版社，2000.

[21] 董晓华．园林规划设计．北京：高等教育出版社，2005.

[22] 王浩．园林规划设计．南京：东南大学出版社，2009.

[23] 胡先祥．景观规划设计．北京：机械工业出版社，2008.

[24] 马建武，刘文野，徐坚．园林绿地规划．北京：中国建筑工业出版社，2007.

[25] 沈渝德，刘冬．现代景观设计．重庆：西南师范大学出版社，2009.

[26] 胡长龙．城市道路绿化．北京：化学工业出版社，2010.08.

[27] 胡长龙．园林规划设计．上册．第二版．北京：中国农业出版社，2002.

[28] 王绍增．城市绿地规划．北京：中国农业出版社，2005.

[29] 李文．园林规划与设计．哈尔滨：东北林业大学出版社，2009.

[30] 肖笃宁，李秀珍，高峻等．景观生态学 [M]. 北京：科学出版社，2003.

[31] 傅伯杰，陈利顶，马克明等．景观生态学原理及应用 [M]. 北京：科学出版社，2001.

[32] 杨小波，吴庆书．城市生态学 [M]. 北京：科学技术出版社，2000.

[33] [美] 佛雷德里克·斯坦纳著 周年兴，李小凌，俞孔坚译．生命的景观——景观规划的生态学途径 [M]. 北京：中国建筑工业出版社，2004.

[34] 林玉莲，胡正凡．环境心理学 [M]. 北京：中国建筑工业出版社，2005.

[35] 杨盖尔，何人可译著．交往与空间 [M]. 北京：中国建筑工业出版社，2004.

[36] 俞孔坚等译著．人性场所——城市开放空间设计导则 [M]. 北京：中国建筑工业出版社，2001.

[37] 赵亮．建筑设计与场地层面环境．合肥：合肥工业大学出版社，2006.

[38] 田大方，李萍．居住区的规划建筑环境设计．哈尔滨：哈尔滨工业大学出版社，2005

[39] 居住区环境景观设计导则．建设部住宅产业化促进中心．北京：中国建筑工业出版社，2006

[40] 刘颂，刘滨谊，温全平．城市绿地系统规划．北京：中国建筑工业出版社，2011.

[41] 刘纯青，王浩．城市绿地系统规划中“其他绿地”规划的探讨．中国园林，2009.

[42] 刘桂英．廊坊城市绿地景观生态规划的对策研究 [D]. 中国农业大学，2005.

[43] 徐英．现代城市绿地系统布局多元化研究 [D]. 南京林业大学，2005.

[44] [美] 洛林·LaB·施瓦茨．余青，柳晓霞，陈琳琳译．绿道规划·设计·开发．北京：中国建筑工业出版社，2009.

[45] 周年兴，俞孔坚，黄震方．绿道及其研究进展．生态学报，2006.

[46] 孙奎利．天津市绿道系统规划研究［D］．天津大学，2012.
[47] 杨定海．岳麓山风景名胜区景观分析评价研究［D］．中南林学院，2004.
[48] 张国强，贾建中．风景规划——《风景名胜区规划规范》实施手册．北京：中国建筑工业出版社，2003.
[49] 宋钰红．风景名胜区植物景观规划设计．北京：化学工业出版社，2012.
[50] ［美］佛雷德里克·斯坦纳著 周年兴，李小凌，俞孔坚译．生命的景观——景观规划的生态学途径［M］．北京：中国建筑工业出版社，2004.